中国石漠化治理丛书

国家林业和草原局石漠化监测中心 ▣ 主审

YUNNAN ROCKY DESERTIFICATION

云南石漠化

吴　宁　李世成
任晓东　吴照柏　▣ 编著

中国林业出版社
·北京·

图书在版编目（CIP）数据

云南石漠化 / 吴宁等编著 . -- 北京：中国林业出版社，2020.7
（中国石漠化治理丛书）

ISBN 978-7-5219-0671-4

Ⅰ . ①云… Ⅱ . ①吴… Ⅲ . ①沙漠化—沙漠治理—研究—云南 Ⅳ .
① S288

中国版本图书馆 CIP 数据核字 (2020) 第 122209 号

审图号：云 S（2020）098 号

中国林业出版社
责任编辑：李　顺　陈　慧　马吉萍
出版咨询：（010）83143569

出版：中国林业出版社（100009 北京西城区德内大街刘海胡同 7 号）
网站：http://www.forestry.gov.cn/lycb.html
印刷：北京博海升彩色印刷有限公司
发行：中国林业出版社
电话：（010）83143500
版次：2020 年 7 月第 1 版
印次：2020 年 11 月第 1 次
开本：787mm×1092mm　1 / 16
印张：24.25
字数：500 千字
定价：398.00 元

《云南石漠化》编写委员会

云南省岩溶监测区分布图

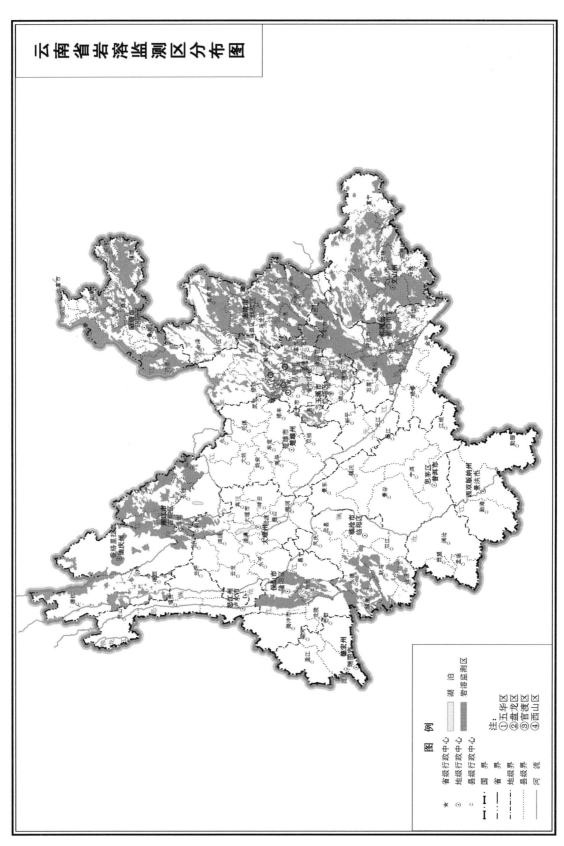

图　例

★　省级行政中心
◎　地级行政中心
⊙　县级行政中心

━━　国界
━·━·　省界
━··━··　地级界
········　县级界
━━　河流

湖　泊

岩溶监测区

注：
①五华区
②盘龙区
③官渡区
④西山区

云南省岩溶监测区流域分布图

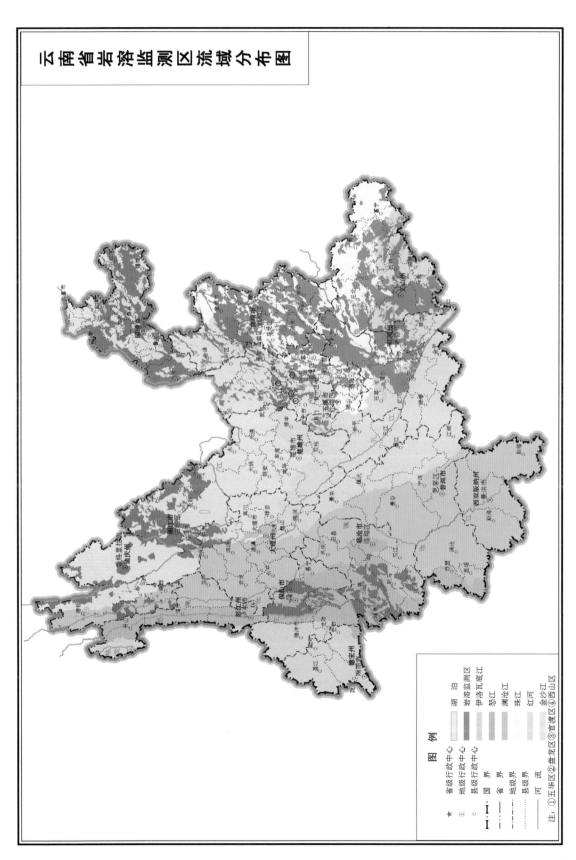

★ 省级行政中心
⊙ 地级行政中心
◎ 县级行政中心
┃ 国 界
┃ 省 界
┆ 地级界
┆ 县级界
— 河 流

湖 泊
岩溶监测区
伊洛瓦底江
怒江
澜沧江
珠江
红河
金沙江

注：①五华区②盘龙区③官渡区④西山区

云南省岩溶监测区石漠化状况分布图

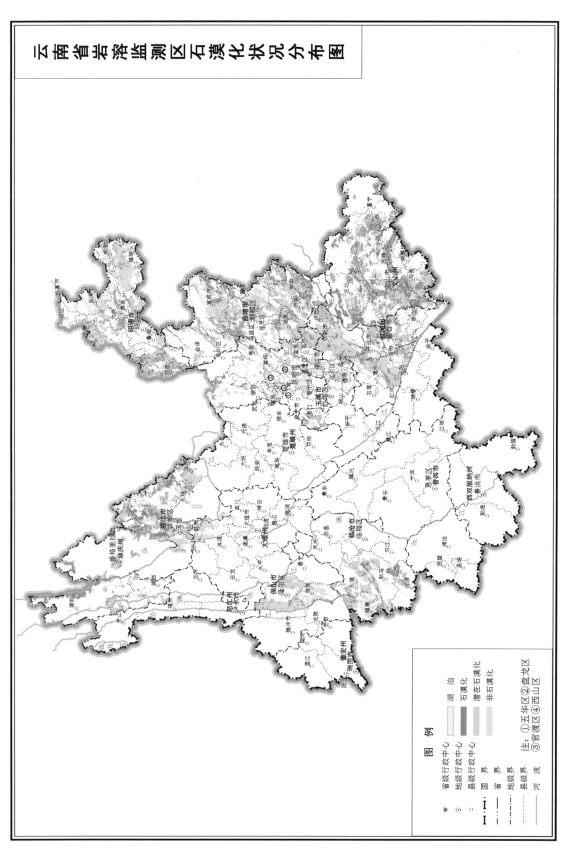

图 例

★ 省级行政中心
⊙ 地级行政中心
⊙ 县级行政中心

湖 泊
石漠化
潜在石漠化
非石漠化

I 国 界
I 省 界
地级界
县级界
河 流

注：①五华区②盘龙区
③官渡区④西山区

云南省岩溶监测区石漠化程度分布图

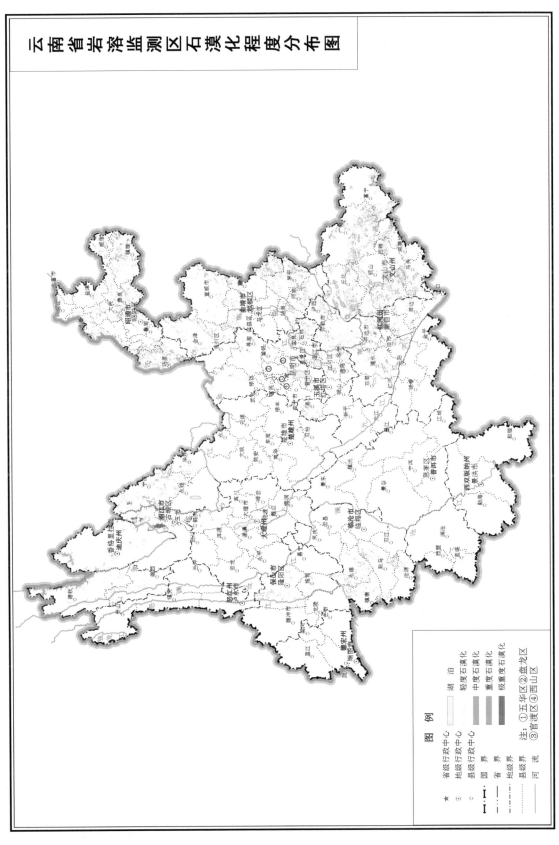

图 例

省级行政中心
地级行政中心
县级行政中心
国 界
省 界
地级界
县级界
河 流

湖 泊
轻度石漠化
中度石漠化
重度石漠化
极重度石漠化

注：①五华区②盘龙区
③官渡区④西山区

云南省岩溶监测区石漠化状况演变图

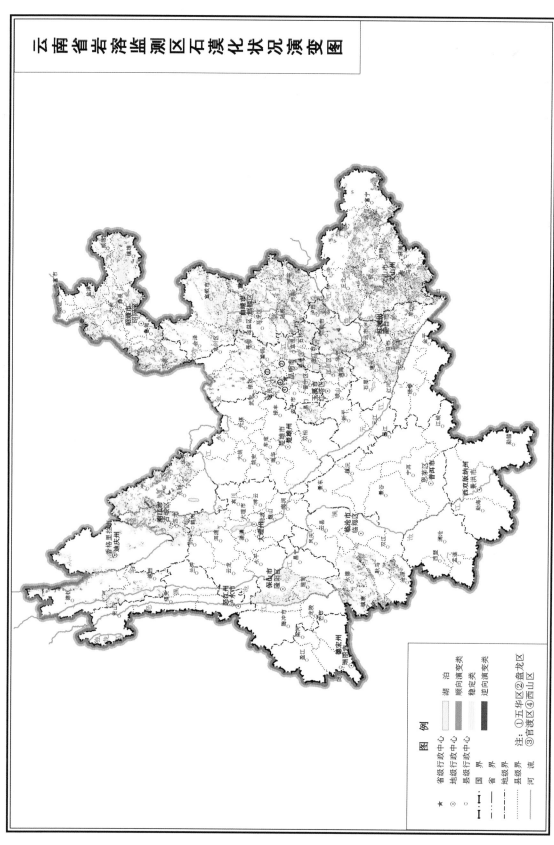

图 例

★ 省级行政中心
⊙ 地级行政中心
○ 县级行政中心
━━ 国界
━ ━ 省界
━ ·· ━ 地级界
········ 县级界
━━━ 河流

湖泊
顺向演变类
稳定类
逆向演变类

注: ①五华区②盘龙区
③官渡区④西山区

云南省非重点县岩溶区分布图

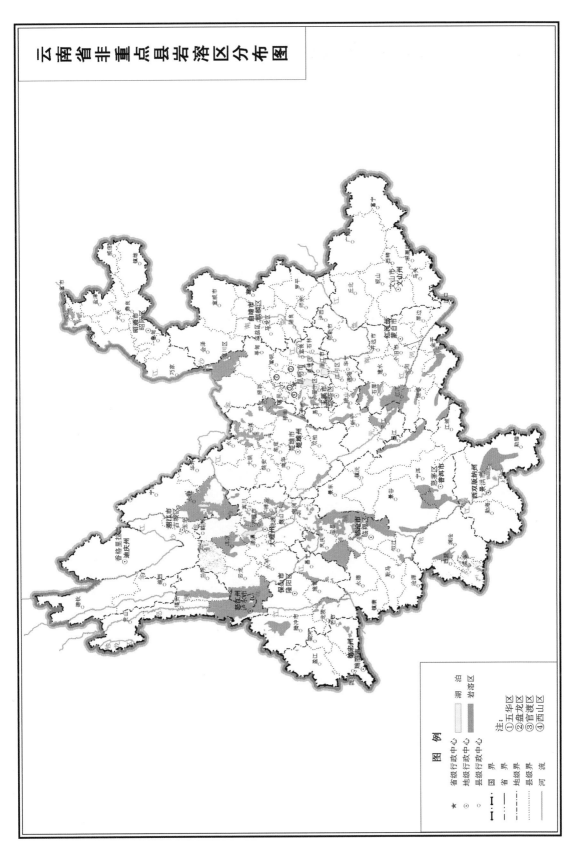

图 例

省级行政中心 ★
地级行政中心 ⊙
县级行政中心 ○

国　界
省　界
地级界
县级界
河　流

湖　泊
岩溶区

注：
①五华区　②盘龙区
③官渡区　④西山区

云南省非重点县岩溶区流域分布图

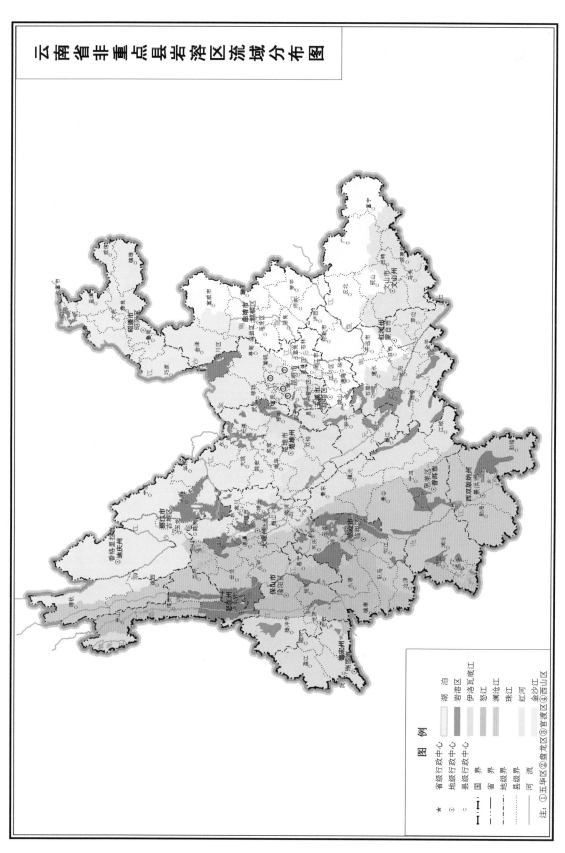

图 例

★ 省级行政中心
⊙ 地级行政中心
◎ 县级行政中心
━ 国界
┄ 省界
┄ 地级界
┄ 县级界
┄ 河流

湖 泊
岩溶区
伊洛瓦底江
怒江
澜沧江
珠江
红河
金沙江 ④西山区

注: ①五华区 ②盘龙区 ③官渡区

云南省岩溶地区非重点县石漠化状况分布图

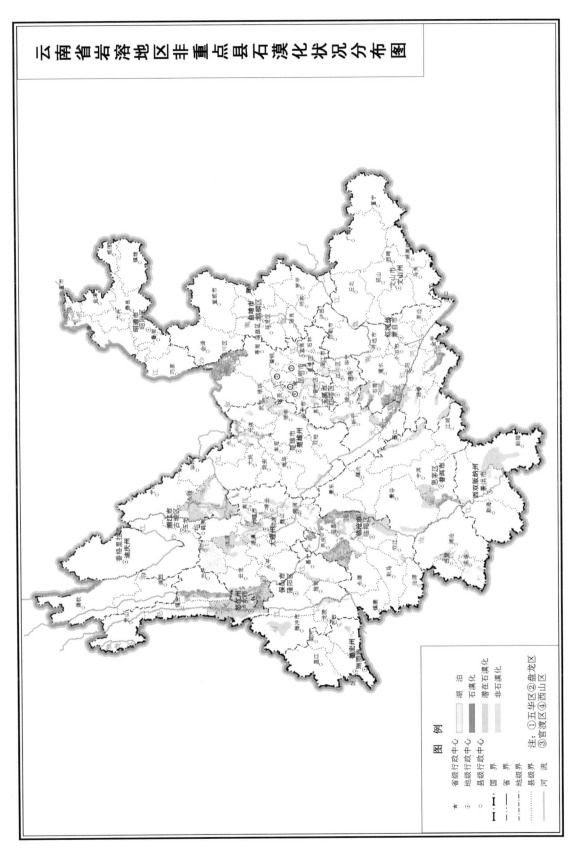

图 例

省级行政中心
地级行政中心
县级行政中心
国 界
省 界
地级界
县级界
河 流

湖 泊
石漠化
潜在石漠化
非石漠化

注：①五华区②盘龙区
③官渡区④西山区

云南省岩溶地区非重点县石漠化程度分布图

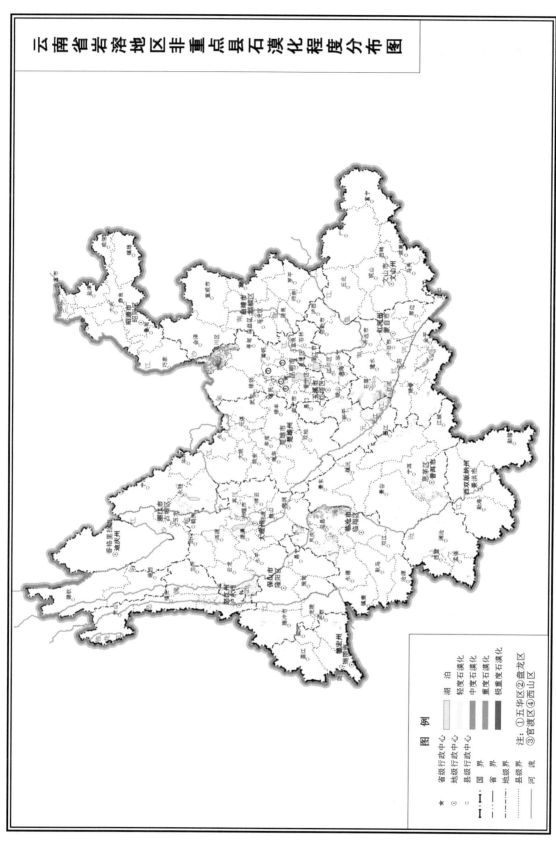

图 例

★	省级行政中心
⊙	地级行政中心
湖 泊	
轻度石漠化	
中度石漠化	
重度石漠化	
极重度石漠化	
┅┅	县级行政中心
┈┈	国 界
┄┄	省 界
┄┄	地级界
┄┄	县级界
——	河 流

注：①五华区②盘龙区
③官渡区④西山区

前　言

岩溶即喀斯特（Karst），是指水流对可溶性岩（碳酸盐岩等）以化学溶蚀作用为主，以流水的冲蚀、潜蚀和崩塌等机械作用为辅的地质作用过程（又称为喀斯特作用）及其作用所形成的地表及地下的各种景观与现象的总称。可溶岩经以溶蚀为先导的喀斯特作用，形成地面坎坷嶙峋，地下洞穴发育的特殊地貌称为喀斯特地貌（Karst landform），即岩溶地貌。

石漠化（Rocky Desertification）是指在热带、亚热带湿润半湿润、半干旱气候条件和岩溶极其发育的自然背景下，受人为活动干扰，使地表植被遭受破坏，造成土壤严重侵蚀，基岩大面积裸露，砾石堆积的土地退化现象，是岩溶地区土地退化的极端形式。

岩溶地区土地石漠化是土地退化、生态恶化的一种极端形式，被称为"生态癌症"。严重的石漠化土地，不仅加剧水土流失，恶化生态环境，引发自然灾害，压缩人民群众的生存与发展空间，也严重制约地区经济社会的可持续发展，对区域国土生态安全和生态文明建设构成严重的威胁。

云南地处祖国西南边陲，位于长江、珠江、红河、澜沧江、怒江等国际国内重要河流的上游或源头，生态区位重要，生物多样性丰富。同时，云南地处云贵高原，地质构造特殊，是全国岩溶分布最广、石漠化危害程度最深、治理难度最大的省份之一。全省有121个县有岩溶分布，纳入全国岩溶地区石漠化监测有65个县，据2016年全国岩溶地区第三次石漠化监测数据，云南省岩溶土地面积7941352.0 hm²，占全省3940万 hm² 土地面积的20.2%，占监测县国土面积的43.6%。岩溶地区总人口2852万人，居住着哈尼、彝、壮、苗等20多种少数民族约700多万人，是少数民族聚居的边疆地区和革命老区；区内的绝大多数县属贫困县，贫困人口达630多万人，有36个县为国家连片特困地区区域发展与扶贫攻坚规划县。岩溶地区土地石漠化已成为制约当地经济社会可持续发展的主要因素之一。"九分石头一分土，寸土如金水如油；耕地似碗又似盆，但闻锄头声，不见耕作人"是云南土地石漠化严重地区的典型写照。

云南省开展岩溶地区石漠化监测，摸清岩溶地区土地石漠化的家底，把握岩溶地区土地石漠化动态变化，是推进土地石漠化防治工作的基础。根据国家林业局的统一部署，云南省于2005年、2011年、2016年共完成了三次岩溶地区石漠化监测，通过对监测期内岩溶地区石漠化监测数据对比，由石漠化土地面积2881376.4 hm²、潜在石漠化土地面积1725635.4 hm²、非石漠化土地面积3305236.6 hm²，变化为石漠化土地面积2351936.8 hm²、潜在石漠化土地面积2041711.9 hm²、非石漠化土地面积3547703.3 hm²。变动率分别为 −18.4%、18.3% 和7.3%，年均变化分别为减少1.84%、增加1.83% 和增加0.73%。大量石漠化土地演变为潜在石漠化土地，岩溶地区生态状况呈顺向演替发展态势，石漠化扩展的趋势得到初步遏制，但岩溶地区局部县区石漠化土地仍在恶化，防治形势依然严峻。

云南省从2008年启动了12个县的石漠化综合治理试点工程，到2011年实施石漠化综合治理工程县增加到35个，2012年纳入国家监测的65个县全部实施了石漠化综合治理工程。截至2015年底云南省岩溶地区石漠化综合治理工程总投资225350.0万元，其中，林业措施投资114147.6万元，占50.7%；农业、水利措施投资111202.4万元，占总投资的49.3%。治理岩溶面积11765.1 km²。林业措施建设任务640489.5 hm²，其中人工造林153711.2 hm²、封山育林486778.3 hm²。

按照国家林业局石漠化监测中心统一要求，以全国岩溶地区第三次石漠化监测取得的各项成果为基础，充分对比分析第一、二次岩溶地区石漠化监测数据，编著完成《云南石漠化》。本书较为系统全面地介绍了云南省岩溶地区石漠化现状、综合治理情况、动态变化情况，内容丰富，数据翔实，具有较高的学术和应用价值，可为全省岩溶地区石漠化管理决策、法规政策制定、综合治理规划编制提供科学依据。本书出版，是贯彻落实习近平生态文明思想的具体表现，也有助于公众认识和了解岩溶地区石漠化，普及石漠化知识，增强生态保护的认识。

《云南石漠化》编委会

2020年5月

目 录

第一章　基本情况

第一节　自然概况及行政区划

一、地理位置和行政区划

云南省简称滇，省会昆明市，位于中国西南边陲，位于东经97°31′39″～106°11′47″，北纬21°08′32″～29°15′08″，全省东西最大横距864.9km，南北最大纵距990km，全省土地面积39.4万km²，占全国陆地面积4.1%，居全国第8位。与云南省相邻的省区有四川省、贵州省、广西壮族自治区、西藏自治区。云南3个邻国是缅甸、老挝和越南，国境线长达4060km。北回归线从省内南部横穿而过。全省辖16个州市，共有县级行政区划129个。

云南省岩溶地区纳入国家岩溶地区石漠化监测范围以云贵高原东部为中心的岩溶区域，位于云南省东西两侧，地理坐标为东经98°38′02″～106°06′23″，北纬22°34′54″～29°15′08″，共涉及11个市州（其中7个省辖市、4个少数民族自治州），共有县级行政区划单位65个，本书行政区均依据《云南省2015年统计年鉴》（云南省统计局，2016）。云南省岩溶地区石漠化土地监测区行政区划见表1-1。

表1-1　云南省岩溶地区石漠化土地监测区行政区划表

市（州）	数量	国家监测县
全省	65	65
昆明市	11	呈贡区、五华区、盘龙区、官渡区、西山区、富民县、禄劝县、宜良县、石林县、嵩明县、寻甸县
曲靖市	9	麒麟区、沾益县、马龙县、陆良县、师宗县、罗平县、富源县、会泽县、宣威市
玉溪市	6	红塔区、江川区、澄江县、通海县、华宁县、易门县
保山市	2	隆阳区、施甸县
昭通市	9	昭阳区、鲁甸县、巧家县、盐津县、大关县、永善县、镇雄县、彝良县、威信县
丽江市	4	古城区、玉龙县、华坪县、宁蒗县
临沧市	4	永德县、镇康县、耿马县、沧源县
红河州	8	蒙自市、个旧市、开远市、屏边县、建水县、弥勒市、泸西县、河口县
文山州	8	文山市、砚山县、西畴县、麻栗坡县、马关县、丘北县、广南县、富宁县
大理州	1	鹤庆县
迪庆州	3	香格里拉市、德钦县、维西县

二、地质地貌

（一）地　质

云南位于印度板块与欧亚板块的结合带上，全省划分为扬子准地台、滇西褶皱带、滇东南拗陷褶皱带和松潘甘孜褶皱系4个一级构造单元。全省所处区域地质构造复杂，地壳运动强烈，褶皱和断裂相当发育。滇西为北西向构造发育区，滇中发育南北向构造，滇东则以北东向构造为主。活动断裂中规模较大的有近20条，其中以哀牢山断裂、澜沧江断裂和小江断裂规模最大，对全省沉积、岩浆和构造发育起了极大的控制作用，也对形成怒江、澜沧江、金沙江等水流湍急、河谷变化较大的河流起了决定性作用。云南地层序列齐全，除太古界地层尚未发现外，从下元古界至第四系皆有出露。大体形成扬子区、华南区、藏东滇西区和秦岭昆仑区4个地层区。即哀牢山和云岭山地东侧、个旧—乌达—八大河一线以北，川滇、川黔两省交界线以南和以西的地区为"扬子区"；个旧—乌达—腻脚—八大河一线以南、元江以东为"华南区"；哀牢山及苍山、白汉场一线以西，中缅、中老国界线以东、以北为"藏东滇西区"；迪庆藏族自治州东部、丽江市西部倒三角形地区为"秦岭昆仑区"。复杂多样的地质结构，使云南成为我国著名的"地质博物馆"。

云南省出露的地层，以沉积岩、变质岩分布面积最大，岩浆活动频繁，有规模不一的侵入，也有强度不一的喷溢。变质岩可分吕梁期、晋宁期、加里东期、华力西期、印支期、燕山期6个主要变质时期，经受埋深变质与区域动力热流变质等作用形成的。岩浆类型复杂，酸性岩、中性岩、基性岩、超基性岩和碱性岩都有，各期岩浆岩的分布和演化，与区域地质构造，尤其是与深大断裂有较为密切的联系。云南基岩分布的基本重点是：东部主要分布有沉积岩和火山岩，中部为沉积岩、火山岩和少量岩浆侵入岩，西部以变质岩为主，并有大量的岩浆岩和沉积岩。其中，决定岩溶石漠化分布的碳酸盐分时代主要是震旦系硅质白云岩、寒武—奥陶系的泥质碳酸盐岩、泥盆系白云岩与灰岩、石炭系灰岩、二叠系灰岩和白云岩、三叠系灰岩。碳酸盐岩连片集中分布区主要是滇东、滇东北、滇西北及滇西保山和临沧西部。

云南省岩溶地区石漠化土地监测区在4个地层区均有分布，以扬子区和华南区的面积最大。监测区内山岭河谷交错，相对高差大，同时，山地面积占监测区土地面积大。自震旦系到三叠系均有碳酸盐岩沉积，沉积碳酸盐岩系地层发育较全，沉积厚度从百米至数千米，以碳酸盐岩为主的岩溶广泛分布，以邻近贵州、广西的云贵高原岩溶地区面积最大。

（二）地　貌

1. 地形地貌

云南地形是地质活动内营力和外营力矛盾运动的结果。自中生代的燕山运动以后，直至新生代的第三纪中新世，经过漫长的夷平作用，形成了广大的云南准平原。由于构造抬升的幅度在各地互不相同，从北向南递减，形成了云南高原地势西北高，东南低的倾斜面，自西北向东南呈阶梯逐级下降。地形一般以元江谷地和云岭山脉南段的宽谷为界，分为东、西两大地形区。东部为滇东、滇中高原，称云南高原，系云贵高原的组成部分，地形波状起伏，平均海拔2000 m左右，表现为起伏和缓的低山和浑圆丘陵，发育着各种类型的岩溶地形。西部为横断山脉纵谷区，高山深谷相间，相对高差较大，地势险峻。云南南部海拔一般在1500~2200 m，北部在3000~4000 m。在西南部边境地区，地势渐趋和缓，河谷开阔，一般海拔在800~1000 m，个别地区下降至500 m以下，是云南省主要的热带、亚热带地区。全省整个地势从西北向东南倾斜，江河顺着地势，成扇形分别向东、东南、南流去。全省海拔相差很大，最高点为滇藏交界的德钦县怒江山脉梅里雪山的主峰卡瓦格博峰，海拔6740 m，最低点在与越南交界的河口县境内南溪河与元江汇合处，海拔仅76.4 m。两地直线距离约900 km，高差6663.6 m。地形特征是一条条山岭与河流相间并列，是山系水系密集的地区。境内山脉及江河有高黎贡山、怒山、云岭及怒江、澜沧江、金沙江等。江河的主流顺着北高南低的山势，从北流向南，怒江、澜沧江、瑞丽江等河流呈扇状分开，两江之间的距离愈来愈宽，因而称为"帚状山系"。

云南地貌可分为横断山地、滇中红色高原与滇东岩溶高原三大地貌单元。西部横断山地北段山高谷深，高黎贡山、怒山、云岭等山脉和怒江、澜沧江、金沙江等大河相间排列，形成著名的三江并流景观。西部横断山地南段的山川间距逐渐加大，属于中山宽谷和中山盆地类型。滇中红色高原分布有宽广的古夷平面，盆地与湖泊星罗棋布，东侧坐落有省会城市昆明，西缘红河为横断山地与云南高原的分界线。滇东岩溶高原，北部以乌蒙山和五莲峰山两大山脉为主体，构成西南高东北低的倾斜地形，高原面上有断陷盆地。中部丘状山峦起伏，发育有珠江源。南部出露大量碳酸盐岩类地层，丘陵盆地绵延，地下暗河发育。

云南岩溶地区在横断山地地貌北段分布主要在滇西北的迪庆州香格里拉市、德钦县、维西县，丽江市的华坪县、宁蒗县、古城区、玉龙县，大理州的鹤庆县。横断山地地貌南段有保山的隆阳区、施甸县，临沧的永德县、镇康县、耿马县和沧源县。滇中红色高原地貌分布在抚仙湖、滇池等断陷湖泊周边地区，主要含玉溪市大部和昆明市。滇东岩溶高原地貌是云南岩溶地区面积最大，分布最广的地貌单元，几乎整个滇东岩溶高原均有岩溶分布。岩溶地区内根据绝对海拔和相对高差，把大地貌分为平原、丘陵、低山、中山、高山等。

2. 岩溶地貌

云南石漠化土地监测区岩溶地貌以山地地貌为主，岩溶地貌广泛分布。丰富的碳酸盐岩在亚热带湿热气候条件下，强烈溶蚀与侵蚀，导致岩溶地貌形态与景观的形成及地下岩溶的发育，形成小至石芽、落水洞、漏斗、竖井、洼地，大至峰丛、峰林、石林等岩溶

地貌，其至还发育成面积广大的岩溶山地、岩溶断陷盆地等岩溶地貌。岩溶地区岩溶地
貌主要有峰丛洼地、峰林洼地、孤峰残丘及平原、岩溶丘陵、岩溶槽谷、岩溶峡谷、岩溶
断陷盆地和岩溶山地、峰林湖盆、石林。

峰丛洼地：指峰丛与洼地的岩溶地貌组合，峰丛间有洼地、谷地及漏斗等。峰丛指
基部相连的石峰所构成，相对高度最大可
达600m，主要分布在云南高原边缘的斜坡
地带，以及金沙江、南盘江、北盘江及其
一级支流两侧。在滇中、滇东等地形相对
平缓的地区分布较广（图1-1）。

峰林洼（盆）地：指峰林与洼地的岩溶
地貌组合，峰林间为洼地，且其中有漏斗、
落水洞分布，并有季节性或常年性水流。
峰林指碳酸盐类岩石被强烈溶蚀，石峰突
起林立，其基部互不相连。峰体相对高差
100~200m，坡度较陡。罗平县等地有此岩
溶类型分布（图1-2）。

图1-1 峰丛洼地

孤峰残丘及平原：以岩溶平原为主
体和特色的地貌组合，平原上有零星分散
的低矮峰林及残丘分布，石峰相对高度在
100m以下，其至不到数十米。大型的岩溶
平原常出现在可溶岩与非可溶岩接触带附

图1-2 峰林洼地

近。南盘江沿岸的沾益县、师宗县等地有分布（图1-3）。

岩溶丘陵：经岩溶作用所形成，地势起伏不大，相对高差通常小于100m，坡度小于

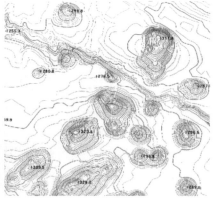

图1-3 孤峰残丘及平原现地和地形示意图

45°，已不具峰林形态。常与溶蚀洼地组合而成，是亚热带岩溶区的主要类型。有时由于碳酸盐岩夹泥质、白云质夹层，亦可形成岩溶丘陵。盘龙江流域的砚山县、文山市、金沙江流域的盐津县、雅砻江流域的香格里拉市等地广泛存在（图1-4）。

岩溶槽谷：指凸起与凹陷交互出现的长条形岩溶地貌，岩溶凸起区构成长条形山脊，

图1-4 岩溶丘陵现地与卫星影像图

岩溶凹陷区则形成槽状谷地，其发育主要受构造、岩性控制。据云南省监测数据统计，云南省内无此岩溶类型分布（图1-5）。

岩溶峡谷：指由构造抬升和河流切割作用所形成的高山峡谷地貌组合，岩溶作用极其微弱，地势险峻，河流切割剧烈，高山峡谷地貌明显。主要分布在滇西北、滇东北、滇西南等大江大河两侧区域（图1-6）。

岩溶断陷盆地：指岩溶受拉张、断陷作用形成的断陷盆地，在盆地区发生岩溶作用而形成的一种独特岩溶地貌组合。主要分布

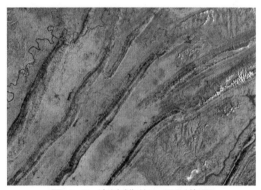

图1-5 岩溶槽谷卫星影像图

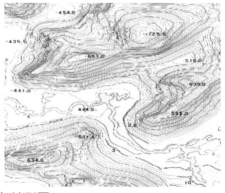

图1-6 岩溶峡谷现地与地形图

在滇中地区及九大高原湖泊周围，如滇池、抚仙湖、程海等断陷湖泊及其周边地区（图1-7）。

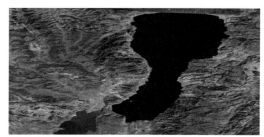

图 1-7 岩溶断陷盆地卫星影像图

岩溶山地：属岩溶作用极弱的碳酸盐岩分布区，主要由中山、低山与其山谷组成，与非碳酸盐岩区的地貌差别不明显，地势宽缓，河流切割作用较小。岩溶山地在全省各地广泛分布（图1-8）。

峰林湖盆：云南最为独特的峰林与湖盆的组合地貌，文山普者黑最为典型，发育于三叠系碳酸盐岩，基座直径几十米至三百米不等，峰高几十米至上百米，峰林散布于面积超过30hm²的连片岩溶湖泊湿地，湖泊湿地基底的岩溶化程度很低的厚度超过300m的三叠系碳酸盐岩层。

图 1-8 岩溶山地地形示意图

石林：为高度超过5m的石芽或石柱与表面溶痕组成，属复合溶痕组合岩溶地貌，云南石林县石林为代表，是世界著名的剑状喀斯特模式地，已列为世界自然遗产地目录。石林发育于节理切割的二叠系厚层碳酸盐岩，分别有剑状石林、蕈状石林、塔状石林、尖峰城堡状石林、石芽原野等；地形分布类型有石林洼地、石林坡地、石林盆地、石林谷地、石林岭脊等。

三、气 候

云南气候属于低纬度高原季风气候。由于地理位置特殊、地形地貌复杂等原因，立体气候特点显著，类型多样。气候的区域差异和垂直变化十分明显，这一现象与云南的纬度和海拔这两个因素密切相关。从纬度看，其位置只相当于从雷州半岛到闽、赣、湘、黔一带的地理纬度，但由于地势北高南低，南北之间高差悬殊达6663.6m，大大加剧了全省范围内因纬度因素而造成的温差。这种高纬度与高海拔相结合、低纬度和低海拔相一致，即水平方向上的纬度增加与垂直方向上的海拔增高相吻合，使得各地的年平均温度，除金沙江河谷和元江河谷外，大致由北向南递增，全省平均温度在5~24℃，南北气温相差19℃左右。

云南省受青藏高原的影响，冬、夏半年分别被不同性质的气团控制，形成了独特的高原季风气候，冬干夏雨、干湿分明。云南省的干季于11月至次年4月，受热带大陆气团控制，除怒江州北部外，省内多数地区雨水稀少，整个干季降雨量仅占全年降雨量的5%~15%。云南省由于干、湿季分明，全年降雨量多数集中于湿季，干燥度随干、湿季节的变化极为显著，年降雨量并不能充分反映区域的湿润状况。岩溶地区在干季期间土壤和空气十分干燥，加剧影响着石漠化土地的形成，漫长干季是制约云南省石漠化植被恢复的主要气候因素。全省雨季受热带海洋气团控制，在西南、东南两支暖湿气流的影响下，降雨多而集中，雨量占全年的85%~95%。短期内过于集中的降雨，加之云南省山地占土地面积的94%，山高坡陡的地形地貌条件，石漠化区域稀疏的植被状况，加剧了云南石漠化地区的水土流失，进一步提高了云南石漠化防治的难度。综上所述，在全国8个有石漠化分布的省（直辖市、自治区）中，云南省是唯一的半湿润气候类型，其他7个省（直辖市、自治区）属于湿润气候，与之相比，云南省降雨量偏少。云南省由于干湿季分明，漫长干季极不利于石漠化地区的植被恢复，湿季过于集中的降雨又加剧了石漠化地区的土壤侵蚀。上述因素使云南省成为石漠化防治难度最大的地区。

四、水　文

云南岩溶土地监测区内河流众多，分属长江、珠江及西南诸河的红河、澜沧江、怒江等。区内河流水量丰富，落差大，具有夏涨冬枯和暴涨暴落的特性，季节性明显。由于岩溶地表下垫面透水性强，岩溶地下水文过程活动强烈。加上长期不合理的人为活动干扰，导致森林植被遭到破坏，森林调蓄地表水和地下水能力减弱，导致岩溶土地监测区的水资源利用率相对较低，局部地区季节性缺水严重。

（一）水　系

岩溶监测区内江河纵横，水系十分复杂。按一级流域划分为长江区、珠江区及西南诸河区，区内各河流多为入海河流的上游，分属于六大水系，即金沙江—长江水系，南、北盘江—珠江水系，元江—红河水系，澜沧江—湄公河水系，怒江—萨尔温江水系，独龙江、大盈江、瑞丽江—伊洛瓦底江水系。六大水系分别注入三海（东海、南海、安达曼海）和三湾（北部湾、莫踏马湾、孟加拉湾），归到太平洋和印度洋。六大水系中，除南盘江—珠江，元江—红河的源头在云南境内，其余均为过境河流，发源于青藏高原。六大水系中，南盘江—珠江，金沙江—长江为国内河流。怒江、澜沧江、红河是国际河流，分别流经老、缅、泰、柬、越等国入海，在全国水系中属于西南诸河。据《云南省水资源综合规划》统计，全省境内的入境水量为1649.6亿 m³，省内多年平均年径流量2210亿 m³，出境水量为3834.5亿 m³。现将六大水系简述如下。

1. 金沙江—长江水系

金沙江为长江上游，位于云南省北部，从青海省玉树县巴塘河口至四川省宜宾岷江口，全长2308km。因盛产金沙故名金沙江，古代又称丽水。金沙江发源于青藏高原唐古拉山中段，经德钦县进入云南，流于横断山区，而后进入滇中高原、滇东北与四川西南山地之间，最后从云南省水富县流入四川境内，自宜宾以下称长江。金沙江在云南境内长 1560 km，流域面积 10.9 万 km²，是云南流域面积最大的河流，多年平均径流量为 424.1 亿 m³，省内集水面积在 100 km² 以上的各级支流共有 297 条。其中一级支流 72 条，二级 139 条，三级 61 条，四级 15 条，五级 3 条，六级 4 条，封闭湖泊 3 个。省际河流 30 条。云南省内金沙江流域岩溶土地面积 3031107.3 hm²，占全省流域岩溶地区土地面积的 38.2%。金沙江流域可分为金沙江上段（金沙江石鼓以上河流）和金沙江下段（金沙江石鼓以下河流）。金沙江上段（石鼓以上）主要指通天河和直门达至石鼓段，流域集水面积 1406330.0 hm²，岩溶土地监测区主要在迪庆州的德钦县、维西县、香格里拉市，丽江市的玉龙县等地区分布，岩溶地区土地面积 148726.8 hm²。金沙江下段（石鼓以下）主要指雅砻江和金沙江石鼓以下干流，流域集水面积 9197440.0 hm²，岩溶地区土地面积 2882380.5 hm²。金沙江流域岩溶区是六大流域中岩溶分布最广，面积最大的地区。

2. 澜沧江 — 湄公河水系

澜沧江位于云南省西部，发源于青藏高原唐古拉山北麓，流至西藏的昌都之后称澜沧江。经由西藏从德钦县流入云南，经迪庆、怒江、大理、保山、临沧、思茅、西双版纳等州市，从西双版纳州的勐腊县出境，境外称湄公河，流经老挝、缅甸、泰国、柬埔寨和越南等 5 国，最后注入太平洋，有"东方多瑙河"之称。澜沧江全长约 4500 km，云南境内干流长 1289.5 km，流域面积 8.85 万 km²，多年平均年径流量 516.2 亿 m³。省内集水面积在 100 km² 以上的有各级支流 197 条，其中一级支流 58 条，二级支流 95 条，三级支流 42 条，四级 2 条。以境内的集水面积计，10000 km² 以上的河流有 1 条，1000~10000 km² 有 21 条，100~1000 km² 的河流 175 条。澜沧江流域岩溶地区土地总面积 346540.3 hm²，占全省流域岩溶地区土地面积的 4.4%。在省境内岩溶地区可分为沘江以上地区和沘江以下地区，沘江以上地区主要含迪庆州的德钦县和维西县、丽江市的玉龙县，岩溶地区土地面积 139435.7 hm²。沘江以下主要含保山市的隆阳区和临沧市的永德县地区，岩溶地区土地面积 207104.6 hm²。

3. 怒江 — 萨尔温江水系

怒江位于云南西部，发源于青藏高原唐古拉山南麓，流经西藏加玉桥后称怒江。它由贡山县进入云南，流经怒江、保山、临沧、德宏等 4 个州市，从德宏州的芒市出境。怒江入缅甸后称萨尔温江，流经缅甸与泰国，于缅甸毛淡棉市注入安达曼海。怒江全长约 2820 km，在中国境内长约 1540 km，云南段长约 650 km，省内流域面积 3.35 万 km²，多年年均径流量 322.8 亿 m³，省内集水面积在 100 km² 以上的各级支流有 76 条。其中，一级支流 32 条，三级 26 条，三级 13 条，四级 4 条，五级 1 条。其中国际河流 6 条。集水面积在 10000 km² 以上的河流有 1 条，1000~10000 km² 的河流有 7 条，100~1000 km² 的河流有 69 条。怒江流域岩溶土地面积 616291.8 hm²，占全省流域岩溶土地面积的 7.8%。在省境内岩溶地区可分为怒江勐古以上地区和怒江勐古以下地区，怒江勐古以上地区主要含保山的隆阳区，岩溶地区土地面积 197361.8 hm²。怒江勐古以下地区主要含保山的施甸县、临沧的镇康县、耿马县和沧源县，岩溶土地面积418930.0 hm²。

4. 南、北盘江 — 珠江水系

珠江位于云南省的东部和东南部，省内流域面积5.8万km²，多年平均径流量229.0亿m³，省内集水面积在100 km²以上的各级支流121条，其中一级支流34条，二级54条，三级31条，四级2条。省际河流15条。集水面积在1000~10000 km²的河流17条，100~1000 km²的河流104条，岩溶土地面积2807205.3 hm²，占全省岩溶土地面积的35.3%。

按水系分有南盘江、北盘江。南盘江发源于曲靖市沾益县马雄山南麓，南盘江具体是指贵州省望谟县蔗香村以上称南盘江，南盘江与红水河共同构成西江上游，南盘江在云南省境内流域面积43311 km²，河长651 km。南盘江流域岩溶地貌发育，明、暗河交替，湖泊较多，抚仙湖、星云湖、阳宗海、杞麓湖均属南盘江水系。南盘江流域岩溶地区土地面积2463367.3 hm²。北盘江，珠江流域西江上源红水河的大支流，也是发源于曲靖市沾益县乌蒙山脉马雄山西北麓，东北流向经宣威市，至双坝河口上折东南流，至红岩河口折东北流，至都格岔河口注入拖长江，进入贵州省境为滇黔界河，至可渡河口两岸均进入贵州省境。流域范围包括滇黔两省，云南主要有沾益、宣威、富源3县，北盘江集水面积0.56万km²，岩溶地区土地面积343838.0 hm²。流域的地貌类型属岩溶山地，向西渐呈缓丘山原地貌，而河间地块则具有石灰岩峰丛洼地、岩溶丘陵、孤峰残丘及平原、岩溶断陷盆地等类型。

5. 元江 — 红河水系

红河位于云南省的中部与东南部，该水系发源于滇中高原西部。元江的东西两个源头分别发源于祥云、巍山两县，两源汇合后称礼社江，流入元江县后始称元江。流域多红色沙页地层，水呈红色，故称红河。它流经大理、楚雄、玉溪、红河等地州，从红河州河口县流入越南。元江在云南境内全长692 km，省内流域面积7.4万km²，多年平均年径流量449.1亿m³。省内集水面积在100 km²以上的各级支流有172条，其中一级支流50条，二级65条，三级49条，四级7条，五级1条。集水面积在10000 km²以上的河流有1条，1000~10000 km²的河流有18条，100~1000 km²的河流153条。红河流域岩溶地区土地面积1140207.2 hm²，占全省流域岩溶地区土地面积的26.5%。红河水系可分为元江、李仙江与盘龙江3个流域。其中干流元江流域集水面积3.7万km²，岩溶地区土地面积152799.6 hm²，主要分布于元江沿岸的玉溪市易门县、红河州建水县和河口县。李仙江流域集水面积2.4万km²，李仙江流域无岩溶土地分布。盘龙江流域集水面积1.4万km²，岩溶地区土地面积987407.6 hm²，主要分布于盘龙江沿岸的文山州广南、富宁、麻栗坡、西畴、文山、马关、丘北、砚山等县市及红河州个旧、开远、蒙自、屏边、建水等县市。元江和李仙江在越南境内汇合称红河，是越南北方的第一大河，最后由北部湾入南海。红河水系是6大水系中对云南地理条件影响最大的一条河流。它是滇东和滇西两大地理单元的分界线，它的两侧，地貌形态、气候类型、生物分布均有明显差异。

6. 独龙江、大盈江、瑞丽江 — 伊洛瓦底江水系

伊洛瓦底江纵贯云南省西部，流经省内的主要是该水系的3条较大支流：独龙江、大盈江、瑞丽江，其中独龙江发源于西藏，流经怒江州贡山县，在云南境内长80 km，出境后汇入缅甸恩梅开江。大盈江、瑞丽江在德宏、保山境内，分别流入缅甸。大盈江在云南境内长186.1 km，瑞丽江在云南境内长332 km。这3条江在境内的流域面积为1.9万 km²，多年平均年径流量268.9亿 m³，流域是全省产水量最多的地区。省内集水面积在100 km²以上的各级支流有39条。其中，一级支流8条，二级22条，三级8条，四级1条。集水面积在1000~10000 km²的河流5条，100~1000 km²的河流34条。省境内的集水面积以支流为主，大盈江与瑞丽江的集水面积占全流域的82%。干流独龙江为过境国际河流，位于云南省西北隅，由西藏流云南，向南转西流入缅甸，注入安达曼海。

（二）湖　泊

云南高原湖泊众多，是我国湖泊最多的省份之一，而岩溶地区高原湖泊绝大部分均为岩溶断陷湖泊。全省共有大小淡水湖泊约30多个，大都分布在元江谷地以东和云岭山地以南，多数在云南高原地貌区内，湖泊湖水面积约为1100 km²，总蓄水量约290亿 m³。根据地域分布，滇中湖群分布于高原面上，有清水海、杨林湖、滇池、抚仙湖、阳宗海、杞麓湖及星云湖等；滇西湖群位于横断山地，主要有洱海、程海、泸沽湖、剑湖、茈碧湖、纳帕海、碧塔海、属都湖等；滇东湖群多为分布在南盘江流域的小型湖泊，主要有迤谷海、长湖、月湖等；滇南湖群主要分布在北回归线附近，主要有异龙湖、长桥海、大屯海等。

按容量来说，超过20亿 m³的有抚仙湖、洱海、程海、泸沽湖；从平均水深来说，超过20 m的有抚仙湖、泸沽湖、程海、阳宗海；以湖面面积而论，超过200 km²的有滇池、洱海、抚仙湖。滇池是云南湖面最大的湖泊，在全国名列第六；抚仙湖是我国最大蓄水量湖泊、最大高原深水湖、第2深淡水湖泊，属南盘江水系，湖平面呈南北向的葫芦形，流域径流面积1053 km²。云南湖泊多位于崇山峻岭之中，或高山之巅，似颗颗高原明珠，像块块山间碧玉。他们山环水映，景色秀美，风光如画，是云南壮丽自然景观的重要组成部分。许多湖泊驰名中外，其中最著名的是滇池、洱海、抚仙湖、泸沽湖、阳宗海等。在众多湖泊中，滇池、洱海、抚仙湖、泸沽湖、阳宗海、程海、杞麓湖、星云湖、异龙湖为云南省著名的九大高原湖泊。

（三）地下水

岩溶地区由于受构造和溶蚀双重作用的影响，裂隙、管道等纵横多层位分布，导致含水介质具有非均质性和渗透各向异性，形成地下水空间分布的不均匀，因此，岩溶地下水并不是均匀地遍及整个可溶岩的分布范围内，而是赋存于可溶岩的溶蚀裂隙和溶洞中。

往往同一岩溶含水层同一标高范围内，或者同一地段相距不远的范围内，富水性可相差数十倍至数百倍。岩溶地下水的类型主要有孔隙水、岩溶水和裂缝水3种，主要靠大气补给，其贮量、分布还受水文地质条件的制约。云南省地下水平均地下径流模数为19.7万 m^3/km^2，地下径流总量754亿 m^3，占全省河川径流总量的34.4%。在空间分布上分为滇东高原湖盆孔隙岩溶水区、滇中红色高原裂隙水区和滇西横断山系裂隙水区。地下水的年内分配受降雨季节变化控制，5~11月汛期的地下径流占年总量的60%~70%，12月至翌年4月枯水期，地下径流占年总量的30%~40%。径流的高峰期出现在8~11月，最枯期出现在2~4月。地下水的年际变化随降水的丰、平、枯而变化，变差数介于0.10~0.40之间。

（四）冰　川

云南是一个高原省份，横断山脉屹立在滇西北高原，梅里雪山、哈巴雪山、玉龙雪山、白马雪山海拔高程达5300~6740m，远远超过了横断山区的雪线高度（4600~5100m），山顶形成多年积雪。据掌握的不完全资料统计，境内冰川覆盖面积约100km²。其中，梅里雪山的冰川面积最大，达73.5km²；玉龙雪山约20km²；哈巴雪山不足10km²。这些冰川属低纬度、高海拔、海洋性现代冰川，具有气温偏高（−4~ −2℃）、水汽充沛、降雪量丰富、消融强烈、冰川融水径流模数大的特点。冰川融水对金沙江、澜沧江、怒江三江上游河和高原冰蚀湖泊具有补给作用。云南冰川中最著名为梅里雪山冰川，梅里雪山共有明永、斯农、纽巴和浓松四条大冰川，属世界稀有的低纬、低温（−5℃）、低海拔（2700m）的现代冰川，其中最长最大的冰川，是明永冰川。明永冰川从海拔6740m的梅里雪山往下呈弧形一直铺展到2600m的原始森林地带，绵延11.7km，平均宽度500m，年融水量2.32亿 m^3，是我国纬度最南冰舌下延最低的现代冰川。

五、岩溶土壤

（一）岩溶基岩

云南岩溶地区的基岩主要为石灰岩类、白云岩类和泥岩类、其他母岩等。

石灰岩类：石灰岩的形成主要是湖海中所沉积的碳酸钙，在失去水分以后，紧压胶结起来而形成的岩石，称为石灰岩。石灰岩的矿物成分主要是方解石（占50%以上）还有一些黏土、粉砂等杂质。纯净的石灰岩呈灰、灰白等浅色，而含有机质多的石灰岩呈灰黑色。除含硅质的灰岩外，灰岩的硬度不大，性脆、与稀盐酸起作用会激烈起泡。云南岩溶地区石灰岩分布极广，石灰岩具有很大的经济意义，石灰岩易溶蚀，在石灰岩发育地区常形成石笋、石芽、峰林、峰丛、溶洞、石林等优美风景。质纯石灰岩为冶金方面的必要熔剂和水泥工业的必要原料，也是烧石灰的主要原科，还广泛用于陶瓷、玻璃、印刷、制碱工业上。根据其成分，结构构造、形成机理、所含杂质的不同，可分为化学石灰岩（即常称的石灰岩）、生物石灰岩、鲕状石灰岩、碎屑石灰岩等。大多数石灰岩的形成与生物作用有关，生物遗体堆积而成的石灰岩有珊瑚石灰岩、介壳石灰岩、藻类石灰岩等，总称生物石灰岩。由水溶液中的碳酸钙（$CaCO_3$）经化学沉淀而成的石灰岩，称为化学石灰岩。如普通石灰岩、硅质石灰岩等。

白云岩类：白云岩是一种沉积碳酸盐岩。主要由白云石组成，常混入石英、长石、方解石和黏土矿物。呈灰白色，性脆，硬度小，用铁器易划出擦痕。遇稀盐酸缓慢起泡或不起泡，外貌与石灰岩很相似。白云岩含镁较高，风化后形成白色石粉，较石灰岩坚韧。矿石一般呈细粒或中粒结构，呈层状、块状、角砾状或砾状构造。白云石属三方晶系，晶体常呈马鞍状菱面体，集合体常为粒状或块状。主要成分为钙、镁、硅三种元素。白云岩常呈浅黄色、浅黄灰色、灰白色、灰褐色、淡肉红色等，具晶粒结构、残余结构、碎屑结构或生物结构。按成因可分为原生白云岩、成岩白云岩和后生白云岩；按结构可分为结晶白云岩、残余异化粒子白云岩、碎屑白云岩、微晶白云岩等。

泥岩类：指碳酸盐岩中泥质含量超过50%，均为隐晶或微粒结构，具多种颜色（黄、灰、绿、棕等）。是一种由泥巴及黏土固化而成的沉积岩，其成分与构造和页岩相似但较不易碎，层理或页理不明显的黏土岩，主要由黏土矿物组成的岩石。矿物成分复杂，主要由黏土矿物（如水云母、高岭石、蒙脱石等）组成，其次为碎屑矿物（石英、长石、云母等）、后生矿物（如绿帘石、绿泥石等）以及铁锰质和有机质。质地松软，固结程度较页岩弱，重结晶不明显。常见类型有钙质泥岩、铁质泥岩、硅质泥岩。泥质岩通用分类中主要依据泥质岩的固结程度、结构、构造、矿物成分、化学及有机混入物和颜色等因素进行分类，可分为粉砂泥岩，钙质泥岩、硅质泥岩、铁质泥岩、炭质泥岩、锰质泥岩、黄色泥岩、灰色泥岩、红色泥岩、黑色泥岩、褐色泥岩，高岭石黏土岩、伊利石黏土岩、高岭石—伊利石黏土岩。

图 1-9 母岩

其他母岩：指碳酸盐岩以外的成土母岩。

（二）岩溶土壤

云南岩溶地区土壤类型较全，缺土严重。由于地处亚热带，地域跨度大，作为成土母质的基岩风化物各地不同，土壤类型也不同。岩溶区土壤不连续，土层与下伏的刚性岩石直接接触，缺少母质层，土层薄，土壤松散，易侵蚀，土壤理化性质有别于地带性的土壤，表现为富钙、偏碱性，有效营养元素供给不足且不平衡，质地黏重，有效水分含量偏低，制约着林草植被的生长、发育与生态修复。在植被遭到破坏的情况下土壤极易被冲刷，生态系统脆弱，功能弱、生产力低下。由碳酸岩溶蚀残余物发育的石灰岩土通常分为黑色石灰土、红色石灰土、黄色石灰土、棕色石灰土4个亚类。云南岩溶地区的主要土壤有黑色石灰土、红色石灰土、黄色石灰土、棕色石灰土、耕作土壤、其他土壤等6大类。

黑色石灰土：黑色石灰土又称"腐殖质碳酸盐土"，是热带、亚热带地区石灰岩母质上发育的、富含碳酸钙和腐殖质的土壤。主要分布于热带、亚热带石灰岩山区，常见于石山山顶、岩壁隙间或谷地中较低洼处。土层一般较薄，多为A—C型土壤剖面结构，碳酸钙淋溶微弱，常以假菌丝体、白色粉末或结核形式出现在剖面中。表层有机质含量6%~7%，土色暗黑，质地虽黏重，但团粒状或核粒状结构较发达。中性至碱性，pH值6.5~8.0。基盐饱和度>60%。粘粒硅铝率约2.4~3.6，氧化钾含量约3%，游离氧化铁含量约8%~9%。黏土矿物组成中尚保留着大量来自母岩的水云母，仅有少量的蒙脱石和蛭石。质地为中黏土至重黏土，由白云岩风化发育而成的黑色石灰土的质地稍轻。但因粒状结构发达，故土体仍较疏松。黑色石岩土是石灰（岩）土中相对年幼的土壤。

红色石灰土：分布于气候相对热而湿润，干湿季节变化明显的地区，地形多为岩溶丘陵和孤峰残丘及平原，一般地势开阔，地面基岩露头较少。红色石灰土是风化淋溶较强的石灰土，成土母质部分就是古老的石灰岩风化壳。土体中已无游离碳酸盐，呈中性至微酸性反应，pH值为6.0~7.0或略低。粘粒硅铝率多在1.4~1.5之间，黏土矿物中高岭石增多，并出现有少量的赤铁矿和三水铝石，蛭石相对减少，明显地出现脱硅富铝化作用。红色石灰土的土色鲜红，有机质含量较低，虽质地亦为轻黏土至中黏土，但土体黏重紧实。一般土层较厚，风化壳均在1m以上，土壤剖面呈A—B—C型。与黑色石灰土相比，腐殖质层较薄，有机质含量较低，缺乏团粒结构，质地黏重。该土壤在发育阶段上已接近于红壤。

黄色石灰土：多见于温湿气候条件下的平缓山原，与黄壤和山地黄棕壤处于同一垂直带谱中。由于地处湿润，土壤中的Fe_2O_3水化度高，沉积层呈明显黄色。因多处于湿润地区，淋溶作用较强，土体中每千克土仍残留有10g以下的碳酸盐，但无假菌丝体和铁锰结核等新生体。土壤矿物风化比红色石灰土和棕色石灰土弱，粘粒硅铝率为2.5~3.2，黏土矿物以伊利石和蛭石为主，蒙脱石和高岭石较少。质地为轻黏土至中黏土，有粘粒淋溶沉积现象，核粒状至棱块状结构。有机质含量每千克土中含30~50g，但随植被破坏程度不同而变化很大。常与黄棕壤或黄壤交错分布。

棕色石灰土：主要分布于峰丛、峰林及岩溶丘陵的坡面上，地面石骨嶙峋，土壤呈斑状与基岩露头镶嵌。碳酸盐淋溶明显，CaCO₃含量多在每千克土含10g以下，土体无或仅呈轻微的石灰反应，有时在淀积层中以假菌丝或乳白色胶膜淀积于结构面上，但无石灰结核。土壤矿物风化淋溶较明显，粘粒硅铝率1.8左右，黏土矿物以蛭石为主，其次为高岭石，水云母仅在底层土体中残存。游离氧化铁含量在每千克土含100g左右，淀积层常有豆粒状软质铁、锰结核。土壤呈中性反应，pH值7.0~8.0。有机质含量低于黑色石灰土，但在自然植被完好的条件下，亦可达每千克土含50~70g。土层厚度不一，多在30~50cm，表土团粒状结构，结构较松，色暗棕，淀积层稍紧，浅棕色或黄棕色棱块状结构，结构面有粘粒胶膜。坡麓和槽谷中的棕色石灰土深厚而湿润，色泽较黄，一般已无碳酸盐，pH值6.0~7.0，但随微地形变化较大。

耕作土壤：长期人为生产活动下，通过耕作、施肥、灌溉、排水等，改变了原来土壤在自然状态下的物质循环与迁移积累，促使土壤性状发生明显的改变，同时又具备了可鉴别的新发生层段与属性，从而成为一种新的土壤类型。旱地耕作下，经过长期的施用土肥、有机肥，或引水灌溉，使表层土壤不断加厚，而原来的表层被掩埋，也会形成人为土。如灌淤土、菜园土等。旱地或自然土壤开垦后改为水田，在长期表层淹水、水下耕作，不断的干湿交替作用下，出现了氧化还原层，地理位置和地下水位高低不同又形成不同水稻土。

其他土壤：指上述土类以外的土壤。

六、森林植被

森林是以乔木树种为主体的各类植被，以树木群体为特征，包含其生境及各类生物种类的自然综合体。植被是指一地区植物群落的总体，即一个地区所有植物群落共同形成的植物覆被层。研究云南岩溶地区森林植被的分布状况可为下一步岩溶地区的林草植被恢复提供参考依据。

云南多山的高原地貌、地形切割剧烈，加之北高南低的总体地势，除了形成水平地带性以外，也因山体海拔高差形成不同的山地气候型，全省岩溶地区受热带季风气候的影响。《云南植被》专著中将这种纬度和海拔相结合所形成的植被水平地带称之为"山原型水平地带"，以区别于我国东部的"平原型水平地带"。依据这一理论，云南森林植被的水平分布在《云南植被》中，划分了三个地带，即：热带雨林季雨林地带、亚热带南部季风常绿阔叶林地带和亚热带北部半湿润常绿阔叶林地带。岩溶地区植被具有旱生性、石生性和喜钙性的特点，其原生的植被与《云南植被》中描述相吻合，但因人为破坏活动频繁，岩溶地区植被退化突出，主要表现为森林覆盖率降低、生物多样性下降、植被结构简单化、灌木和草被比例增加，目前这些地区的植被仍处于恢复阶段，岩溶地区环境制约下的林草植被生产力低，恢复速率相对缓慢。

（一）岩溶地区植被水平地带

热带雨林季雨林地带：云南南部北纬 23°30′ 以南至滇西南上升至北纬 25°，是云南水热条件最优越的地域，以植物种类繁杂多样而著称，地带性代表是热带雨林和热带季雨林。云南岩溶地区没有在热带雨林中分布，少部分分布在海拔 1000 m 左右的宽广河谷的热带季雨林，盆地或保水性能差的石灰岩山地。具有明显干季的热带季风气候条件下发育的相对稳定森林植被类型，以阳性耐旱的热带树种为主组成，具有明显的季节变化特征。上层乔木每到干季时无叶期很明显，雨季时才呈现绿色。其森林结构，上层树寇呈伞状，分枝较低树种大多为落叶成分，下层乔木可分为 1~2 层，基本上属常绿成分，植株较密集。岩溶地区主要分布于滇东南的马关、河口、屏边及滇西南的镇康与沧源等地，以绒毛番龙眼、千果榄仁林、顶果木林、铁力木林、云南龙脑香、隐翼林、滇木花生林、云南蓽树林较为普遍分布。

亚热带南部季风常绿阔叶林地带：云南中南部北纬 23°30′~25° 的地区，分布着反映云南亚热带南部气候条件的季风常绿阔叶林，是这一地域的地带性植被，其海拔范围为 1000~1500 m，因地形局部气候的影响或下方的森林遭受破坏，常可向下延伸至海拔 800 m。在热带山地的垂直带上可上升到海拔 1800 m。这一地带受热带季风的影响较深，年均温 17~19℃，年降水量 1100~1700 mm，夏热冬凉，干湿分明，干季多雾，夏季多雨。森林树冠层外貌表现为浓郁的暗绿色，波状起伏。全年季相变化在暗绿色背景下，干季时灰棕色，雨季时则带油绿色，在优势树种换叶期尤为明显。林内优势树种偏干地段以壳斗科为优势；半湿润处为壳斗科、茶科；湿润处壳斗科，茶科、樟科；潮湿的地段则壳斗科、茶科、樟科、木兰科树种齐全。但因所处地理位置受季风影响不同，优势树种也有差别，哀牢山以西地区受西南季风影响，以偏干的刺栲林为多，哀牢山以东地区受东南暖湿季风影响，则以偏湿性的罗浮栲、截果石栎为优势。本地带的季风常绿阔叶林上层的伴生针叶树种，或遭破坏后形成的次生林针叶树种，哀牢山以西的思茅松林，哀牢山以东的云南松林，都已形成大面积森林。在地域上，很大程度上取代了原生的季风常绿阔叶林。

亚热带北部半湿润常绿阔叶林地带：以滇中高原为主的地区，地带性植被是半湿润常绿阔叶林，分布范围在海拔 1500~2600 m，与整个高原面的起伏高度基本一致，局部地区，分布下限可至 1500 m，上限可到 2800 m。属高原型季风气候，年均温 15~17℃，≥10℃活动积温 5000~5500℃，年降水量 900~1200 mm。森林组成的乔木上层优势树种明显，多为壳斗科的栲属、青冈属、栎属的树种，乔木下层常伴生有耐旱耐寒的硬叶栎类树种，其明显的旱生特征如叶片较小，革质稍硬，树皮粗厚等。其他伴生有茶科的银木荷、木兰科的滇玉兰等，树冠均呈扁球形，在干季时林内稍明亮且干燥。这一类型的垂直分布纵跨了海拔1000m，在不同海拔高度和地形的水热条件下植被群落存在差异。如滇青冈林常分布在海拔1500~2000m，而2000m以上往往成为与落叶阔叶林的混交林。在森林类型上，滇中高原上以滇青冈林，元江栲林、高山栲林为多；滇东海拔2000~2600m的东南季风山地，生境湿润而气候温凉，则发育峨眉栲林、红花木荷林等；而滇东北的自然环境条件独具一格，在《云南植被》中划为"东部中亚热带湿润常绿阔叶林地带"，其地带性植被主要是栲类—木荷林，与云南高原的半湿润常绿阔叶林的特征显著不同。由于本地区长期频繁的人为活动干扰破坏，目前此类原始状态的森林已很少见，且呈岛状星状分散小片分布，保存较好的大多在自然保护区或风景名胜区，以及地处偏僻的沟谷间，大面积已为云南松林所更替。

（二）岩溶地区森林植被垂直分布

岩溶地区植被典型的垂直带性分布，是云南森林分布的显著特点。全省地势呈北高南低倾斜，以梯层形式逐层下降，最高点在滇西北德钦县的梅里雪山卡瓦格博峰，海拔6740m，最低点在滇东南河口县的南溪河与元江汇合处，海拔76.4m，两点间直线距离约900km，高差达6000多米。全省的地势大致可分为三个梯层。滇西北德钦、香格里拉的迪庆高原一带为第一梯层，海拔一般在3000~4000m，分布许多海拔在5000m以上的高峰；第二梯层是以滇中高原为主体，海拔一般在2300~2600m，山间盆地底部高程在1700~2000m，其间的山峰多为3000~3500m；第三梯层是南部、东南部和西南部边缘地区，一般为海拔1200~1400m的中山、低山所组成，盆地与河谷海拔不到1000m。不同海拔高度与纬度间的水热条件差异，在一定的幅度范围内，有着不同的山地生物气候带，孕育着各有标志性的主要森林植被类型，构成森林垂直分布系列，形成了森林植被垂直带谱。

森林植被的垂直分布，从具有宏观代表性的各森林植被亚型来看，其概况大致如下。

① 针叶林的森林植被亚型垂直分布：暖热性针叶林（800~1800m）—暖温性针叶林（1000~2800m）—温凉性针叶林（2600~3400m）—寒温性针叶林（3000~4000m）；

② 常绿阔叶林的森林植被亚型垂直分布：热带湿润雨林（500m以下）—热带季节雨林（800m以下）—热带季雨林（500~1000m）—热带山地雨林（800~1000m）—季风常绿阔叶林（1000~1500m）—半湿润常绿阔叶林（1500~2600m）—中山常绿阔叶林（1800~2800m）—山地苔藓常绿阔叶林（2000~2600m）—山顶苔藓矮林（云南中部以南山地2500m以上）。

硬叶常绿阔叶林与落叶阔叶林两个森林植被型在区内都有较广泛的分布。山地硬叶常绿阔叶林分布在海拔2600~3300m范围，跨越了暖温性针叶林、温凉性针叶林、寒温性针叶林三个植被亚型的垂直带范围，是亚高山森林垂直带上的一特有类型。落叶阔叶林大多分布在全省范围内的1000~3500m的山地，跨越多种森林植被亚型的垂直分布，而且多是在植被受破坏后的次生类型，在水平分布或垂直分布上都没有成带现象。

第二节　社会经济状况

一、人口与民族

（一）云南省人口与民族状况

2015年末，全省常住人口4741.8万人，共有家庭总户数1379.0万户。按全省常住人口性别分，男性2461.0万人，占总人口的51.9%；女性为2280.8万人，占总人口的48.1%。按城乡分，城镇人口2054.6万人，占总人口的43.3%；乡村人口2687.2万人，占总人口的56.7%。全省人口密度为120.3人/km^2。全省人口密度超过100人/km^{2}的有昆明市、曲靖市、玉溪市、保山市、昭通市、临沧市、红河州、文山州、大理州和德宏州。云南省有汉族、彝族、白族、哈尼族等26个世居的民族（云南省统计局，2016）。

（二）岩溶地区人口状况

2015年末，云南省岩溶土地监测区（65个县）常住人口2913.07万人，共有家庭总户数858.94万户。按性别分，男性1513.97万人，占总人口的52.0%；女性为1399.10万人，占总人口的48.0%。岩溶地区人口密度为159人/km^2。岩溶地区人口密度超过100人/km^{2}的有昆明市、曲靖市、玉溪市、保山市、昭通市、红河州、文山州和大理州。

二、经济发展

（一）国民生产总值

1. 云南省国民生产总值

2015年全省生产总值（GDP）达13619.17亿元。其中，第一产业完成增加值2055.78亿元；第二产业完成增加值5416.12亿元；第三产业完成增加值6147.27亿元。三种产业结构为15.1:39.8:45.1，全省人均生产总值（GDP）达28806元。

2. 岩溶地区国民生产总值

2015年云南省岩溶地区县级生产总值（GDP）9368.77亿元。其中，第一产业完成增加值1141.07亿元；第二产业完成增加值3939.49亿元；第三产业完成增加值4288.21亿元。三种产业结构为12.2:42.0:45.8，岩溶地区人均生产总值（GDP）32161元。

（二）地方公共财政预算收入

1.云南省地方公共财政预算收入

云南省各州市县地方公共财政预算收入按年度统计，2011年为1111.16亿元，2012年为1338.15亿元，2013年为1611.30亿元，2014年为1689.06亿元，2015年为1808.15亿元。2015年各州市县地方公共财政预算收入中，昆明市最高，为502.22亿元，怒江州最低，为9.00亿元。

2.岩溶地区地方公共财政预算收入

云南省岩溶地区各州市县地方公共财政预算收入按年度统计，2011年为339.88亿元，2012年为412.46亿元，2013年为496.81亿元，2014年为516.85亿元，2015年为540.69亿元。2015年岩溶区各州市县地方公共财政预算收入中，官渡区最高，为41.78亿元，大关县最低，为1.24亿元。

（三）农村居民人均纯收入

1.云南省农村居民人均纯收入

云南省农村居民人均纯收入按年度分，2011年4722元/人，2012年5417元/人，2013年6141元/人，2014年7456元/人，2015年8242元/人。

2.岩溶地区农村居民年人均纯收入

云南省岩溶地区农村居民人均纯收入按年度分，2011年4828元/人，2012年5706元/人，2013年6712元/人，2014年8036元/人，2015年8911元/人。2015年岩溶农村居民人均纯收入按县统计中，官渡区最高，为15677元/人，最低为宁蒗县，为5498元/人。

（四）农村和农业生产基本情况

1.云南省农村和农业生产基本情况

云南省各州市农村和农业生产基本情况统计，2015年全省乡村户数991.06万户，乡村人口3730.33万人，乡村从业人员2191.75万人，粮食产量1969.79万吨，粮食播种面积445.11万 hm²。

2.岩溶地区农村和农业生产基本情况

云南省岩溶地区各州市县农村和农业生产基本情况统计，2015年岩溶地区乡村户数606.65万户，乡村人口2285.79万人，乡村从业人员1315.59万人，粮食产量1140.85万吨，粮食播种面积261.37万 hm²。

第二章　石漠化现状

第一节　石漠化监测技术方法

一、监测的范围、内容

（一）监测范围

云南省岩溶地区石漠化监测从2005年开始，每5年监测一次，已进行三次，第一次监测在2005年进行，第二次监测在2011年进行，第三次监测在2016年进行。三次岩溶地区监测范围保持一致，为岩溶地区纳入国家监测的11个地州65个石漠化重点县，涉及695个乡镇，监测区面积占监测县级统计单位土地总面积的43.6%，乡级统计单位土地总面积的46.4%。

（二）监测主要内容

岩溶地区石漠化土地状况以及石漠化程度的分布、面积和土壤侵蚀状况；动态变化及演变情况；与变化有关的自然地理、生态环境、社会经济及生态工程建设因素。

二、监测的主要技术标准

（一）岩溶土地石漠化状况分类

根据岩溶土地按是否发生石漠划分为石漠化土地、潜在石漠化土地和非石漠化土地三大类。

（二）石漠化程度

石漠化程度分为轻度石漠化（Ⅰ）、中度石漠化（Ⅱ）、重度石漠化（Ⅲ）和极重度石漠化（Ⅳ）四级。

（三）石漠化演变类型

针对石漠化与潜在石漠化的发生发展趋势情况，石漠化演变类型分为明显改善、轻微改善、稳定、退化加剧和退化严重加剧5个类型。可概括为顺向演变类（明显改善型、轻微改善型）、稳定类（稳定型）和逆向演变类（退化加剧型、退化严重加剧型）3大类。

（四）土地利用类型

土地利用类型分林地、耕地、草地、建设用地、水域、未利用地。

（五）环境调查因子

主要环境因子有地貌、海拔、坡度、坡位、植被、土壤等。

（六）其他指标

主要有治理措施类型、工程类别、石漠化变化原因、土地利用变化原因、流域划分、土地使用权属等。

监测的主要技术标准详见附件3-1。

三、主要监测方法

（一）监测工作流程

采用"3S"技术与地面调查相结合的技术方法。以前期石漠化监测数据为本底，利用经过几何精校正和增强处理后的最新遥感影像数据，采用地理信息系统，按照小班区划条件进行区划与解译；采用集成了"3S"技术并带有区划解译数据的平板电脑现地开展小班界线修正、因子调查和照片采集；将外业采集数据资料导入石漠化监测管理信息系统进行检验与管理，统计汇总后获取本期石漠化的面积、分布及其他方面的信息；最后根据两期调查数据进行对比分析，掌握石漠化的动态变化情况。

主要工作流程为：前期准备 — 技术培训 — 遥感影像数据购置与处理 — 影像区划与解译 — 现地核实与调查 — 外业数据导入与检验 — 监测质量检查验收 — 统计汇总 — 成果编制、评审与发布。

（二）遥感数据处理

应用地形图按高斯 — 克吕格投影对遥感影像数据进行几何精校正。每景影像选取40~50个分布均匀的控制点进行校正。校正后的误差应小于1个像元。亦可利用校正好的遥感影像对新的遥感影像进行配准，配准后的误差应小于1个像元。当一景影像分布在不同投影带时，应分别按影像所在的投影带作几何精校正。根据所选遥感信息源的波段光谱特性和地区特点，选择最佳波段组合，利用数字图像处理方法进行信息增强。要保证信息层次丰富清楚、地类差别显著，纹理清晰。应根据不同地区的石漠化主导类型，强调突出相应的信息特征。当一个解译区域涉及一景以上的遥感影像时，要采用数字镶嵌方法进行无缝拼接处理。

（三）图斑解译与区划

应用GIS地理信息系统，以整理后的前期监测数据为本底，依据最新遥感影像，参考相关的辅助图件资料及基础地理信息数据，对出现变化的区域，按小班区划条件，开展人机交互区划。对照解译标志，对出现变化的图斑调查因子进行初步解译，形成解译图斑对应的属性数据。解译时要参考相关的辅助图件资料。各监测县可使用多种信息源进行综合分析，充分利用近期完成的土地资源详查和森林资源二类调查等现有资料进行辅助判读，以提高解译精度。

（四）现地调查核实

将最新小班数据、遥感影像、行政界线等信息导入石漠化监测平板端。各县采用平板电脑开展外业调查，对小班界线区划有误或明显位移的进行修正，核实、修正小班属性因子。利用平板电脑拍照功能按照石漠化状况、石漠化程度和土地利用类型分别建立典型小班特征点。每个典型小班特征点至少拍摄1张典型照片。以县为单位，石漠化、潜在石漠化、非石漠化典型小班特征点数量不得低于对应小班总数的5%、3%、1%，原则上每个乡不少于10个典型小班特征点；前期监测已建立典型小班特征点的小班，后期监测时需进行复位；若前期监测时特征点小班数量达不到规定时，后期监测需增设典型小班特征点；典型小班特征点以乡为单位统一编号，从上到下，从左到右，做到不重不漏。后期监测时将前期小班特征点数据导入石漠化监测平板端数据采集系统作为对照，保证本期照片与前期照片范围、区域保持一致；通过石漠化监测平板端数据采集系统自动记载拍摄点的坐标信息和照片匹配小班的唯一编号信息。典型照片应能反映小班基岩裸露度、植被类型及盖度等特征。将平板端现地调查结果及时导入石漠化监测信息管理系统，对原有初步解译数据进行更新。

（五）内业汇总与成果编制

利用石漠化监测管理信息系统对平板电脑端监测数据（包括图斑矢量数据、GPS特征点和照片）进行回收汇总；对图斑矢量数据进行逻辑检查并修改完善；对GPS特征点和照片数据进行关联性检查并完善。在上述工作完成的基础上，进行监测数据统计、分析，编写监测报告和编绘石漠化专题图。

第二节　主要监测结果

一、岩溶土地

（一）岩溶土地按地理分布

岩溶监测区65个县土地总面积18228128.0 hm²，其中岩溶土地面积7941352.0 hm²，涉及全省11个州市65个县695个乡镇，岩溶土地占监测县级单位土地总面积的43.6%，岩溶土地占监测乡级单位土地面积的46.4%。根据2016年岩溶地区第三次石漠化监测数据，监测区岩溶土地共区划小班300627个，平均小班面积26.4hm²。其中石漠化土地面积2351936.8hm²，占岩溶土地面积的29.6%；潜在石漠化土地面积2041711.9hm²，占岩溶土地面积的25.7%；非石漠化土地面积3547703.3hm²，占岩溶土地面积的44.7%。

从州市统计分析，红河州岩溶土地面积占土地总面积比例最高，岩溶土地面积1039648.5hm²，占红河州监测区土地总面积57.2%；迪庆州岩溶土地面积占土地总面积的比例最低，岩溶土地面积439336.9hm²，占迪庆州监测区土地总面积18.9%。全省岩溶土地面积，除了迪庆州外，其他州市岩溶土地面积均占土地总面积的比例超过30.0%。各州市岩溶土地占土地总面积比例见图2-1。各州市岩溶土地统计见表2-1，详见附录二。

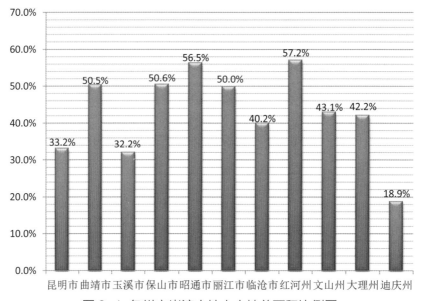

图2-1 各州市岩溶土地占土地总面积比例图

表2-1 各州市岩溶土地统计表

州市	土地总面积/hm²	岩溶土地				
		合计	比例/%	石漠化面积/hm²	潜在石漠化/hm²	非石漠化/hm²
岩溶区	18228128.0	7941352.0	43.6	2351936.8	2041711.9	3547703.3
昆明市	1652391.0	548302.1	33.2	88682.7	116299.0	343320.4
曲靖市	2894159.0	1461339.6	50.5	426683.3	335785.0	698871.3
玉溪市	603556.0	194479.4	32.2	59428.0	44784.6	90266.8
保山市	680381.0	344304.5	50.6	35518.8	60311.2	248474.5

州市	土地总面积 /hm²	岩溶土地				
		合计	比例 /%	石漠化面积 / hm²	潜在石漠化 /hm²	非石漠化 /hm²
昭通市	2126356.0	1200899.2	56.5	294111.0	242438.9	664349.3
丽江市	1563731.0	781746.2	50.0	258046.7	318356.1	205343.4
临沧市	1192328.0	479092.0	40.2	110788.2	147898.0	220405.8
红河州	1819123.0	1039648.5	57.2	234507.3	284611.3	520529.9
文山州	3141081.0	1352451.1	43.1	646967.7	311117.8	394365.6
大理州	236565.0	99752.5	42.2	18812.4	13344.5	67595.6
迪庆州	2318457.0	439336.9	18.9	178390.7	166765.6	94180.6

（二）岩溶地区土地演变类型

岩溶地区土地面积7941352.0hm²，按土地利用变化原因统计，其中人为因素面积653344.6hm²，占岩溶地区土地面积8.2%；自然因素面积409062.1hm²，占岩溶地区土地面积5.2%；其他因素面积1210197.2hm²，占岩溶地区土地面积15.2%；稳定无变化5668748.1hm²，占岩溶地区土地面积71.4%。

人为因素中，营造林措施面积469003.0hm²，占岩溶地区土地面积5.9%；种草面积504.0hm²；采伐面积865.8hm²；樵采面积17419.1hm²，占岩溶地区土地面积0.2%；土地整治面积9972.4hm²，占岩溶地区土地面积0.1%；开垦面积23988.4hm²，占岩溶地区土地面积0.3%；弃耕面积93867.8hm²，占岩溶地区面积1.2%；火烧面积4494.0hm²，占岩溶地区土地面积0.1%；工程建设面积33230.3hm²，占岩溶地区土地面积0.4%。

自然因素中，灾害原因面积37287.2hm²，占岩溶地区土地面积0.5%；自然修复面积371774.9hm²，占岩溶地区土地面积4.7%。

其他因素中，前期误判面积156277.5hm²，占岩溶地区土地面积2.0%；技术因素面积1053919.7hm²，占岩溶地区土地面积13.3%。

各州市岩溶地区土地面积按土地利用变化原因统计见表2-2。

表2-2　岩溶地区土地面积按土地利用变化原因统计表（单位：hm²）

州市	总计	人为因素									
		小计	营造林措施	种草	采伐	樵采	土地整治	开垦	弃耕	火烧	工程建设
总计	7941352.0	653344.6	469003.0	504.0	865.8	17419.1	9972.4	23988.4	93867.8	4494.0	33230.3
比例（%）	100.0	8.2	5.9	0.0	0.0	0.2	0.1	0.3	1.2	0.1	0.4
昆明市	548302.1	40759.5	30336.6		32.1	883.6		3611.6	664.9	482.3	4748.5
曲靖市	1461339.6	92847.1	69160.5		155.7	712.8	1394.9	1331.1	15739.0	524.7	3828.5
玉溪市	194479.4	19658.5	16338.9			452.7	9.1	353.6	276.9	40.8	2186.4
保山市	344304.5	29895.1	27430.8	46.5	16.4	104.6	50.0	340.5	1183.7	1.9	720.6
昭通市	1200899.2	126641.3	76423.2	402.5	43.7		1579.3	148.9	44778.3	1.7	3263.7
丽江市	781746.2	36787.4	24567.9			6919.9		839.2	2037.5	1533.6	889.3
临沧市	479091.9	33872.8	27602.7		3.9		456.2	85.3	4901.0		823.7
红河州	1039648.5	116318.9	80196.1	17.6	512.5	6522.7	1078.6	13439.2	5969.0	982.8	7600.2
文山州	1352451.1	137450.9	103126.6	7.2	101.4	1822.8	5270.8	3658.1	14235.4	926.2	8302.4
大理州	99752.5	1950.9	243.8					179.1	1212.8		315.2
迪庆州	439336.9	17162.3	13575.8	30.3			133.5	1.9	2869.2		551.7

州市	自然因素			其他因素			无变化
	小计	灾害原因	自然修复	小计	前期误判	技术因素	
总计	409062.1	37287.2	371774.9	1210197.2	156277.5	1053919.7	5668748.1
比例（%）	5.2	0.5	4.7	15.2	2.0	13.3	71.4
昆明市	22093.4	2022.9	20070.5	75366.6	8749.9	66616.6	410082.6
曲靖市	63334.0	2892.9	60441.1	204173.3	30945.2	173228.1	1100985.2
玉溪市	3568.4	856.0	2712.4	20287.1	6649.0	13638.0	150965.4
保山市	6304.2	247.8	6056.5	46987.9	4979.1	42008.8	261117.3
昭通市	64679.7	2091.9	62587.7	165216.7	9818.1		844361.5
丽江市	50241.2	4251.0	45990.2	106014.7	10180.4	95834.3	588702.9
临沧市	30392.5	279.8	30112.7	106784.1	3684.5	103099.6	308042.5

续表

州市	自然因素			其他因素			无变化
	小计	灾害原因	自然修复	小计	前期误判	技术因素	
红河州	49360.8	4948.2	44412.5	148979.0	9944.0	139035.1	724989.8
文山州	77822.9	16538.7	61284.2	232825.7	63753.0	169072.7	904351.6
大理州	2589.4	47.2	2542.3	12415.2	4893.9	7521.3	82797.0
迪庆州	38675.8	3110.8	35564.9	91147.0	2680.5	88466.5	292351.8

二、石漠化土地

（一）石漠化土地的地域、程度分布

岩溶土地面积中，石漠化土地面积2351936.8hm²，其中轻度石漠化面积1131068.6hm²，占石漠化土地面积的48.1%；中度石漠化面积972590.7hm²，占石漠化土地面积的41.4%；重度石漠化面积190726.5hm²，占石漠化土地面积的8.1%；极重度石漠化面积57551.0hm²，占石漠化土地面积的2.4%。全省各州市石漠化土地占比见图2-2。各州市石漠化土地按地域分程度统计见表2-3。

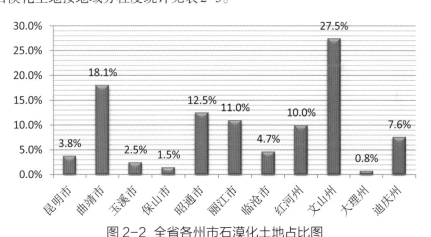

图2-2 全省各州市石漠化土地占比图

表2-3 各州市石漠化土地按地域分程度统计表（单位：hm²）

州市	合计	比例/%	轻度石漠化	中度石漠化	重度石漠化	极重度石漠化
总计	2351936.8	100.0	1131068.6	972590.7	190726.5	57551.0
比例（%）	100.0	—	48.1	41.4	8.1	2.4
昆明市	88682.7	3.8	43270.3	36548.2	5380.4	3483.8
曲靖市	426683.3	18.1	259346.2	133877.6	24016.3	9443.2

续表

州市	合计	比例/%	轻度石漠化	中度石漠化	重度石漠化	极重度石漠化
玉溪市	59428.0	2.5	28745.1	27412.3	2982.1	288.5
保山市	35518.8	1.5	19788.3	13317.5	2315.4	97.6
昭通市	294111.0	12.5	119467.8	144815.8	20965.2	8862.2
丽江市	258046.7	11.0	161537.4	58821.2	15232.5	22455.6
临沧市	110788.2	4.7	51331.0	57591.1	1440.8	425.3
红河州	234507.3	10.0	111076.4	96872.9	22437.6	4120.4
文山州	646967.7	27.5	252733.3	306215.9	83064.1	4954.4
大理州	18812.4	0.8	12213.3	6216.0	75.6	307.5
迪庆州	178390.7	7.6	71559.6	90902.2	12816.5	3112.4

（二）石漠化土地利用类型

石漠化土地面积2351936.8hm^2，按土地利用类型统计，林地面积1516825.9hm^2，占石漠化土地面积64.5%；耕地面积615821.7hm^2，占石漠化土地面积26.2%；草地面积21224.1hm^2，占土地石漠化面积0.9%；未利用地面积198065.1hm^2，占石漠化土地面积8.4%。

林地中，有林地面积437134.5hm^2，占石漠化土地面积18.6%；疏林地面积54508.1hm^2，占石漠化土地面积2.3%；灌木林地面积797159.9hm^2，占石漠化土地面积33.9%；未成林造林地面积30891.1hm^2，占石漠化土地面积1.3%；无立木林地面积17958.0hm^2，占石漠化土地面积0.8%；宜林地面积179174.4hm^2，占石漠化土地面积7.6%。

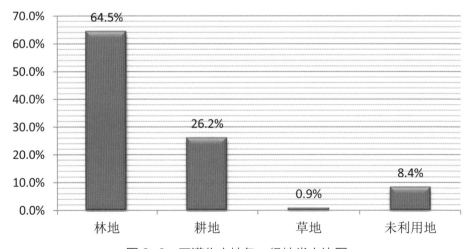

图2-3　石漠化土地各一级地类占比图

耕地均为非梯土化旱地，面积615821.7hm²，占石漠化土地面积26.2%。

草地中，天然草地面积19934.4hm²，占石漠化土地面积0.8%；改良草地面积1001.4hm²；人工草地面积288.2hm²。

未利用地中，荒草地面积88875.7hm²，占石漠化土地面积3.8%；裸岩面积93390.0hm²，占石漠化土地面积4.0%；其他面积15799.4hm²，占石漠化土地面积0.7%。

石漠化土地各一级地类占比见图2-3。各州市石漠化土地面积按土地利用类型统计见表2-4。

表2-4 各州市石漠化土地面积按土地利用类型统计表（单位：hm²）

州市	合计	林地						
		小计	有林地	疏林地	灌木林地	未成林造林地	无立木林地	宜林地
总计	2351936.8	1516825.9	437134.5	54508.1	797159.9	30891.1	17958.0	179174.4
比例（%）	100.0	64.5	18.6	2.3	33.9	1.3	0.8	7.6
昆明市	88682.7	60112.5	8857.0	3444.8	36455.2	1873.4	1463.8	8018.5
曲靖市	426683.3	327862.3	121423.9	14996.9	148254.1	7469.2	4739.1	30979.0
玉溪市	59428.0	49130.6	14595.5	2682.1	25544.1	2282.7	846.2	3180.1
保山市	35518.8	26207.3	5741.6	1990.2	14436.5	300.8	678.8	3059.4
昭通市	294111.0	172474.8	28595.0	9846.6	98421.8	3403.3	3346.0	28862.0
丽江市	258046.7	197241.4	93273.9	12256.0	69718.9	1501.8	657.7	19833.1
临沧市	110788.2	54048.9	31904.0	1222.6	11856.0	1393.6	753.4	6919.2
红河州	234507.3	150568.0	23465.8	1925.9	74767.2	5097.8	3347.1	41964.3
文山州	646967.7	332745.2	55540.5	4864.5	250583.5	4977.2	1330.1	15449.3
大理州	18812.4	18048.6	2955.8	202.0	14233.1	46.4	284.9	326.5
迪庆州	178390.7	128386.3	50781.5	1076.5	52889.6	2544.8	511.0	20582.9

州市	耕地	草地				未利用地			
	非梯土化旱地	小计	天然草地	改良草地	人工草地	小计	荒草地	裸岩	其他
总计	615821.7	21224.1	19934.4	1001.4	288.2	198065.1	88875.7	93390.0	15799.4
比例（%）	26.2	0.9	0.8	0.0	0.0	8.4	3.8	4.0	0.7
昆明市	16496.9	2998.5	2907.6		90.8	9074.8	2756.2	5572.6	746.0

州市	耕地	草地				未利用地			
	非梯土化旱地	小计	天然草地	改良草地	人工草地	小计	荒草地	裸岩	其他
曲靖市	86235.2	905.8	869.1		36.7	11680.0	2270.9	8233.9	1175.2
玉溪市	9851.7	0.5			0.5	445.2	54.8	257.9	132.5
保山市	8522.3	256.2	157.0		99.2	533.0	96.1	394.9	42.0
昭通市	99744.2	6788.8	6665.1	123.7		15103.2	2108.9	12666.3	328.0
丽江市	19971.9	1732.2	1726.9	5.2		39101.2	7696.0	22230.4	9174.8
临沧市	51422.2	227.7	180.0		47.8	5089.4	2677.2	2249.7	162.5
红河州	66074.0	535.4	525.3	4.1	6.0	17329.9	292.4	16896.5	141.0
文山州	249981.8	2589.9	1714.4	868.3	7.2	61650.8	59235.3	1860.1	555.3
大理州	307.6					456.2	134.5	296.5	25.2
迪庆州	7213.9	5189.1	5189.1			37601.4	11553.4	22731.1	3316.9

（三）石漠化土地的岩溶地貌分布

石漠化土地面积2351936.8 hm²，按岩溶地貌统计，峰丛洼地面积54511.7 hm²，占石漠化土地面积2.3%；孤峰残丘及平原面积30.1 hm²；岩溶丘陵面积7986.1 hm²，占石漠化土地面积0.3%；岩溶峡谷面积33975.7 hm²，占石漠化土地面积1.4%；岩溶断陷盆地面积14489.7 hm²，占石漠化土地面积0.6%；岩溶山地面积2240943.5 hm²，占石漠化土地面积95.4%。石漠化土地各岩溶地貌占比见图2-4。各州市石漠化土地面积按岩溶地貌统计见表2-5。

图 2-4　石漠化土地各岩溶地貌占比图

表 2-5　各州市石漠化土地面积按岩溶地貌统计表（单位：hm²）

州市	总计	峰丛洼地	孤峰残丘及平原	岩溶丘陵	岩溶峡谷	岩溶断陷盆地	岩溶山地
总计	2351936.8	54511.7	30.1	7986.1	33975.7	14489.7	2240943.5
比例（%）	100.0	2.3	0.0	0.3	1.4	0.6	95.4
昆明市	88682.7	15356.0			2291.8	201.1	70833.8
曲靖市	426683.3	6066.7	30.1		8788.6	2385.1	409412.8
玉溪市	59428.0				5132.2	11863.2	42432.6
保山市	35518.8					37.6	35481.2
昭通市	294111.0	111.8		6.1	8826.8		285166.3
丽江市	258046.7				8209.4		249837.3
临沧市	110788.2				726.9	2.7	110058.6
红河州	234507.3	24625.5					209881.8
文山州	646967.7	8351.7		7923.1			630692.9
大理州	18812.4						18812.4
迪庆州	178390.7			56.9			178333.8

（四）石漠化土地的流域分布

石漠化土地面积2351936.8hm²。

1. 按一级流域统计

长江区面积887404.0hm²，占石漠化土地面积37.7%；珠江区面积829689.6hm²，占石漠化土地面积35.3%；西南诸河区面积634843.2hm²，占石漠化土地面积27.0%。

2. 按二级流域统计

长江区中，金沙江石鼓以上流域面积76254.8hm²，占石漠化土地面积3.2%；金沙江石鼓以下流域面积811149.2hm²，占石漠化土地面积34.5%。珠江区中，南盘江、北盘江流域面积829689.6hm²，占石漠化土地面积35.3%。西南诸河区中，红河流域面积455103.2hm²，占石漠化土地面积19.4%；澜沧江流域面积56862.6hm²，占石漠化土地面积2.4%；怒江流域面积122877.4hm²，占石漠化土地面积5.2%。

3. 按三级流域统计

长江区中，金沙江石鼓以上直门达至石鼓流域面积76254.8hm²，占石漠化土地面积3.2%；金沙江石鼓以下雅砻江面积56.9hm²；金沙江石鼓以下干流面积811092.2hm²，占石漠化土地面积34.5%。珠江区中，北盘江面积95905.9hm²，占石漠化土地面积4.1%；南盘江面积733783.6hm²，占石漠化土地面积31.2%。西南诸河区红河流域中，元江流域面积35811.2hm²，占石漠化土地面积1.5%；盘龙江流域面积419292.0hm²，占石漠化土地面积17.8%。西南诸河区澜沧江流域中，沘江口以下流域面积33433.1hm²，占石漠化土地面积1.4%；沘江口以上流域面积23429.6hm²，占石漠化土地面积1.0%。西南诸河区怒江流域中，怒江勐古以上流域面积26049.5hm²，占石漠化土地面积1.1%；怒江勐古以下面积96827.9hm²，占石漠化土地面积4.1%。

石漠化土地各二级流域所占比例见图2-5。各州市石漠化土地面积按流域统计见表2-6。

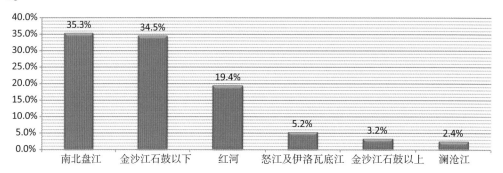

图2-5 石漠化土地各二级流域占比图

表2-6 各州市石漠化土地面积按流域统计表（单位：hm²）

州市	合计	长江区					珠江区		
		小计	金沙江石鼓以上	金沙江石鼓以下			小计	南北盘江	
			直门达至石鼓	小计	雅砻江	石鼓以下干流		北盘江	南盘江
合计	2351936.8	887404.0	76254.8	811149.2	56.9	811092.2	829689.6	95905.9	733783.6
比例（%）	100.0	37.7	3.2	34.5	0.0	34.5	35.3	4.1	31.2
昆明市	88682.7	55211.7		55211.7		55211.7	33471.0		33471.0
曲靖市	426683.3	116264.6		116264.6		116264.6	310418.7	95905.9	214512.8
玉溪市	59428.0						35623.5		35623.5
保山市	35518.8								
昭通市	294111.0	294111.0		294111.0		294111.0			
丽江市	258046.7	258010.5	2930.7	255079.8		255079.8			
临沧市	110788.2								
红河州	234507.3						165082.5		165082.5
文山州	646967.7						285093.8		285093.8
大理州	18812.4	18812.4		18812.4		18812.4			
迪庆州	178390.7	144993.9	73324.1	71669.7	56.9	71612.8			

续表

| 州市 | 西南诸河区 | | | | | | | | | |
| | 合计 | 红河 | | | 澜沧江 | | | 怒江 | | |
		小计	元江	盘龙江	小计	沘江口以下	沘江口以上	小计	怒江勐古以上	怒江勐古以下
合计	634843.2	455103.2	35811.2	419292.0	56862.6	33433.1	23429.6	122877.4	26049.5	96827.9
比例（%）	27.0	19.4	1.5	17.8	2.4	1.4	1.0	5.2	1.1	4.1
玉溪市	23804.5	23804.5	23804.5							
保山市	35518.8				3266.6		3266.6	32252.2	26049.5	6202.7
丽江市	36.2				36.2	36.2				
临沧市	110788.2				20163.0		20163.0	90625.2		90625.2
红河州	69424.8	69424.8	12006.7	57418.1						
文山州	361873.9	361873.9		361873.9						
迪庆州	33396.8				33396.8	33396.8				

（五）石漠化土地植被类型、种类及综合盖度

1. 石漠化土地按植被类型统计

石漠化土地面积2351936.8hm²，按植被类型统计，乔木型面积525403.6hm²，占石漠化土地面积22.3%；灌木型面积823258.0hm²，占石漠化土地面积35.0%；草丛型面积322687.8hm²，占石漠化土地面积13.7%；旱地作物型面积615821.8hm²，占石漠化土地面积26.2%；无植被型面积64765.6hm²，占石漠化土地面积2.8%。

石漠化土地各植被类型所占比例见图2-6。各州市石漠化土地面积按植被类型统计见表2-7。

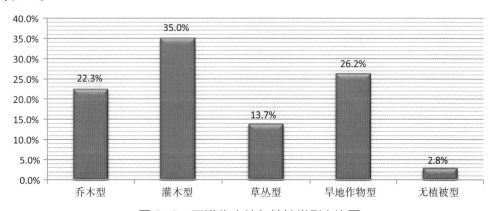

图2-6 石漠化土地各植被类型占比图

表2-7　各州市石漠化土地面积按植被类型统计表（单位：hm²）

州市	总计	乔木型	灌木型	草丛型	旱地作物型	无植被型
总计	2351936.8	525403.6	823258.0	322687.8	615821.8	64765.6
比例（%）	100.0	22.3	35.0	13.7	26.2	2.8
昆明市	88682.7	15523.0	38056.4	13255.3	16496.9	5351.1
曲靖市	426683.3	144635.2	153352.3	37534.8	86235.2	4925.8
玉溪市	59428.0	18824.5	27235.7	3214.7	9851.7	301.4
保山市	35518.8	7947.9	14565.4	4312.3	8522.3	170.9
昭通市	294111.0	41712.7	109419.1	33809.1	99744.2	9425.9
丽江市	258046.7	110724.1	70890.4	31366.1	19971.9	25094.2
临沧市	110788.2	34644.8	12057.6	11822.9	51422.3	840.6
红河州	234507.3	30504.1	75305.4	56295.2	66073.9	6328.7
文山州	646967.7	64367.2	252379.3	73113.7	249982.0	7125.5
大理州	18812.4	3402.5	14540.5	195.3	307.5	366.6
迪庆州	178390.7	53117.5	55455.8	57768.3	7214.0	4835.1

2.优势植物种（组）统计

经调查统计，岩溶区石漠化土地的主要植物物种有6大类121种。

石漠化土地各优势树种（组）所占比例见图2-7。

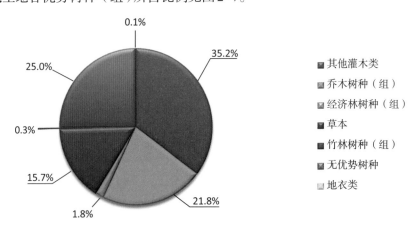

图2-7 石漠化土地各优势树种（组）占比图

石漠化土地面积2351936.8hm²，按优势树种（组）统计，乔木树种（组）面积

032

513485.6hm²，占石漠化面积21.8%；竹林树种（组）面积6495.1hm²，占石漠化面积0.3%；其他灌木类面积828723.5hm²，占石漠化面积35.2%；草本面积369551.8hm²，占石漠化面积15.7%；经济林树种（组）面积41535.3hm²，占石漠化面积1.8%；地衣类面积3072.3hm²，占石漠化面积0.1%；无优势树种面积589073.2hm²，占石漠化面积25.1%。

各州市石漠化土地面积按优势树种（组）统计见表2-8。

表2-8　各州市石漠化土地面积按优势树种（组）统计表（单位：hm²）

州市	总计	乔木树种（组）				竹林树种（组）	其他灌木类
		小计	针叶树种（组）	阔叶树种（组）	混交树种（组）		
总计	2351936.8	513485.6	370117.9	138033.6	5334.2	6495.1	828723.5
比例（%）	100.0	21.8	15.7	5.9	0.2	0.3	35.2
昆明市	88682.7	15642.8	9299.6	5459.8	883.4	8.2	39139.4
曲靖市	426683.3	145916.7	119471.0	25097.2	1348.5	22.6	153147.5
玉溪市	59428.0	17598.1	13674.7	3301.9	621.4	79.3	24538.1
保山市	35518.8	7857.5	6587.3	1270.2			14678.0
昭通市	294111.0	38022.5	21449.2	15677.4	895.9	3294.8	114729.4
丽江市	258046.7	112127.5	104766.0	7322.0	39.4	2987.5	72318.5
临沧市	110788.2	34186.6	5509.3	28675.3	1.9	67.5	14384.1
红河州	234507.3	27419.7	16678.3	9981.0	760.4	35.2	75491.6
文山州	646967.7	58698.9	23791.0	34124.8	783.1		250239.8
大理州	18812.4	3404.9	3367.9	37.0			14601.1
迪庆州	178390.7	52610.4	45523.6	7086.9			55455.8

州市	经济树种（组）						地衣类	草本	无优势树种
	小计	果树类	食用原料类	药材类	林化工业原料类	其他经济类			
总计	41535.3	31204.0	7669.7	421.2	557.5	1683.0	3072.3	369551.8	589073.2
比例（%）	1.8	1.3	0.3	0.0	0.0	0.1	0.1	15.7	25.1
昆明市	1921.9	1391.2	530.7					17007.9	14962.5
曲靖市	2843.3	1691.2	1026.9	15.4	23.9	86.0	159.2	44967.4	79626.6
玉溪市	3988.3	3898.0		9.4	48.4	32.5		3359.9	9864.3
保山市	254.5	250.4		1.5		2.6	36.8	4499.9	8192.1

州市	经济树种（组）						地衣类	草本	无优势树种
	小计	果树类	食用原料类	药材类	林化工业原料类	其他经济类			
昭通市	4779.4	2929.6	1161.9	18.3	156.7	512.9	25.3	38926.3	94333.3
丽江市	4086.7	2694.8	1305.7		53.9	32.3	20.0	39285.9	27220.6
临沧市	8434.5	7054.3	950.5	0.4		429.2	1461.6	19236.3	33017.6
红河州	5251.6	5155.7	48.1	47.7			7.3	63642.9	62659.0
文山州	9398.5	5583.1	2624.9	328.4	274.7	587.5	1362.1	80168.4	247100.0
大理州								249.3	557.1
迪庆州	576.6	555.7	20.9					58207.6	11540.3

3. 优势种起源统计

石漠化土地面积2351936.8 hm²。按优势种起源统计，天然面积1448000.3 hm²，占石漠化土地面积61.6%；人工面积870174.0 hm²，占石漠化土地面积37.0%；飞播面积13384.5 hm²，占石漠化土地面积0.6%；无起源（不存在优势树种）面积20378.0 hm²，占石漠化土地面积0.9%。

石漠化土地按优势种起源所占比例见图2-8。各州市石漠化土地面积按优势种起源统计见表2-9。

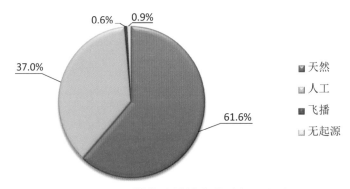

图2-8 石漠化土地按优势种起源占比图

表2-9 各州市石漠化土地面积按优势种起源统计表（单位：hm²）

州市	总计	天然	人工	飞播	无起源
总计	2351936.8	1448000.3	870174.0	13384.5	20378.0
比例（%）	100.0	61.6	37.0	0.6	0.8

续表

州市	总计	天然	人工	飞播	无起源
昆明市	88682.7	60738.2	25838.5	662.0	1444.0
曲靖市	426683.3	271965.8	152933.2	153.3	1631.0
玉溪市	59428.0	33183.9	24717.8	1345.4	180.9
保山市	35518.8	12491.7	16457.9	6542.1	27.1
昭通市	294111.0	163818.1	128601.0	523.2	1168.7
丽江市	258046.7	217262.5	30705.1	223.5	9855.6
临沧市	110788.2	47840.2	61994.9	851.0	102.1
红河州	234507.3	121438.2	109324.6	2743.8	1000.7
文山州	646967.7	350518.6	295534.8	340.1	574.2
大理州	18812.4	17257.7	1469.2		85.5
迪庆州	178390.7	151485.5	22597.0		4308.2

4. 植被综合盖度

石漠化土地面积2351936.8hm²，按植被综合盖度统计，综合盖度在1%～9%的面积为9273.2hm²，占石漠化土地面积0.4%；综合盖度在10%～19%的面积为67658.9hm²，占石漠化土地面积2.9%；综合盖度在20%～29%的面积为57264.7hm²，占石漠化土地面积2.4%；综合盖度在30%～39%的面积为353749.3hm²，占石漠化土地面积15.0%；综合盖度在40%～49%的面积为1168331.9hm²，占石漠化土地面积49.7%；综合盖度在50%～59%的面积为53389.7hm²，占石漠化土地面积2.3%；综合盖度在60%～69%的面积为24370.0hm²，占石漠化土地面积1.0%；综合盖度在70%～79%的面积为1912.6hm²，占石漠化土地面积0.1%；综合盖度在80%～89%的面积为164.0hm²；综合盖度在90%～99%的面积为0.8hm²。非梯土化旱地面积为615821.7hm²，占石漠化土地面积26.2%。

各州市石漠化土地按植被综合盖度统计见表2-10。

表2-10 石漠化土地按植被综合盖度统计表（单位：hm²）

州市	总计	1%~9%	10%~19%	20%~29%	30%~39%	40%~49%
总计	2351936.8	9273.2	67658.9	57264.7	353749.3	1168331.9
比例（%）	100.0	0.4	2.9	2.4	15.0	49.7
昆明市	88682.7	1493.9	2280.2	2963.4	10840.8	47374.3

续表

州市	总计	1%~9%	10%~19%	20%~29%	30%~39%	40%~49%
曲靖市	426683.3	1443.9	11859.5	14119.3	50613.0	254537.7
玉溪市	59428.0	63.4	1584.6	2614.8	13008.5	30786.1
保山市	35518.8	2.2	292.2	166.1	6671.7	18631.4
昭通市	294111.0	2413.2	8153.4	6059.7	30832.7	129517.2
丽江市	258046.7	1875.4	22263.0	7606.2	42867.7	150003.6
临沧市	110788.2		2538.4	1799.7	7128.9	47085.8
红河州	234507.3	1625.9	4125.6	11320.2	25579.4	109342.8
文山州	646967.7	355.4	3835.4	8152.3	92315.6	280140.4
大理州	18812.4		323.8	5.4	1054.9	17023.3
迪庆州	178390.7		10402.8	2457.6	72836.3	83889.3

州市	50%~59%	60%~69%	70%~79%	80%~89%	90%~99%	非梯土化旱地
总计	53389.7	24370.0	1912.6	164.0	0.8	615821.7
比例（%）	2.3	1.0	0.1	0.0	0.0	26.2
昆明市	3522.8	3670.0	40.5			16496.8
曲靖市	5113.6	2483.4	268.2	9.5		86235.2
玉溪市	847.4	667.0		4.6		9851.6
保山市	462.6	437.7	332.5			8522.4
昭通市	11341.0	5518.5	521.3	9.8		99744.2
丽江市	9046.3	3922.0	431.4	59.4		19971.7
临沧市	241.3	548.7		23.3		51422.1
红河州	12764.9	3353.9	277.9	41.9	0.8	66074.0
文山州	8665.0	3465.4	40.8	15.5		249981.9
大理州	95.4	1.9				307.7
迪庆州	1289.3	301.5				7213.9

（六）石漠化土地按实施工程类别统计

石漠化土地面积2351936.8hm²，按实施工程类别统计，石漠化综合治理工程面积153837.5hm²，占石漠化土地面积6.5%；生态公益林保护工程面积179542.6hm²，占石漠化土地面积7.6%；退耕还林还草工程面积10824.2hm²，占石漠化土地面积0.5%；长江珠江防护林工程面积14786.3hm²，占石漠化土地面积0.6%；天然林资源保护工程面积367085.4hm²，占石漠化土地面积15.6%；速生丰产林工程面积112.5hm²；野生动植保护及自然保护区建设工程面积5424.8hm²，占石漠化土地面积0.2%；农业综合开发工程面积2444.5hm²，占石漠化土地面积0.1%；小流域综合治理工程面积176.3hm²；森林抚育工程面积876.0hm²；其他重点工程面积5396.9hm²，占石漠化土地面积0.2%；湿地保护与恢复工程面积2393.6hm²，占石漠化土地面积0.1%；巩固退耕还林成果专项工程面积110.2hm²；财政造林补贴项目面积1790.6hm²，占石漠化土地面积0.1%；植被恢复费造林工程面积375.6hm²；无工程面积1606759.8hm²，占石漠化土地面积68.5%。

石漠化土地各工程类别覆盖情况见图2-9。各州市石漠化土地面积按工程类别统计见表2-11。

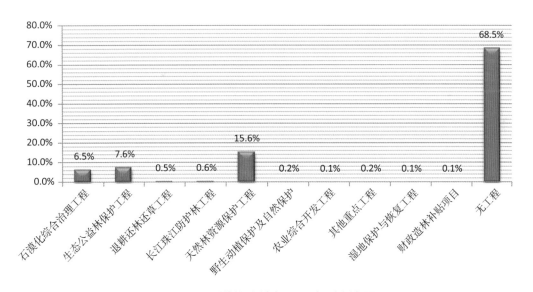

图2-9 石漠化土地各工程类别占比图

表 2-11　各州市石漠化土地按工程类别统计表（单位：hm²）

州市	总计	石漠化综合治理工程	生态公益林保护工程	退耕还林还草工程	长江珠江防护林工程	天然林资源保护工程	速生丰产林工程	野生动植保护及自然保护区建设工程
总计	2351936.8	153837.5	179542.6	10824.2	14786.3	367085.4	112.5	5424.8
比例（%）	100.0	6.5	7.6	0.5	0.6	15.6	0.0	0.2
昆明市	88682.7	5905.2	3116.1	640.9	108.3	19899.6		
曲靖市	426683.3	32433.7	61869.5	1756.8	1649.0	87055.9	112.5	
玉溪市	59428.0	9564.3	13826.9	266.4	1079.5			
保山市	35518.8	2702.4	6684.9	42.7				
昭通市	294111.0	21447.5	4635.7	2602.4	1473.0	73390.9		
丽江市	258046.7	9378.1	6621.1	496.5	8538.0	21738.2		
临沧市	110788.2	5533.1						
红河州	234507.3	20392.1	13210.6	275.3	1192.9	20966.9		212.4
文山州	646967.7	33695.3	69577.9	4234.3	745.5	57494.1		
迪庆州	178390.7	8587.7		508.9		73156.0		5212.4

州市	农业综合开发工程	小流域综合治理工程	森林抚育工程	其他重点工程	湿地保护与恢复工程	巩固退耕还林成果专项工程	财政造林补贴项目	植被恢复费营造林工程	无工程
总计	2444.5	176.3	876.0	5396.9	2393.6	110.2	1790.6	375.6	1606759.8
比例（%）	0.1	0.0	0.0	0.2	0.1	0.0	0.1	0.0	68.5
昆明市			130.8	174.7	76.7			20.3	58610.1
曲靖市	2047.3	43.7	252.9	1204.3	162.7		242.0	11.8	237841.2
玉溪市	37.7			4.2	540.9			20.4	34087.7
保山市				230.3	10.9			77.3	25770.3
昭通市	351.3		0.6	472.3	1394.9			316.0	188026.4
丽江市			391.0	47.1				202.2	210634.5
临沧市					163.4				105091.7
红河州		5.4	86.8	253.1	26.7			85.1	177800.0
文山州	8.2	127.2	13.9	2458.3	94.0	33.4	1134.9	9.8	477340.9
大理州								46.4	1184.2
迪庆州				552.7					90373.0

（七）石漠化土地治理状况

石漠化土地面积2351936.8hm²。按治理现状统计，林草措施面积810765.8hm²，占石漠化土地面积34.5%；农业技术措施面积13981.7hm²，占石漠化土地面积0.6%；工程措施面积72.2hm²；无治理面积1527117.1hm²，占石漠化土地面积64.9%。石漠化土地治理状况见图2-10。

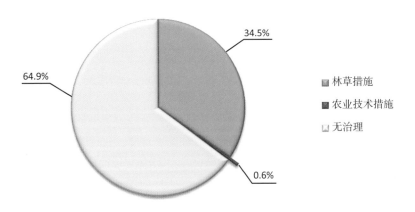

图 2-10 石漠化土地治理状况图

林草措施中，封山管护面积183708.7hm²，占石漠化土地面积7.8%；封山育林育（草）面积507743.0hm²，占石漠化土地面积21.6%；人工造林面积115020.3hm²，占石漠化土地面积4.9%；飞播造林面积38.0hm²；林分改良面积386.4hm²；人工种草面积161.9hm²；草地改良面积10.8hm²；其他林草措施面积3696.7hm²，占石漠化土地面积0.2%。

农业技术措施中，保护性耕作面积13121.1hm²，占石漠化土地面积0.6%；轮作面积7.2hm²；其他农业技术措施面积853.5hm²。

工程措施中，坡改梯工程面积12.2hm²；其他工程措施面积60.0hm²。

各州市石漠化土地按治理现状统计见表2-12。

表2-12 各州市石漠化土地按治理现状统计表（单位：hm²）

州市	总计	林草措施								
		小计	封山管护	封山育林（草）	人工造林	飞播造林	林分改良	人工种草	草地改良	其他林草措施
总计	2351936.8	810765.8	183708.7	507743.0	115020.3	38.0	386.4	161.9	10.8	3696.7
比例(%)	100.0	34.5	7.8	21.6	4.9	0.0	0.0	0.0	0.0	0.2
昆明市	88682.7	32619.3	11626.1	13261.0	7247.1		386.4	90.8		7.9

州市	总计	林草措施								
		小计	封山管护	封山育林（草）	人工造林	飞播造林	林分改良	人工种草	草地改良	其他林草措施
曲靖市	426683.3	193857.9	356.6	175750.4	17740.1				10.8	
玉溪市	59428.0	27345.2	12844.3	4669.7	6403.6					3427.7
保山市	35518.8	9867.2		7811.3	2029.8	13.2		13.0		
昭通市	294111.0	109347.8	3584.6	97072.0	8691.3					
丽江市	258046.7	55712.2	23489.0	26513.5	5709.7					
临沧市	110788.2	14160.3	1149.0	5255.1	7756.2					
红河州	234507.3	65068.4	29012.1	16485.9	19415.9	24.8				129.9
文山州	646967.7	187662.8	101647.1	50405.1	35421.2			58.1		131.3
大理州	18812.4	17628.2		17581.8	46.4					
迪庆州	178390.7	97496.3		92937.2	4559.1					

州市	农业技术措施				工程措施			无治理
	小计	保护性耕作	轮作	其他农业技术措施	小计	坡改梯工程	其他工程措施	
总计	13981.7	13121.1	7.2	853.5	72.2	12.2	60.0	1527117.1
比例（%）	0.6	0.6	0.0	0.0	0.0	0.0	0.0	64.9
昆明市	392.2	324.6		67.6	12.2	12.2		55659.0
曲靖市	4829.8	4829.8						227995.6
玉溪市	237.1	52.8	7.2	177.1				31845.7
保山市	321.2	321.2						25330.4
昭通市	3630.3	3630.3						181132.9
丽江市	264.7	264.7						202069.8
临沧市	56.0	56.0						96571.9
红河州	750.0	564.4		185.6	51.4		51.4	168637.5
文山州	3247.0	2823.9		423.1	8.7		8.7	456049.2
大理州	22.5	22.5						1161.7
迪庆州	230.8	230.8						80663.6

（八）云南省石漠化土地分布现状分析

1. 石漠化土地面积大，程度深

全省石漠化土地面积2351936.8hm²，占岩溶土地面积29.6%。

按地理分布统计分析，文山州石漠化土地面积最大，面积646967.7hm²，占全省石漠化土地总面积27.5%；其次是曲靖市、昭通市、丽江市、红河州，比例分别为18.1%、12.5%、11.0%、10.0%。

按石漠化程度统计分析，全省以轻度和中度石漠化为主，轻度石漠化面积1131068.0hm²，占全省石漠化土地的48.1%，中度石漠化面积972590.7hm²，占全省石漠化土地的41.4%。轻度和中度石漠化的治理相对重度和极重度石漠化的治理要容易一些，为下一步石漠化土地的治理提供较大的土地空间和可行性。

2. 长江流域分布最多

按流域统计分析，长江区石漠化土地分布最广，面积为887404.0hm²，占3大流域石漠化土地面积的37.7%。

3. 岩溶山地面积最大，分布最广

石漠化土地按岩溶地貌统计分析，岩溶山地分布最广，面积2240943.5hm²，占石漠化土地面积95.3%。

4. 林业用地分布最广，林业用地中灌木林地面积最大

石漠化土地按土地利用类型统计分析，林业用地面积1516825.9hm²，占石漠化土地面积64.5%。林业用地中，灌木林地分布最广，面积797159.9hm²，占石漠化土地面积的33.9%。

5. 灌木型分布最广，起源以天然的面积最大，植被综合盖度40%~49%面积最大

石漠化土地按植被类型统计分析，灌木型分布最广，面积823258.0hm²，占石漠化土地面积的35.0%。

按优势种起源统计，起源为天然的分布最广，面积1448000.3hm²，占石漠化土地面积61.6%。

植被综合盖度统计中，以范围为40%~49%的植被综合盖度分布最广，面积1168331.9hm²，占石漠化土地面积49.7%。

6. 土地利用变化相对稳定

按土地利用变化原因统计分析，稳定无变化分布最广，面积1527117.0hm²，占石漠化土地面积64.9%。其次为其他因素、人为因素、自然因素。

人为因素中，以营造林措施面积最大，面积469003.0hm²，占石漠化土地面积19.9%。

自然因素中，自然修复面积最大，面积371774.9hm²，占石漠化土地面积15.8%。

其他因素中，技术因素面积最大，面积1053919.7 hm²，占石漠化土地面积4.5%。

7. 天然林资源保护工程实施面积最大，生态公益林工程和石漠化综合治理工程次之

石漠化土地按工程类别统计分析，天然林资源保护工程实施面积最大，面积367085.4 hm²，占石漠化土地面积15.6%，其次生态公益林保护工程、石漠化综合治理工程，分别为7.6%和6.5%。

8. 治理现状中以林草植被恢复为主

石漠化土地治理因素中，林草措施面积810765.8 hm²，占石漠化土地面积34.5%。

三、潜在石漠化土地

（一）潜在石漠化土地状况

岩溶地区潜在石漠化土地面积2041711.9 hm²，占岩溶地区土地面积的25.7%。按州市统计：

各州市潜在石漠化土地占岩溶土地面积比例如图2-11。

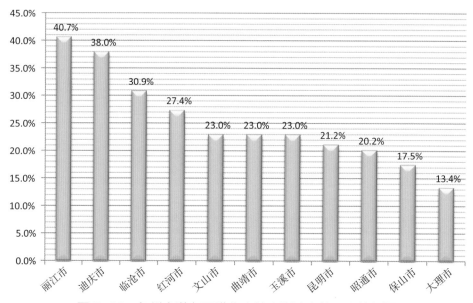

图2-11　各州市潜在石漠化土地占岩溶土地面积比例图

昆明市潜在石漠化土地面积116299.0 hm²，占昆明市岩溶土地面积21.2%；曲靖市潜在石漠化土地面积335785.0 hm²，占曲靖市岩溶土地面积23.0%；玉溪市潜在石漠化土地面积44784.6 hm²，占玉溪市岩溶土地面积23.0%；保山市潜在石漠化土地面积60311.2 hm²，占保山市岩溶土地面积17.5%；昭通市潜在石漠化土地面积242438.9 hm²，占昭通市岩溶土地面积20.2%；丽江市潜在石漠化土地面积318356.1 hm²，占丽江市岩

溶土地面积40.7%；临沧市潜在石漠化土地面积147898.0hm²，占临沧市岩溶土地面积30.9%；红河州潜在石漠化土地面积284611.3hm²，占红河州岩溶土地面积27.4%；文山州潜在石漠化土地面积311117.8hm²，占文山州岩溶土地面积23.0%；大理州潜在石漠化土地面积13344.5hm²，占大理州岩溶土地面积13.4%；迪庆州潜在石漠化土地面积166765.6hm²，占迪庆州岩溶地区土地面积38.0%。

各州市潜在石漠化土地面积按地理统计见表2-13，详见附录二。

表2-13　潜在石漠化土地面积按地理统计表

州市	岩溶区土地 /hm²	潜在石漠化土地 /hm²	比例 /%
总计	7941352.0	2041711.9	25.7
昆明市	548302.1	116299.0	21.2
曲靖市	1461339.6	335785.0	23.0
玉溪市	194479.4	44784.6	23.0
保山市	344304.5	60311.2	17.5
昭通市	1200899.2	242438.9	20.2
丽江市	781746.2	318356.1	40.7
临沧市	479091.9	147898.0	30.9
红河州	1039648.5	284611.3	27.4
文山州	1352451.1	311117.8	23.0
大理州	99752.5	13344.5	13.4
迪庆州	439336.9	166765.6	38.0

（二）潜在石漠化土地利用类型结构

潜在石漠化土地面积2041711.9hm²，按土地利用类型统计，林地面积1931511.3hm²，占潜在石漠化土地面积94.6%；农地面积108451.4hm²，占潜在石漠化土地面积5.3%；草地面积1749.2hm²，占潜在石漠化土地面积0.1%。

林地中，有林地面积1283762.2hm²，占潜在石漠化土地面积62.9%；灌木林地面积647749.1hm²，占潜在石漠化土地面积31.7%。农地均为梯土化旱地。草地中，天然草地面积1440.3hm²，占潜在石漠化土地面积0.1%；改良草地面积222.9hm²；人工草地面积86.0hm²。各州市潜在石漠化土地面积按土地利用类型统计见表2-14。

表2-14　各州市潜在石漠化土地面积按土地利用类型统计表（单位：hm²）

州市	合计	林地			农地	草地			
		小计	有林地	灌木林地	梯土化旱地	小计	天然草地	改良草地	人工草地
合计	2041711.9	1931511.3	1283762.2	647749.1	108451.4	1749.2	1440.3	222.9	86.0
比例(%)	100.0	94.6	62.9	31.7	5.3	0.1	0.1	0.0	0.0
昆明市	116299.0	114966.3	84073.7	30892.6	1228.3	104.4	18.4		86.0
曲靖市	335785.0	285595.0	248585.1	37009.8	50190.0				
玉溪市	44784.6	43143.7	30641.9	12501.9	1640.9				
保山市	60311.2	60151.4	35292.2	24859.2	159.8				
昭通市	242438.9	225101.1	99995.9	125105.2	17202.6	135.2	117.5	17.7	
丽江市	318356.1	318153.6	260557.5	57596.1	150.6	51.9	51.9		
临沧市	147898.0	146788.3	120463.9	26324.4	752.9	356.8	356.8		
红河州	284611.3	257626.6	119926.8	137699.9	26908.6	76.1		76.1	
文山州	311117.8	301222.7	123397.3	177825.4	9766.0	129.1		129.1	
大理州	13344.5	12999.2	8695.0	4304.1	345.3				
迪庆州	166765.6	165763.4	152132.9	13630.5	106.5	895.7	895.7		

（三）潜在石漠化土地流域分布

1. 按一级流域统计

长江区流域面积796655.7hm²，占潜在石漠化土地面积39.0%；珠江区流域面积649680.0hm²，占潜在石漠化土地面积31.8%；西南诸河区面积595376.2hm²，占潜在石漠化土地面积29.2%。

2. 按二级流域统计

长江区中，金沙江石鼓以上流域面积37565.2hm²，占潜在石漠化土地面积1.8%；金沙江石鼓以下流域面积759090.5hm²，占潜在石漠化土地面积37.2%。珠江区中，南盘江、北盘江流域面积649680.0hm²，占潜在石漠化土地面积31.8%。西南诸河中，红河流域面积309158.2hm²，占潜在石漠化土地面积15.1%；澜沧江流域面积148733.9hm²，占潜在石漠化土地面积7.3%；怒江流域面积137484.1hm²，占潜在石漠化土地面积6.7%。

3. 按三级流域统计

长江区中，金沙江石鼓以上直门达至石鼓流域面积37565.2hm²，占潜在石漠化土地面积1.8%；金沙江石鼓以下干流面积759090.5hm²，占潜在石漠化土地面积37.2%。珠江区中，北盘江面积94644.0hm²，占潜在石漠化土地面积4.6%；南盘江面积555036.0hm²，占潜在石漠化土地面积27.2%。西南诸河区中，红河水系元江流域面积46386.8hm²，占潜在石漠化土地面积2.3%；红河水系盘龙江流域面积262771.4hm²，占潜在石漠化土地面积12.9%。澜沧江沘江口以上流域面积78008.9hm²，占潜在石漠化土地面积3.8%；澜沧江沘江口以下流域面积70725.1hm²，占潜在石漠化土地面积3.5%。怒江勐古以上流域面积37848.7hm²，占潜在石漠化土地面积1.9%；怒江勐古以下流域面积99635.4hm²，占潜在石漠化土地面积4.9%。潜在石漠化土地各二级流域占比见图2-12。各州市潜在石漠化土地面积按流域统计见表2-15。

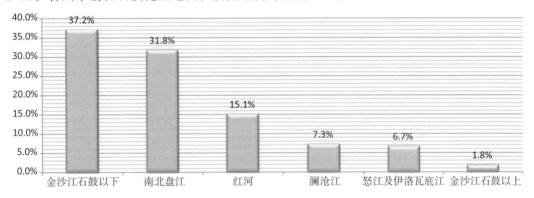

图2-12 潜在石漠化土地各二级流域占比图

表2-15 各州市潜在石漠化土地面积按流域统计表（单位：hm²）

州市	合计	长江区			珠江区		
		小计	金沙江石鼓以上	金沙江石鼓以下	南盘江、北盘江		
			直门达至石鼓	石鼓以下干流	小计	北盘江	南盘江
总计	2041711.9	796655.7	37565.2	759090.5	649680.0	94644.0	555036.0
比例（%）	100.0	39.0	1.8	37.2	31.8	4.6	27.2
昆明市	116299.0	60322.0		60322.0	55977.0		55977.0
曲靖市	335785.0	73437.6		73437.6	262347.4	94644.0	167703.4
玉溪市	44784.6				30850.7		30850.7
保山市	60311.2						
昭通市	242438.9	242438.9	14.3	242424.6			
丽江市	318356.1	317013.8	12915.3	304098.5			
临沧市	147898.0						
红河州	284611.3				169974.1		169974.1
文山州	311117.8				130530.6		130530.6

州市	合计	长江区			珠江区		
		小计	金沙江石鼓以上	金沙江石鼓以下	南盘江、北盘江		
			直门达至石鼓	石鼓以下干流	小计	北盘江	南盘江
大理州	13344.5	13344.5		13344.5			
迪庆州	166765.6	90099.0	24635.6	65463.4			

州市	西南诸河区									
	合计	红河			澜沧江			怒江		
		小计	元江	盘龙江	小计	沘江口以上	沘江口以下	小计	怒江勐古以上	怒江勐古以下
总计	595376.2	309158.2	46386.8	262771.4	148733.9	78008.9	70725.1	137484.1	37848.7	99635.4
比例（%）	29.2	15.1	2.3	12.9	7.3	3.8	3.5	6.7	1.9	4.9
玉溪市	13933.9	13933.9	13933.9							
保山市	60311.2				13239.1		13239.1	47072.0	37848.7	9223.3
丽江市	1342.3				1342.3	1342.3				
临沧市	147898.0				57485.9		57485.9	90412.0		90412.0
红河州	114637.2	114637.2	32453.0	82184.2						
文山州	180587.2	180587.2		180587.2						
迪庆州	76666.6				76666.6	76666.6				

（四）潜在石漠化土地岩溶地貌分布

岩溶地区潜在石漠化土地面积2041711.9hm^2。按岩溶地貌统计，峰丛洼地面积39103.5hm^2，占潜在石漠化土地面积1.9%；孤峰残丘及平原面积19.6hm^2；岩溶丘陵面积974.0hm^2；岩溶峡谷面积13136.9hm^2，占潜在石漠化土地面积0.6%；岩溶断陷盆地面积11890.7hm^2，占潜在石漠化土地面积0.6%；岩溶山地面积1976587.2hm^2，占潜在石漠化土地面积96.9%。

各州市潜在石漠化土地面积按岩溶地貌统计见表2-16。

表2-16　各州市潜在石漠化土地面积按岩溶地貌统计表（单位：hm^2）

州市	合计	峰丛洼地	孤峰残丘及平原	岩溶丘陵	岩溶峡谷	岩溶断陷盆地	岩溶山地
合计	2041711.9	39103.5	19.6	974.0	13136.9	11890.7	1976587.2
比例（%）	100.0	1.9	0.0	0.0	0.6	0.6	96.9

州市	合计	峰丛洼地	孤峰残丘及平原	岩溶丘陵	岩溶峡谷	岩溶断陷盆地	岩溶山地
昆明市	116299.0	17728.5			1074.3	514.5	96981.7
曲靖市	335785.0	4442.4	19.6		2720.7	1708.3	326894.0
玉溪市	44784.6				1860.2	9667.9	33256.5
保山市	60311.2						60311.2
昭通市	242438.9	177.9		37.0	5423.7		236800.3
丽江市	318356.1				2055.4		316300.7
临沧市	147898.0				2.6		147895.4
红河州	284611.3	12964.0					271647.3
文山州	311117.8	3790.8		937.1			306389.9
大理州	13344.5						13344.5
迪庆州	166765.6						166765.6

（五）潜在石漠化土地植被类型、种类及植被综合盖度面积结构

1. 植被类型统计

岩溶地区潜在石漠化土地面积2041711.9hm²。接植被类型统计，乔木型面积1283762.2hm²，占潜在石漠化土地面积62.9%；灌木型面积647749.1hm²，占潜在石漠化土地面积31.7%；草丛型面积1749.2hm²，占潜在石漠化土地面积0.1%；旱地作物型面积108451.4hm²，占潜在石漠化土地面积5.3%。潜在石漠化土地各植被类型占比见图2-13。各州市潜在石漠化土地面积按植被类型统计见表2-17。

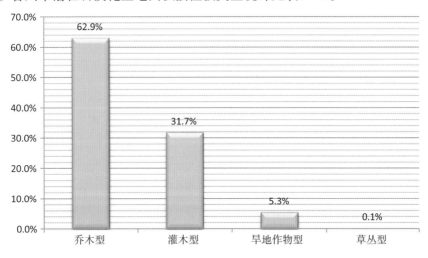

图2-13 潜在石漠化土地各植被类型占比图

表 2-17　各州市潜在石漠化土地面积按植被类型统计表（单位：hm^2）

州市	合计	乔木型	灌木型	草丛型	草地作物型
合计	2041711.9	1283762.2	647749.1	1749.2	108451.4
比例（%）	100.0	62.9	31.7	0.1	5.3
昆明市	116299.0	84073.7	30892.6	104.4	1228.3
曲靖市	335785.0	248585.1	37009.8		50190.1
玉溪市	44784.6	30641.9	12501.9		1640.8
保山市	60311.2	35292.2	24859.2		159.8
昭通市	242438.9	99995.9	125105.2	135.2	17202.6
丽江市	318356.1	260557.5	57596.1	51.9	150.6
临沧市	147898.0	120463.9	26324.4	356.8	752.9
红河州	284611.3	119926.8	137699.9	76.1	26908.5
文山州	311117.8	123397.3	177825.4	129.1	9766.0
大理州	13344.5	8695.0	4304.1		345.4
迪庆州	166765.6	152132.9	13630.5	895.7	106.5

2. 优势植物种（组）统计

潜在石漠化土地按优势树种（组）统计，乔木树种（组）面积1271941.2hm^2，占潜在石漠化土地面积62.3%；竹林树种（组）面积5709.2hm^2，占潜在石漠化土地面积0.3%；经济树种（组）面积20431.7hm^2，占潜在石漠化土地面积1.0%；其他灌木树种（组）面积641824.3hm^2，占潜在石漠化土地面积31.4%；草本面积3979.7hm^2，占潜在石漠化土地面积0.2%；地衣类面积77.0hm^2；无优势树种面积97748.8hm^2，占潜在石漠化土地面积4.8%。

乔木树种（组）中，针叶树种（组）面积864942.8hm^2，占潜在石漠化土地面积42.4%；阔叶树种（组）面积364753.5hm^2，占潜在石漠化土地面积17.9%；混交树种组面积42244.9hm^2，占潜在石漠化土地面积2.1%。经济树种（组）中，果树类面积12366.0hm^2，占潜在石漠化土地面积0.6%；食用原料类面积6688.7hm^2，占潜在石漠化土地面积0.3%；药材类面积224.3hm^2；林化工业原料类面积217.4hm^2；其他经济类面积935.2hm^2。各州市潜在石漠化土地面积按优势树种（组）统计见表2-18。

表 2-18　各州市潜在石漠化土地面积按优势树种（组）统计表（单位：hm²）

州市	合计	乔木树种（组）				竹林树种（组）	其他灌木树种（组）	草本
		小计	针叶树种（组）	阔叶树种（组）	混交树种组			
合计	2041711.9	1271941.2	864942.8	364753.5	42244.9	5709.2	641824.3	3979.7
比例（%）	100.0	62.3	42.4	17.9	2.1	0.3	31.4	0.2
昆明市	116299.0	83221.8	59153.5	16763.2	7305.1	14.2	30903.7	104.4
曲靖市	335785.0	253452.9	219597.8	23686.4	10168.7	113.2	37841.5	1309.1
玉溪市	44784.6	30053.5	25248.6	4458.9	346.0	81.1	11752.6	
保山市	60311.2	34924.8	26518.0	8352.6	54.2		24871.0	17.2
昭通市	242438.9	94801.8	44800.8	47940.9	2060.2	4548.0	122568.9	450.8
丽江市	318356.1	258920.2	244579.9	12467.4	1872.9	13.9	57155.7	183.4
临沧市	147898.0	115847.8	13992.9	101031.3	823.5	313.4	24448.1	420.3
红河州	284611.3	118891.8	51592.3	56097.9	11201.6	462.5	137532.8	428.1
文山州	311117.8	121116.7	39310.3	77219.4	4586.9	67.0	176815.5	165.7
大理州	13344.5	8695.0	8075.3	619.8			4304.1	
迪庆州	166765.6	152014.8	132073.3	16115.7	3825.8	96.0	13630.5	900.7

州市	经济树种（组）						地衣类	无优势种
	小计	果树类	食用原料类	药材类	林化工业原料类	其他经济类		
合计	20431.7	12366.0	6688.7	224.3	217.4	935.2	77.0	97748.8
比例（%）	1.0	0.6	0.3	0.0	0.0	0.0	0.0	4.8
昆明市	946.0	888.3	57.7					1108.9
曲靖市	917.5	724.5	169.8	8.2	10.2	4.8	23.3	42127.5
玉溪市	1279.4	1264.1	15.3					1618.0
保山市	373.5	367.4	6.1					124.7
昭通市	4539.8	1171.5	2385.2	27.7	64.2	891.2		15529.6
丽江市	2063.8	1643.5	369.9	6.6	43.8			19.1
临沧市	6179.0	4302.7	1874.0	2.3			52.3	637.1
红河州	876.2	737.3	65.3	69.8		3.7	1.4	26418.5
文山州	3234.5	1244.6	1745.4	109.6	99.3	35.5		9718.4
大理州								345.4
迪庆州	22.1	22.1						101.5

3. 植被综合盖度统计

岩溶地区潜在石漠化土地面积2041711.9hm²。按植被综合盖度统计，综合盖度50%~59%的面积562493.3hm²，占潜在石漠化土地面积27.6%；综合盖度60%~69%的面积618715.8hm²，占潜在石漠化土地面积30.3%；综合盖度70%~79%的面积484511.1hm²，占潜在石漠化土地面积23.7%；综合盖度80%~89%的面积203823.1hm²，占潜在石漠化土地面积10.0%；综合盖度90%~99%的面积63717.1hm²，占潜在石漠化土地面积3.1%；梯土化旱地面积108451.5hm²，占潜在石漠化土地面积5.3%。

各州市潜在石漠化土地面积按植被综合盖度统计见表2-19。

表2-19　各州市潜在石漠化土地面积按植被综合盖度统计表（单位：hm²）

州市	合计	50%~59%	60%~69%	70%~79%	80%~89%	90%~99%	无盖度（梯土化旱地）
合计	2041711.9	562493.3	618715.8	484511.1	203823.1	63717.1	108451.5
比例（%）	100.0	27.6	30.3	23.7	10.0	3.1	5.3
昆明市	116299.0	37442.3	31037.2	24865.7	14412.5	7312.9	1228.4
曲靖市	335785.0	102736.4	94299.4	63123.7	23827.2	1608.3	50190.0
玉溪市	44784.6	15535.0	15469.9	7130.6	3905.1	1103.1	1640.9
保山市	60311.2	12824.8	15999.7	23432.4	7279.3	615.2	159.8
昭通市	242438.9	63921.9	75572.0	59752.1	21289.5	4700.8	17202.6
丽江市	318356.1	122562.5	97653.1	61267.4	25647.0	11075.5	150.6
临沧市	147898.0	45382.1	40083.3	39557.5	5373.9	16748.3	752.9
红河州	284611.3	64694.5	70800.7	88496.1	29063.2	4648.2	26908.6
文山州	311117.8	72011.9	116975.5	67671.1	37307.0	7386.3	9766.0
大理州	13344.5	5120.1	4852.2	2726.9	300.0		345.3
迪庆州	166765.6	20261.8	55972.7	46487.5	35418.6	8518.6	106.4

（六）潜在石漠化土地治理状况

岩溶地区潜在石漠化土地面积2041711.9hm²。按治理现状统计，林草措施面积958669.8hm²，占潜在石漠化面积47.0%；农业技术措施面积10221.4hm²，占潜在石漠化面积0.5%；工程措施面积9348.9hm²，占潜在石漠化面积0.5%。无工程措施面积1063471.8hm²，占潜在石漠化面积52.0%。潜在石漠化土地治理状况见图2-14。

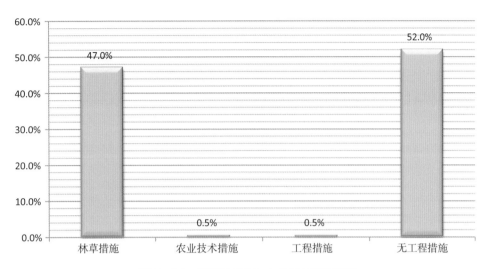

图2-14　潜在石漠化土地治理状况图

林草措施中，封山管护面积261096.5hm²，占潜在石漠化土地面积12.8%；封山育林（草）面积588274.4hm²，占潜在石漠化土地面积28.8%；人工造林面积101812.0hm²，占潜在石漠化土地面积5.0%；飞播造林面积355.8hm²；林分改良面积23.7hm²；人工种草面积30.0hm²；草地改良面积76.1hm²；其他林草措施面积7001.3hm²。

农业技术措施中，保护性耕作面积8964.8hm²，占潜在石漠化土地面积0.4%；轮作面积20.1hm²；其他农业措施面积1236.6hm²，占潜在石漠化土地面积0.1%。

工程措施中，坡改梯工程9315.0hm²，占潜在石漠化土地面积0.5%；其他工程34.0hm²。

各州市潜在石漠化土地面积按治理现状统计见表2-20。

表2-20　各州市潜在石漠化土地面积按治理现状统计表（单位：hm²）

州市	合计	林草措施									
		小计	封山管护	封山育林（草）	人工造林	飞播造林	林分改良	人工种草	草地改良	其他林草措施
合计	2041711.9	958669.8	261096.5	588274.4	101812.0	355.8	23.7	30.0	76.1	7001.3
比例（%）	100.0	47.0	12.8	28.8	5.0	0.0	0.0	0.0	0.0	0.3
昆明市	116299.0	48914.5	17066.8	21691.1	9976.8	15.5	17.3	20.7		126.4
曲靖市	335785.0	187275.2	21729.9	151713.3	13767.7	64.4				
玉溪市	44784.6	26745.3	9574.1	7766.6	2955.6					6448.9
保山市	60311.2	27717.5	3451.3	19770.6	4328.7	167.0				
昭通市	242438.9	129221.4	12197.9	104417.1	12574.5	31.9				
丽江市	318356.1	79720.0	40931.3	35331.5	3260.6					196.6

州市	合计	林草措施								
		小计	封山管护	封山育林（草）	人工造林	飞播造林	林分改良	人工种草	草地改良	其他林草措施
临沧市	147898.0	12583.7	1431.6	6687.6	4464.4					
红河州	284611.3	135769.1	53639.1	51738.4	30228.0	77.0			76.1	10.5
文山州	311117.8	151082.5	99012.9	34418.5	17416.6		6.4	9.3		218.9
大理州	13344.5	10750.6	1285.8	9460.1	4.7					
迪庆州	166765.6	148890.0	775.9	145279.7	2834.5					

州市	农业技术措施				工程措施			无治理
	小计	保护性耕作	轮作	其他农业措施	小计	坡改梯工程	其他工程措施	
合计	10221.4	8964.8	20.1	1236.6	9348.9	9315.0	34.0	1063471.8
比例（%）	0.5	0.4	0.0	0.1	0.5	0.5	0.0	52.0
昆明市	118.2	118.2						67266.3
曲靖市	5249.5	5249.5			1155.8	1155.8		142104.5
玉溪市	3.9	3.9			15.7	15.7		18019.7
保山市	2.1	2.1			28.5	28.5		32563.1
昭通市	3283.3	3283.3			1534.5	1534.5		108399.7
丽江市	9.0	9.0						238627.1
红河州	265.0	172.5	20.1	72.3	1225.4	1224.7	0.8	147351.8
文山州	1281.3	117.1		1164.2	5331.6	5298.4	33.2	153422.4
大理州								2593.9
迪庆州	9.3	9.3			6.9	6.9		17859.4

第三节　石漠化土地分布特点、成因和危害

一、石漠化土地分布特点

（一）主要集中分布于滇东、滇东南地区

　　云南省属于岩溶及石漠化土地分布较为广泛的省份之一。岩溶土地监测范围主要涉及滇西北、滇中、滇东、滇东南、滇西南共11个州市65个县，石漠化土地总面积2351936.8 hm²。从石漠化土地空间分布来看，石漠化土地虽广泛分布，但规模相对集中，主要分布在滇东地区的曲靖市和昭通市，滇东南地区的红河州和文山州，这4个州市的石漠化土地面积达到1602269.3 hm²，占监测区石漠化土地总面积的68.1%。

（二）石漠化土地程度以轻、中度为主

全省石漠化土地以轻、中度为主，轻度石漠化面积1131068.6hm²，占石漠化土地面积48.1%，中度石漠化土地面积972590.7hm²，占石漠化土地面积41.4%，轻度和中度占石漠化土地面积89.5%。数据表明全省石漠化土地以轻度和中度为主，给石漠化土地的治理提供了广大的空间。

轻度石漠化土地中，曲靖市轻度石漠化面积259346.1hm²，文山州轻度石漠化面积252733.3hm²，分别占到全省轻度石漠化土地总面积的22.9%、22.3%，这两个州市轻度石漠化占全省比例较大，分布较广，其次是丽江市、昭通市、红河州。

在中度石漠化土地中，文山州中度石漠化面积306215.9hm²，占中度石漠化土地面积31.5%，所占比例最高，其次是昭通市、曲靖市、红河州、迪庆州等地区。

全省重度石漠化土地面积190726.5hm²，占全省石漠化土地面积8.1%。而文山州重度石漠化土地面积83064.1hm²，占重度石漠化土地面积43.6%，相对其他州市较为集中分布，所占比例最高，其次是曲靖市、红河州、昭通市等地区。

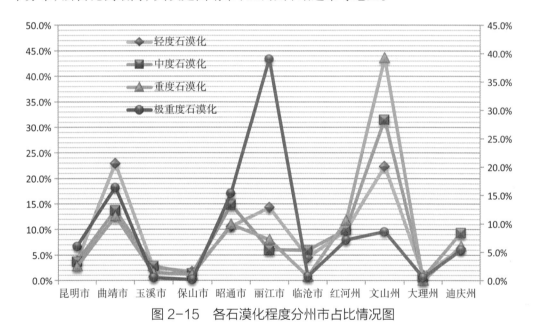

图2-15　各石漠化程度分州市占比情况图

全省极重度石漠化土地面积57551.0hm²，占全省石漠化土地面积2.4%。由于地理区位、气候的特殊性，丽江市极重度石漠化土地面积22455.6hm²，占到极重度石漠化土地总面积的39.0%，所占比例最高，其次是曲靖市、昭通市等地区。

由此可见，轻、中度石漠化土地主要分布在岩溶土地分布较广的滇东、滇东北、滇东南等地区；重度石漠化土地重点分布在滇东南、滇东北地区；极重度石漠化土地重点分布在滇西、滇东北的高山峡谷、高海拔地区。各石漠化程度分州市占比情况见图2-15。

（三）坡度越大，石漠化土地发生率越高

岩溶区岩溶地貌以岩溶山地地貌为主，岩溶山地面积占岩溶区土地面积的95.7%。区域内因受大地构造运动的影响，塑造了陡峭而破碎的山地地形特征，坡度越大，水土流失越严重，石漠化土地发生率越高。

据《云南省水土流失调查成果公告》（云南省水利厅，2015）显示，文山州、红河州、曲靖市、昭通市属云南省水土流失最为严重地区；金沙江流域、红河流域、南北盘江流域属云南省水土流失最为严重流域。结果也从另一个角度验证了云南省石漠化土地现状。

根据石漠化土地现状，从石漠化土地的坡度分布来看，坡度15°及以上的石漠化土地面积1871655.0 hm²，占石漠化土地面积79.6%。其中坡度25°及以上的石漠化土地面积1053240.8 hm²，占石漠化土地面积44.8%。

从石漠化程度的坡度分布来看，石漠化程度越高，陡峭山地所占的比例越大。其中，轻度石漠化土地中，25°及以上的石漠化土地占42.0%；中度石漠化土地中，25°及以上的石漠化土地占44.5%；重度石漠化土地中，25°及以上的石漠化土地占55.9%；极重度石漠化土地中，25°及以上的石漠化土地占67.9%。

从各坡度级石漠化土地发生率来看，岩溶地区呈现坡度越大，石漠化土地发生率越高的规律。石漠化土地按坡度级统计见表2-21。坡度级石漠化土地发生率统计见表2-22。

表2-21　石漠化土地按坡度级统计表

坡度	石漠化									
	合计	比例/%	轻度石漠化/hm²	比例/%	中度石漠化/hm²	比例/%	重度石漠化/hm²	比例/%	极重度石漠化/hm²	比例/%
合计	2351936.8	100.0	1131068.6	48.1	972590.7	41.4	190726.5	8.1	57551.0	2.5
<5°	43552.8	1.9	20009.6	1.8	20685.9	2.1	2118.9	1.1	738.4	1.3
5~14°	436729.0	18.6	200429.3	17.7	205403.1	21.1	23897.4	12.5	6999.2	12.2
15~24°	818414.2	34.8	436118.8	38.6	313574.4	32.2	58004.7	30.4	10716.3	18.6
25~34°	776682.1	33.0	373306.6	33.0	320555.9	33.0	64313.8	33.7	18505.9	32.2
35~44°	193993.4	8.2	75301.4	6.6	84180.8	8.7	26212.1	13.7	8299.2	14.4
≥45°	82565.3	3.5	25903.0	2.3	28190.7	2.9	16179.6	8.5	12292.0	21.4

表2-22　坡度级石漠化土地发生率统计表

坡度	岩溶面积/hm²	石漠化面积/hm²	石漠化土地发生率/%
合计	7941352.0	2351936.8	29.6
<5°	480003.0	43552.8	9.1
5~14°	2046452.7	436729.0	21.3

坡度	岩溶面积 /hm²	石漠化面积 /hm²	石漠化土地发生率 /%
15~24°	2858736.4	818414.2	28.6
25~34°	1968726.5	776682.1	39.5
35~44°	386161.8	193993.4	50.2
≥ 45°	201271.6	82565.3	41.0

（四）石漠化土地主要分布区域经济发展滞后

石漠化土地主要集中分布在滇东地区的曲靖市和昭通市，滇东南地区的红河州和文山州，这4个州市的石漠化土地面积占监测区石漠化土地总面积的68.1%。

石漠化的分布与贫困有着很大的关系。一般来说，石漠化比较严重的地区，贫困问题也比较严重。石漠化重点集中分布的大部分县市是云南集中连片的特困地区。其中曲靖市师宗县、罗平县纳入滇黔桂石漠化片区，会泽县和宣威县纳入乌蒙山区；文山（8个市区）有砚山县、西畴县、麻栗坡县、马关县、丘北县、广南县、富宁县7个县纳入滇黔桂石漠化片区；红河州屏边和泸西2县纳入滇黔桂石漠化片区外，石屏县、元阳县、红河县、金平县、绿春县5个县纳入滇西边境地区。昭通（共11个县区）虽没有县纳入滇黔桂石漠化片区，但昭通有昭阳区、鲁甸县、巧家县、盐津县、大关县、永善县、绥江县、镇雄县、彝良县、威信县10个县纳入滇西边境地区片区。

石漠化土地主要分布于经济落后、生活贫困和少数民族聚集的地区。据统计，监测区内有少数民族自治县12个，少数民族人口超过760万。国家扶贫重点县32个。其中，云南省石漠化土地分布较为集中的滇东、滇东南地区就有21个国家扶贫重点县，占监测区国家扶贫重点县总数的65.6%；此外，该区域人口密度大，占监测区人口总数的61.2%。

石漠化土地主要分布区域经济发展滞后，农民人均纯收入与全省农民人均纯收入差距较大，与非石漠化地区农民人均纯收入差距就更为明显，石漠化与贫困伴生，形成恶性循环。因此，土地石漠化问题将会导致区域生存环境恶化、区域贫富差距拉大，易导致社会动荡，不利于社会安定和民族团结。

二、石漠化土地成因

云南岩溶地区石漠化的存在和形成，主要是自然因素与人为因素双重影响的结果，自然因素是石漠化形成的基础，人为因素是加剧石漠化的主要原因。岩溶是在热带、亚热带湿润—半湿润、半干旱气候条件下发育，温暖湿润气候为岩溶发育提供了必要的侵蚀动力，特定的地质环境背景决定了其生态环境的脆弱性，表现在碳酸盐岩致密坚硬、生态敏感度高、环境容量低、抗干扰能力弱。在这种类型区，森林植被一旦遭到人为破坏，水土流失将十分严重，会直接导致土地承载力下降、岩石裸露，耕地减少，石漠化程度的加深和面积的不断扩大。

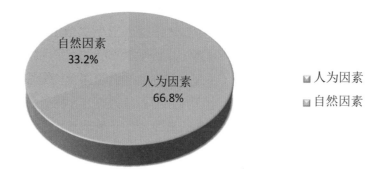

图 2-16　石漠化土地成因占比图

根据2005年《云南省岩溶区石漠化监测报告》，岩溶土地面积7912482.9hm²，其中，石漠化土地面积2881399.2hm²，占岩溶土地面积36.4%；未发生石漠化土地（含潜在石漠化和非石漠化土地）面积5031083.7hm²，占岩溶土地面积63.6%。石漠化土地按成因统计，人为因素的面积1925393.7hm²，占石漠化土地面积66.8%；自然因素的面积956006.5hm²，占33.2%。石漠化土地成因中人为因素占主导，主要是人为活动造成石漠化的形成和发展。石漠化土地成因见图2-16。

（一）人为因素

岩溶地区石漠化形成的人为因素主要为毁林（草）开垦、过牧、过度樵采、火烧、工矿工程建设、工业污染、不适当经营方式等其他人为因素。

1.毁林（草）开垦

由于受地形、地貌和人类活动历史等因素的影响，岩溶地区可利用的土地资源并不很丰富，尤其是耕地资源十分稀缺。据云南省第二次全国土地调查主要数据成果显示，以2009年12月31日为标准时点统计，云南全省耕地数为624.39万hm²（9365.84万亩*），全省人均耕地数为0.137hm²（2.05亩）。从人均耕地面积看，2009年，全省人均耕地略高于全国人均耕地0.101hm²（1.52亩），但仍明显低于世界人均耕地0.225hm²（3.38亩）水平，而同期岩溶地区人均耕地仅为0.99亩。

20世纪90年代之前，岩溶地区农村刀耕火种、毁林（草）开荒的行为十分普遍。加上岩溶地区生态环境脆弱，耕地储备资源不多，造成人地关系十分紧张。区内许多村民为了满足新增人口口粮的需要，将一些不宜耕作的土地开垦为耕地。其中真正可供开发的优质耕地主要分布在岩溶洼地、岩溶盆地、岩溶谷地以及河谷地区，这些地方的土地地

---

* 注：1亩≈666.67m²（下同）。

形平坦，土壤深厚，分布连片，灌溉条件较好，适合开发为耕地。而在坡度较大的岩溶山区，土壤贫瘠，分布零星，水源条件差，不合适开垦。一旦被开垦为耕地后，极易引发水土流失，而水土流失引发土地石漠化发生和蔓延。研究表明，岩溶地区成土速度缓慢，每形成1cm厚的土壤，大约需要1万年的时间。而植被破坏后的水土流失速度远大于土壤形成的速度。在岩溶地区人口的增长给土地造成巨大的压力，不少新开垦的耕地几乎都是坡耕地，这些地方往往也是石漠化的重灾区。岩溶地区中造成土地石漠化的人为因素中，毁林（草）开垦是较为重要的因素，占到了人为因素的18.1%。

2. 过度樵采

近百年来，云南也经历了如20世纪50年代的大炼钢铁、分山到户等政策。这段时间内，大量林木被采伐，岩溶地区森林植被遭受毁灭性破坏，从而发生了大面积的土地石漠化，形成西南地区的重大生态灾害。

从岩溶地区的现实情况来看，人们之所以过度樵采、乱砍滥伐等，最主要的原因是随着人口的增加，农村能源消费需求和数量急剧上涨，农村能源供给短缺和结构不合理的矛盾日益突出，人们为了生存和发展，向环境索取了过多的生产生活和燃料资源。由于能源短缺，人们长期以樵采植物作为薪材等主要能源，过度依靠对森林资源的掠夺性开采，缓解和解决能源缺乏的问题。据统计，农村能源消耗的森林资源占全国森林资源消耗总量的30%~40%，偏远山区高达50%，有的甚至达到80%以上。森林植被是生态环境的生命线，人为破坏和大量消耗导致森林生态系统的稳定性、抗旱能力、生物量、生态涵养能力等都逐渐下降，从而造成"森林植被减少 — 水土流失 — 裸岩 — 石漠化"的生态演替过程。过度樵采是人为因素之首，据第一次监测数据统计，人为因素形成的石漠化土地中面积有59.2%是由过度樵采形成。

3. 过度放牧

过度放牧也是岩溶地区土地石漠化的重要原因之一。过度放牧地区的植被受害非常严重，牛羊等动物，不但啃食树和草的叶子，同时也吃植物的根和茎，会造成植物的大面积死亡。而草食动物的践踏，植物残体变得破碎，植物盖度下降，导致土地紧实度增加，容重增加，含水量下降，降低了土壤的持水能力。岩溶地区部分地方超过土地承载力的畜牧业发展，严重地破坏了当地植被，在恶劣的自然环境条件下，水土流失加剧，石漠化程度逐渐加深。

4. 森林火灾

森林火灾是自然或人为灾害，具有很强的周期性、突发性和破坏性，它的发生与天体演变、气候变化和人类活动密切相关。云南省是中国重点林区和森林火灾多发区，森林火灾是云南省危害较大的灾害之一，严重影响着有林地区的经济发展、社会稳定、环境保护和可持续发展战略的实现。当前，森林火灾已成为破坏森林资源的重要杀手，岩溶地区历经几次大旱，风干物燥，每年均发生较大的森林火害，给岩溶地区人民群众的生命和财产安全带来了巨大的影响。森林发生火灾以后，部分岩溶地区的土地植被减少，当雨季来临时，由于雨水的冲刷和渗透，岩石大面积裸露出来，造成了土地的石漠化。盛世兴林，防火为先，只有加强森林防火工作，保护好现有森林资源，以生态建设为主的林业发展战略才能贯彻实施。

5.工矿工程影响

工矿工程建设也是目前毁坏森林植被、破坏土壤结构，从而导致土地石漠化的重要因素。以昆明市东川区为例，东川区具有悠久的铜矿开采和冶炼历史，是典型的资源型城市，有近3000多年的铜矿开采史、近300年大规模开采史。东川乃至小江流域的森林被历史上的土法开矿、土法炼铜毁之于尽。森林大面积采伐，造成了严重的水土流失，导致基岩裸露，石砾堆积，加快了岩溶地区的石漠化进程，使当地百姓饱受贫困和环境破坏之苦。滇东南岩溶地区的蒙自、个旧、开远、平远街等全省矿业的主产区，采石、采砂、开矿等工业活动对石漠化的影响也比较强烈，其中，黑色和有色金属矿采选的影响最为明显。同时，排放的废气、废水、废渣中，含有大量铅、锌、砷、汞、二氧化硫等有毒有害成分，造成岩溶石山区仅存的树、灌、草、藻类、苔藓等植物死亡，在雨水冲刷和渗透等作用下，岩石大面积裸露，从而加剧了土地石漠化。其次，这些矿很多为岩溶石山地表分布的氧化矿，剥采直接形成大面积的裸岩分布区。此外，文山州、曲靖市、昭通市等石漠化土地重点分布区，矿产资源都比较丰富，采矿点分布多，但因为以前管理不规范等因素，往往只重视经济利益，不注重环境保护，矿区及周边生态环境遭到严重破坏，植被不能得到及时恢复，岩石裸露，形成石漠化。

6.不适当经营方式

岩溶地区部分地方属于"老、少、边、穷"地区，交通相对不发达，多以传统农业耕作为主，生产技术较落后，人民群众生产生活来源主要依靠土地，部分地区依然是结构单一、只种不养的掠夺式经营。耕地面积总量少，当地群众为了生活，在岩石间、石缝地开垦耕地，或陡坡开荒、伐林开荒，这种不合理的耕作方式破坏了原本就比较稀少的植被，植被的减少造成土壤层也逐渐流失，出现岩石裸露现象，进而造成土地石漠化。

（二）自然因素

导致土地石漠化形成的自然成因主要为地质灾害、灾害性气候和其他自然因素。据统计，自然因素导致土地石漠化的面积为956005.5hm²。其中地质灾害面积174443.6hm²，占18.2%；灾害性气候形成158557.4hm²，占自然因素成因面积16.6%；其他自然因素623004.5hm²，占自然因素成因面积65.2%。

1.地质地貌因素

据有关资料显示，云南在中元古代至中奥陶世，基本为海洋环境，随着物质不断沉积，到晚奥陶世至晚三叠世中期，海水进退频繁，导致海洋向陆地转化，出现陆棚台盆型和陆棚—广海型，形成丰富的碳酸盐岩。云南地质历史有两个主要的碳酸盐岩建造期，第一期始于晚震旦世终于志留纪。这一时期的地层中，差不多都有碳酸盐岩发育，成分较杂，有泥质、硅质混入，并夹有碎屑岩类，这一建造期的碳酸盐岩岩溶不强烈，岩溶密度小；第二期由中泥盆世起，中三迭世止，该期碳酸盐岩发育，基本连续沉积，厚度较大，成分较纯，为岩溶发育奠定了基础，云南岩溶景观多集中在这一时期地层的分布区，这一期的岩溶地区碳酸盐极其发育，形成的地貌类型多样，带来地形破碎、导致生态环境复杂多样，地质是形成岩溶地区土地石漠化现象的最初起因。

云南省属青藏高原南延部分，全省地势自西北向东南分三大阶梯递降，滇西北德钦、香格里拉一带是地势最高的一级梯层，滇中高原为第二梯层，南部、东南和西南部为第三梯层，平均每千米递降6m，又由于高山峡谷相间，沟壑纵横，把本来已经十分复杂的地质分布规律，变得更加错综复杂。全省海拔相对高差大，最高点海拔6740m，最低点海拔76.4m，两地直线距离约900km，高低相差约6000m。全省相对平缓的山区只占总面积的10%左右，大面积的土地高低参差，纵横起伏。云南地貌以山地地貌为主，因受大地构造运动的影响，地表高程逐步抬升，岩体皱褶、变形和断裂，河流的切割作用不断加大，从而塑造了陡峭而破碎的地形特征。丰富的碳酸盐岩在亚热带湿热气候条件下，强烈溶蚀与侵蚀，导致岩溶地貌形态形成、地下岩溶发育，形成小至石芽、落水洞、漏斗、竖井、岩溶洼地，峰丛，甚至广大的岩溶高原、断陷盆地等岩溶地貌。特殊的地形地貌为水土流失提供了很好的动力条件，加剧了石漠化发生的机率和速率。在植被反复遭受破坏的情况下，地表径流加剧，土壤严重流失，是造成石漠化形成和蔓延的因素之一。

突发性地质灾害发生与人类工程活动和强降雨（雪）关系密切，地质灾害主要体现为滑坡、泥石流、崩塌灾害等现象。这些突发性的地质灾害也会形成局部的石漠化。

2. 灾害性气候

据相关气象数据显示，近百年来云南省年平均气温的变化特征非常明显。1920年以前云南偏冷；1920年至1960年云南偏暖；1960年至1990年云南又转入一个偏冷时期；1990年以后进入另一个偏暖时期。自1961年有气象记录以来，云南年平均气温呈不断上升的趋势，其中年升温率为0.015℃/a，平均每10年上升0.15℃。同时云南的年降水量则出现减少的趋势，半个世纪以来年降水量减少了39mm，其中夏季和秋季减少趋势明显于春季和冬季。

极端天气气候事件是指一定地区在一定时间内出现的历史上罕见的气象事件，其发生概率通常小于5%或10%，极端天气气候事件总体可以分为极端高温、极端低温、极端干旱、极端降水等几类，一般特点是发生概率小、但社会影响大。近10年来，云南省极端天气气候事件频繁发生，雨季时极端降水有增强的趋势，极端降水事件趋多，自然灾害增多，强度增强。云南省气象灾害点多面广，大部分灾害可在全省范围内发生，每年均有几个或几十个县遭受不同的气象灾害。就旱灾而言，云南有"十年九旱"的说法，春旱或初夏干旱是最频发的自然灾害之一，这主要是因为云南降雨季节性分布较强，湿季半年（5月至10月）径流量约占全年水量的73%～85%，而干季半年（11月至次年4月）径流量仅占全年水量的15%～27%；其次是地形差异海拔悬殊，河流落差大，大多的水都顺着河流流入下游地区；然后是水资源分布与用水极不协调，地区分布总趋势是南多北少、西多东少，深谷多、平坝少。特别是2009年以来全省年降水量连续4年持续偏少，连续4年大旱，干旱的不利影响累积增长，造成旱情难以有效缓解，导致植物大面积干枯至死。

近年来，云南出现的极端天气事件多与厄尔尼诺有关联。包括2012、2013年云南省再度出现寒冬，为1961年以来最高纪录。2012年12月14至16日全省大范围雨雪天气，成为云南冬季史上最强暴雪过程，出现了本世纪影响范围最广的寒潮。寒潮同样造成云南全省范围内，特别滇中石漠化地区的植物大面积冻死。

根据气象资料，2014年云南出现高温异常，年内全省有31个站年平均气温破历史最高纪录，各月全省平均气温均偏高。其中，昆明曾破56年来日极端温度，高温持续日数打破了1951年有气象记录以来高温持续时间最长的历史记录。同时，岩溶地区温差变化大，部分地区极端气温差能达到40℃以上，非常不利于植被生长，植物受害加剧，增加了土地石漠化发生潜力和发育程度。

3. 其他因素

其他因素主要有地震灾害、土壤因素、植物因素、水文因素等。

地震灾害：地震是一种突发性强、破坏性大的严重自然灾害，对人民群众生命财产安全造成极大威胁。云南省是地震高发区，是一个"无灾不成年"的省份，地震灾情在全国尤其严重。20世纪全省共发生5级以上地震333次，仅1970年以来，7级以上的地震就有8次之多。云南省国土面积仅占全国大陆的4.1%，地震释放的能量却占全国大陆的20%。地震在造成人员和财产的损失的同时会造成大面积的滑坡、崩塌，植被会被破坏，岩石裸露，水土流失，进而促进石漠化的发生和蔓延。

土壤因素：碳酸盐岩是形成石漠化的物质基础，岩溶地区成土母岩主要为石灰岩，间或少部分泥质灰岩或硅质灰岩。碳酸盐岩质地较纯，含不溶成分较少，碳酸盐岩系的抗风蚀能力强，母岩造壤能力差，成土过程缓慢，岩溶土壤不连续，土层与下伏的刚性岩石直接接触，缺少母质层，土层薄，土壤松散，易侵蚀，因而土层浅薄，土壤结构差，贮水能力低。加之强烈的水土流失，原本就不厚的土壤层逐渐流失，岩石大量裸露，形成了土地石漠化。

植物因素：岩溶地区原生植被类型丰富，植被类型具有明显的亚热带类型，从南至北也依次分布着南亚热带季风常绿阔叶林、亚热带常绿阔叶林、思茅松林及云南松林等森林类型。但因人为破坏活动频繁，岩溶地区植被退化突出，主要表现为森林覆盖率降低、生物多样性下降、植被结构简单化、灌木和草覆盖比例增加，造成岩溶地区土壤瘠薄，贮水能力差，旱涝时常发生，导致植被群落结构较单一，生长缓慢。形成岩溶地区的森林覆盖率较低，林地类型多为灌木林地或草地，林灌草复合型林地较少。这种植被类型涵养水源能力差，水土流失严重，土壤侵蚀模数远高于非岩溶地区。因此，在岩溶区独特地质地貌基底上，植被一旦遭受破坏，直接导致土壤层大量流失，岩石大量裸露或砾石成堆，石漠化效应非常明显。

水文因素：岩溶地区内河流众多，分属长江、珠江及西南诸河的红河、澜沧江、怒江等。各大河流水量丰富，落差大，具有夏涨冬枯和暴涨暴落的特性，季节性明显。岩溶地区的年降水量大，暴雨强度大，分布广，暴雨频发，导致山洪泥石流时有发生。岩溶地区最大的特征为岩溶地表下垫面透水性强，岩溶地下水文过程活动强烈，水土流失量大，在大到暴雨冲刷时，使得原本就比较瘠薄的土壤流失，岩石裸露，形成土地石漠化。各州市石漠化土地按成因统计见表2-23。

表2-23　各州市石漠化土地按成因统计表（单位：hm^2）

州市	岩溶区	合计	人为因素		
			小计	毁林（草）开垦	过牧
总计	7912482.9	2881399.2	1925393.7	348347.3	143656.9
比例（%）	100.0	36.4	66.8	18.1	7.5
昆明市	545641.8	118167.5	60304.9	7640.4	11445.0
曲靖市	1419576.4	444537.3	357278.3	64241.2	29873.0
玉溪市	193034.3	78656.0	51122.6	5830.1	960.7
保山市	347221.5	55749.2	47210.9	7703.3	3735.0
昭通市	1200096.7	338415.5	173324.0	17599.5	11740.1
丽江市	786019.6	305196.2	182281.6	13074.0	7349.8
临沧市	483043.1	147771.5	129825.7	24194.3	10635.1
红河州	1039519.7	326808.1	160012.9	19907.1	1952.9
文山州	1354512.9	830946.3	706225.2	187072.8	24862.7
大理州	100274.1	22020.2			
迪庆州	443542.8	213131.4	57807.6	1084.6	41102.6

州市	人为因素					
	过度樵采	火烧	工矿工程建设	工业污染	不适当经营	其他人为因素
总计	1140390.7	30635.5	6373.1	534.0	245860.0	9596.2
比例（%）	59.2	1.6	0.3	0.0	12.8	0.5
昆明市	39213.8	336.4	194.7		1401.1	73.5
曲靖市	216988.4	1086.7	1942.7	427.5	42308.4	410.4

州市	人为因素					
	过度樵采	火烧	工矿工程建设	工业污染	不适当经营	其他人为因素
玉溪市	41100.3	508.2	26.0		2697.3	
保山市	32213.4	163.9	171.6		3175.3	48.4
昭通市	93108.1	3088.4	147.7	106.5	47139.9	393.8
丽江市	154435.3	6929.8				492.7
临沧市	75690.7	5585.1			13411.4	309.1
红河州	83118.2	9643.6	3697.2		35774.2	5919.7
文山州	391918.7	2415.0	11.7		99685.0	259.3
迪庆州	12603.8	878.4	181.5		267.4	1689.3

州市	自然因素				未石漠化土地
	小计	地质灾害	灾害性气候	其他自然因素	
总计	956005.5	174443.6	158557.4	623004.5	5031083.7
比例（%）	33.2	18.2	16.6	65.2	63.6
昆明市	57862.6	556.8	7.7	57298.1	427474.3
曲靖市	87259.0	12213.2	42530.2	32515.6	975039.1
玉溪市	27533.4	23979.0	15.4	3539.0	114378.3
保山市	8538.3	283.5	168.5	8086.3	291472.3
昭通市	165091.5	41326.9	28528.9	95235.7	861681.2
丽江市	122914.6	6711.3	49789.9	66413.4	480823.4
临沧市	17945.8	970.4	15150.5	1824.9	335271.6
红河州	166795.2	60139.0	5514.5	101141.7	712711.6
文山州	124721.1	24095.4	3387.3	97238.4	523566.6
大理州	22020.2			22020.2	78253.9
迪庆州	155323.8	4168.1	13464.5	137691.2	230411.4

三、土地石漠化危害

云南位于长江、珠江、红河、澜沧江、怒江等重要河流的上游或源头，生态区位特殊，生物多样性丰富。同时，云南地处云贵高原、地质构造特殊，是全国岩溶分布最广、石漠化危害程度最深、治理难度最大的省区之一，岩溶地区土地石漠化已成为全省最为严重的生态问题之一，威胁着国内、国际重要河流的生态安全，制约着全省经济社会的可持续发展，影响着全省生态文明建设。土地石漠化导致水土流失、土地生产力下降，生态环境恶化，吞噬人们的生存和发展空间，造成自然灾害频发，给当地人民群众生产生活和区域经济社会发展造成了极大的危害，是该地区生态问题之首，成为灾害之源、贫困之因、落后之根。

（一）导致可利用土地减少，危及人类的生存和发展

石漠化与水土流失是互为因果的关系，即水土流失会产生石漠化，而石漠化的产生又会加剧水土流失。由于石漠化会改变土壤物理化学性状、水文径流状况，并导致旱涝灾害发生强度大、频率高、分布广，甚至还叠加发生，交替重复，导致以森林植被为主体的岩溶生态系统的生态功能逐渐削弱和退化，土地承载力降低甚至丧失。耕地石漠化使土层变薄，土壤养分含量降低、耕作层粗化，土壤大量流失，土壤肥力下降、保墒能力差，可耕作土地资源逐年减少，粮食产量低而不稳，吞噬着人们的生存发展空间，危及国土生态安全。

以石漠化严重的昆明市东川区为例，全区水土流失面积约为1309.56 km²，占总土地面积的70%，被列为水土流失和泥石流I级危险区（极端危险）。1950年以来东川区因水土流失和泥石流灾害造成的直接间接经济损失超过50亿元，仅六次大的泥石流灾害就使300余人遇难，严重威胁着东川区人民生命财产的安全，制约着东川区经济和社会的发展。可见，土壤的流失，使万物生长之物质基础被摧毁，导致人类赖以生存的土壤步入匮乏，缺乏生命之本的生态危机直接危及人类的生存。

（二）影响重点水利设施的安全运行

根据云南省水利厅《云南省2015年水土流失调查公告》，滇东北、滇东南和滇西南地区水土流失较为严重，滇西北、滇南水土流失较轻；六大流域的中下游地区水土流失均较为严重，上游较轻。其中，金沙江、珠江和红河流域较为严重，伊洛瓦底江流域较轻，金沙江流域水土流失面积32133.61 km²，珠江流域水土流失面积18160.03 km²，红河流域水土流失面积22761.33 km²，澜沧江流域水土流失面积19308.58 km²，怒江流域水土流失面积8846.46 km²，伊洛瓦底江流域水土流失面积3717.73 km²。

六大流域中，除了怒江暂时没有开发以外，其他江河都进行了大量的水库、水电站的开发。例如金沙江流域就布置了较多的水电站。云南段金沙江中游共布置龙盘水电站、两家人水电站、梨园水电站、阿海水电站、金安桥水电站、龙开口水电站、鲁地拉水电站和观音岩水电站共八座巨型梯级水电站，电站总装机容量为2058万kW，总投资累计高达1500亿元。金沙江下游有乌东德水电站、白鹤滩水电站、溪洛渡水电站和向家坝水电站四座世界级巨型梯级水电站，规划的总装机容量为4210万kW，年发电量为1843亿kW·h，规模相当于两个三峡电站。

岩溶地区位于长江、珠江及西南诸河流域的源头、上游和分水岭地区，生态区位极其重要。区内地形起伏大，沟谷遍布，土质浅薄疏松，人为活动频繁干扰，以森林植被为

主体的岩溶生态系统退化，保土涵水功能下降，导致许多天然泉溪枯竭，上游流域蓄水保水不足，直接危及下游流域的水源保障。此外，岩溶地区雨热同期，暴雨集中，极易导致滑坡、水土流失等自然灾害的发生，使大量泥沙淤积淤塞塘库和河道，尤其是石漠化所造成的土壤侵蚀，导致河床抬高，淤塞航道，直接影响到流域内的水利水电设施的安全运行和效能发挥，降低了水利设施的效益发挥，严重影响了电站的安全运行和寿命，降低了水库的泄洪能力，大大缩短流域内的水利水电工程寿命和灌溉、防洪、发电效益。直接威胁到长江、珠江、澜沧江、红河、怒江下游地区的重点水利设施的安全运行，影响到国家生态安全。

（三）导致水资源供给减少，影响到区域人民群众生存

岩溶地形的基础是易溶性碳酸盐岩，淋溶发育，使岩溶土地多裂缝、落水洞、漏斗、地下河和溶洞等。地表水极易通过裂隙、漏斗、落水洞等渗入地下，地表难于贮水。土地石漠化导致生态系统失去了森林水文效应，发挥不了森林调蓄地表水和地下水的能力，造成可有效利用的水资源枯竭。因此，地表贮水能力差，导致石漠化地区缺水干旱，许多天然泉溪枯竭，例如在滇东南已调查的 106 个大泉暗河中，有 60% 的大泉暗河流量出现30%～50% 的明显减小，有 8% 的大泉出现枯季断流；暗河雨季流量峰值变大，并与降雨同步，基流普遍减小。

石漠化较严重地区，许多村社饮用水旱季要从十几里 * 外挑来，有的集天然降水，用简易水窖贮藏一年的饮用水，人畜饮用水紧缺程度就可想而知，农业生产所需和作物所需的水那就更加困难了，每年缺水月份达 5～6 个月，岩溶地区农民只有靠天吃饭。由于缺水干旱，农牧业生产严重受到抑制，给当地经济发展带来的是发展滞后，农民年人均收入仅为全国平均水平的 55%，有些还不到全国平均水平的四分之一，所以这一生态危机严重威胁着人类的生存。

（四）区域贫困加剧，影响区域经济发展

据统计，岩溶地区总人口 2913.1 万人，居住着哈尼、彝、壮、苗等 10 多种少数民族，少数民族人口约 700 万人，部分县少数民族聚居的边疆地区和革命老区，绝大多数县属贫困县，贫困人口达 630 多万人，有 36 个国家连片特困地区区域发展与扶贫攻坚规划县。进入 21 世纪以来，岩溶地区农民人均纯收入与全国相比，差距呈逐年扩大趋势，贫困与石漠化相伴相生，形成恶性循环。

（五）生态系统退化，严重威胁到区域的生物多样性

脆弱的岩溶生态系统普遍具有基岩裸露度大、土壤不连续、土层结构不完整，土体

---

* 注：1 里 =0.5km（下同）。

浅薄且分布不均、水分下渗严重、持土涵水能力差等特征。而石漠化导致岩溶生态系统进一步退化，生态环境恶化，森林植被结构简单化，动物食物链缩短，从而影响到生物多样性；特定的土壤条件对岩溶生物群落的生长影响很大，仅有岩生性、旱生性及喜钙性的植物种群适宜于在严酷的石灰岩山地条件生存，而植被一旦遭受破坏，逆向演替快，而顺向演替慢，且生长速率缓慢、会造成生态系统退化，绝对生长量小，生物量低。

石漠化导致土、水环境要素缺损，环境与生态之间的物质能量受阻，植物生境严酷。不仅导致了岩溶生态系统多样性类型正在减少或逐步消失，而且使岩溶植被发生变异以适应环境，造成岩溶山区的森林退化，区域植物的种属减少，群落结构趋于简单化，甚至发生变异。在岩溶石漠化山区多为旱生植物群落，如藤本刺灌木丛、旱生性禾本灌草丛和肉质多浆灌丛等。由于不断扩大的石漠化和岩溶天然森林的减少，人为过度开发利用和灌木丛林被砍伐，使岩溶生态系统的多样性、物种多样性正趋向简单化，很多珍稀濒危动植物正面临威胁。

第三章　石漠化动态变化与原因分析

第一节　石漠化状况动态变化

一、动态监测情况

云南省岩溶地区石漠化土地动态监测范围是纳入国家同步动态监测的 65 个县，经 2005 年、2011 年、2016 年 3 次监测，第一次监测主要以基础调查为主，第二、第三次在第一次的数据基础上进行动态监测。监测间隔期内，岩溶监测区范围保持不变，监测县级行政单位与上期保持一致，乡级行政单位与上期基本保持一致，只是存在部分乡镇拆分与合并的情况。

2005 年进行岩溶地区第一次石漠化监测，监测面积 7912482.9hm²，而 2011 年进行的岩溶地区第二次石漠化监测，监测面积 7945619.1hm²，与第一次监测岩溶区监测面积增加 33136.2hm²。其主要原因是石林、陆良、会泽、宣威、华宁、镇雄等县前期部分监测乡内的岩溶石漠化土地存在漏划，按国家规定作为新增图斑纳入监测范围，但不纳入前期动态变化分析。2016 年进行的岩溶地区第三次石漠化监测，监测面积 7941352.0hm²，较第二次监测范围减少 4267.1hm²，占第二次监测范围的 0.05%。其原因是云南省界有调整，该次监测使用了国家林业和草原局石漠化监测中心提供的最新省界，在此基础上数据由北京 54 坐标转为西安 80 坐标，对岩溶地区土地进行了面积的求算，各县的面积有一些误差，但均在允许值之内。经二次微调后，第三次监测的岩溶土地面积为 7941352.0hm²，较第一次岩溶区监测面积增加 28869.1hm²，岩溶区监测面积变动率为 0.4%。

间隔期内，岩溶地区针对纳入国家监测的 65 个县，共开展了三次石漠化监测，岩溶土地石漠化状况由 2006 年石漠化土地面积 2881399.2hm²，潜在石漠化土地面积 1725730.4hm²，非石漠化土地面积 3305353.3hm² 变为 2011 年石漠化土地面积 2839751.3hm²，潜在石漠化土地面积 1771025.9hm²，非石漠化土地面积 3334841.9hm²。再至 2016 年石漠化土地面积 2351936.8hm²，潜在石漠化土地面积 2041711.9hm²，非石漠化土地面积 3547703.3hm²。石漠化、潜在石漠化、非石漠化土地面积 10 年变动率分别为 –18.4%、18.3% 和 7.3%，年均变化分别为 1.84%、1.83% 和 0.73%。石漠化土地监测结果动态变化见表 3-1。

表 3-1　石漠化土地监测结果动态变化表（单位：hm²）

年　度	监测面积	石漠化	潜在石漠化	非石漠化
2005 年	7912482.9	2881399.2	1725730.4	3305353.3
2011 年	7945619.1	2839751.3	1771025.9	3334841.9
2016 年	7941352.0	2351936.8	2041711.9	3547703.3
2016 年与 2005 年相比	28869.1	−529462.4	315981.5	242350.0
变动率 %	0.4	−18.4	18.3	7.3

注：变动率 =（2016 年 −2005 年）/2005 年 × 100。

二、石漠化状况动态变化

（一）总间隔期（2005~2016 年）石漠化状况动态变化

2005~2016 年，监测期内，石漠化土地面积减少 529462.4hm²，变动率 −18.4%；潜在石漠化土地增加 315981.5hm²，变动率 18.3%；非石漠化土地增加 242350.0hm²，变动率 7.3%。

按州市统计，昆明市石漠化土地面积减少 29484.8hm²，变动率 −25.0%；潜在石漠化土地增加 12872.4hm²，变动率 12.4%；非石漠化土地增加 19272.7hm²，变动率 5.9%。曲靖市石漠化土地面积减少 17854.0hm²，变动率 −4.0%；潜在石漠化土地增加 75.3hm²；非石漠化土地增加 59541.9hm²，变动率 9.3%。玉溪市石漠化土地面积减少 19228.0hm²，变动率 −24.4%；潜在石漠化土地增加 8272.4hm²，变动率 22.7%；非石漠化土地增加 12400.7hm²，变动率 15.9%。保山市石漠化土地面积减少 20230.4hm²，变动率 −36.3%；潜在石漠化土地增加 17261.6hm²，变动率 40.1%；非石漠化土地增加 51.8hm²。昭通市石漠化土地面积减少 44304.5hm²，变动率 −13.1%；潜在石漠化土地增加 48315.0hm²，变动率 24.9%；非石漠化土地减少 3208.0hm²，变动率 −0.5%。丽江市石漠化土地面积减少 47149.5hm²，变动率 −15.4%；潜在石漠化土地增加 6055.2hm²，变动率 1.9%；非石漠化土地增加 36820.9hm²，变动率 21.8%。临沧市石漠化土地面积减少 36983.3hm²，变动率 −25.0%；潜在石漠化土地增加 194.8hm²，变动率 0.1%；非石漠化土地增加 32837.4hm²，变动率 17.5%。红河州石漠化土地面积减少 92300.8hm²，变动率 −28.2%；潜在石漠化土地增加 70214.2hm²，变动率 32.7%；非石漠化土地增加 22215.4hm²，变动率 4.5%。文山州石漠化土地面积减少 183978.6hm²，变动率 −22.1%；潜在石漠化土地增加 128685.3hm²，变动率 70.5%；非石漠化土地增加 53231.5hm²，变动率 15.6%。大理州石漠化土地面积减少 3207.8hm²，变动率 −14.6%；潜在石漠化土地增加 1932.1hm²，变动率 16.9%；非石漠化土地增加 754.1hm²，变动率 1.1%。迪庆州石漠化土地面积减少 34740.7hm², 变动率 -16.3%; 潜在石漠化土地增加 22103.3hm², 变动率 15.3%; 非石漠化土地增加 8431.5hm², 变动率 9.8%。各州市 2005~2016 年监测期内岩溶区土地变化统计见表 3-2, 各县区 2005~2016 年监测期内岩溶区土地变化统计详见附录二。

表 3-2　各州市 2005~2016 年监测期内岩溶区土地变化统计表

州市	2005~2016 年岩溶土地变动							
	岩溶土地 /hm²	变动率 /%	石漠化土地 /hm²	变动率 /%	潜在石漠化土地 /hm²	变动率 /%	非石漠化土地 /hm²	变动率 /%
岩溶区	28869.1	0.4	-529462.4	-18.4	315981.5	18.3	242350.0	7.3
昆明市	2660.3	0.5	-29484.8	-25.0	12872.4	12.4	19272.7	5.9
曲靖市	41763.2	2.9	-17854.0	-4.0	75.3	0.0	59541.9	9.3
玉溪市	1445.1	0.7	-19228.0	-24.4	8272.4	22.7	12400.7	15.9
保山市	-2917.0	-0.8	-20230.4	-36.3	17261.6	40.1	51.8	0.0
昭通市	802.5	0.1	-44304.5	-13.1	48315.0	24.9	-3208.0	-0.5
丽江市	-4273.4	-0.5	-47149.5	-15.4	6055.2	1.9	36820.9	21.8
临沧市	-3951.1	-0.8	-36983.3	-25.0	194.8	0.1	32837.4	17.5
红河州	128.8	0.0	-92300.8	-28.2	70214.2	32.7	22215.4	4.5
文山州	-2061.8	-0.2	-183978.6	-22.1	128685.3	70.5	53231.5	15.6
大理州	-521.6	-0.5	-3207.8	-14.6	1932.1	16.9	754.1	1.1
迪庆州	-4205.9	-0.9	-34740.7	-16.3	22103.3	15.3	8431.5	9.8

（二）第一监测间隔期（2005~2011 年）石漠化状况动态变化

第一监测间隔期（2005~2011 年），岩溶地区范围变动 33136.2hm², 与第一次（2005 年）监测岩溶区监测面积增加 33136.2hm², 变动率为 0.4%。石漠化土地面积减少 41647.9hm², 变动率 -1.4%; 潜在石漠化土地增加 45295.5hm², 变动率 2.6%; 非石漠化土地增加 29488.6hm², 变动率 0.9%。

各州市 2005~2011 年监测期内岩溶区土地变化统计见下表 3-3, 各县区 2005~2011 年监测期内岩溶区土地变化统计详见附录二。

表 3-3 各州市 2005~2011 年监测期内岩溶区土地变化统计表

州市	2005~2011 年岩溶地区土地变动							
	合计	变动率/%	石漠化土地/m²	变动率/%	潜在石漠化土地/hm²	变动率/%	非石漠化土地/hm²	变动率/%
岩溶区	33136.2	0.4	−41647.9	−1.4	45295.5	2.6	29488.6	0.9
昆明市	2713.6	0.5	1162.4	1.0	−7254.5	−7.0	8805.7	2.7
曲靖市	42195.5	3.0	74541.5	16.8	−53075.9	−15.8	20729.9	3.2
玉溪市	1443.7	0.7	−7865.8	−10.0	4188.3	11.5	5121.2	6.6
保山市	−2913.9	−0.8	−11839.5	−21.2	11364.2	26.4	−2438.6	−1.0
昭通市	2193.1	0.2	541.8	0.2	26274.6	13.5	−24623.3	−3.7
丽江市	−3172.4	−0.4	−3790.4	−1.2	−14051.9	−4.5	14669.9	8.7
临沧市	−4032.4	−0.8	−18208.8	−12.3	9413.3	6.4	4763.1	2.5
红河州	123.9	0.0	−48607.1	−14.9	44389.7	20.7	4341.3	0.9
文山州	−1571.6	−0.1	−15620.3	−1.9	14149.0	7.8	−100.3	0.0
大理州	−522.6	−0.5	−92.3	−0.4	−955.2	−8.4	524.9	0.8
迪庆州	−3320.7	−0.7	−11869.4	−5.6	10853.9	7.5	−2305.2	−2.7

（三）第二间隔期（2011~2016 年）石漠化状况动态变化

第二监测间隔期（2011~2016 年），岩溶地区范围变动 4267.1hm²，与第二次（2011年）监测岩溶区监测面积减少 4267.1hm²，变动率为 0.05%。石漠化土地面积减少 487814.5hm²，变动率 −17.2%；潜在石漠化土地增加 270686.0hm²，变动率 15.3%；非石漠化土地增加 212861.4hm²，变动率 6.4%。各州市 2011~2016 年监测期内岩溶区土地变化统计见表 3-4，各县区 2011~2016 年监测期内岩溶区土地变化统计详见附录二。

表 3-4 各州市 2011~2016 年监测期内岩溶区土地变化统计表

州市县	2011~2016 年岩溶区土地变动							
	合计/hm²	变动率/%	石漠化土地/hm²	变动率/%	潜在石漠化土地/hm²	变动率/%	非石漠化土地/hm²	变动率/%
岩溶区	−4267.1	−0.05	−487814.5	−17.2	270686.0	15.3	212861.4	6.4
昆明市	−53.3	0.0	−30647.2	−25.7	20126.9	20.9	10466.9	3.1
曲靖市	−432.3	0.0	−92395.5	−17.8	53151.2	18.8	38812.1	5.9
玉溪市	1.4	0.0	−11362.2	−16.1	4084.1	10.0	7279.4	8.8

续表

州市县	2011~2016 年岩溶区土地变动							
	合计 /hm²	变动率 /%	石漠化土地 /hm²	变动率 /%	潜在石漠化土地 /hm²	变动率 /%	非石漠化土地 /hm²	变动率 /%
保山市	−3.1	0.0	−8390.9	−19.1	5897.4	10.8	2490.5	1.0
昭通市	−1390.6	−0.1	−44846.3	−13.2	22040.4	10.0	21415.3	3.3
丽江市	−1101.0	−0.1	−43359.1	−14.4	20107.1	6.7	22151.0	12.1
临沧市	81.3	0.0	−18774.5	−14.5	−9218.5	−5.9	28074.3	14.6
红河州	4.9	0.0	−43693.7	−15.7	25824.5	10.0	17874.0	3.6
文山州	−490.2	0.0	−168358.3	−20.6	114536.3	58.3	53331.8	15.6
大理州	1.0	0.0	−3115.5	−14.2	2887.3	27.6	229.3	0.3
迪庆州	−885.2	−0.2	−22871.3	−11.4	11249.4	7.2	10736.8	12.9

三、石漠化程度动态变化

2005~2016 年，监测期内，石漠化土地面积减少 529462.4hm²，其中轻度石漠化土地面积增加 241513.5hm²，中度石漠化土地面积减少 391434.2hm²，重度石漠化土地减少 292829.5hm²，极重度石漠化土地减少 86712.2hm²。

按州市统计，昆明市石漠化土地面积减少 29484.8hm²，其中轻度石漠化土地面积减少 10012.2hm²，中度石漠化土地面积减少 7793.4hm²，重度石漠化土地减少 10039.5hm²，极重度石漠化土地减少 1639.7hm²。曲靖市石漠化土地面积减少 17854.0hm²，其中轻度石漠化土地面积增加 30443.1hm²，中度石漠化土地面积减少 31444.2hm²，重度石漠化土地减少 13942.3hm²，极重度石漠化土地减少 2910.6hm²。玉溪市石漠化土地面积减少 19228.0hm²，其中轻度石漠化土地面积增加 8944.2hm²，中度石漠化土地面积减少 19040.3hm²，重度石漠化土地减少 7941.1hm²，极重度石漠化土地减少 1190.8hm²。保山市石漠化土地面积减少 20230.4hm²，其中轻度石漠化土地面积减少 726.9hm²，中度石漠化土地面积减少 19230.8hm²，重度石漠化土地减少 187.7hm²，极重度石漠化土地减少 85.0hm²。昭通市石漠化土地面积减少 44304.5hm²，其中轻度石漠化土地面积增加 22676.9hm²，中度石漠化土地面积减少 41103.9hm²，重度石漠化土地减少 16267.9hm²，极重度石漠化土地减少 9609.6hm²。丽江市石漠化土地面积减少 47149.5hm²，其中轻度石漠化土地面积增加 43740.1hm²，中度石漠化土地面积减少 49305.9hm²，重度石漠化土地减少 22405.5hm²，极重度石漠化土地减少 19178.2hm²。临沧市石漠化土地面积减少 36983.3hm²，其中轻度石漠化土地面积减少 14057.6hm²，中度石漠化土地面积减少 14342.3hm²，重度石漠化土地减少 8920.3hm²，极重度石漠化土地增加 336.9hm²。红河州石漠化土地面积减少 92300.8hm²，其中轻度石漠化土地面积增加 23243.6hm²，中度石漠化土地面积减少 85532.6hm²，重度石漠化土地减少 20639.7hm²，极重度石漠化土地减少 9372.1hm²。文山州石漠化土地面积减少 183978.6hm²，其中轻度石漠化土地面积增加 117537.0hm²，中度石漠化土地面积减少 124147.9hm²，重度石漠化土地减少 141432.5hm²，极重度石漠化土地减少 35935.2hm²。大理州石漠化土地面积减少 3207.8hm²，其中轻度石漠化土地面积增加 888.3hm²，中度石漠化土地面积减少 761.6hm²，重度石漠化土地减少 1632.8hm²，极重度石漠化土地减少 1701.7hm²。迪庆州石漠化土地面积减少 34740.7hm²，其中轻度石漠化土地面积增加 18837.1hm²，中度石漠化土地面积增加 1268.7hm²，重度石漠化土地减少 49420.2hm²，极重度石漠化土地减少 5426.3hm²。

各州市监测期内石漠化土地按地域分程度动态变化统计见表 3-5。

表 3-5　各州市监测期内石漠化土地按地域分程度动态变化统计表（单位：hm²）

州市	合计	轻度石漠化	中度石漠化	重度石漠化	极重度石漠化
合计	−529462.4	241513.5	−391434.2	−292829.5	−86712.2
昆明市	−29484.8	−10012.2	−7793.4	−10039.5	−1639.7
曲靖市	−17854.0	30443.1	−31444.2	−13942.3	−2910.6
玉溪市	−19228.0	8944.2	−19040.3	−7941.1	−1190.8
保山市	−20230.4	−726.9	−19230.8	−187.7	−85.0
昭通市	−44304.5	22676.9	−41103.9	−16267.9	−9609.6
丽江市	−47149.5	43740.1	−49305.9	−22405.5	−19178.2
红河州	−92300.8	23243.6	−85532.6	−20639.7	−9372.1
文山州	−183978.6	117537.0	−124147.9	−141432.5	−35935.2
大理州	−3207.8	888.3	−761.6	−1632.8	−1701.7
迪庆州	−34740.7	18837.1	1268.7	−49420.2	−5426.3

（一）第一监测间隔期（2005~2011 年）石漠化程度动态变化

第一监测间隔期（2005~2011 年），石漠化土地面积减少 41647.9hm²，减少 1.4%。其中，轻度石漠化土地面积增加 484441.1hm²，中度石漠化土地面积减少 244287.1hm²，重度石漠化土地面积减少 233567.9hm²，极重度石漠化土地面积减少 48234.0hm²。各州市 2005~2011 年石漠化土地动态变化情况见图 3-1。各州市 2005~2011 年石漠化土地按地域分程度动态变化统计见表 3-6。

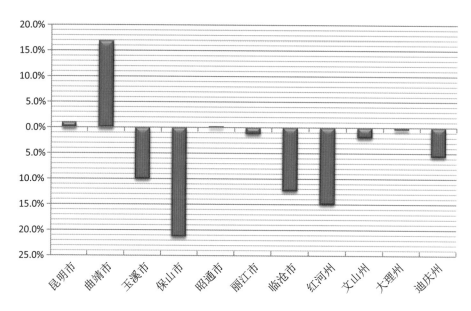

图 3-1　各州市 2005~2011 年石漠化土地动态变化情况图

表 3-6　各州市 2005~2011 年石漠化土地按地域分程度动态变化统计表

州市	合计 /hm²	比例 /%	轻度石漠化 / hm²	中度石漠化 / hm²	重度石漠化 / hm²	极重度石漠化 / hm²
合计	-41647.9	-1.4	484441.1	-244287.1	-233567.9	-48234.0
昆明市	1162.4	1.0	13204.6	-3031.6	-8445.7	-564.9
曲靖市	74541.5	16.8	98585.8	-18425.6	-9688.1	4069.4
玉溪市	-7865.8	-10.0	11757.3	-12322.1	-6176.7	-1124.3
保山市	-11839.5	-21.2	5451.5	-17198.6	-80.7	-11.7
昭通市	541.8	0.2	39652.7	-23196.0	-13934.2	-1980.7
丽江市	-3790.4	-1.2	71833.6	-41302.0	-26050.6	-8271.4
临沧市	-18208.8	-12.3	-6651.3	-5789.7	-6067.1	299.3
红河州	-48607.1	-14.9	32992.9	-62831.9	-14639.2	-4128.9
文山州	-15620.3	-1.9	189399.0	-74654.1	-102277.8	-28087.4
大理州	-92.3	-0.4	3506.6	-309.6	-1674.4	-1614.9
迪庆州	-11869.4	-5.6	24708.4	14774.1	-44533.4	-6818.5

（二）第二监测间隔期（2011~2016 年）石漠化程度动态变化

第二监测间隔期（2011~2016 年），石漠化土地面积减少 487814.5hm²，减少 17.2%。其中轻度石漠化土地面积减少 242927.6hm²，中度石漠化土地面积减少

147147.1hm^2，重度石漠化土地面积减少 59261.6hm^2，极重度石漠化土地面积减少 38478.2hm^2。各州市 2011~2016 年石漠化土地动态变化情况见图 3-2。各州市 2011~2016 年石漠化土地按地域分程度动态变化统计见表 3-7。

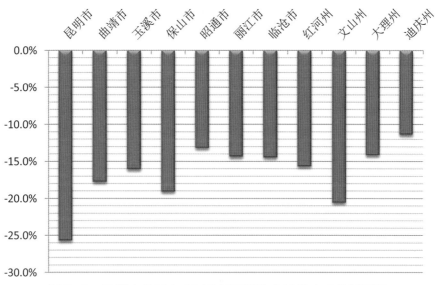

图 3-2 各州市 2011~2016 年石漠化土地动态变化情况图

表 3-7 各州市 2011~2016 年石漠化土地按地域分程度动态变化统计表

州市	合计 /hm^2	比例 /%	轻度石漠化 / hm^2	中度石漠化 / hm^2	重度石漠化 / hm^2	极重度石漠化 /hm^2
合计	−487814.5	−17.2	−242927.6	−147147.1	−59261.6	−38478.2
昆明市	−30647.2	−25.7	−23216.7	−4761.8	−1593.8	−1074.8
曲靖市	−92395.5	−17.8	−68142.8	−13018.6	−4254.2	−6980.0
玉溪市	−11362.2	−16.1	−2813.1	−6718.2	−1764.4	−66.5
保山市	−8390.9	−19.1	−6178.5	−2032.2	−107.0	−73.3
昭通市	−44846.3	−13.2	−16975.8	−17907.9	−2333.7	−7628.9
丽江市	−43359.1	−14.4	−28093.5	−8003.9	3645.1	−10906.8
临沧市	−18774.5	−14.5	−7406.3	−8552.6	−2853.2	37.6
红河州	−43693.7	−15.7	−9749.1	−22700.7	−6000.5	−5243.2
文山州	−168358.3	−20.6	−71862.0	−49493.8	−39154.7	−7847.8
大理州	−3115.5	−14.2	−2618.4	−452.0	41.6	−86.8
迪庆州	−22871.3	−11.4	−5871.4	−13505.4	−4886.8	1392.2

四、植被类型、植被综合盖度变化情况

（一）植被类型变化情况

2005~2016 年监测期内，岩溶区植被类型形成从无植被或简单植被群落结构向复杂植被群落结构演变的趋势。其中乔木型岩溶土地面积增加 1166569.6hm²；灌木型岩溶土地面积增加了 279511.5hm²；草丛型岩溶土地面积减少了 279130.2hm²；无植被型减少了 2999091.8hm²。

植被类型为乔木型、灌木型的土地面积增加，草丛型和无植被型面积减少，说明监测期内大量的植被类型为草丛型和无植被型的土地转化为乔木型和灌木型，说明岩溶地区植被质量在监测期内呈上升趋势，植被群落结构正逐步向更高级演变，石漠化土地发生率在逐步降低。各州市岩溶土地按植被类型动态变化统计见表 3-8。

表 3-8　各州市岩溶土地按植被类型动态变化统计表（单位：hm²）

州市	植被类型				
	乔木型	灌木型	草丛型	旱地作物型	无植被型
合计	1166569.6	279511.5	−279130.2	1861009.9	−2999091.8
昆明市	114622.3	−5203.2	−5979.0	123311.5	−224091.3
曲靖市	156822.0	15237.2	−28343.2	482405.1	−584357.9
玉溪市	40975.1	−3719.9	−10699.5	44538.9	−69649.5
保山市	111520.4	19697.1	−6183.6	104230.3	−232181.1
昭通市	190724.2	108465.9	−2104.4	348135.6	−644418.8
丽江市	68794.3	−22066.2	13566.1	100510.0	−165077.7
临沧市	114685.2	−13364.3	−32982.3	106040.5	−178330.2
红河州	139776.4	88419.3	−78568.6	316308.4	−465806.6
文山州	91855.2	90666.8	−93892.7	202452.0	−293143.1
大理州	39913.3	12601.2	−798.6	12509.1	−64746.7
迪庆州	96881.1	−11222.4	−33144.4	20568.6	−77288.9

（二）植被综合盖度变化情况

监测数据显示，监测间隔期内岩溶地区植被综合盖度总体呈现上升趋势。岩溶地区平均植被综合盖度由 2006 年的 49.2%，到 2016 年第三次监测上升为 56.2%，监测期内提高了 7 个百分点，年均提高 0.7 个百分点。

各州市植被综合盖度动态变化见表 3-9。

表 3-9 各州市植被综合盖度动态变化表

州市	2016 年 /%	2005 年 /%	2016 年与 2005 年比较 /%	年均 /%
合计	56.2	49.2	7.0	0.70
昆明市	63.1	53.2	9.9	0.99
曲靖市	54.0	49.1	4.9	0.49
玉溪市	57.7	49.8	8.0	0.80
保山市	64.2	55.6	8.6	0.86
昭通市	57.7	53.8	4.0	0.40
丽江市	56.9	50.2	6.7	0.67
临沧市	58.4	51.0	7.4	0.74
红河州	58.2	58.2	0.0	0.00
文山州	52.7	45.7	6.9	0.69
大理州	61.5	40.7	20.7	2.07
迪庆州	54.8	43.3	11.5	1.15

第二节　石漠化耕地动态变化

一、第一次监测石漠化耕地状况

根据 2005 年第一次监测数据，岩溶地区耕地面积 2597959.1hm²。其中石漠化耕地面积 621947.3hm²，占岩溶地区耕地面积 23.9%。

石漠化耕地（旱地）中，轻度石漠化耕地面积 99749.5hm²，占石漠化耕地面积 16.0%；中度石漠化耕地面积 440800.5hm²，占石漠化耕地面积 70.9%；重度石漠化耕地面积 76312.6hm²，占石漠化耕地面积 12.3%；极重度石漠化耕地面积 5084.7hm²，占石漠化耕地面积 0.8%。

各州市 2005 年第一次石漠化监测耕地石漠化统计见表 3-10。

表 3-10 各州市 2005 年第一次石漠化监测耕地石漠化统计表（单位：hm²）

州市	合计	石漠化土地						潜在石漠化土地	非石漠化土地		
		小计	非梯土化旱地					梯土化旱地	小计	水田	旱地
			轻度	中度	重度	极重度					
总 计	2597959.1	621947.3	99749.5	440800.5	76312.6	5084.7		52828.5	1923183.3	13998.8	1909184.5
昆明市	146984.8	8569.9	1860.3	6154.6	555.0			36.0	138378.9	2127.7	136251.2
曲靖市	525591.2	94035.7	26064.7	66655.2	1077.6	238.2		4066.9	427488.6		427488.6

续表

州市	合计	石漠化土地						潜在石漠化土地	非石漠化土地		
		小计	非梯土化旱地				梯土化旱地	小计	水田	旱地
			轻度	中度	重度	极重度				
玉溪市	51962.1	7156.6	1543.9	4794.2	818.5		2753.4	42052.1	5681.9	36370.2
保山市	119231.6	10233.7	528.4	9662.1	43.2		15.2	108982.7		108982.7
昭通市	395715.6	72622.2	5560.2	64952.0	2110.0		26735.4	296358.0	1997.1	294360.9
丽江市	65820.9	416.5			416.5		34.3	65370.1	593.4	64776.7
临沧市	142781.9	36040.1	2421.4	30623.4	2995.3		10694.8	96047.0	28.1	96018.9
红河州	350800.2	65453.3	22264.9	39111.9	4076.5		758.4	284588.5	1148.0	283440.5
文山州	567152.8	300239.2	39133.4	198189.7	58069.6	4846.5	4252.8	262660.8	2094.5	260566.3
大理州	9275.1	65.0		65.0				9210.1		9210.1
迪庆州	29982.4	1096.7	26.3	1035.9	34.5		3481.3	25404.4		25404.4

二、第三次监测石漠化耕地状况

根据 2016 年第三次石漠化监测数据，岩溶地区耕地面积 2594130.3hm²。其中石漠化耕地面积 615821.7hm²，占岩溶地区耕地面积 23.7%。

石漠化耕地中，轻度石漠化耕地面积 92637.5hm²，占石漠化耕地面积 15.0%；中度石漠化耕地面积 462765.1hm²，占岩溶地区耕地面积 75.1%；重度石漠化耕地面积 58052.3hm²，占石漠化耕地面积 9.4%；极重度石漠化耕地面积 2366.8hm²，占石漠化耕地面积 0.4%。各州市 2016 年第三次石漠化监测石漠化耕地统计见表 3-11。

表 3-11　各州市 2016 年第三次石漠化监测石漠化耕地统计表（单位：hm²）

州市	总计	石漠化土地						潜在石漠化土地	非石漠化土地		
		小计	非梯土化旱地				梯土化旱地	小计	水田	旱地
			轻度	中度	重度	极重度				
总计	2594130.3	615821.7	92637.5	462765.1	58052.3	2366.8	108451.5	1869857.1	73491.4	1796365.7
昆明市	166852.4	16496.9	2093.0	13686.6	717.3		1228.4	149127.0	4685.6	144441.4
曲靖市	584496.6	86235.2	22824.5	59603.1	3651.0	156.7	50190.0	448071.4	11056.5	437014.9
玉溪市	54522.2	9851.7	1048.1	8281.5	519.5	2.6	1640.9	43029.6	6029.0	37000.6

州市	总计	石漠化土地						潜在石漠化土地	非石漠化土地		
		小计	非梯土化旱地					梯土化旱地	小计	水田	旱地
			轻度	中度	重度	极重度					
保山市	114779.7	8522.3	1360.1	7035.3	126.9		159.8	106097.6	6717.7	99379.9
昭通市	464588.4	92800.0	7572.2	76912.8	7896.8	418.2	14519.6	357268.9	2417.0	354851.9
丽江市	101120.2	19971.9	883.5	18366.0	701.4	21.1	150.6	80997.7	1822.7	79175.0
临沧市	152867.8	51422.2	2704.0	48063.6	654.5		752.9	100692.7	4255.5	96437.2
红河州	382520.1	66074.0	20044.4	43117.2	2902.1	10.2	26908.6	289537.5	19793.3	269744.2
文山州	525435.1	249981.8	32558.7	173902.0	41834.8	1686.4	9766.0	265687.3	16238.4	249448.9
大理州	12574.1	307.6		306.7		0.9	345.3	11921.3	36.5	11884.8
迪庆州	25146.6	7213.9	212.6	6760.8	226.9	13.7	106.4	17826.3	181.5	17644.8

三、监测期石漠化耕地动态变化

根据 2005 年的第一次监测数据和 2016 年第三次监测数据对比，监测期内，通过退耕还林等工程的实施，岩溶区耕地面积减少了 3828.8hm²。此外，通过对石漠化耕地进行梯土化改造，石漠化耕地面积减少 6125.6hm²。

石漠化耕地中，轻度石漠化耕地面积减少 7112hm²，中度石漠化耕地面积增加 21964.6hm²，重度石漠化耕地面积减少 18260.3hm²，极重度石漠化耕地面积减少 2717.9hm²。

第三节　石漠化演变状况

监测结果显示，监测期可比范围内，顺向演变类型（明显改善和轻微改善型）面积总计为 566948.4hm²，占石漠化演变类型面积 7.1%；稳定型面积 6644574hm²，占石漠化演变类型面积 83.7%；误判和技术原因面积 674055.5hm²，占石漠化演变类型面积 8.5%；逆向演变类型（退化加剧和退化严重加剧化型）面积 55774.1hm²，占石漠化演变类型面积 0.7%。顺向演变类型比逆向演变类型面积多 511174.3hm²，表明监测间隔期内石漠化土地面积在减少、石漠化程度在降低，岩溶土地石漠化状况朝顺向方向演替，石漠化防治取得了阶段性成果。

在顺向演变类型中，明显改善型面积为399966.9hm²，占顺向演变类型面积的70.5%；轻微改善型面积为166981.5hm²，占顺向演变类型面积的29.5%。

在逆向演变类型中，退化加剧型面积为26404.2hm²，占逆向演变类型面积的47.3%；退化严重加剧型面积为29369.9hm²，占逆向演变类型面积的52.7%。

各州市岩溶土地按石漠化演变类型统计见表3-12。

表3-12 各州市岩溶土地按石漠化演变类型统计表（单位：hm²）

| 州市县 | 总计 | 明显改善型 | 轻微改善型 | 稳定型 | | 加剧型 | 严重加剧型 |
				稳定型	误判和技术原因		
总计	7941352.0	399966.9	166981.5	6644574.0	674055.5	26404.2	29369.9
比例(%)	100.0	5.0	2.1	83.7	8.5	0.3	0.4
昆明市	548302.1	25997.0	5360.4	476940.0	34761.8	3827.3	1415.6
曲靖市	1461339.6	61104.5	22165.0	1262735.0	111572.2	1105.5	2657.4
玉溪市	194479.4	8908.5	4372.1	166374.3	13139.9	521.6	1163.0
保山市	344304.5	8357.8	607.4	322945.2	12029.8	6.4	357.9
昭通市	1200899.2	46154.7	18612.1	1058546.7	74987.2	798.7	1799.8
丽江市	781746.2	41222.9	15567.9	648504.4	67121.5	4013.4	5316.1
临沧市	479091.9	17417.3	6896.0	388239.6	65850.3	25.3	663.4
红河州	1039648.5	49475.8	24766.9	868886.2	82941.7	4613.4	8964.5
文山州	1352451.1	125642.3	58555.5	975069.1	176092.7	10809.3	6282.2
大理州	99752.5	2489.3	187.3	93970.2	3075.4	0.0	30.3
迪庆州	439336.9	13196.8	9890.8	382363.4	32482.8	683.4	719.7

第四节 石漠化动态变化原因分析

一、动态变化直接原因

根据监测数据，石漠化土地发生动态变化面积622722.5hm²，按石漠化动态变化直接原因统计，人为因素（逆向变化）面积25737.0hm²，占动态变化直接原因的4.1%；灾害因素（逆向变化）面积27100.1hm²，占动态变化直接原因的4.4%；自然因素（顺向变化）面积146678.5hm²，占动态变化直接原因的23.6%；治理因素（顺向变化）面积422845.6hm²，占动态变化直接原因的67.9%。

各州市石漠化土地动态变化原因统计见表3-13。

表 3-13 各州市石漠化动态变化原因统计表（单位：hm²）

调查单位	变化原因	合计	石漠化 小计	轻度石漠化	中度石漠化	重度石漠化	极重度石漠化	潜在石漠化	非石漠化
云南省		622722.5	236043.4	129625.0	75050.5	27834.0	3533.9	374396.7	12282.4
逆向	人为因素	25737.0	25720.9	6758.5	14857.7	2350.4	1754.3	16.1	
	灾害因素	27100.1	27061.1	9217.0	12380.7	3683.8	1779.6	39.0	
	工程建设	361.4							361.4
顺向	自然演变因素	146678.5	52199.2	26772.3	18428.0	6999.0		94479.3	
	治理因素	422845.6	131062.2	86877.3	29384.0	14800.8		279862.3	11921.1
昆明市		36600.3	11254.9	4805.2	5034.8	1010.8	404.3	25333.8	11.6
逆向	人为因素	2573.8	2573.8	638.2	1489.7	208.9	237.1		
	灾害因素	2403.8	2403.8	237.7	1823.8	175.2	167.2		
	工程建设	11.6							11.6
顺向	自然演变因素	7543.1	1454.9	804.0	443.1	207.9		6088.2	
	治理因素	24068.0	4822.4	3125.3	1278.3	418.8		19245.6	
曲靖市		87032.3	28028.8	14916.1	8084.0	4902.3	126.4	56713.2	2290.3
逆向	人为因素	1161.3	1145.2	180.4	602.4	247.5	115.0	16.1	
	灾害因素	2326.2	2326.2	1611.0	251.8	451.9	11.4		
	工程建设	41.2							41.2
顺向	自然演变因素	5659.3	3305.1	1506.6	1180.2	618.3		2354.2	
	治理因素	77844.4	21252.4	11618.1	6049.6	3584.7		54342.9	2249.1
玉溪市		14965.2	6386.5	4131.0	2039.9	208.4	7.2	8554.7	24.0
逆向	人为因素	556.1	556.1	80.4	441.1	30.0	4.6		
	灾害因素	834.7	834.7	337.4	462.7	32.1	2.6		
	工程建设	24.0							24.0
顺向	自然演变因素	3922.9	1895.7	1592.4	278.8	24.4		2027.2	
	治理因素	9627.6	3100.0	2120.8	857.4	121.9		6527.6	
保山市		9329.5	977.5	776.6	140.8	60.1		7753.1	598.9
逆向	人为因素	105.0	105.0	83.6	2.4	19.0			
	灾害因素	256.4	256.4	247.8	8.6				
顺向	自然演变因素	391.0	145.9		104.7	41.2		245.1	
	治理因素	8577.2	470.2	445.2	25.0			7508.1	598.9
昭通市		67365.4	23482.2	14359.9	5424.2	3627.1	71.0	42380.6	1502.6
逆向	人为因素	431.7	431.7	11.6	388.1	32.1			
	灾害因素	2166.8	2160.8	1295.4	675.0	119.4	71.0	6.0	

调查单位	变化原因	合计	石漠化					潜在石漠化	非石漠化
			小计	轻度石漠化	中度石漠化	重度石漠化	极重度石漠化		
顺向	工程建设	23.4							23.4
	自然演变因素	12096.7	5546.0	4142.8	598.3	804.8		6550.7	
	治理因素	52646.8	15343.7	8910.2	3762.8	2670.8		35823.8	1479.3
丽江市		66120.4	27968.2	13354.2	8475.8	5181.1	957.1	37576.6	575.6
逆向	人为因素	6461.2	6461.2	2764.7	2774.4	231.5	690.5		
	灾害因素	2774.1	2774.1	941.8	1544.2	21.6	266.5		
顺向	工程建设	111.0							111.0
	自然演变因素	24257.1	9189.6	4430.6	2737.8	2021.1		15067.5	
	治理因素	32516.9	9543.3	5217.1	1419.4	2906.8		22509.0	464.6
临沧市		25002.0	7580.4	7291.6	238.2	50.6		11434.1	5987.6
逆向	人为因素	111.4	111.4	96.3	15.1				
	灾害因素	577.3	544.3	504.4	39.9			33.0	
顺向	自然演变因素	3344.7	1633.6	1587.2	31.4	15.1		1711.0	
	治理因素	20968.6	5291.0	5103.6	151.8	35.6		9690.1	5987.6
红河州		87820.6	40768.9	24387.9	12040.5	3613.1	727.4	46860.1	191.6
逆向	人为因素	5845.4	5845.4	1866.5	3486.9	336.4	155.6		
	灾害因素	6605.7	6605.7	2964.6	2496.8	572.6	571.9		
顺向	工程建设	78.5							78.5
	自然演变因素	19953.9	8017.1	4282.2	2348.3	1386.6		11936.9	
	治理因素	55337.1	20300.7	15274.6	3708.6	1317.5		34923.2	113.2
文山州		201289.4	78014.1	39175.1	28659.9	8946.0	1233.2	122894.0	381.2
逆向	人为因素	8383.7	8383.7	1016.2	5572.9	1243.1	551.5		
	灾害因素	7829.1	7829.1	747.7	4232.5	2167.3	681.7		
顺向	工程建设	68.4							68.4
	自然演变因素	66403.7	18102.9	8139.7	8083.5	1879.6		48300.9	
	治理因素	118604.4	43698.4	29271.4	10771.0	3656.0		74593.1	312.8
大理州		2706.8	240.5	201.2	20.8	18.6		2466.3	
逆向	灾害因素	30.3	30.3	30.3					
顺向	治理因素	2676.6	210.3	171.0	20.8	18.6		2466.3	
迪庆州		24490.7	11341.4	6226.4	4891.7	216.0	7.4	12430.1	719.2

调查单位	变化原因	合计	石漠化					潜在石漠化	非石漠化
			小计	轻度石漠化	中度石漠化	重度石漠化	极重度石漠化		
逆向	人为因素	107.5	107.5	20.6	84.9	1.9			
	灾害因素	1295.7	1295.7	299.0	845.6	143.8	7.4		
顺向	工程建设	3.4							3.4
	治理因素	19978.0	7029.8	5620.0	1339.4	70.4		12232.5	715.8

（一）自然因素据统计

在石漠化自然演变因素中，主要变化原因为自然修复因素。所谓自然修复是指对生态系统停止人为干扰，以减轻负荷压力，依靠生态系统的自我调节能力使其向有序的方向进行演化，或者利用生态系统的这种自我恢复能力，辅以人工措施，使遭到破坏的生态系统逐步恢复或使生态系统向良性循环方向发展；主要指致力于那些在自然突变和人类活动影响下受到破坏的自然生态系统的恢复与重建工作，恢复生态系统原本的面貌，比如砍伐的森林要种植上，退耕还林，让动物回到原来的生活环境中。这样，生态系统得到了更好的恢复，称为"生态修复"。

自然修复面积 146678.5 万 hm^2，占顺向演变类型总面积的 15.1%。

（二）生态工程的实施

通过分析监测数据，在监测间隔期内，以林草植被恢复为核心的生态治理工程是石漠化好转的主导因素。在石漠化区域全面启动了石漠化综合治理专项工程，采取人工造林、封山管护、封山育林（草）等措施，推进了石漠化治理速度；实施天然林资源保护工程、生态公益林保护工程，采取封山管护、封山育林（草）等措施，使石漠化土地林草植被得到休养生息和有效保护；实施退耕还林还草工程，采取人工造林、封山育林（草）等措施，强化了石漠化土地林草植被建设。除林业的相关工程以外，实施农业技术措施、小型水利水保工程等，提高了耕地质量，减少了水土流失，推进了石漠化土地的生态修复。

治理因素面积 422845.6hm^2，占石漠化动态变化直接原因的 67.9%。主要包括林草措施、农业技术措施和小型水利工程措施。

林草措施中，封山管护面积 135524.1hm^2，占石漠化动态变化直接原因的 21.8%；封山育林（草）面积 118987.3hm^2，占石漠化动态变化直接原因的 19.1%；人工造林面积 154112.6hm^2，占石漠化动态变化直接原因的 24.7%；飞播造林面积 431.3hm^2，占石漠化动态变化直接原因的 0.1%；林分改良（低产低效林改造）面积 65.2hm^2；人工种草面积 436.0hm^2，占石漠化动态变化直接原因的 0.1%；草地改良面积 76.1hm^2；其他林草措施面积 350.1hm^2，占石漠化动态变化直接原因的 0.1%。

农业技术措施中，保护性耕作面积947.2hm²，占石漠化动态变化直接原因的0.2%；其他农业措施面积2193.8hm²，占石漠化动态变化直接原因的0.4%。

小型水利工程措施中，坡改梯工程面积9529.1hm²，占石漠化动态变化原因的1.5%；小型水利水保工程面积4.0hm²。

其他工程措施面积188.8hm²，占石漠化动态变化原因的0.1%。

（三）人为因素（破坏因素）

监测间隔期还存在部分岩溶土地发生退化演变，根据监测数据统计，人为破坏因素面积25737hm²，占石漠化动态变化原因的4.1%。其中，毁林（草）面积4833.2hm²，占石漠化动态变化原因的0.8%；过牧面积2692.3hm²，占石漠化动态变化原因的0.4%；过度樵采面积6676.8hm²，占石漠化动态变化原因的1.1%；火烧面积3615.7hm²，占石漠化动态变化原因的0.6%；工矿工程建设面积424hm²，占石漠化动态变化原因的0.1%；工业污染面积19.4hm²；不适当经营面积3772.8hm²，占石漠化动态变化原因的0.6%；其他人为破坏因素面积3702.8hm²，占石漠化动态变化原因的0.6%。

（四）自然灾害因素

自然灾害因素，主要是小范围局部地区的地质灾害、灾害性气候、有害生物等因素，如小范围局部地区的雨雪冰冻灾害、干旱等。2006~2011年第1个监测间隔期内，云南省遇到了较为严重的气候灾害，特别是2008年至2011年滇中地区连续4年大旱，加上年底的冰雪灾害，使第一个间隔期内的自然条件严重恶化，以曲靖市等地区林草植被为主的自然生态系统受到较大破坏。从空间分布来看，主要分布在昆明市、曲靖市、昭通市、红河州、丽江市、迪庆州等州市的小范围局部地区。

灾害因素面积27100.1hm²，占石漠化动态变化原因面积的4.4%。其中，地质灾害面积970.1hm²，占石漠化动态变化原因面积的0.2%；灾害性气候25891.9hm²，占石漠化动态变化原因面积的4.2%；有害生物灾害面积9.6hm²；其他灾害面积228.6hm²。

二、动态变化间接原因

（一）农村能源结构的调整

通过实施农村能源工程，农村能源结构逐渐趋向多元化，薪材比重逐年下降，间接地保护了石漠化地区林草植被。

一是云南加大改造农村电网力度，于2012年10月提前实现全省户户通电，城乡实现同网同价，有力促进了农民减负和农村发展。农村居民用电价格由约0.9元/度下降到目前0.36元/度左右；电价的下降，使大量的村民逐渐以用电为农村能源的基础，各种家用电器逐步进入农村家庭，加上家电下乡等各种国家优惠政策的实施，使电能在农村中占主导的地位。

二是提高新型与商品型能源比重。农村通过大力推广以沼气、太阳能热水器为主体的新型能源和液化气等商品型能源，据统计，截止 2015 年底共完成沼气池 29.5 万户，按一口 8m³ 的沼气池年产沼气 450m³ 以上，节约薪材相当于 0.35hm² 薪炭林一年的生长量，相当于每年少破坏薪炭林地 10.3 万 hm²。同时，实施太阳能热水器 19.59 万台的农村能源建设任务，间接地减少薪材在农村能源结构中的比重。

三是积极推进节煤炉、节柴焖等设施，提高能源利用效率。截至 2015 年底，云南岩溶地区共完成节柴灶 48.56 万户，目前农村配置的节柴灶具的农户数超过 70%，多功能的节柴灶与传统柴灶相比较可节约用柴 50% 以上，有效地减少了石漠化地区的薪材消耗，节约了大量的生物质能源。

四是加强现有生物质能源的利用。积极对农村秸秆、农产品加工业下脚料、农林废弃物及畜牧业生产过程中的禽畜粪便和废弃物等生物质能源开发与利用，降低薪材在生物质能源中的比重。现阶段，农村能源结构中，薪材与秸秆等生物质能源所占比重 10 年内从 44.0% 下降到 37.2%，而生物质能源结构中薪材所占比重下降了近 30 个百分点。

农村能源结构的优化，减少了对薪材的依赖与破坏，为石漠化区域植被生态修复奠定了坚实的基础。

（二）岩溶地区农村劳动力人口的转移

土地石漠化的根本原因是人口密度过大，岩溶地区的人口密度 159 人 /km²，远超岩溶土地的生态环境合理承载量。加上岩溶地区所处的城乡经济相对较差，村民对森林资源，特别是用材林、薪材的采伐，以满足日益增加的物质和能源的需要特别强烈，造成岩溶地区巨大生态环境的压力。

近年来，随着国家经济的发展，农村居民到附近的县城、昆明及广东等沿海城市的打工人口日益增加，各地政府部门也通过各种方法，积极促进当地劳动力的劳务输出，带来了家庭的收入的增加，收入的增加会使农村家庭增加电器、太阳能热水器的支出，使农村能源结构得到优化，减少了对岩溶地区生态环境的破坏。

此外，据统计数据显示，2015 年云南省城镇化率为 43%，比 2011 年提高了 7.8 个百分比。岩溶地区通过推进当地城镇化建设，提高城镇化率，吸引了大批的农村剩余劳动力进城务工，进而降低对岩溶土地上森林植被的依赖度，亦促进了岩溶土地的生态修复。

（三）石漠化综合治理工程

2008 年，国务院批复了《岩溶地区石漠化综合治理工程规划大纲》（2006~2015 年），以小流域治理为单元，实施以林草植被修复为核心的综合治理，加快了石漠化治理步伐。云南从 2008 年启动 12 个县的石漠化综合治理试点工程，至 2011 年实施石漠化综合治理重点工程县到 35 个，2012 年进入国家监测的 65 个县全部实施了石漠化综合治理工程。

截至 2015 年年底，国家共下达云南省石漠化综合治理投资 225350 万元，林业措施建设任务 640489.5hm²，其中人工造林 153711.1hm²、封山育林 486778.3hm²。已完成封山管护、封山育林（草）面积 40 万 hm²，完成人工造林面积 13 万 hm²，岩溶地区监测期内石漠化土地面积减少 529439.6hm²，减少幅度为 18.4%，年均减少幅度为 1.84%。植被综合盖度由 2005 年 49.2% 增加到 56.2%，增加 7 个百分点。年减少水土流失 34 万吨，石漠化扩展的趋势得到有效遏制，树立了一批石漠化治理示范区，探索出了云南石漠化综合治理的成功经验。石漠化综合治理工程是监测间隔期内石漠化好转的重要因素。

（四）其他政策的实施

1. 教育科技扶贫治理石漠化

首先是义务教育的全面实施，解决了农村家庭子女上学的教育费用，既减少农村家庭负担和土地压力，又提高岩溶石漠化区农村子女教育水平，提升劳动人口教育水平与外出就业升学比例，减少石漠化地土地承载力；科技治理石漠化主要是农村农业生产的良种普及率，主要是玉米、马铃薯的良种化，提高单产，减少广种薄收面积，减少盲目开荒垦殖面积，森林植被面积得以保证。

2. 旅游反哺农村农业农民治理石漠化

利用特色岩溶景观，如石林县石林喀斯特、丘北县普者黑峰林湖盆、湿地、建水泸西的溶洞群、玉龙雪山等发展旅游业，既增加农村人口的非农就业，增加特色农林果牧生态产品与民族民俗文化产品，开展农村家庭旅游接待服务，改变农村农民单一收入来源和就业，又通过保护岩溶地质地貌景观恢复植被，实现石漠化区经济、社会、政治、生态、文化全面协调的石漠化治理。通过喀斯特旅游收入反哺石漠化地区农村、农业、农民，有效治理石漠化，云南石林县自 2009 年每年从旅游业收入中拨出 3000 万元用于石林保护地的农村基础设施改造、农村产业调整和农村生态建设。特色岩溶地貌保护实现了森林植被恢复、生物多样性保护、岩溶水源地保护的协同。

3. 云南省争当全国生态文明建设排头兵

云南省委、省政府始终高度重视石漠化综合治理工作，先后出台了加速林业发展、木本油料产业发展、山区综合开发、低效林改造、森林云南建设等一批政策创新、措施有力、含金量高、操作性强的文件，把石漠化综合治理作为构建西南生态安全屏障的重大措施，加快森林云南、争当全国生态建设排头兵的主要抓手、有关部门合力推进、社会各界共同参与的工作格局，强有力地推动了云南省石漠化综合治理工作科学发展。

按照建设生态林业、民生林业的要求，将石漠化综合治理工程与当地经济社会发展和农民增收致富有机结合，大力发展以核桃、油茶、澳洲坚果、八角、花椒等生态经济兼用型树种为主的特色经济林。截至 2015 年，整合国家和省级产业发展资金，在 65 个重点县种植以核桃为主的特色经济林近 100 万 hm²，极大地带动了林农增收，促进了区域经济发展。2015 年岩溶地区生产总值 (GDP)9368.77 亿元，年人均纯收入 8911 元 / 人，较上年增长 11.0%。

第四章　造林树种选择和治理模式

石漠化综合治理主要实施林草植被为主的生态恢复与重建，而最关键的技术措施就是造林树种的选择，树种选择正确与否决定着石漠化治理的成败。造林树种选择坚持适地适树的原则，尽量选择原生性的乡土树种，并具有耐干旱、瘠薄，易成活，生长迅速和较强的萌芽更新能力的特性，为满足物种的多样性，采用乔灌草相结合，同时，实现生态效益和经济效益兼顾。

不同的造林树种，适宜不同的立地条件，需要对不同的立地条件进行分类。岩溶地区具有特殊的地质环境，因而其立地分类系统具有其特殊性。立地分类根据岩溶地貌、水热条件、碳酸盐岩、地形坡度、土壤、植被等连续性因子划分不同的立地类型。

在不同的立地条件下，选择不同适宜的造林树种进行配置种植，辅以适当的造林方式方法和技术措施，形成典型的造林模式在全省各州市加以推广，可提高造林的成活率，提高林草植被盖度，进而促进石漠化治理的成效。通过对岩溶地区十年来石漠化综合治理工程治理模式整理、归纳，评价治理模式的成效，总结出典型的治理模式，给后续石漠化综合治理工程提供参考。

第一节　石漠化土地立地分区

一、分区的主要原则

为搞好石漠化的综合治理，须对云南石漠化土地进行立地分区，以利于多学科相结合的综合治理，使石漠化地区的生态早日得到恢复和改善。立地分区是根据自然属性的相似性和分异性，划分或组合成不同等级的立地单元，根据云南石漠化行政区、土地分布特点、地带性气候、岩溶地貌、森林植被、石漠化成因等分布进行区划，区划原则有以下几点。

① 同一区的岩溶地质、地貌、水文地质结构条件和岩溶生态环境问题具有相似性。

② 同一区水土资源、气候资源、生物资源及经济社会条件基本一致。

③ 同一区石漠化的主要成因大致相同，石漠化综合治理的技术措施基本相似。

④ 区划界线与自然边界保持一致性，尽可能地照顾行政区域的完整性和地域的连续性。

二、石漠化土地分区

根据国家《岩溶地区石漠化综合治理规划大纲(2006—2015年)》要求,按照分区原则,考虑碳酸盐岩的类型、岩性组合特征对岩溶地貌塑造的影响,以及不同岩溶地貌对区域环境和水土资源的制约、石漠化在不同地貌条件下的形成、发育的特征等因素,采用定性和定量相结合的方法,结合云南省岩溶地区石漠化综合治理区域,划分为5个区,即Ⅰ滇西北高山峡谷石漠化区,Ⅱ滇东北高山峡谷石漠化区,Ⅲ滇中断陷盆地石漠化区,Ⅳ滇东南峰丛洼地石漠化区、Ⅴ滇西南岩溶山地石漠化区。

(一)滇西北高山峡谷石漠化区

该区位于云南省西北部,与西藏、四川相接壤,跨越北纬25°56′37″~29°16′44″,东经98°39′05″~101°31′03″,属于云南亚热带北部气候类型,以中、高山为主,江河切割深,气候类型垂直现象明显,出现"一山有四季"的景象,系澜沧江、金沙江中上游,主要含迪庆州的香格里拉、德钦、维西3个县,丽江市的古城、玉龙、华坪、宁蒗4县区及大理州的鹤庆县。

滇西北高山峡谷石漠化区岩溶土地面积1320835.6hm²,占全省岩溶土地面积16.6%。其中,石漠化土地面积455249.8hm²,占全省石漠化土地面积的19.4%;潜在石漠化土地面积498466.1hm²,占全省潜在石漠化土地面积24.4%。石漠化土地中,轻度石漠化土地245310.1hm²,占全省轻度石漠化土地面积21.7%;中度石漠化土地155939.5hm²,占全省中度石漠化土地面积16.0%;重度石漠化土地28124.7hm²,占全省重度石漠化土地面积14.7%,极重度石漠化土地25875.6hm²,占全省极重度石漠化土地面积45.0%。滇西北高山峡谷石漠化区岩溶土地面积统计见表4-1。

该区内山高谷深、峰峦叠嶂、高差悬殊、立体气候明显,生态环境复杂,经济相对较为落后,人民生活普遍贫困,但人口密度低,人为活动对环境的影响相对较少。据统计,2015年迪庆州岩溶地区人口约40.80万人,人口密度18人/km²;丽江市岩溶地区人口约87.85万人,人口密度56人/km²;大理州(鹤庆县)岩溶地区人口约26.21万人,人口密度111人/km²。同期全省岩溶地区人口密度159人/km²,迪庆州和丽江市的人口密度远低于全省平均水平。从经济状况统计,2015年迪庆州岩溶地区人均GDP 39495元/人,岩溶地区农村居民年人均纯收入6557元/人;丽江市岩溶地区人均GDP 25172元/人,岩溶地区农村居民年人均纯收入9095元/人;大理州(鹤庆县)岩溶地区人均GDP 21145元/人,岩溶地区农村居民年人均纯收入7943元/人;而同期全省岩溶地区人均GDP 321661.0元/人,岩溶地区农村居民年人均纯收入8911元/人,滇西北地区人均农民纯收入相对较低。

表4-1　滇西北高山峡谷石漠化区岩溶土地面积统计表（单位：hm²）

调查单位		合计	石漠化					潜在石漠化	非石漠化
			小计	轻度石漠化	中度石漠化	重度石漠化	极重度石漠化		
云南省		7941352.0	2351936.8	1131068.6	972590.7	190726.5	57551.0	2041711.9	3547703.3
滇西北	面积	1320835.6	455249.8	245310.1	155939.5	28124.7	25875.6	498466.1	367119.7
	比例	16.6%	19.4%	21.7%	16.0%	14.7%	45.0%	24.4%	10.3%
迪庆州		439336.9	178390.7	71559.5	90902.2	12816.5	3112.4	166765.6	94180.7
香格里拉市		174845.2	68271.6	29001.8	30225.4	7340.7	1703.7	65463.4	41110.2
德钦县		120157.7	78891.4	31976.1	46882.6	32.7	0.0	20025.5	21240.8
维西县		144334.0	31227.8	10581.6	13794.3	5443.2	1408.8	81276.6	31829.6
丽江市		781746.2	258046.7	161537.4	58821.2	15232.5	22455.6	318356.1	205343.4
古城区		88071.4	19625.8	11014.0	6988.1	1157.7	465.9	55938.2	12507.5
玉龙县		234632.1	70706.5	35557.3	8659.7	7674.8	18814.8	84986.4	78939.2
华坪县		121324.4	23707.3	15827.3	6673.1	540.3	666.6	41385.2	56231.9
宁蒗县		337718.3	144007.1	99138.8	36500.3	5859.8	2508.3	136046.3	57664.8
大理州		99752.5	18812.4	12213.2	6216.0	75.6	307.5	13344.5	67595.7
鹤庆县		99752.5	18812.4	12213.2	6216.0	75.6	307.5	13344.5	67595.7

滇西北地势南低北高，是云南高原向青藏高原的过渡地带，区内为世界自然遗产"三江并流"腹心区，澜沧江和金沙江自北向南贯穿全境，形成"雪山为城，江河为池"的特殊地貌。岩溶地区石灰岩广泛出露，岩溶地貌普遍发育，以岩溶峡谷和岩溶山地为典型的岩溶地貌，间有断陷盆地和峰丛洼地出现。母岩中石灰岩、白云岩和泥质岩均有分布，以泥质岩占比大，坡度中陡坡、急坡、险坡占较大比重，海拔高，岩溶形成及变化原因中有冰冻等自然灾害因素。

该区岩溶地貌以岩溶山地和岩溶高山峡谷地貌为主，水热条件因海拔高差悬殊，森林植被类型垂直分布明显。境内高山耸立，河谷深邃，气候随海拔升高而发生变化，从海拔 1500m 左右的金沙江河谷到梅里雪山主峰卡瓦格博峰 6740m，依次有河谷北亚带、山地暖温带、山地温带、山地寒温带、高山亚寒带和高山寒带六个气候带，气候幅宽、带窄形成"一山分四季"的典型垂直立体气候。与省内其他地区相比，森林植被有着显著的特点，如海拔 3000~3600m 的地区有寒温性针叶林分布，如各种云杉林、冷杉林。海拔 3200m 以上冷杉林分布很广，在树种上丽江玉龙雪山以北，基本上以长苞冷杉为主，间或有川滇冷杉、云南黄菉冷杉、中甸冷杉等混生其间。在海拔 3000m 以上阳坡常见大果红杉林。高山松林在这一地区海拔 2700~3100m 间有较大面积分布，被认为是云南松在高海拔地带的替代现象。这一地区的硬叶常绿阔叶林多分布在海拔 2600~3900m 的阳坡，均以壳斗科栎属中的高山栎、黄背栎林和白桦林为主，有明显的耐寒耐旱的特征。海拔低于 2600m 的有温凉性针叶林（高山松林、华山松林和云南铁杉林等）分布。

（二）滇东北岩溶峡谷石漠化区

该区位于云南省东北隅与四川、贵州相连地区，跨越北纬 24°17′24″ ~ 28°31′09″，东经 102°51′01″ ~ 105°16′18″ 之间，金沙江的乌蒙山脉自东北而西南纵贯全区，行政区划上为昭通市的昭阳区、巧家县、鲁甸县、盐津县、威信县、镇雄县、大关县、永善县和彝良县 9 个县区和曲靖市的麒麟区、马龙县、陆良县、师宗县、罗平县、富源县、会泽县、沾益县和宣威市 9 个县市区。岩溶土地面积 2662238.8hm²，占全省岩溶土地面积 33.5%。石漠化土地面积 720794.3hm²，占全省石漠化土地面积的 30.6%；潜在石漠化土地面积 578223.9hm²，占全省潜在石漠化土地面积的 28.3%。石漠化土地中，轻度石漠化土地 378813.9hm²，占石漠化土地面积 33.5%；中度石漠化土地 278693.4hm²，占石漠化土地面积 28.7%；重度石漠化土地 44981.5hm²，占石漠化土地面积 23.6%；极重度石漠化土地 18305.4hm²，占石漠化土地面积 31.8%。滇东北岩溶峡谷石漠化区岩溶土地统计见表 4-2。

表 4-2 滇东北岩溶峡谷石漠化区岩溶土地统计表（单位：hm²）

调查单位		合计	石漠化						潜在石漠化	非石漠化
			小计	轻度石漠化	中度石漠化	重度石漠化	极重度石漠化			
云南省	面积	7941352.0	2351936.8	1131068.6	972590.7	190726.5	57551.0		2041711.9	3547703.3
		2662238.8	720794.3	378813.9	278693.4	44981.5	18305.4		578223.9	1363220.7
	比例	33.5%	30.6%	33.5%	28.7%	23.6%	31.8%		28.3%	38.4%
滇东北										
曲靖市		1461339.6	426683.3	259346.1	133877.6	24016.3	9443.2		335785.0	698871.4
麒麟区		62297.1	8036.0	6839.6	575.4	222.5	398.6		14805.5	39455.6
马龙县		504422.7	3930.5	3342.0	556.3	25.5	6.8		6928.3	39563.9
陆良县		143356.3	35473.6	17209.1	14496.7	2986.1	781.7		22558.8	85323.9
师宗县		126109.3	52181.0	32485.9	14615.4	4648.6	431.1		16703.1	57225.2
罗平县		224643.8	66843.0	36994.4	28104.7	1587.5	156.5		32220.0	125580.8
富源县		208860.3	50218.1	16068.2	31837.3	1844.9	467.6		70532.1	88110.1
会泽县		137016.3	63781.8	27290.2	18693.5	11217.8	6580.3		35021.2	38213.3
沾益县		163042.5	50184.0	36760.3	12639.6	769.5	14.6		40008.9	72849.6
宣威市		345591.3	96035.3	82356.5	12358.8	714.0	606.1		97007.0	152549.0
昭通市		1200899.2	294111.0	119467.8	144815.8	20965.2	8862.2		242438.9	664349.3
昭阳区		77963.3	16842.3	8502.5	6195.0	1619.1	525.7		11957.0	49164.0

调查单位	合计	石漠化						潜在石漠化	非石漠化
		小计	轻度石漠化	中度石漠化	重度石漠化	极重度石漠化			
鲁甸县	77685.3	19015.8	6719.6	9791.5	2096.0	408.8	11685.7	46983.9
巧家县	221255.3	86641.9	35697.2	39278.5	5214.1	6452.0	57522.3	77091.1
盐津县	90010.7	8912.7	5070.8	3577.5	170.5	93.9	14907.8	66190.2
大关县	91160.4	27091.7	12541.0	13165.0	1212.0	173.6	19598.8	44469.9
永善县	178357.3	47956.4	24720.0	19263.8	3642.7	330.0	42103.7	88297.2
镇雄县	250801.5	40701.3	5759.6	28681.7	5793.2	466.8	25905.8	184194.3
彝良县	142100.4	34772.0	17103.4	16662.2	594.9	411.5	43248.1	64080.3
威信县	71565.0	12176.9	3353.8	8200.5	622.7	0.0	15509.7	43878.5

该区境内地形崎岖，地势起伏较大，气候主要受西南季风和中亚热带气团的影响，干湿季分明，冬季受寒潮影响严重，气温较低，阴雨天较多。滇东北地区人口多，人口密度大，人为活动对环境的影响大。据统计，2015年昭通市岩溶地区人口约516.6万人，人口密度243人/km²；曲靖市岩溶地区人口约604.7万人，人口密度226人/km²。同期全省岩溶地区人口密度159人/km²，昭通市和曲靖市的人口密度均远超全省平均水平。区内经济相对较为落后，从经济状况统计，2015年昭通市岩溶地区人均GDP 12037元/人，岩溶地区农村居民年人均纯收入7207元/人；曲靖市岩溶地区人均GDP 28960元/人，岩溶地区农村居民年人均纯收入9451元/人；而同期全省岩溶地区人均GDP 321661元/人，岩溶地区农村居民年人均纯收入8911元/人。从统计数据可看出，曲靖市经济较强，但昭通经济较弱。

滇东北为云贵高原向四川盆地的过渡地带，受金沙江水系的切割，山高谷深，沟壑纵横，高低差异大。南部最高点为巧家药山，海拔4040m，北部最低点为水富滚坎坝，海拔267m，相对高差3773m，立体气候十分突出。中部乌蒙山和五连峰山脉横踞其间，形成一道天然屏障，将全区的自然环境分为两大部分，北部经常阴雨蒙蒙、雾气沉沉，日照时数少；南部降雨量少，积温多，致使南北两部分的整个生物群落各具鲜明的特色。区内石灰岩广泛出露，岩溶地貌普遍发育，以岩溶峡谷和岩溶山地为典型的岩溶地貌，间有断陷盆地和峰丛洼地出现。母岩中石灰岩、白云岩和泥质岩均有分布，以石灰岩占比大，坡度中陡坡、急坡、险坡占较大比重，海拔较高，岩溶形成及变化原因中人为活动的影响占比较高。昭通市为长江的上游金沙江段地区，水能资源富甲云南，国家在金沙江下游昭通境内建设有溪洛渡、向家坝、白鹤滩三座巨型电站。曲靖市地处长江、珠江两大水系的分水岭地带。沾益县的马雄山是曲靖市南盘江、北盘江、牛栏江的分水岭，故有"一水滴三江"的美称，属云贵高原乌蒙山系。珠江源头及其上游河段红水河上游的另一条支流北盘江的源头都在马雄山。境内河流发育，流域面积100km²以上的河流有80多条，以南盘江、北盘江、牛栏江、黄泥河、以礼河、块择河、小江等为主要干流，分属长江和珠江两大水系。

该区是云南亚热带北部，邻近我国东部森林类型分布的区域。属四川盆地的南部边缘山地，受东南季风和西南季风的影响，形成了与云南大部分地区不同的山地生物气候区域。森林植被垂直分布不明显，大致以海拔2000m为界，可以分为两个垂直带。海拔2000m以下以典型常绿阔叶林的峨嵋栲林、硬斗石栎林为主，局部地段有天然毛竹林和筇竹林。海拔2000m以上，落叶树种成分增多，成为常绿与落叶阔叶的混交林。区内原始森林受到很大的破坏，会生长一些次生的林分，如云南松、华山松林、桤木林、麻栎林等。

（三）滇中断陷盆地石漠化区

该区位于云南省中部自西到东的广大地区，跨越北纬 23°57'44″~26°22'40″，东经 101°53'55″~103°33'52″之间，西北部与滇西北高山峡谷石漠化区相望，东北部与滇东北岩溶峡谷石漠化区相连，南部与滇东南岩溶山地区相邻。该岩溶地区主要包括昆明市的五华区、盘龙区、官渡区、西山区、呈贡县、富民县、宜良县、石林县、嵩明县、禄劝县和寻甸县 11 个县区，玉溪市的红塔区、江川区、澄江县、通海县、华宁县、易门县 6 个县区。岩溶土地面积 742781.5hm²，占全省地区土地面积 9.4%。其中，石漠化土地面积 148110.7hm²，占全省石漠化土地面积的 6.3%；潜在石漠化土地面积 161083.7hm²，占全省潜在石漠化土地面积的 7.9%。石漠化土地中，轻度石漠化土地 72015.5hm²，占石漠化土地面积 6.4%；中度石漠化土地 63960.4hm²，占石漠化土地面积 6.6%；重度石漠化土地 8362.5hm²，占石漠化土地面积 4.4%；极重度石漠化土地 3772.3hm²，占石漠化土地面积 6.6%。滇中断陷盆地石漠化区岩溶土地统计见表 4-3。

该区是云南开发最早、经济文化最发达的地区，是全省政治、经济、文化中心。滇中地区人口多，人口密度大，人为活动对环境的影响大。据统计，2015 年昆明市岩溶地区人口约 572.9 万人，人口密度 320 人 / km²；玉溪市岩溶地区人口约 168.01 万人，人口密度 279 人 / km²，同期全省岩溶地区人口密度 159 人 / km²，昆明市和玉溪市的人口密度均超过全省平均水平。区内经济强，收入较高。从经济状况统计，2015 年昆明市岩溶地区 GDP 3525.03 亿元，人均 GDP 61530 元 / 人，岩溶地区农村居民年均纯收入 12232 元 / 人；玉溪市岩溶地区 GDP 997.44 亿元，人均 GDP 59368 元 / 人，岩溶地区农村居民年均纯收入 11425 元 / 人；而同期全省岩溶地区年均 GDP 321661 元 / 人，岩溶地区农村居民年人均纯收入 8911 元 / 人。昆明市和玉溪市 GDP、人均 GDP 和农村居民年人均纯收入均远超全省岩溶地区平均水平。

本区以滇中高原为主体，属北纬低纬度亚热带—高原山地季风气候，由于受印度洋西南暖湿气流的影响，日照长、霜期短，气候温和，夏无酷暑，冬无严寒，四季如春，气候宜人。本区平均海拔在 1800m 左右，地处云贵高原西缘，地势西北高、东南低。地形条件复杂，大致以红河为界，其东西两边的地貌景观有较大的差异。红河以西为滇西横断山区，山体走向呈北西向；红河以东为云贵高原，由于受地质地貌的影响，山体走向分别为南北向、北西向、北东向及南突的东西向，山体破碎，其间以梁王山主峰海拔高程 2820m 为最高点，一般高程 1500~1900m。境内河流水系发育，主要分属金沙江、珠江、红河三大水系。区内高原湖泊较多，大多属滇中高原湖盆地貌，有滇池、抚仙湖、阳宗海、星云湖等，这些高原湖泊的流域区是区内人口聚集区和经济中心。该区岩溶地貌主要以岩溶山地和岩溶断陷盆地为主，岩溶地貌特点是岩溶断陷盆地有较大的比重。

表4-3 滇中断陷盆地石漠化区岩溶土地统计表（单位：hm²）

调查单位		合计	石漠化					潜在石漠化	非石漠化
			小计	轻度石漠化	中度石漠化	重度石漠化	极重度石漠化		
云南省		7941352.0	2351936.8	1131068.6	972590.7	190726.5	57551.0	2041711.9	3547703.3
滇中	面积	742781.5	148110.7	72015.5	63960.4	8362.5	3772.3	161083.7	433587.1
	比例	9.4%	6.3%	6.4%	6.6%	4.4%	6.6%	7.9%	12.2%
昆明市		548302.1	88682.7	43270.4	36548.2	5380.4	3483.8	116299.0	343320.3
五华区		20500.2	445.1	246.6	198.5	0.0	0.0	1516.3	18538.8
盘龙区		41490.3	1258.9	606.0	621.5	31.3	0.0	8395.5	31835.9
官渡区		19778.7	38.7	13.2	9.1	16.3	0.0	407.2	19332.8
西山区		23734.9	1385.3	503.7	511.1	326.4	44.1	2124.1	20225.5
呈贡区		26643.9	1815.3	815.3	265.2	702.6	32.1	1976.1	22852.6
富民县		52495.3	2582.0	1781.0	709.1	23.7	68.1	5089.5	44823.8
宜良县		82862.2	5958.5	1990.0	3731.4	237.1	0.0	20892.0	56011.8
石林县		102630.1	25210.7	8732.4	12189.4	2460.5	1828.6	30889.7	46529.6
嵩明县		25289.2	4649.3	1959.1	1037.3	630.0	1022.9	4610.3	16029.6
禄劝县		72998.6	31491.0	19961.8	11436.8	92.4	0.0	13742.9	27764.7
寻甸县		79878.9	13848.1	6661.3	5838.6	860.1	488.1	26655.5	39375.3

续表

| 调查单位 | 合计 | 石漠化 | | | | | | 潜在石漠化 | 非石漠化 |
		小计	轻度石漠化	中度石漠化	重度石漠化	极重度石漠化		
玉溪市	194479.4	59428.0	28745.1	27412.3	2982.1	288.5	44784.6	90266.7
红塔区	13433.3	218.6	181.3	34.2	3.0	0.0	2377.7	10837.1
江川区	35827.4	5125.1	3743.9	1320.3	60.8	0.0	4815.6	25886.7
澄江县	27162.8	10449.4	4400.4	5868.5	180.5	0.0	9569.7	7143.6
通海县	17986.1	1197.1	395.4	702.2	95.1	4.4	6606.4	10182.6
华宁县	39643.2	18633.3	8495.8	8206.0	1779.0	152.6	7481.3	13528.6
易门县	60426.6	23804.5	11528.2	11281.1	863.7	131.6	13933.9	22688.2

094

本区森林植被垂直分布总的情况大致为：海拔 1500~2500m 为半湿润常绿阔叶林或云南松林，2500~2900m 为中山湿性常绿阔叶林，2900~3200m 为苔藓矮林或云南铁杉林，3000m 以上为冷杉林。

（四）滇东南峰丛洼地石漠化区

该区位于云南省东南部，跨越北纬 22°32′26″ ~ 24°47′22″，东经 102°35′19″ ~ 106°01′59″之间，为哀牢山以东地区，北部与滇中断陷盆地石漠化区相连，东部与广西相邻，南部与越南国线为界。行政上主要包含红河州的个旧市、开远市、蒙自市、屏边县、建水县、弥勒县、泸西县和河口县 8 县市，文山州的文山市、砚山县、西畴县、麻栗坡县、马关县、丘北县、广南县和富宁县 8 县市。岩溶土地面积 2392099.6hm²，占全省岩溶土地面积 30.1%。其中石漠化土地面积 881475hm²，占全省石漠化土地面积的 37.5%，潜在石漠化土地面积 595729.1hm²，占全省潜在石漠化面积的 29.2%。石漠化土地中，轻度石漠化土地 363809.9hm²，占石漠化土地面积 32.2%；中度石漠化土地 403088.8hm²，占石漠化土地面积 41.4%；重度石漠化土地 105501.7hm²，占石漠化土地面积 55.3%；极重度石漠化土地 9074.7hm²，占石漠化土地面积 15.8%。滇东南岩溶山地石漠化区岩溶土地统计见表 4-4。

该区主要以红河州、文山州为主的广大地区，是云南近代工业的发祥地，是中国走向东盟的陆路通道和桥头堡，也是全省岩溶土地主要分布区和岩溶地貌普遍发育区。据统计，2015 年文山州岩溶地区人口约 360.70 万人，人口密度 115 人 / km²；红河州岩溶地区人口约 301.84 万人，人口密度 174 人 /km²，同期全省岩溶地区人口密度 159 人 /km²，红河州的人口密度与全省平均水平相近，文山州人口密度稍小，人为活动对生态环境的影响较大。从经济状况统计，2015 年文山州岩溶地区 GDP 670.04 亿元，人均 GDP 18576 元 / 人，岩溶地区农村居民年人均纯收入 7699 元 / 人；红河州岩溶地区 GDP 1032 亿元，人均 GDP 34190 元 / 人，岩溶地区农村居民年人均纯收入 9804 元 / 人；而同期全省岩溶地区人均 GDP 321661 元 / 人，岩溶地区农村居民年人均纯收入 8911 元 / 人。红河州的人均 GDP 和农村居民年人均纯收入均超全省平均水平，经济较强；而文山州的人均 GDP 和农村居民年人均纯收入均低于全省平均水平，经济相对较弱，是云南省划入滇黔桂石漠化片区扶贫的主体。

表 4-4　滇东南岩溶山地岩溶区岩溶土地统计表（单位：hm²）

调查单位		合计	石漠化					潜在石漠化	非石漠化
			小计	轻度石漠化	中度石漠化	重度石漠化	极重度石漠化		
云南省		7941352.0	2351936.8	1131068.6	972590.7	190726.5	57551.0	2041711.9	3547703.3
滇东南	面积	2392099.6	881475.0	363809.9	403088.8	105501.7	9074.7	595729.1	914895.5
	比例	30.1%	37.5%	32.2%	41.4%	55.3%	15.8%	29.2%	25.8%
红河州		1039648.5	234507.3	111076.6	96872.9	22437.6	4120.4	284611.3	520529.8
个旧市		80637.6	20271.3	11891.7	7857.8	386.0	135.7	35796.3	24570.0
开远市		113020.4	37854.2	14514.6	17688.4	4990.4	660.8	25236.2	49930.1
蒙自市		135112.8	40605.9	20790.2	14311.1	5394.0	110.6	41035.1	53471.8
屏边县		40642.8	17204.2	9609.4	7353.1	178.3	63.3	18560.5	4878.1
建水县		257832.1	41820.1	18416.8	18026.7	4780.4	596.2	64778.8	151233.2
弥勒市		259548.6	43546.8	23580.4	18864.9	723.6	378.0	66644.3	149357.4
泸西县		120552.9	27067.2	11091.1	7843.8	5958.8	2173.5	18664.8	74821.0
河口县		32301.4	6137.7	1182.4	4927.0	26.1	2.3	13895.5	12268.2
文山州		1352451.1	646967.7	252733.3	306215.9	83064.1	4954.4	311117.8	394365.6
文山市		233522.3	93989.8	26802.8	54231.9	12433.7	521.4	45807.2	93725.3
砚山县		197708.4	74437.5	36082.5	36374.4	1927.0	53.6	22672.9	100598.0
西畴县		61478.6	33305.0	24759.3	8535.0	10.7	0.0	24377.9	3795.7
麻栗坡县		70208.5	40992.9	15354.0	15734.4	9229.5	675.0	24085.6	5130.1
马关县		200802.8	87467.9	54909.2	29994.1	2557.5	7.2	44157.2	69177.7
丘北县		203402.8	119466.2	36802.2	66844.4	15516.3	303.3	38160.4	45776.2
广南县		289251.9	145514.1	41097.7	71071.3	32407.5	937.6	82560.0	61177.8
富宁县		96075.9	51794.4	16925.8	23430.4	8981.9	2456.3	29296.6	14984.9

区内地势是西北高东南低。地形分为山脉、岩溶高原、盆地（坝子）、河谷四部分，主要山脉为横断山脉南段澜沧江东侧的云岭南延东部支哀牢山（西部分支为李仙江西侧的无量山）。岩溶高原区，山脉、河流、盆地相间排列，地势较为平缓，岩溶地貌尤为突出，著名的泸西阿庐古洞、建水燕子洞、弥勒白龙洞、开远南洞等大型地下溶洞就分布在这片地区。地处低纬度亚热带高原型湿润季风气候区，气候类型多样，具有独特的高原型立体气候特征。四季不甚分明，但干、雨季节区分较为显著，每年5~10月为雨季，降雨量占全年降雨量的80%以上，其中连续降雨强度大的时段主要集中于6~8月，且具有时空地域分布极不均匀的特点。境内河流属珠江、红河两大流域。岩溶地区石灰岩广泛出露，大地貌以中山山地为主，岩溶地貌普遍发育，以岩溶山地为主的岩溶地貌，峰丛洼地和岩溶断陷盆地也具有一定的规模；母岩中石灰岩、白云岩和泥质岩均有分布，以石灰岩占绝对优势。境内坡度相对较小，平均海拔较滇中中部低。

本区森林植被垂直分布总的情况是海拔500m以下为热带湿润雨林，500~1000m为热带季雨林，800~1000m为热带山地雨林，1000~1500m为季风常绿阔叶林，1500~2900m为山地苔藓常绿阔叶林，2700m以上为山顶苔藓矮林。

（五）滇西南岩溶山地石漠化区

位于云南省西南部，跨越北纬23°24′22″~25°38′45″，东经98°38′19″~99°54′21″之间，为怒江以东，澜沧江以西地区。行政上含保山市的隆阳区和施甸县；临沧市的永德县、镇康县、耿马县、沧源县。岩溶土地面积823396.5hm²，占全省岩溶土地面积10.4%。其中石漠化土地面积146307hm²，占全省石漠化土地面积的6.2%；潜在石漠化土地面积208209.1hm²，占全省潜在石漠化土地面积的10.2%。石漠化土地中，轻度石漠化土地71119.2hm²，占石漠化土地面积6.3%；中度石漠化土地70908.6hm²，占石漠化土地面积7.3%；重度石漠化土地3756.2hm²，占石漠化土地面积2%，极重度石漠化土地523hm²，占石漠化土地面积0.9%。滇西南岩溶山地石漠化区岩溶土地统计见表4-5。

本区属亚热带低纬高原山地季风气候，地形地势复杂，是一个有多种气候类型的地区。主要受印度洋暖湿气流和西南季风的影响，四季之分不明显，但干雨季分明，雨水较多，日照时间长，年平均日照数在2000h以上，霜期较短，部分地区终年无霜；立体气候明显。

地处横断山系怒山山脉南延部分，属滇西纵谷区。整个地势自西北向东南延伸倾斜，境内最高点为海拔3429m的永德大雪山，最低点为海拔450m的孟定清水河，相对高差达2979m。岩溶区石灰岩广泛出露，大地貌以中山山地为主，岩溶地貌普遍发育，以岩溶山地为主的岩溶地貌，间有岩溶洼地出现；母岩中石灰岩、白云岩和泥质岩均有分布，以石灰岩占绝对优势，坡度相对较大，平均海拔较滇中中部低。区内河流分属怒江、澜沧江两大水系。

表 4-5　滇西南岩溶山地石漠化区岩溶土地统计表（单位：hm²）

调查单位		合计	石漠化					潜在石漠化	非石漠化
			小计	轻度石漠化	中度石漠化	重度石漠化	极重度石漠化		
云南省		7941352.0	2351936.8	1131068.6	972590.7	190726.5	57551.0	2041711.9	3547703.3
滇西南	面积	823396.5	146307.0	71119.2	70908.6	3756.2	523.0	208209.1	468880.4
	比例	10.4%	6.2%	6.3%	7.3%	2.0%	0.9%	10.2%	13.2%
保山市		344304.5	35518.8	19788.2	13317.5	2315.4	97.6	60311.2	248474.6
隆阳区		258934.5	29316.1	15372.2	11686.4	2178.8	78.7	51087.8	178530.6
施甸县		85370.0	6202.7	4416.1	1631.1	136.6	18.9	9223.3	69944.0
临沧市		479092.0	110788.2	51331.0	57591.1	1440.8	425.3	147898.0	220405.3
永德县		145531.9	20163.0	5323.7	14120.9	301.6	416.8	57485.9	67883.0
镇康县		136142.7	27837.5	14837.5	12764.4	235.7	0.0	24392.0	83913.1
耿马县		147304.4	50814.0	21827.4	28163.3	814.8	8.5	59157.6	37332.8
沧源县		50113.0	11973.6	9342.5	2542.5	88.6	0.0	6862.5	31276.9

本区森林属云南亚热带南部季风常绿阔叶林地带，分布着暖热性阔叶林和针叶林区，这一地区的森林植被垂直分布总的情况是海拔 1800m 以下为季风常绿阔叶林或思茅松林（东部为云南松林），1800~2600m 为中山湿性常绿阔叶林，2400~2800m 为常绿阔叶林与针叶混交林或云南铁杉林，2800~3000m 为山地苔藓常绿阔叶林，3000m 以上为山顶苔藓矮林或寒温性针叶林。

第二节　石漠化土地造林树种选择

石漠化的治理是生态环境建设中的主要组成部分，而林草植被恢复是石漠化综合治理的基础。石漠化地区植被恢复，必须掌握人工造林绿化树种的生物生态学特性，才能合理选择造林树种，达到治理石漠化、恢复石漠化地区植被的目的。为尽快治理石漠化土地，使土地石漠化得到控制和改善，在生物治理和工程治理相结合的综合治理时，应以生物治理为主，而人工绿化造林是生物治理最主要的措施和手段，绿化造林应因地制宜，造地适树，认真选择好造林绿化树种和科学合理的土地植被恢复技术。

一、石漠化土地造林树（草）选择

（一）树种选择的原则

云南石漠化地区由于气候条件差异大，整体立地条件差，在绿化树种（草）选择时，必须遵循以下原则。

① 定向性原则：所选人工绿化造林树种（草）必须定向符合以生态效益为育林目标。

② 适地适树原则：选用乡土优良树种和引种后适应当地的环境条件，表现良好的树种。

③ 稳定性原则：选择的树种所形成林分应长期稳定，部分地区要经受得住云南极端气候灾害因子的考验及毁灭性病虫害的侵袭。

④ 适应性原则：能耐干旱瘠薄、萌蘖性强、分布广、抗寒抗旱的树种（草）。

树种选择具体的要求如下：

① 能忍耐土壤周期干旱和热量变幅悬殊。具体来说，在幼苗期间，既能在土壤潮湿环境下生长，亦能抵抗土壤短期干旱的影响；既能在温差小的环境下生长，亦能在夏日炎热天气，日夜温差较大的条件下不至于受到灼伤或死亡。同时，在高温、干旱影响作用下，亦能照常进行生理活动。

② 要求根系比较发达，具有耐瘠薄土壤能力。主根在岩缝中穿透能力强，更为重要的是侧根、支根等向水平方向发展能力强，即在岩隙缝间的趋水趋肥性显著，须根发达，具有较强的保水固土作用，且能充分分解和吸收利用土壤中的养分。

③ 成活容易，生长迅速，能够短时期郁闭成林或显著增加地表盖度。

④具有较强的萌芽更新能力，便于天然更新，提高抗外界干扰能力。

⑤适宜于中性偏碱性和喜钙质土壤生长的树种。

（二）人工草种选择

在云南发展常绿草食畜牧业产业化区域的空间布局上，全省大体上分为6个畜牧产业带，分别为滇东北、滇中、滇西北、滇东南、滇南、滇西南畜牧产业带。在不同的产业带内，分别形成以龙头企业和知名品牌为核心的畜产品生产和加工区域，培植以民营企业为主的各类企业集团或企业群，以市场为导向，在畜牧产业的各个环节进行企业化，或"企业＋农户"等方式运作，形成完整的畜牧产业链。优化产业结构，促进区域产业布局的形成和发展。云南省岩溶地区草食畜牧业除了不含滇南畜牧产业带以外，主要含5个畜牧产业带。

1. 滇西北山地温带、寒温带畜牧产业带

该产业带包括大理、丽江、迪庆。这一区域地形起伏较大，分布有许多高山，草地类型主要以山地草甸、亚高山和高山草甸以及部分灌草丛为主，草地生产力较低。本区域应加强人工草地建设，以减缓对天然草地放牧的压力，选择耐寒的人工牧草进行草地建设，重点发展以奶牛、肉牛、细毛羊为主的产业化基地。结合石漠化综合治理工程、退耕还林还草工程，将退下来的部分坡耕地用于人工草地建设。

2. 滇东北山原暖温带、温带畜牧产业带

该产业带包括昭通、曲靖。本区域海拔高差较大，最高海拔4400m，最低海拔在金沙江流域为494m。主要的草地类型为山地灌草丛、山地草甸和亚高山草甸。在中山和亚高山地带，气候温凉，环境湿润，并有开阔平坦的分块连片草地，适宜建立高产人工割草地，发展半细毛羊、肉牛基地，结合石漠化综合治理工程、退耕还林还草工程，可将部分退下来的坡耕地用于人工草地建设，人工牧草基地主要种植禾本科的多年生黑麦草、鸭茅、猫尾草等，豆科牧草紫花苜蓿、红三叶、白三叶等。本区域重点发展以瘦肉型猪、半细毛羊、肉牛、饲料生产为主的产业化基地。

3. 滇中亚热带、暖温带畜牧产业带

该产业带包括昆明、玉溪。本区域多属山地丘陵地貌，气候温暖，主要草地类型为山地灌草丛草地。结合石漠化综合治理工程、退耕还林还草工程，可将部分退下来的坡耕地用于人工草地建设，发展肉羊、肉牛养殖。人工牧草基地主要种植禾本科的多年生黑麦草、象草、鸭茅、苇状弧茅等，豆科牧草红三叶、白三叶、桂花草等。本区域重点发展以瘦肉型猪、肉羊、肉牛、禽蛋类、饲料生产为主的产业化基地。

4. 滇东南亚热带、热带畜牧产业带

该产业带包括红河、文山。本区域为气候湿热的低山丘陵区，天然草地为利用价值不高的灌草丛草地。结合石漠化综合治理工程、退耕还林还草工程，可将部分退下来的

坡耕地用于人工草地建设，选用禾本科牧草如黑麦草、臂形草、非洲狗尾草，豆科的红三叶、白三叶等牧草，大力发展高产人工草地，重点发展以瘦肉型猪、肉牛以及特色畜牧产品为主的产业化基地。

5. 滇西南亚热带、热带、暖温带畜牧产业带

该产业带包括保山、临沧。这一区域主要为山地丘陵区，水热条件好，天然草地为利用价值不高的灌草丛草地，结合石漠化综合治理工程、退耕还林还草工程，可将部分退下来的坡耕地用于人工草地建设，发展人工种草，主要种植的牧草包括非洲狗尾草、臂形草、象草、黑麦草、柱形草等，以及饲料作物的种植，重点发展以肉牛、特色畜产品为主的产业化基地。

（三）树（草）种选择

云南石漠化土地广布全省各地，为了各地森林植被的恢复与重建，在石漠化土地分区基础上，本着适地适树的原则，推荐石漠化地区的人工造林绿化树（草）种，主要选择各地石漠化综合治理和其他生态建设工程中比较有成功经验的树（草）种。

岩溶地区主要人工造林树（草）种选择详见表4-6。

表4-6 岩溶地区主要人工造林树（草）种选择表

石漠化区	所属县区	主要造林树种	主要参考草种
Ⅰ滇西北高山峡谷石漠化区	迪庆州的香格里拉、德钦、维西3个县；丽江市的古城、玉龙、华坪、宁蒗4县区及大理州的鹤庆县。共8个县区	乔木树种：铁杉、云南松、高山松、杉木、柏木、圆柏、滇柏、云南红豆杉、丽江云杉、高山栎、麻栎、栓皮栎、桦木、桤木、滇青冈、杨树、山合欢 竹林树种（组）：毛竹 经济树种（组）：柑橘、苹果、梨、桃、核桃、板栗、杨梅、花椒、油桐、蚕桑 灌木树种（组）：车桑子、杜鹃、清香木、青刺果	雀麦、鸭茅、黑麦草、白三叶、红三叶、紫花苜蓿、菊苣等
Ⅱ滇东北高山峡谷石漠化区	昭通市的昭阳、巧家、鲁甸、盐津、威信、镇雄、大关、永善和彝良9个县区和曲靖市的麒麟、马龙、陆良、师宗、罗平、富源、会泽、沾益和宣威9个县市区。共18个县市区	乔木树种：油杉、华山松、云南松、杉木、柳杉、柏木、圆柏、滇柏、藏柏、冲天柏、红豆杉、栓皮栎、麻栎、桦木、桤木、云南樟、滇朴、滇青冈、檫木、滇杨、香椿、圣诞树、山合欢、喜树、女贞、蓝桉、直干桉、楝树、川楝 竹林树种（组）：毛竹、慈竹、金竹 经济树种（组）：柑橘、苹果、梨、桃、李、杏、枇杷、核桃、板栗、杨梅、樱桃、油茶、茶叶、花椒、山胡椒、杜仲、银杏、油桐、蚕桑 灌木树种（组）：紫穗槐、白花刺、盐肤木、马桑、火棘、刺梨、车桑子、杜鹃、桃金娘、清香木	黑麦草、鸭茅、猫尾草、紫花苜蓿、红三叶、白三叶等

续表

石漠化区	所属县区	主要造林树种	主要参考草种
Ⅲ滇中岩溶断陷盆地石漠化区	昆明市的五华、盘龙、官渡、西山、呈贡、富民、宜良、石林、嵩明、禄劝和寻甸11个县区，玉溪市的红塔、江川、澄江、通海、华宁、易门6个县区。共17个县区	乔木树种：油杉、华山松、云南松、杉木、柏木、圆柏、藏柏、墨西哥柏、红豆杉、麻栎、桦木、桤木、云南樟、榆树、楠木、滇朴、滇杨、香椿、黑荆、圣诞树、山合欢、蓝桉、直干桉 竹林树种（组）：慈竹、金竹 经济树种（组）：柑橘、苹果、梨、桃、李、枣、核桃、板栗、杨梅、樱桃、茶叶、花椒、八角、杜仲、黄连木、银杏、栓皮栎、蚕桑 灌木树种（组）：马桑、火棘、刺梨、车桑子、杜鹃、清香木	黑麦草、象草、鸭茅、苇状弧茅、红三叶、白三叶、柱花草等
Ⅳ滇东南岩溶山地石漠化区	红河州的个旧、开远、蒙自、屏边、建水、弥勒、泸西和河口8县市；文山州的文山、砚山、西畴、麻栗坡、马关、丘北、广南和富宁8县市。共16个县市	乔木树种：油杉、华山松、马尾松、云南松、湿地松、杉木、柳杉、水杉、柏木、圆柏、滇柏、藏柏、冲天柏、墨西哥柏、红豆杉、麻栎、桦木、桤木、云南樟、滇朴、榉木、滇青冈、滇杨、香椿、黑荆、圣诞树、山合欢、榕树、喜树、蓝桉、直干桉、苦楝 竹林树种（组）：慈竹、金竹 经济树种（组）：柑橘、苹果、梨、桃、李、枣、枇杷、核桃、板栗、龙眼、荔枝、杨梅、樱桃、油茶、茶叶、花椒、八角、山胡椒、杜仲、川桂、银杏、油桐、蚕桑 灌木树种（组）：白花刺、盐肤木、马桑、车桑子、杜鹃、清香木	黑麦草、臂形草、非洲狗尾草、红三叶、白三叶等
Ⅴ滇西南岩溶山地石漠化区	保山市的隆阳和施甸2县区；临沧市的永德、镇康、耿马、沧源4县。共6个县区	乔木树种：油杉、华山松、马尾松、云南松、杉木、柏木、圆柏、藏柏、墨西哥柏、红豆杉、桦木、桤木、云南樟、山合欢、榕树、喜树、蓝桉、直干桉 竹林树种（组）：毛竹、金竹 经济树种（组）：柑橘、梨、桃、枇杷、核桃、板栗、荔枝、杨梅、柚、樱桃、茶叶 灌木树种（组）：车桑子、清香木	紫花苜蓿、非洲狗尾草、臂形草、象草、黑麦草、柱形草等

二、主要造林树（草）种的生态学特征

云南根据石漠化地区树种选择原则的基础上，结合65个石漠化治理工程县实际应用总结，进一步对各植物类型、生物学特性（含叶性、根性、整枝性能、生长速度、自然更新或萌发能力），生态学特性（含适宜海拔、光照、温度、耐旱性、土壤适宜性、适宜土壤）、岩溶地区造林区域现状进行统计分析，根据云南各地气候、立地条件等特点，从中选择适生、生物学特性、生态学功能好，经济价值较高，生长迅速，根系发达，容易繁殖的树（草）种98个。各树（草）种生物学、生态学特性及区域适宜性详见表4-7。

102

表 4-7 岩溶地区石漠化土地主要适生树（草）种特性一览表

序号	树种名称	生物学特性						生态学特性					岩溶地区种植区域现状
		类型	叶性	根性	整枝性能	生长速度	自然更新或萌发能力	海拔 /m	光照	温度	耐旱性	土壤适宜性	土壤
1	铁杉 Tsuga chinensis	乔木	常绿针叶	深根性	较强	较快	较弱	600 ~ 2100	强阴性	喜温凉	喜湿润	深厚疏松土	红色或黄色石灰土	滇东南的蒙自市、滇西北的维西县
2	滇油杉 Keteleeria evelyniana	乔木	常绿针叶	深根性	较强	较快	较强	1000 ~ 2800	阳性	耐低温	喜湿润、耐干旱	耐瘠薄	红色或棕色石灰土	滇东南、滇西北、滇西南中均有种植
3	落叶松 Larix gmelinii	乔木	落叶针叶	深根性	较强	较快	较强	1000 ~ 1800	阳性	喜温暖	喜湿润、耐干旱	耐瘠薄	红色或黄色石灰土	滇东北的永善县
4	华山松 Pinus armandii	乔木	常绿针叶	深根性	强	快	强	1000 ~ 3300	阳性	喜温凉	喜湿润、耐干旱	深厚疏松土、耐瘠薄	黄色棕色石灰土	全省范围
5	马尾松 Pinus massoniana	乔木	常绿针叶	深根性	较强	快	强	700 ~ 1500	阳性	喜温暖	喜湿润、耐干旱	深厚疏松土、耐瘠薄	黄色或红色石灰土	滇东南的个旧市、建水县、滇西南隆阳区、施甸县
6	云南松 Pinus yunnanensis	乔木	常绿针叶	深根性	较强	快	强	1000 ~ 3000	强阳性	喜温暖	喜湿润、耐干旱	深厚疏松土、耐瘠薄	红色或黄色石灰土	全省范围
7	高山松 Pinus densata	乔木	常绿针叶	深根性	较强	较快	较强	2600 ~ 3500	阳性	喜温凉	耐干旱	耐瘠薄	棕色石灰土	滇西北的香格里拉、德钦县
8	杉木 Cunninghamia lanceolata	乔木	常绿针叶	深根性	较强	快	较强	800 ~ 1800	中偏阳	喜温暖	喜湿润	深厚疏松土	红色或黄色石灰土	滇东南、滇西南大部分县市、滇东北的罗平、师宗、富源、宣威等地
9	柳杉 Cryptomeria fortunei	乔木	常绿针叶	深根性	较强	较快	较强	400 ~ 2500	中偏阳	喜温暖	喜湿润	深厚疏松土	红色或黄色石灰土	滇东南的个旧市、滇东北的罗平、师宗、昭阳、永善、镇雄、大关等地

序号	树种名称	生物学特性						海拔/m	生态学特性				土壤	岩溶地区种植区域现状
		类型	叶性	根性	整枝性能	生长速度	自然更新或萌发能力		光照	温度	耐旱性	土壤适宜性		
10	水杉 Metasequoia glyptostroboides	乔木	常绿针叶	深根性	较弱	较快	较强	750~1500	阳性	喜温暖	喜湿润	深厚疏松土	黄色石灰土	滇东北的鲁甸县
11	秃杉 Taiwania cryptomerioides	乔木	常绿针叶	深根性	较弱	较快	较强	1600~2500	耐阴性	喜温凉	喜湿润	深厚疏松土	黄色石灰土	滇西北的香格里拉、宁蒗、玉龙等
12	丽江云杉 Picea likiangensis	乔木	常绿针叶	深根性	较弱	较慢	较强	3000~4100	阳性	喜温凉	耐干旱	耐瘠薄	棕色石灰土	滇西北的香格里拉、德钦县
13	柏木 Cupressus funebris	乔木	常绿针叶	深根性，侧根发达	较弱	较快	较强	1000~2000	阳性	喜温暖	耐干旱	耐瘠薄	红色或黄色石灰土	滇东南的个旧、开远、蒙自，滇中大部、滇东北的曲靖市大部
14	圆柏 Sabina chinensis	乔木	常绿针叶	深根性，侧根发达	较弱	较快	较强	1100~2800	耐阴性	喜温暖	耐干旱	耐瘠薄	红色或棕色石灰土	滇东南的砚山，广南，丘北、文山、滇中大部、陆良、罗平、富源、宣威
15	昆明柏 Sabina gaussenii	乔木	常绿针叶	浅根性，侧根发达	较弱	较快	较强	1200~2000	耐阴性	喜温暖	耐干旱	耐瘠薄	红色或黄色石灰土	滇东南的砚山、建水、泸西、滇东北的陆良，罗平等地
16	藏柏 Cupressus torulosa	乔木	常绿针叶	浅根性，侧根发达	较弱	较快	较强	1800~2800	耐阴性	喜温凉	耐干旱	耐瘠薄	红色或棕色石灰土	滇东南的砚山、滇东北的陆良，罗平等地
17	冲天柏 Cupressus duclouxiana	乔木	常绿针叶	浅根性，侧根发达	较弱	较快	较强	1400~3300	耐阴性	喜温暖	耐干旱	耐瘠薄	微酸性红色或棕色石灰土	滇东南的广南，建水县等
18	墨西哥柏 Cupressus lusitanica	乔木	常绿针叶	浅根性，侧根发达	较弱	较快	较强	1300~3300	中偏阳	喜温暖	耐干旱	耐瘠薄	红色或棕色石灰土	滇东南的个旧、蒙自，西畴、文山、砚山、华宁、林县，滇西南的施甸等
19	川滇高山栎 Quercus aquifolioides	乔木	落叶阔叶	深根性	较弱	较快	较强	2000~4500	阳性	喜温凉	喜湿润	耐瘠薄	中性红色或棕色石灰土	滇西北的香格里拉、宁蒗、古城等

续表

序号	树种名称	类型	生物学特性					生态学特性						岩溶地区种植区域现状
			叶性	根性	整枝性能	生长速度	自然更新或萌发能力	海拔/m	光照	温度	耐旱性	土壤适宜性	土壤	
20	栓皮栎 Quercus variabilis	乔木	落叶阔叶	深根性	较弱	较快	较强	2000~3000	中偏阳	喜温暖	耐干旱	耐瘠薄	红色或棕色石灰土	滇东北的宣威、大关县
21	麻栎 Quercus acutissima	乔木	落叶阔叶	深根性	较弱	较快	强	1000~2200	中偏阳	喜温暖	耐干旱	耐瘠薄	红色或黄色石灰土	滇东南开远、蒙自、广南、丘北、滇东北的罗平、永善、会泽
22	西南桦 Betula alnoides	乔木	常绿阔叶	深根性	较强	快	较强	800~1500	阳性	喜温暖	耐干旱	深厚疏松土	红色或黑色石灰土	滇西南镇康、永德、沧源、施甸、滇东北的大关、镇雄为主
23	桤木 Alnus cremastogyne	乔木	落叶阔叶	深根性	较强	快	较强	1000~3000	耐阴性	喜温暖	喜湿润	深厚疏松土	红色或棕色石灰土	滇西南、滇东南、滇东北均有种植、滇东北的富源、宣威、会泽
24	云南樟 Cinnamomum glanduliferum	乔木	常绿阔叶	深根性	较强	快	较强	1500~2500	阳性	喜温暖	喜湿润	深厚疏松土	红色或棕色石灰土	滇东南的弥勒、滇中的寻甸、石林、滇东北的威信、陆良
25	滇润楠 Machilus yunnanensis	乔木	常绿阔叶	深根性	较强	较快	强	1600~2100	阳性	喜温暖	湿润	耐瘠薄	红色石灰土	滇东南的丘北、滇中的石林
26	滇朴 Celtis tetrandra	乔木	落叶阔叶	深根性	较强	快	较强	700~2000	耐阴性	喜温暖	喜湿润	耐瘠薄	中性红色或黄色石灰土	滇中的华宁、江川、通海、玉溪、盘龙、宜良、陆良、滇东北的麒麟、沾益
27	滇青冈 Cyclobalanopsis glaucoides	乔木	常绿阔叶	深根性	较强	较快	强	1300~2500	耐阴性	喜温暖	耐干旱	耐瘠薄	红色或棕色石灰土	滇东南的富宁、滇西北的华坪、滇东北的巧家、大关、彝良
28	檫木 Sassafras tzumu	乔木	落叶阔叶	深根性	较强	较快	较强	800~1900	阳性	喜温暖	喜湿润	深厚疏松土	红色或黄色石灰土	滇东北的大关、威信、盐津、镇雄

105

序号	树种名称	类型	生物学特性					生态学特性						岩溶地区种植区域现状
			叶性	根性	整枝性能	生长速度	自然更新或萌发能力	海拔/m	光照	温度	耐旱性	土壤适宜性	土壤	
29	滇杨 Populus yunnanensis	乔木	落叶阔叶	深根性	较强	快	较强	1300～2700	阳性	喜温暖	喜湿润	深厚疏松土	红色或黄色石灰土	滇中的易门、华宁、盘龙、富源、会泽、滇东北的陆良、镇雄、昭阳、彝良等
30	香椿 Toona sinensis	乔木	落叶阔叶	深根性	较强	快	较强	1500～1800	阳性	喜温暖	耐干旱	深厚疏松土	中性黑色、红色或棕色石灰土	滇东南的河口、文山、西畴、滇中的红塔、滇东北的盐津、威信、宣威
31	银合欢 Leucaena leucocephala	乔木	常绿阔叶	浅根性、侧根发达	较强	快	强	400～1500	阳性	喜温暖	耐干旱	耐瘠薄	红色或黑色石灰土	滇东南的开远、滇西南的隆阳区、滇东北的巧家、会泽县等
32	任豆 Zenia insignis	乔木	落叶阔叶	深根性	较强	较快	强	200～1000	阳性	喜温暖	耐干旱	耐瘠薄	微酸性红色或黄色石灰土	滇东南的河口、文山、屏边、马关等
33	榕树 Ficus microcarpa	乔木	常绿阔叶	深根性	较强	快	弱	800～1900	阳性	喜温暖	喜湿润	耐瘠薄	红色黄色或石灰土	滇东南的开远、滇西南的陆良区、滇西北的陆良等
34	喜树 Camptotheca acuminata.	乔木	落叶阔叶	深根性	较强	快	较强	800～1800	阳性	喜温暖	喜湿润	深厚疏松土	中性红色或黄色黄色石灰土	滇东南的个旧、滇东北的罗平、盐津、师宗等
35	女贞 Ligustrum lucidum	乔木	常绿阔叶	深根性、侧根发达	较强	快	较弱	1600～2800	阳性	喜温凉	喜湿润	深厚疏松土	黄色或棕色石灰土	滇东北的鲁甸县
36	楝树 Melia azedarach	乔木	落叶阔叶	深根性	较强	较快	强	1000～1500	阳性	喜温暖	耐干旱	耐瘠薄	红色或黄色石灰土	滇东北的大关县
37	苦楝 Melia azedarach	乔木	落叶阔叶	深根性	较强	较快	强	700～1500	阳性	喜温暖	耐干旱	耐瘠薄	红色或黄色石灰土	滇东北的大关县

续表

| 序号 | 树种名称 | 生物学特性 | | | | | | 生态学特性 | | | | | | 岩溶地区种植区域现状 |
		类型	叶性	根性	整枝性能	生长速度	自然更新或萌发能力	海拔/m	光照	温度	耐旱性	土壤适宜性	土壤	
38	毛竹 Phyllostachys heterocycla	禾本	常绿乔木状	浅根性，侧根发达	较强	快	强	500~1200	阳性	喜温暖	喜湿润	深厚疏松土	红色或黄色石灰土	滇东南的个旧、开远、蒙自、弥勒、泸西、滇西南的施甸、耿马、滇东北的大关、镇康、永善、威信等
39	慈竹 Neosinocalamus affinis	禾本	常绿乔木状	浅根性，侧根发达	较强	快	强	1000以下	阳性	喜温暖	喜湿润	深厚疏松土	红色或黄色石灰土	滇中的华宁、滇东北的大关、彝良等
40	金竹 Phyllostachys sulphurea	禾本	常绿乔木状	浅根性，侧根发达	较强	快	强	1600~2100	阳性	喜温暖	喜湿润	深厚疏松土	红色或黄色石灰土	滇东南的开远、建水、广南、滇中的嵩明、通海、滇海的陆良、马龙等
41	柑橘 Citrus reticulata	灌木	常绿	浅根性，侧根发达	较强	快	强	300~2600	阳性	喜温暖	喜湿润	深厚疏松土	黑色或红色石灰土	滇东南的个旧、蒙自、广南、滇中的华宁、宜良、滇东北的大部分
42	苹果 Malus pumila	乔木	落叶阔叶	深根性	较强	快	强	500~2600	阳性	喜温暖	喜湿润	深厚疏松土，耐瘠薄	黄色或棕色石灰土	滇东南的个旧、蒙自、屏边、建水、滇中的华宁、石林、滇东北的大部分、滇西北的华坪等
43	梨 Pyrus	乔木	落叶阔叶	深根性	较强	快	强	1200~2600	阳性	喜温暖	喜湿润	深厚疏松土	红色、黄色或棕色石灰土	滇东南的文山、马关、个旧、蒙自、开远、建水、江川、泸西、滇中的红塔、澄江、五华、盘龙、石林、滇西北的大部分

序号	树种名称	生物学特性						海拔/m	生态学特性					岩溶地区种植区域现状
		类型	叶性	根性	整枝性能	生长速度	自然更新或萌发能力		光照	温度	耐旱性	土壤适宜性	土壤	
44	桃 Amygdalus persica	乔木	落叶阔叶	深根性	较强	快	强	1000~3000	阳性	喜温暖	喜湿润	深厚疏松土	红色、黄色或棕色石灰土	滇东南的个旧、泸西、石林、建水、盘龙、富明、通海、陆良、富明的马龙、宣威、富源、滇西北的古城、蒙自、开远、滇中的宣威、寻甸、高明、滇东北、沾益、麒麟、滇西南的施甸、镇康
45	李 Prunus salicina	乔木	落叶阔叶	深根性	较强	快	强	400~2600	阳性	喜温暖	喜湿润	深厚疏松土	红色、黄色或棕色石灰土	滇东南的个旧、蒙自、开远、文山、砚山、红塔、通海、陆良、滇中的马关、滇东北的陆良、沾益、大关等
46	杏 Armeniaca vulgaris	乔木	落叶阔叶	深根性	较强	快	强	600~2000	阳性	喜温暖	耐干旱	深厚疏松土	红色或黄色石灰土	滇东北的麒麟、陆良等
47	枣 Ziziphus jujuba	灌木	落叶阔叶	浅根性	较强	快	强	400~2602	阳性	喜温暖	耐干旱	深厚疏松土	红色或黄色石灰土	滇东南的建水、滇东南的石林的麒麟、滇东南的石林等
48	枇杷 Eriobotrya japonica	乔木	常绿阔叶	深根性	较强	快	强	500~2600	阳性	喜温暖	喜湿润	深厚疏松土	红色、黄色或棕色石灰土	滇东南的个旧、蒙自、开远、屏边、滇中的陆良、滇东北的陆良、巧家、滇西南的施甸
49	核桃 Juglans	乔木	落叶阔叶	深根性	较强	快	较强	800~2900	阳性	喜温暖	耐干旱	深厚疏松土	红色、黄色或棕色石灰土	全省范围

续表

序号	树种名称	生物学特性						生态学特性						岩溶地区种植区域现状
		类型	叶性	根性	整枝性能	生长速度	自然更新或萌发能力	海拔/m	光照	温度	耐旱性	土壤适宜性	土壤	
50	板栗 Castanea mollissima	乔木	落叶阔叶	深根性	较强	快	较强	370~2800	阳性	喜温暖	喜湿润	深厚疏松土	红色、黄色或棕色石灰土	滇东南的个旧、建水、广南、马关、麻栗坡，滇中的大部分，滇西南的施甸、镇康，滇东北的大部分等
51	荔枝 Litchi chinensis	乔木	常绿阔叶	深根性	较强	快	较强	500~1300	阳性	喜温暖	喜湿润	深厚疏松土	黑色或红色石灰土	滇东南的屏边、河口，滇南的镇康等
52	杨梅 Myrica rubra	乔木	常绿阔叶	深根性	较强	快	较强	1500~3000	阳性	喜温暖	喜湿润	深厚疏松土	红色或黄色石灰土	滇东南的个旧、开远、马关、弥勒，滇中的呈贡、盘龙、石林，江川、澄江，滇东北的罗平、马龙、师宗，滇西南的施甸
53	柚 Citrus maxima	乔木	常绿阔叶	深根性	较强	快	较强	600~1400	阳性	喜温暖	喜湿润	深厚疏松土	红色或黄色石灰土	滇西南的镇康等
54	龙眼 Dimocarpus longan	乔木	常绿阔叶	深根性	较强	快	较强	500~1400	阳性	喜温暖	喜湿润	深厚疏松土	黑色或红色石灰土	滇东南的开远等
55	樱桃 Cerasus pseudocerasus	乔木	常绿阔叶	深根性	较强	快	较强	1800~2500	阳性	喜温暖	喜湿润	深厚疏松土	红色或黄色石灰土	滇东南的个旧、文山，滇中的施甸、盘龙，滇东南的隆阳，滇东北的陆良、镇雄
56	油茶 Camellia oleifera	乔木	常绿阔叶	深根性	较强	快	较强	680~1500	阳性	喜温暖	喜湿润	深厚疏松土	红色或黄色石灰土	滇东南的广南、富宁、个旧、建水，滇东北的巧家等

续表

序号	树种名称	类型	生物学特性					生态学特性						岩溶地区种植区域现状
			叶性	根性	整枝性能	生长速度	自然更新或萌发能力	海拔/m	光照	温度	耐旱性	土壤适宜性	土壤	
57	茶叶 Camellia sinensis	灌木	常绿阔叶	浅根性、侧根发达	较强	快	强	600~1200	阳性	喜温暖	喜湿润	深厚疏松土	中性红色或黄色石灰土	滇东南的广南、建水、个旧、石林，滇中的宜良、永德，滇西南的施甸、镇康、耿马、沧源，滇东北的富源
58	花椒 Zanthoxylum	乔木	落叶阔叶	浅根性、侧根发达	较强	快	强	400~2500	阳性	喜温暖	耐干旱	深厚疏松土	黄色或棕色石灰土	滇东南的蒙自、开远、个旧、建水，滇西北的华坪、宁蒗、玉龙，滇东北的大部分
59	八角 Illicium verum	乔木	常绿阔叶	深根性	较强	快	较强	600~1600	阳性	喜温暖	喜湿润	深厚疏松土	黑色或红色石灰土	滇东南的广南、富宁、文山、马关、屏边等
60	山胡椒 Lindera glauca	灌木	落叶阔叶	浅根性、侧根发达	较强	快	强	900~2400	阳性	喜温暖	耐干旱	耐瘠薄	黄色或棕色石灰土	滇东北的巧家等
61	杜仲 Eucommia ulmoides	乔木	落叶阔叶	深根性	较强	快	较强	800~2500	阳性	喜温暖	喜湿润	深厚疏松土	红色或黄色石灰土	滇东南的广南、泸西，滇中的寻甸、陆良、罗平，滇东北的大关、宣威等
62	川桂 Cinnamomum wilsonii	乔木	落叶阔叶	深根性	较强	快	较强	300~750	阳性	喜温暖	喜湿润	深厚疏松土	黑色或红色石灰土	滇东南的河口等
63	黄连木 Pistacia chinensis	乔木	落叶阔叶	深根性	较强	快	较强	1300~2300	阳性	喜温暖	耐干旱	耐瘠薄	红色或黄色石灰土	滇中的石林等
64	银杏 Ginkgo biloba	乔木	落叶阔叶	深根性	较强	较快	较强	1500~2000	阳性	喜温凉	耐干旱	耐瘠薄	红色或黄色石灰土	滇东南的文山、泸西，滇中的石林、滇东北的罗平，西南的施甸等

续表

序号	树种名称	类型	生物学特性					生态学特性						岩溶地区种植区域现状
			叶性	根性	整枝性能	生长速度	自然更新或萌发能力	海拔/m	光照	温度	耐旱性	土壤适宜性	土壤	
65	油桐 Vernicia fordii	乔木	落叶阔叶	深根性	较强	较快	较强	500~1000	阳性	喜温暖	喜湿润	深厚疏松土	黑色或红色石灰土	滇东南的广南、滇东北的巧家、滇西北的玉龙等
66	栓皮栎 Quercus variabilis	乔木	落叶阔叶	深根性	较弱	较慢	较强	2000~3000	中偏阳	喜温暖	耐干旱	耐瘠薄	红色或棕色石灰土	滇东南的麻栗坡、滇中华宁等
67	蚕桑 Morus alba	灌木	落叶阔叶	浅根性、侧根发达	较弱	快		500~1200	阳性	喜温暖	耐干旱	耐瘠薄	黑色或红色石灰土	滇东南的蒙自、建水、滇西北的华坪、滇东北的陆良、会泽、巧家、镇雄等
68	紫穗槐 Amorpha fruticosa	灌木	落叶	浅根性、侧根发达	较强	较快		300~1800	阳性	喜温暖	耐干旱	耐瘠薄	红色或黄色石灰土	滇东北的巧家县等
69	白刺花 Sophora davidii	灌木	落叶	浅根性、侧根发达	较强	较快		300~2500	阳性	喜温暖	耐干旱	耐瘠薄	红色或黄色石灰土	滇东南的建水、滇东北的会泽、大关、沾益等
70	盐肤木 Rhus chinensis	灌木	落叶	浅根性、侧根发达	较强	较快		300~2700	阳性	喜温暖	耐干旱	耐瘠薄	红色或黄色石灰土	滇东南的个旧、广南、滇东北的会泽、大关、镇雄等
71	马桑 Coriaria nepalensis	灌木	落叶	浅根性、侧根发达	较强	快		400~3200	阳性	喜温暖	耐干旱	耐瘠薄	红色或黄色石灰土	滇东南的广南、寻甸、通海、巧家、永善、昭阳，滇中的华宁、滇东北的会泽、宣威等
72	火棘 Pyracantha fortuneana	灌木	落叶	浅根性、侧根发达	较强	较快	强	250~2500	阳性	喜温暖	耐干旱	耐瘠薄	红色或黄色石灰土	滇中的西山、澄江、五华、嵩明、滇东北的会泽、宣威、巧家、镇雄等

序号	树种名称	类型	生物学特性					生态学特性						岩溶地区种植区域现状
			叶性	根性	整枝性能	生长速度	自然更新或萌发能力	海拔/m	光照	温度	耐旱性	土壤适宜性	土壤	
73	刺梨 Rosa roxburghii	灌木	落叶	浅根性，侧根发达	较强	较快	强	500~2500	阳性	喜温暖	耐干旱	耐瘠薄	红色或黄色石灰土	滇中的寻甸、呈贡，滇东北的巧家、大关等
74	车桑子 Dodonaea viscosa	灌木	落叶	浅根性，侧根发达	较强	快		300~2500	阳性	喜温暖	耐干旱	耐瘠薄	中性红色或黄色石灰土	滇东南的大部分，通海、华宁、宣良、江川，滇西北的香格里拉、鹤庆、古城、玉龙，滇西南的施甸、隆阳，滇东南的巧家、永善、鲁甸、大关、会泽等
75	小铁仔 Myrsine africana	灌木	落叶	浅根性，侧根发达	较强	较快		1000~3600	阳性	喜温暖	耐干旱	耐瘠薄	中性红色或黄色石灰土	滇东南的丘北、广南、富明、澄江，滇中的西山，滇东北的师宗、陆良、沾益、会泽、富源、镇雄等
76	小檗 Berberis thunbergii	灌木	落叶	浅根性，侧根发达	较强	较快		1000~4000	阳性	喜温凉	耐干旱	耐瘠薄	棕色石灰土	滇东北的会泽、镇雄
77	杜鹃 Rhododendron simsii	灌木	落叶	浅根性，侧根发达	较强	较快		1500~2800	阳性	喜温凉	耐干旱	耐瘠薄	红色或黄色石灰土	滇西北的香格里拉，滇东北的巧家、大关、昭阳、镇雄、宣威等
78	桃金娘 Rhodomyrtus tomentosa	灌木	落叶	浅根性，侧根发达	较强	较快		600~1800	阳性	喜温暖	耐干旱	耐瘠薄	红色或黄色石灰土	滇东北的大关、会泽、宣威等
79	清香木 Pistacia weinmannifolia	灌木	常绿	浅根性，侧根发达	较强	快	强	600~2700	阳性	喜温暖	耐干旱	耐瘠薄	红色或棕色石灰土	滇东南的个旧、广南、麻栗坡，滇中的澄江、华宁，滇西北的香格里拉等

续表

序号	树种名称	生物学特性						生态学特性						岩溶地区种植区域现状
		类型	叶性	根性	整枝性能	生长速度	自然更新或萌发能力	海拔/m	光照	温度	耐旱性	土壤适宜性	土壤	
80	余甘子 Phyllanthus emblica	灌木	落叶	浅根性、侧根发达	较强	快	强	200～2300	阳性	喜温暖	耐干旱	耐瘠薄	红色或黄色石灰土	滇东南、滇中、滇西南的大部分地区
81	雀麦 Bromus japonicus	草本		浅根性	强	快	强	100～2500	阳性	喜温暖	喜湿润	深厚疏松土	红色或黄色石灰土	滇西北、滇东北
82	鸭茅 Dactylis glomerata	草本		浅根性	强	快	强	1600～3100	耐阴性	喜温凉	喜湿润	深厚疏松土	黄色或棕色石灰土	滇西北、滇东北、滇中
83	黑麦草 Lolium perenne	草本		浅根性	强	快	强	1500～2300	耐阴性	喜温凉	喜湿润	深厚疏松土	红色或棕色石灰土	滇西北、滇中、滇东南、滇西南
84	白三叶 Trifolium repens	草本		浅根性	强	快	强	1400～2600	耐阴性	喜温凉	喜湿润	深厚疏松土	红色或黄色石灰土	滇西北、滇东北、滇东南
85	红三叶 Trifolium pratense	草本		浅根性	强	快	强	800～2200	耐阴性	喜温凉	喜湿润	深厚疏松土	红色或黄色石灰土	滇西北、滇东北、滇东南
86	紫花苜蓿 Medicago sativa	草本		浅根性	强	快	强	1200～3000	耐阴性	喜温凉	喜湿润	深厚疏松土	红色或棕色石灰土	滇西北、滇东北、滇西南
87	菊苣 Cichorium intybus	草本		浅根性	强	快	强	100～3000	耐阴性	喜温凉	喜湿润	深厚疏松土	红色或棕色石灰土	滇西北
88	猫尾草 Uraria crinita	草本		浅根性	强	快	强	100～850	耐阴性	喜温凉	喜湿润	深厚疏松土	黑色或红色石灰土	滇西北

续表

序号	树种名称	生物学特性						生态学特性						岩溶地区种植区域现状
		类型	叶性	根性	整枝性能	生长速度	自然更新或萌发能力	海拔/m	光照	温度	耐旱性	土壤适宜性	土壤	
94	象草 Pennisetum purpureum	草本		浅根性	强	快	强	800~2100	耐阴性	喜温凉	喜湿润	深厚疏松土	黑色或红色石灰土	滇中、滇西南
95	苇状羊茅 Festuca arundinacea	草本		浅根性	强	快	强	700~1200	耐阴性	喜温凉	喜湿润	深厚疏松土	黑色或红色石灰土	滇中
96	柱花草 Stylosanthes	草本		浅根性	强	快	强	100~1600	耐阴性	喜温暖	耐干旱	耐瘠薄	黑色或红色石灰土	滇中、滇西南
97	臂形草 Brachiaria eruciformis	草本		浅根性	强	快	强	800~2100	耐阴性	喜温暖	喜湿润	深厚疏松土	黑色或红色石灰土	滇东南、滇西南
98	非洲狗尾草 Setaria anceps	草本		浅根性	强	快	强	600~2600	耐阴性	喜温暖	耐干旱	耐瘠薄	黑色或红色石灰土	滇东南、滇西南

三、植被恢复技术

（一）植被恢复技术遵循的原则

综合分析监测资料，总结近年来石漠化土地植被恢复成功的经验和失败的教训，石漠化土地植被恢复技术遵循以下基本原则。

① 因地施策。根据岩溶地区不同的立地条件，宜乔则乔、宜灌则灌、宜竹则竹、宜草则草、宜藤则藤，达到因害设防，因地施策的目的。

② 严格树（草）种选择。植被恢复能否取得成功并取得成效，很大程度上取决于树（草）种的选择，满足树种选择原则。

③ 细化植被恢复技术和措施。石漠化土地植被恢复难度大，技术要求高，一个技术细节就可能决定植被恢复的成败。这就要求各种技术措施要有很强的针对性，具体化、细化各项技术措施，同时应具有可操作性。

（二）植被恢复技术

在对石漠化土地树种选择和生态学分析的基础上，还要进一步对良种壮苗、造林密度、整地方式、造林方式、幼林抚育管理等植被恢复技术进行详细的说明。

1. 良种壮苗

把好种子、苗木质量关是石漠化土地植被恢复成功的重要环节，选用良种是提高植被恢复质量的重要措施。植苗造林多选用容器苗，裸根苗、种子直播因地选用。根据造林地的土壤墒情，在土层相对较厚并能保持土壤水分的地块，可采用裸根苗，但应保护须根不受损伤；在土层较薄，保水能力差的地段，采用容器苗；而在石缝、石隙处，可种子直播。严禁不合格苗木上山造林。直播种子造林前应进行防鸟防鼠、催芽等处理，减少种子损失，提高种子发芽率和成苗率。

2. 造林密度

合理的造林密度是在有限的环境容量下，发挥最大的生态效益、经济效益的重要措施。造林密度过大，不仅大量破坏原生植被，而且林分郁闭过早，影响林下植被生长，对林木生长也不利；造林密度过小，林分难以在希望的时间内郁闭，见效慢，达不到尽快恢复林草植被的效果。根据石漠化土地特征,合理确定造林密度重点考虑以下3个方面。

① 立地条件。土层较厚、基岩裸露度低、水资源充足、原生植被较好的地段，造林密度可适度偏小；相反，土层瘠薄、基岩裸露度高、水资源短缺、原生植被少的地段，为尽快郁闭，造林密度适度偏大。

② 树种特性。在相同条件下，速生树种的造林密度适度偏小，而慢生树种适度偏大；乔木树种造林密度适度偏小，灌木树种适度偏大；针叶树种造林密度宜适度偏大，阔叶树种适度偏小；树冠密度小的树种造林密度适度偏大，树冠密度大的树种适度偏小。

③ 培育主要目的。在相同条件下，培育目的不同，造林密度应有所区别。通常以生态效益为主要目的，则造林密度适度偏大，以便尽早发挥植被的生态功能。而以经济效益为主要目的，则造林密度适度偏小，以利于林木生长，尽可能发挥其经济效益。

综合分析，由于石漠化土地属退化土地，立地条件比非石漠化土地差，植被恢复的根本目的是增加区域林草植被盖度，改善自然生态环境，提高防灾减灾能力，因此，造林密度应比非石漠化土地适度偏大，以尽早郁闭成林。

3. 整地方式

由于岩溶地区石漠化土地立地条件的特殊性，整地方式应以穴状为主，尽量避免全面整地，以减少对原生植被的破坏和水土流失。整地时注意保护原生植被、整地时间、原生土壤、原生树种等以下几个方面。

①造林地尽量避免大规模炼山，以保护好原生植被。

②因石漠化土地水土流失严重，夏季多暴雨，因此尽量避免在夏季整地。

③石漠化土地土壤相对稀缺，应将表土和生土分别堆放，并捡出土中石块，便于造林时利用。

④应尽可能保留原生植被，特别是有培育前途和下种能力的乔木树种。

⑤自然式配置栽植穴。石漠化土地基岩裸露度大，有的区域栽植穴不可能像非石漠化土地那样按标准的株行距整齐划一配置，而应根据现地情况见缝插绿，自然式配置植穴。

4. 造林方式

根据树种的特性差异，采取不同的造林方式。杉木、柳杉、柏木等绝大多数乔木树种，采用植苗造林。这种方式能显著提高造林成活率，林木生长快，郁闭早，根系生长迅速，固土能力强，发挥生态效益快。竹类、草本植物多采用分殖造林，如慈竹、麻竹、金竹等。马桑、黄荆、栎类等多采用直播造林。对整地困难，植苗造林难以实施的地块，通常小穴整地，直播，如云南松、栎类等。

人工造林时，栽前炼苗（容器苗和裸根苗），随起随栽，宜选择阴雨天或阴天进行栽植。容器苗栽植时将容器去除或撕破容器底部包裹物后植入穴中，苗干竖直，深浅适当；先回填表土，再回填心土；分层填土、扶正、压实，浇足定根水，最后覆土疏松的土壤；覆土面高于容器表面1~2cm。裸根苗栽植要求苗正根伸，适当深栽，细土壅根，不窝根，先回填表土，再回填心土，分层填土、扶正、压实，浇足定根水。土要打细，踩紧踏实，填土稍高过根茎原覆土位置1cm左右为宜。覆土最好成树盘状，以利于蓄集雨水。

5. 幼林抚育管理

幼林抚育管理可促进林木生长，使林分尽快郁闭成林或提高植被盖度，是植被恢复重要的技术措施。

①穴内松土除草：石漠化植被恢复的目的是增加植被盖度，为了不影响林下植被发育，又能促进林木生长。松土除草要适时，一般春季造林当年开始抚育，秋季造林第 2 年开始抚育。幼林一般要连续抚育 3 年，第 1 年 1 次、第 2~3 年根据实际情况抚育 1~2 次，未郁闭的第 4 年继续抚育 1 次。在进行幼林抚育时只对严重影响幼树生长的灌木、草本进行刀抚。松土时注意培土，修筑集水圈、树盘或鱼鳞坑，以增加保土蓄水能力。

②扶苗、正苗：灌木、草本一般不松土，多采用扶苗、正苗促进其生长。因为石漠化土地立地条件较差，植物难生长，灌、草根系分布不深，松土除草反而损伤灌、草根系，影响灌、草生长和水土保持能力。

③水肥管理：石漠化土地保肥保水能力和土壤本身的肥力水平都较低，对经济林木采取严格的水肥管理措施，确保植被恢复成效并取得效益有着重要的意义。如遇干旱时，根据造林地土壤墒情，适时浇水灌溉，保持栽植穴土壤湿度。如果造林地离水源较远或没有水资源，可以使用表面活化剂或保水剂，使土壤得到充分的湿润。石漠化土地土壤养分均较缺乏，适当施足基肥，合理追肥，及时补充树木需要的各种营养元素，有条件的地方可采用配方施肥方式，有针对性地提高和补充土壤肥力，保障树木养分供给。

④修枝整形：对桃、李、花椒、核桃、澳洲坚果等经济树，进行适当修枝整形，可提前挂果，增加产量，提高效益。

⑤补植、补播：造林后连续 3 年进行成活率检查，对成活率在 85% 以下的造林地块按设计密度进行补植、补播，保证造林成效。

⑥平茬、间苗定株：为促进灌木生长，萌发更多枝条，增加覆盖率，应适时对灌木进行平茬。直播造林地出苗较多时，为避免过度竞争，须适时间苗定株，除弱抚壮，保证合理密度。

⑦加强封山育林（灌、草）：石漠化土地植物资源贫乏，生物多样性指数低，人畜活动频繁，对原生植被造成严重的破坏，也严重影响植被恢复的成效。因此，植被恢复造林范围内应严格封山育林（灌、草），严禁在封山区内放牧、打柴、开垦、采石、挖沙等，以提高植被盖度和水土保持能力。

第三节 治理模式与评价

一、滇西北治理模式与评价

（一）迪庆州治理模式与评价

案例 香格里拉市高山松生态林治理模式

（1）模式区自然地理概况

香格里拉市位于滇西北的滇、川、藏大三角区域，地处迪庆州腹心地带，治理区位于虎跳峡镇和三坝乡。虎跳峡镇地势西北高东南低，全境四分之一地区处于金沙江西畔为河谷地区，背山面水，项目区位于半山区或高寒山区。气候主要受西南季风和南支西风急流的交替控制，形成亚热带气候，全年干湿季分明。年最高温度 32.3℃，年最低温度 –6℃，年平均温度 13.2℃，年降雨量 738.1mm，无霜期 238 天。三坝乡位于香格里拉市东南部，哈巴雪山之东，乡驻地白地水甲村，海拔 2380m 距，境内海拔高差 3798m，高海拔低纬度，气候随海拔变化而变化，项目区主要位于山地暖温带和山地寒温带上，年平均气温 13℃。

（2）治理思路

以小流域为单位，在基岩裸露度 70% 以下，森林植被盖度低，水土流失严重的岩溶山地，针对土壤呈不连续分布及间歇性干旱，造林难度大的特点，采用生长迅速的喜钙树种，以见缝插针的雨季造林方式，同零星保存的灌丛形成混交状态，加快森林植被的恢复。

（3）主要技术措施

造林地选择：选择基岩裸露度 70% 以下，森林植被盖度低，水土流失严重的岩溶山地。

树种选择：选择防护性能好、适生能力强、耐干旱瘠薄、抗逆性强、生长稳定的高山松树种。

整地：穴状整地。不要求全面的整地方式，尽量保留原有灌丛植被，以每亩不低于 111 株的造林密度标准，采用见缝插针的方法，整地规格为 20cm×30cm。整地时间在进入雨季（6 月）前的一个月完成。

图 4-1　虎跳峡造林成效

图 4-2　三坝乡造林成效

苗木：采用容器苗造林，定植时的苗木高度控制在 30cm 左右。

栽植：打塘合格后及时回塘土；6～8 月的雨季，待土壤湿透后适时定植。

管护：造林后严防森林火灾和人畜破坏，抚育时主要清除影响苗木生长的杂草。

（4）模式成效

对于破坏严重，林地原生植被少，石漠化程度深，土壤流失严重的小流域，采用人工造林与原生灌丛形成混交的植被恢复措施，加快了森林植被恢复的速度，能够尽快提高森林覆盖率，减少水土流失，提高土壤肥力，改善生态环境（图4-1、图4-2）。

（5）适宜推广区域

本模式适宜在滇西北横断山区干旱、半干旱石漠化地区推广。

（二）丽江市治理模式与评价

案例1　华坪县干热河谷区芒果、花椒经济林产业治理模式

（1）模式区自然地理概况

治理区位于丽江市华坪县中心镇境内，境内河流均属金沙江水系，居住着汉、傈僳、彝族、傣族等24个民族。属典型的南亚热带干热河谷气候，干湿季交替，年平均降水量为810mm，雨量集中在6～9月。年温差小，四季不分明，垂直分布上干湿差异、温度变化明显，年均温19.9℃，年平均相对湿度为60%，全年无霜期为303.2天，光时、光质、光量属全省高值区，是我国纬度最北端的优质晚熟芒果之乡。

（2）治理思路

模式区属干热河谷地区，热区资源丰富，以石漠化治理与发展热区经济林产业建设相结合为发展思路，通过在石漠化山地种植芒果等经济树种，实现石漠化治理的同时，发挥生态、经济效益双赢局面（图4-3）。

（3）主要技术措施

图4-3　石漠化治理结合热区特色芒果产业建设

土地整治：穴状整地。针对石漠化土地缺土少水的立地条件，实施坡改梯、客土改良等措施，并根据建设布局，合理配置水窖、引水渠等小型水利水保设施，保证造林树种用水的需要。

品种选择：芒果选择爱文、台农、圣心、凯特、红象牙为主的5种优质晚熟品种。

苗木：采用良种实生苗木，苗木品种纯度优良、品质好、无病虫害、健壮。芒果苗高50cm、地径1cm以上，需具有"两证一签"的合格苗木。

造林技术：穴状整地，客土改良。植苗造林，根据品种、地势土壤状况确定合理种植密度。芒果按现在矮化密植的要求，一般株行距为4m×5m，33株/亩种植。

管护：除开展正常的除草施肥后期管理外，采用摘顶修枝的方法，削弱顶端优势，促进分枝，使幼树迅速成形，提早达到理想的树形。

（4）模式成效评价

该模式既能保持水土，又能使农户5~8年内获得较为稳定的经济收益，使石漠化治理与产业发展相融合，集经济、生态、社会效益于一体，实现两者的可持续发展。模式

区内的水土流失得到有效控制，土地石漠化得到遏制，生态环境得到明显改善。

目前，华坪县芒果种植面积 16 万亩、挂果面积超 10 万亩，种植超万户、产值超 5 亿元。目前中心镇完成 6.4 万亩的封山育林和人工造林近 2 万亩。种植芒果，不但成为群众脱贫致富的主导产业，也充分发挥了生态效益，而且成为生态建设的有效手段，真正体现了"绿水青山就是金山银山"。

图 4-4　圆柏造林

（5）适宜推广区域

本模式适宜在滇西北、滇东北热区资源丰富、光热条件好的石漠化地区推广。

案例 2　玉龙县圆柏、华山松生态林治理模式

（1）模式区自然地理概况

模式区位于丽江市玉龙县白沙乡境内，主要

图 4-5　草地建设

有山地、平地和坡地 3 类地形，海拔 2300～3100m 之间。地貌主要为喀斯特峰丛洼地类型，属低纬度高原季风气候区，雨热同季，气温不足，具有"一山分四季，十里不同天"的特型立体气候特征；由于人为活动频繁，森林植被破坏严重，土地石漠化情况严重。

（2）治理思路

以小流域为单位，在基岩裸露度 70% 以下，森林植被盖度低，水土流失严重的岩溶山地，针对土壤呈不连续分布及间歇性干旱，造林难度大的特点，采用生长迅速的树种，以见缝插针的雨季造林方式，同零星保存的灌丛形成混交状态，加快森林植被的恢复（图 4-4、图 4-5）。

图 4-6　白沙乡造林成效

（3）主要技术措施

造林地选择：选择面积连片且具有一定规模的宜林荒坡，作为造林地。

树种选择：选择在项目区人工种植成活较高，保存效果好的圆柏、华山松、雪松。

整地：块状整地。不要求全面的整地方式，尽量保留原有灌丛植被，圆柏、华山松以每亩不低于 111 株，雪松每亩不低于 56 株的造林密度标准，整地规格为 50cm×50cm×50cm。整地时间在进入雨季（6 月）前的一个月完成。

苗木：采用容器苗造林，定植时的苗木高度控制在 30cm 左右。

栽植：打塘合格后及时回塘土；6～8 月的雨季，待土壤湿透后适时定植。

管护：造林后严防森林火灾和人畜破坏，抚育时主要清除影响苗木生长的杂草。

（4）模式成效评价

对于破坏严重，林地原生植被少，石漠化程度深，土壤流失严重的小流域，采用人工造林与原生灌丛形成混交的植被恢复措施，加快了森林植被恢复的速度，能够尽快提高森林覆盖率，减少水土流失，提高土壤肥力，改善生态环境。

（5）适宜推广区域

本模式适宜在云南基岩裸露度较高、水土流失严重的高海拔石漠化地区推广。

（三）大理州治理模式与评价

案例 鹤庆县一凤凰山石漠公园景观旅游综合开发治理模式

（1）模式区自然地理概况

模式区位于大理州鹤庆县丁塘镇新华村境内。境内地貌类型包括浅切割剥蚀构造中山山地、岩溶断陷盆地等。属高原季风气候，是介于南亚热带与寒温带之间的过渡性气候区，年平均气温 13.5℃，年平均降水量 970.6mm，立体气候十分明显。境内光照充足，雨热同季。

（2）治理思路

通过引进外资，以天然岩溶山地地貌为基础，依托当地特色旅游开发，打造岩溶生态旅游景观，远景建立石漠森林公园的方式，在生态治理的同时，实现生态、经济、社会协调发展。

图 4-7 凤凰山治理成效

（3）治理模式

鹤庆县的新华村主要以银饰手工艺品加工为主，其手工艺品闻名全国各地，而新华村西侧的凤凰山是典型的石漠化岩溶山地地貌。借新华村自然优势和旅游开发的东风，鹤庆县引进外资，依托凤凰山的天然岩溶地貌，大力营造岩溶地区风景林，选用具有不同使用价值和景观价值的树种，如云南松、华山松、柏木、南洋杉、黄杉、秃杉等常绿针叶树种；山玉兰、广玉兰、天竺桂、大叶女贞、缅桂、桂花、四季桂、银桦、红花木莲、云南拟单性木兰、毛果含笑、乐昌含笑、滇青冈、八角、红果树、锥连栎、清香木、厚皮香、木荷等常绿阔叶树种；水杉、金钱松、池杉等落叶针叶树种；法国梧桐、云南紫荆、刺槐、滇大叶柳、桤木、滇朴、栓皮栎、麻栎、三角枫、五角枫、红枫、云南樱花、黄葛榕、枫香、黄槐、兰花楹、滇合欢、滇楸、四照花、乌桕、大表树等落叶阔叶树种；梅子、桃、李、石榴、杏、山楂、柿、梨、棕榈、慈竹、小金竹、无花果、苹果、花红、葡萄、板栗、核桃、茶、桔、佛手等经济林树种，苏铁、千头柏、各种杜鹃（马缨花、苍山杜鹃、映山花、碎米花杜鹃、大白花杜鹃、炮仗花杜鹃等）、紫叶小檗、南天竹、扶桑、木槿、红花夹竹桃、鹅掌柴、滇丁香、三角梅、云南含笑、十大功劳、小叶栒子、平枝栒子等灌木树种；常春藤、紫藤、爬山虎、凌霄、蔓长春花等藤木树种。通过多树种、园林式治理，使凤凰山成为四季鸟语花香、色彩缤纷的石漠森林公园，打造成了集旅游、观光、休闲、度假一体的寸氏庄园，新华村也被评为4A级旅游村，是鹤庆县石漠化治理的成功案例。

采用园林绿化形式，将水引到造林地块，对地块进行高规格整地，搬运客土进行大树移植，陡坡地段种植爬藤植物，逐步覆盖裸露岩石。建成了岩溶地貌和植物多样性融为一体的自然景观。

（4）模式成效

目前，凤凰山岩溶景观旅游综合开发治理模式成效显著，依托较好的生态环境和当地特色的旅游资源，截至2015年，新华村人均纯收入达6197元，增幅高于全县人均纯收入12%。全村生态环境和社会经济状况大幅改善（图4-7）。

（5）适宜推广区域

本模式适宜在具有岩溶地貌景观资源的石漠化地区推广。

二、滇东北治理模式与评价

（一）昭通市治理模式与评价

案例　大关县垂直种植治理模式

（1）模式区自然地理概况

模式区位于昭通市大关县悦乐镇和上高桥乡内。悦乐镇最高海拔2283m，最低海拔747m，年平均气温16.7℃，年均降雨量991.3mm，年日照时数966.5h，森林覆盖率达21%。9个行政村通公路，总里程达57.8km。上高桥乡距大关县城54km，距昭通市43km。全乡海拔在1221~2648m之间，平均海拔为1880m。其气候特点是冬季漫长，春天迟到，夏季短暂，秋季多灾，且立体气候明显，全年最高气温为28℃，最低气温为-6℃，平均气温11℃。无霜期150天左右，年降雨量约为1100mm。

（2）治理思路

以农业产业结构调整为依托，利用垂直气候差异，通过石漠化综合治理工程实施产业调整，岩溶地区石漠化山地大力发展杉木、马尾松、漆树、黄柏、桉树等用材树种，在石漠化生态治理的同时，也发展了用材林等产业；在水肥条件较好的石漠化坡耕地上发展核桃、枇杷、李子、樱桃等特色经济林产业，从而促进了农村产业机构调整，为农民增收创造了条件。

（3）主要技术措施

树种选择：根据不同海拔区位、立地条件进行选择，在相对海拔较高的山坡上部，土层较薄，岩石含量较高的地区以种植落叶松、杉木、漆树、黄柏、桉树等用材树种为主。在海拔相对较低，山坡中部或坡脚、土层较厚的地方，特别是坡耕地，以种植核桃、枇杷、李子、樱桃等经济树种为主。

整地：在冬季或雨季以前 1 个月进行，不炼山，人工穴状或鱼鳞坑整地。马尾松、杉木、漆树、黄柏整地按 60cm × 60cm × 40cm；核桃整地按 80cm × 80cm × 60cm；枇杷、李子、樱桃 70cm × 70cm × 50cm 为宜。

造林技术：根据品种、地势、土壤状况确定合理种植密度。石漠化土地中马尾松、杉木、漆树、黄柏种植密度为 167 株 / 亩，株行距为 2m × 2m；桉树种植密度 111 株 / 亩，株行距 2m × 3m；核桃种植密度为 22 株 / 亩，株行距 5m × 6m；枇杷种植密度 56 株 / 亩，株行距 3m × 4m；李子 75 株 / 亩，株行距 3m × 3m；樱桃种植密度 56 株 / 亩，株行距 3m × 4m 为宜。

管护：除开展正常的除草施肥后期管理外，采用摘顶修枝的方法，削弱顶端优势，促进分枝，使幼树迅速成形，提早达到理想的树形。

（4）模式成效

落叶松、杉木、漆树、黄柏的生长较快，能快速郁闭成林，尽早发挥生态效益，待它们成材后，可以获得很好的用材，产生可观的经济效益。

2011~2015 年，通过项目实施，当地群众直接增加收入 675 万元。预计项目所种植的核桃、枇杷、李子等经济林果进入盛产期后，每年可为林农增加收入 4410 万元。

（5）适宜推广区域

本模式适宜在滇东北、滇西北等垂直气候差异显著的石漠化地区推广。

（二）曲靖市治理模式与评价

案例 1　麒麟区生态建设结合产业发展治理模式

（1）模式区自然地理概况

龙潭河小流域模式区位于曲靖市麒麟区珠街乡和茨营乡境内。珠街街道因地貌悬殊，形成坝区和山区共存的地理气候类型。海拔高度1860~2100m，年平均降雨量1008mm，最多年降雨量1354.7mm，最少年降雨量691.8mm，平均降雨150天，平均气温14℃，全年无霜期280天，地形呈东高西低，南北相对平坦，属典型的高原地貌，水系为珠江流域南盘江干流，生活饮用水源来源于角家龙潭河。茨营镇地处曲靖市麒麟区东南部，距城区25km。全镇国土面积193.5km²，海拔1870m，茨营镇属亚热带和暖温带混合型气候。具有冬无严寒，夏无酷暑的特点。干湿季节分明，年平均气温14.9℃，年降雨量在900至1200mm之间，全年无霜期在245天左右，年均日照时数在2400h左右，大于10℃的积温在4000℃至4300℃之间。

麒麟区按照可持续发展思路，综合分析治理后的"生态效益、社会效益、经济效益"，2012、2013年先后对珠街乡龙潭河小流域石漠化土地及茨营乡龙潭河小流域石漠化土地进行了石漠化综合治理。其中，珠街乡人工造林401.2hm²，封山育林1268.6hm²，坡改梯13.33hm²；茨营乡人工造林576.5hm²，封山育林759.6hm²，草食畜牧业发展草地保护建设面积106.7hm²等。

（2）治理思路

思路一： "山上封＋山间草＋村边树＋栏下牛"模式。采用对山上实行封山管护，山脚补植造林，山间林下种植牧草，村边植树造林，栏里圈养菜牛，既封育了植被，又发展了草食畜牧业。

思路二： "林—草"模式。项目区群众在林地种植牧草，大力发展林草套种模式，解决了农民无地种草养牛的问题，控制了滥牧、过牧现象，有效恢复林草植被，实现经济和生态双重效益。

（3）主要技术措施

人工造林树种选择： 根据适地适树和乡土树种的原则进行选择，主要选择华山松、柳杉、柏木、圆柏、滇柏、桤木等生态用材树种和核桃、梨等经济树种。根按照华山松、柳杉、柏木、圆柏、滇柏几个针叶树种与桤木进行1:1混交，营造针阔或阔叶混交林，充分发挥华山松、柳杉、柏木、圆柏、滇柏耐干旱和较适应瘠薄的石灰土地的特点，又发挥桤木生长快，易郁闭的特征，快慢结合，充分发挥它们的生态效益。在土层厚、肥沃的土地，特别是石漠化坡耕地，主要营造适宜当地生长的核桃、梨为主，在石漠化治理的同时，取得一定的经济效益，充分调动广大农民的积极性和主动性。主要做法和措施如下。

①注重项目实施队伍选择。采用公开招标方式，经专家评审，选取专业施工队伍。注重质量监督管理。

②项目施工严格按照国家、省和曲靖市有关"岩溶地区石漠化综合治理试点示范工程项目"的实施细则和相关管理规定进行，整个工程施工期间聘请专业监理人员对所有工程进行监督管理，林业、水利、农业站所全程指导监督工程建设，党委政府领导班子

也定期到施工现场监督检查。

（4）模式成效

项目实施以来，龙潭河小流域生态环境恶化趋势得到有效遏制，当地群众生产生活条件明显改善，石漠化综合治理取得初步成效。

（5）适宜推广区域

本模式适宜在滇东北石漠化土地中推广。

案例 2　陆良县生态兼顾畜牧的综合治理模式

（1）模式区自然地理概况

陆良县位于云南省东北部，居南盘江上游，模式区位于三岔河镇，辖 24 个村委会，85 个自然村，286 个村民小组。全镇国土面积 121.4km²，其中坝区面积 86km²，占 70.8%，山地面积 35.4km²，占 29.2%，有耕地面积 3969hm²，其中水田 3185.6hm²，旱地 783.4hm²，人均占有耕地 0.51 亩。98% 以上的人口分布在坝区，人口密度达 1258 人 /km²，居住着回、彝、白、汉等民族。境内平均海拔 1830m，平均气温 14.7℃，年总积温 5326℃，年降雨量为 900~1000mm，无霜期 249 天，年日照时数 2442.5h，年太阳辐射量为 125.2kcal/cm²。气候温和，地势平坦，土地肥沃，交通发达，物产丰富，基础设施条件优越，沟渠交错纵横，南盘江及其支流杜公河纵贯南北。

三岔河镇属典型的岩溶地区，岩溶土地面积达 4516.3hm²，占全镇国土总面积的 37.2%，石漠化现象十分严重，基岩裸露度高，植被覆盖率低，山坡地带水土流失严重。岩溶地区石漠化综合治理工程涉及中源泽、魏白河两个小流域共 10 个村委会。造林任务 14326.1 亩（其中：经济林 1297.8 亩，防护林 13028.3 亩），水利工程涉及建蓄水池 5 个 60m³，2 个 200m³，1 个 500m³，修排洪沟渠 150m。畜牧业：人工种草 9000 亩，建棚圈 3000m²，建青储窖 900m³，购置饲料机械 5 台。

（2）治理思路

按照因地制宜，突出重点，注重实效，统筹兼顾的原则，有针对性地选择实施项目，宜植树则植树，宜种草则种草，合理布设水利设施，做到生态治理兼顾畜牧业发展和基础水利设施建设。

（3）主要技术措施

中源泽、魏白河两个流域的海拔相对较高，基岩裸露度较大，治理比较困难，充分调查研究流域的各方面条件下，在石漠化程度较低的地方，见缝插针的方式营造以圆柏、藏柏、华山松、核桃等乔木树种，发挥圆柏、藏柏耐寒、耐热，对土壤要求不严，能生于酸性、中性及石灰质土壤上，对土壤的干旱瘠薄及潮湿均有一定的抗性。但以在中性、深厚而排水良好处生长最佳。深根性，侧根也很发达。生长速度中等，25 年生高 8m 左右，寿命极长等特点，提高营造生态林的成活率。

在立地条件更好一点的坡耕地，则以种植华山松为主，运用华山松生长比较迅速，能够更早郁闭，更快发挥生态效益的特点。

在石漠化坡耕地上，土层较深厚，土壤较肥沃，以种植核桃为主，尽早发挥它的经济效益，使生态效益和经济效益相结合，提高林农治理石漠化土地的积极性和主动性。

在石漠化程度高的地方，先期种植一些耐旱的草种和车桑子，待灌木或牧草盖度增加后，再种植一些乔木树种。在立地条件较好的地方种植以核桃为主的经济林。

该项目从2013年开始实施，时间为三年，自项目实施以来，按照因地制宜，突出重点，注重实效，统筹兼顾的原则，有针对性地选择实施项目，宜植树则植树，宜种草则种草，合理布设水利设施，做到投资少，见效快。

（4）治理成效评价

通过综合治理，区域生态环境、林草植被得以恢复，当地畜牧业得到发展，百姓缺水状况得以改善，取得了较好的生态效益、经济效益和社会效益。

（5）适宜推广区域

本模式适宜在滇中、滇东北地势较为平缓的且有条件发展畜牧业的石漠化区域推广。

案例3　沾益县川滇桤木和圆柏混交生态治理模式

（1）基本情况

沾益县位于云南省东部，曲靖市中部，石漠化综合治理项目主要布置于沾益县岩竹小流域。属北亚热带至中亚热带半湿润山区季风气候，极端最高温33.1℃，极端最低温–9.2℃，全年无霜期平均为256天，年平均降水量1008.9mm，每年5~10月降水量占全年降水的87%，雨量大且集中，常有暴雨和大暴雨，暴雨天气主要集中在6~8月，该时期容易发生水土流失和泥石流。

（2）治理思路

在立地条件较差的石漠化土地上，充分利用桤木长势快，叶片大，冠幅大，郁闭快的特点，与圆柏树冠窄且前期生长慢形成有效的快慢互补，有利于迅速形成针阔混交林，提高森林质量和抗病虫害的能力，形成比较稳定的混交林，增强植被涵养水源、保持水土的功能。

（3）主要技术措施

造林地选择： 在流域区范围内选择面积连片且具一定规模的宜林地、坡度25°以上的陡坡耕地，部分水土流失严重的岩溶裸露地和部分以杂草为主的灌丛地作为造林地块。

树种选择： 树种选择依据"因地制宜，适地适树"原则，选择防护性能好、适生能力强、耐干旱瘠薄、抗逆性强、生长稳定兼有生态效益和经济效益的优良乡土树种。主要选择川滇桤木、圆柏。

整地：穴状整地。整地时注意保护原生植被，不提倡炼山；整地时间为造林前一个月；沿等高线平行方向整地；整地规格：圆柏 40cm×40cm×40cm，川滇桤木 60cm×60cm×40cm。

造林方式：植苗造林，选择在夏季第一场透雨后，适时种植。造林时间一般为云南雨季 5 月下旬开始，适当深植，利于抗旱，提高造林成活率。

苗木：圆柏通常用一年生健壮柏木营养袋苗，地径 0.2cm 以上，苗高 25~40cm，主根不窝袋或少窝袋。川滇桤木一般选择容器苗，苗龄 10~15 个月生，苗高 20~50cm，地径 0.3~1.0cm。苗木均需品种纯正，无病虫害，无机械损伤。

栽植密度："圆柏×川滇桤木"不规则混交，混交比为 1∶1，造林密度 222~333 株/亩为宜。

管护：7~8 月底造林结束后及时进行查缺补漏，对死亡苗木及时补植；造林 2 年保存率低于 80% 及时补植。在栽植 1~2 年内，每年中耕除草 1 次，做好病虫害防治。郁闭成林后，加强间伐、抚育等常规管理。

（4）模式成效

项目实施后，区域林草植被增加迅速，有效地遏制水土流失，极大改善了当地农业生产基础设施与生态景观，取得较好的生态效益。

（5）适合区域

本模式适宜在滇东北、滇中地区轻度、中度石漠化区域推广。

三、滇中治理模式与评价

（一）昆明市治理模式与评价

案例 1　呈贡区滇池面山石漠化地区坡改梯、客土、大苗治理模式

（1）模式区自然地理概况

模式区位于云南省昆明市呈贡区境内，滇池面山，涉及洛龙、吴家营 2 个街道办事处，地处昆明火车新南站（高铁站）后山（白龙潭山）。土壤以红色石灰土为主，地表植被稀少，水土流失严重。属低纬度高原季风型气候，年均降水量 789.6mm，年均气温 14.7℃，雨热同季。

白龙潭山位于呈贡区城正东方向，距市级行政中心不到 5km，山脚西麓是高铁昆明南站，该山是呈贡区最具岩溶地貌类型的石漠化荒山之一，其石漠化程度主要为中度和重度，生态环境极为脆弱。据介绍，白龙潭山绿化项目建设包括白龙潭山绿化和白龙潭山道路硬化两部分，其中，白龙潭山绿化 940 亩，道路硬化 1.92km。白龙潭山是省市联动"绿化昆明·共建春城"的重要阵地。经过实地规划，项目主要集中资金和力量做好白龙潭山的面山及"五采区"绿化。

（2）治理思路

项目采取"省市联动·绿化昆明·共建春城"方式，主要治理措施为坡改梯（图4-8）、客土、大苗栽种，外加滴灌系统的管护模式（图4-9）。

（3）主要技术措施

造林地选择：昆明火车新南站（高铁站）后山（白龙潭山）石漠化坡地。

整地：在石漠化坡地采用机械开挖平台，用开挖出来的石头砌挡墙，客土厚度1.5m以上。

造林方式：直苗造林。选择在夏季第一场透雨后，适时种植。

| 图4-8 坡改梯 | 图4-9 "大苗+滴灌"系统 |

苗木：采用滇朴、石楠、冬樱花、清香木等大苗，选用耐旱的绿化树种。

管护：修建水池，安装滴灌系统，管护（4年）（含浇水，施肥、除草等）。资金按第一年30%，第二年30%，第三年30%，第四年10%安排。白龙潭山石漠化植被恢复工程植树工作已全部结束，共计栽植滇朴、石楠、冬樱花、清香木等树木25.05万株。

（4）治理评价

通过高投入、高标准，可迅速形成乔、灌、草搭配的立体结构，增强植被涵养水源、保持水土的功能，绿化了城市面山，美化了城市景观。白龙潭山石漠化植被恢复工程建成后，治理区的森林覆盖率将由现在的不足5%提高到65%以上，整个区域的森林生态环境质量将显著改善和提高。随着白龙潭山石漠化植被恢复工程的实施建设和各项基础配套设施的不断完善，白龙潭山可望建成集休闲、旅游、度假于一体的生态公园和市级公务员小区的后花园。石漠化土地的治理，为恢复白龙潭山生态环境，为昆明新火车南站营造一个优美的生态环境，促进昆明的生态文明建设起到较大的推动作用。

另一方面，项目资金投资大，缺口较大，项目总投资近2000万元，除石漠化综合治理的资金以外，需各方面，各渠道筹集资金才能满足。

（5）推广区域

适宜在滇中、滇东及滇东南岩溶地区城市面山、交通要道、断陷湖泊汇水区和"五采区"，相对投资较大的石漠化山地进行推广。

案例2 官渡区宝象河流域桤木、柏木、核桃治理模式

（1）模式区自然概况

模式区位于昆明市官渡区大板桥街道办事处境内宝象河流域，地形地貌为高原盆地，丘陵和中、低山所构成，地势是北东高。盘龙江和宝象河是区内2条主要河流，流域面积达809.8km²，占全区土地面积的79%，属北纬低纬度亚热带—高原山地季风气候，由于受印度洋西南暖湿气流的影响，日照长、霜期短、年平均气温15℃，年均日照2200h左右，无霜期240天以上。气候温和，夏无酷暑，冬无严寒，四季如春，气候宜人，年降水量1035mm。

（2）治理思路

结合区域水文特点，依托宝象河小流域综合治理，以调整农业产业结构，生态效益与经济效益相结合为石漠化治理思路。

（3）主要技术措施

造林地选择： 选取流域立地条件较差的石漠化坡耕地种植桤木和柏木；选取立地条件较好的地块种植核桃。

整地： 穴状或鱼鳞坑整地。桤木、柏木采用鱼鳞坑整地，整地规格50cm×50cm×30cm；核桃采用穴状整地，整地规格80cm×80cm×60cm。

造林方式： 植苗、混交。桤木与柏木混交。桤木、柏木容易移栽，桤木苗有5~6片真叶时移栽成活率最高。造林苗以袋苗为好，选择高度≥50cm的苗为宜，也可以选择更大的树苗造林，造林密度167株/亩，株行距2m×2m。核桃春秋两季均可定植，造林密度22株/亩，株行距一般采用5m×6m。造林时间以农历6月24前后为宜，这段时间雨水丰富，空气湿度大，造林容易且成活率高。

苗木： 采用Ⅰ、Ⅱ级袋苗。

小型水利水保措施： 建设200m³蓄水池11口，100m³蓄水池11口，30m³水窖85口，引水管17600m。

管护： 造林后浇水、次年雨季补植。以后每年松土、除草、病虫害防治，连抚三年。

（4）治理模式评价

通过人工种植桤木、柏木，扭转了岩溶地区石漠化山地水土流失和石漠化土地面积不断扩大的势头，使项目区逐步形成一个功能稳定、结构合理的森林生态系统，生态环境明显改善。通过人工种植核桃，增加了农户的经济收入，减少了贫困人口。通过小型水利水保建设初步解决项目区人畜饮水困难的问题，有效改善了石漠化耕地灌溉问题，

改善了石漠化地区群众的生产生活条件，有效地缓解了社区用水矛盾，积极推动了社区经济的发展。

（5）推广区域

适宜在滇中、滇东南岩溶地区石漠化山地进行推广。

案例 3　禄劝县核桃产业化综合治理模式

（1）模式区自然概况

禄劝县是昆明市郊区县，地处滇中北部，模式区涉及桂花箐流域、战备水库流域、砚瓦冲流域，范围涉及屏山街道的克梯、鲁溪、地多、砚瓦、旧县、六江 6 个村委会和翠华镇的新华、红石岩 2 个村委会，涉及农业人口 26144 人，总面积 257.42km²，岩溶面积 233.64km²，石漠化土地面积 147.79km²。境内地质基底由元古界昆阳群和震旦系构成，燕山运动、喜马拉雅山运动强烈，造成山川南北延伸，东西排列，呈现出群山环绕，山峦峡谷交替，逶迤连绵的景观。多年平均总日照时数 2255.6h，太阳总辐射量 5315.6 MJ/m³，年平均气温 15.6℃，年平均降雨量 947.7mm。大体分为低热河谷、温暖坝区，温和山区 3 个气候层。

（2）治理思路

禄劝是传统的山区农业大县，是昆明主城区饮用水主要水源地，生态环境保护任务比较艰巨。在脱贫摘帽的目标下，实施了退耕还林、农改林、石漠化治理、生态移民工程等措施，来改善禄劝的生态环境。根据持续推进水源保护和实施绿化造林等环境整治的同时倡导绿色理念，推进"国家生态文明县"创建工作的思路。结合区域实际，宜农则农，宜林则林，宜水则水，宜牧则牧，合理安排农、林、水、牧各业用地，以小流域为单元进行石漠化综合治理。

（3）主要技术措施

近年来，禄劝县对桂花箐流域、战备水库流域、砚瓦冲流域等岩溶地区实施石漠化综合治理（图 4-10）。在恢复林草植被的人工造林中，土地石漠化比较严重的地区，防护林建设以种植华山松、桤木为主；在土层相对较厚和立地条件相对较好的地区，特别是坡耕地，结合市级退耕还林政策，尽量营造经济林，特别是大力发展比较适宜本地的核桃产业，在生态建设的同时，产业也做强做大。

图 4-10　引水渠

岩溶地区核桃产业的发展，禄劝县获得了较大的成功，并取得了丰富的经验。石漠化治理初期，先后组织多批次技术人员到大理、楚雄等地对核桃产业发展进行考察，学习他们核桃产业发展的成功经验。通过学习，禄劝认识到，作为一个农业大县，发展核桃产业具有得天独厚的自然条件，核桃产业发展壮大将成为全县农民增收致富的主导产业。通过择优扶强、大户带动的原则推进核桃产业发展，充分发挥样板的典型示范和带动作用，采取以规模连片种植为主和零星分散种植相结合的方式，大面积推广良种嫁接苗的栽植。按照标准化、规范化、规模化、区域化的要求，县级建千亩示范园、乡镇（街道）建千亩样板林、村级建百亩样板林、村小组建种植示范户，努力建成一批核桃村、核桃沟、核桃路、核桃坡、核桃丰产示范样板地、核桃旅游观光园和核桃产业示范户，并通过邀请专家教授讲座、举办培训班、组织群众外出参观学习等形式，加强农民技术培训，着力培养一批技术带头人，通过典型示范、效益对比，动员群众积极投身核桃产业发展。

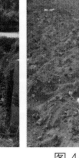

图4-11 拦沙坝　　　　图4-12 核桃种植

核桃产业发展，选择优良的品种品质是基础。禄劝县核桃的品种主要有漾濞泡核桃和云南省林业科学院研究成功的云新系列核桃品种，保证了核桃品种的优良。同时，在种苗上要求高标准，除要求达到一、二级苗外，需两年生，地径1.5~2.5cm，定杆高度1.2~1.5m，定植株行距5m×6m，22株/亩，嫁接口愈合良好，根系发达，顶芽饱满，木质化程度高，无病虫害的优质嫁接苗，保证了品质的同时，确保了造林成活率。目前，核桃已挂果，已产生经济效益。

（4）治理评价

通过采取综合治理措施，石漠化治理取得显著成效。根据生态建设产业化，产业发展生态化的原则，大力发展核桃产业，使石漠化土地面积大幅减少，石漠化程度逐步减轻，生态状况明显改善，并提高了项目区农民经济收入。

近年来，禄劝县林业产业迅速发展。林业年总产值由1985年的1800万元提高到2014年的9.5亿元，增长52倍。核桃产业2000年约15万亩，2010年达30万亩，2015年达到110.8万亩，广大岩溶地区的农民群众发展以核桃为主的干果产业的积极性日益高涨，特别是核桃的生态功能、社会功能进一步拓展，产业带动作用日渐彰显。

（5）推广区域

适宜在滇中岩溶地区石漠化土地，特别是坡耕地进行推广。

案例4　盘龙区、五华区乔、灌、藤本、草结合的"五采区"植被修复模式

（1）基本情况

盘龙区位于昆明市主城区东北部，年平均气温14.9℃，极端最高气温31.5℃，极端最低气温–7.8℃。年平均降水量约为1000.5mm，月最大降雨量208.3mm，日最大降雨量153.3mm，降雨主要集中在5~9月。年日照时2327.5h，年蒸发量1856.4mm。最大风速40m/s，多西南风。相对湿度76%。

五华区位于昆明市主城核心区西北部，为昆明市中心城区。辖区面积381.6km²。地势西北高、东南低，地形地貌复杂多样，海拔1670~2527m，平均海拔1887m，境内有眠山、荷叶山、白泥山、锅盖山、圆通山、祖遍山、五华山等点状山体。属北纬低纬度亚热带高原山地季风气候，日照长、霜期短、年平均气温15℃，年均日照2200h左右，无霜期240天以上，年降水量1035mm。内有玉带河、沙朗河、西北沙河、迤六瓦恭河等主要河流。地下水分为松散堆积层孔隙水、基岩裂隙水和碳酸盐岩裂隙岩溶水三类。降雨入掺和地表水渗漏是其补给的基本来源，主要以径流和泉水的形式排泄。

（2）治理思路

"五采区"是对挖砂、采石、采矿、取土和砖瓦窑区域的统称。过去昆明市在城市建设和区域经济发展中，长期对石料、砂土、矿产资源的大量开采，导致岩溶地区局部地区出现了不同程度的自然景观破坏、环境污染等问题，甚至诱发自然灾害，直接威胁和破坏周边地区人居环境，特别是滇池流域面山及城市周边、风景名胜区、交通干道两侧可视范围内的开采行为，既破坏生态资源，又影响了居民生活质量的改善和提高。盘龙区、五华区开展"五采区"植被修复工作是一项紧迫而艰巨的任务。

以面山植被修复或郊野森林公园建设方式，采取乔、灌、藤本、草搭配，对境内"五采区"进行植被修复。以建设城市郊野公园为载体，重点恢复面山植被，不断强化水土保持，切实改善城市生态景观，积极增设民众休闲场所，使"五采区"逐步成为融人文景观和自然风光于一体的多姿多彩的"五彩区"。

（3）治理模式及主要技术措施

治理范围：盘龙区辖区两面寺"五采区"；九龙湾"五采区"；长虫山"五采区"；五华区辖区内长虫山采石场、石盆寺"五采区"。

①两面寺"五采区"植被修复

项目区面积1068亩，通过引进社会投资人，以郊野森林公园建设方式进行修复，于2014年12月完成植被修复任务，投资约1.9亿元，种植苗木约20万株。修复采用削坡造台、覆土、挂网等方式，消除地质灾害隐患后，搭配种植乔木、灌木、藤本植物。

削坡造台危岩清除：不稳定边坡下边根据实际危岩分布情况清理，在其侧坡面路面以下13.5~15m位置设置1个种植平台，平台宽1~3m；北西侧和西侧根据实际坡面地形平整清理2个种植平台；东侧坡顶根据实际设置绿化带，并做浆砌石护台。不稳定边坡

顶先进行平整，再进行放坡，坡比 1：0.75，在其坡脚预留 2~5m 绿化带，绿化带靠近路边一侧采用浆砌石绿化护台。

生物防护：削坡造台后，在边坡坡脚、中部、坡顶设置种植平台，其中坡脚种植平台是在坡脚砌筑浆砌石挡墙，墙与边坡形成种植槽回填红黏土，填土高度距离墙顶 10cm，填土上设置浇灌水管，槽内侧 50cm 种植爬藤植物，种植密度 36 株 /m²，中间种植乔木和灌木。在边坡坡中平台砌筑种植槽，距离边坡 2m 浇筑钢筋混凝土挡墙，墙间回填红黏土，填土上设置浇灌水管，槽内外两侧 50cm 种植爬藤植物，种植密度 36 株 /m²，中间种植乔木和灌木。

排水：不稳定边坡坡脚种植平台的外侧、坡顶，设置排水明沟，排水沟为矩形沟，宽 40cm，深 40cm。

树种选择和种植：乔木树种选用滇朴、樱花、紫薇、滇杨、木瓜、垂柳、栾树、香樟等进行混交。灌木树种选用叶子花、仙人掌、油麻藤、炮仗花等，对部分较平缓地区增加客土，在坡度较缓的土边坡上适当种植藤本植物爬山虎与常春藤，轻微覆土。地被栽植主要采用垂吊植物和攀岩植物，在坡脚栽植鸭掌木、红花檵木、慈竹、常春藤、火棘、红叶石楠、毛叶杜鹃、迎春柳、地石榴、美人蕉等。

②九龙湾"五采区"植被修复

项目区面积 1333 亩，由财政筹集资金约 3.6 亿元，以面山植被修复方式进行修复，现已完成植被修复，种植苗木约 22 万株，修复采用削坡造台、覆土、挂网等方式，消除地质灾害隐患后，搭配种植乔木、灌木、藤本植物和草坪。

根据整治区地形修复条件对绿化进行分区，以项目区域内周边的自然环境为依托，充分体现山区及周边的特点，让绿化设计不仅达到恢复项目区植被、增加项目区美观的效果，而且使得整个项目区域及周边绿化融入到周围环境当中，与周围环境更加协调一致。对于未开采区域植被保留较好，但是又受到开采区影响的，植物长势不好，在施工中，将通过增加种植层次，保留该区植被的方式进行植被恢复。对于水源保护区，则采用复层林种植，防风固土，做到涵养水源。水源保护区绿化的植被恢复，选用深根性乡土树种，营造针阔混交林，作为园区的生态背景林地进行生态恢复，多以乡土乔木滇油杉、华山松、翠柏、珊瑚冬青、茶梨、球花石楠等为主。绿化主要以耐瘠薄速生树种为主，保证 2 年内具备快速修复的绿化效果。对于坡度较缓的台地进行林地生产功能的恢复，该区通过工程治理形成高边坡低挡墙的台地，依托山体运动休闲项目，结合花卉艺术景观打造园区丰富的绿化色彩。而坡地绿化则主要以边坡治理为主，采取土工格室植草护坡的方式，局部缓坡区域结合项目进行绿化培育与生态旅游的开发。在平台绿化建设中，则以冲沟堆填和原有采石堆放平台形成的建设用地为主，绿化结合产业引入的主导项目进行绿化培育和景观造林。同时，利用现状山体作为背景林，依托园区的有氧疗养项目，结合经济果林及药草花卉苗圃、生态农庄打造园区的核心生态景观，进行民间药草园区绿化建设。以种植丁香、红豆杉、番木瓜、薰衣草、八角枫、无花果、秋白菊、天南星、鸡血藤、麦冬、桔梗、紫花地丁等药草植物。

③长虫山"五采区"植被修复

项目区面积1235亩，分为麦溪片区734亩、花渔沟片区501亩，由区财政筹集资金约1.4亿元。

图4-13　长虫山采石场坡面治理情况

麦溪片区以郊野森林公园建设方式进行修复，投入资金约1亿元，现已完成植被修复，种植苗木约12万株，种植草坪约2万 m²。修复采用削坡造台、覆土、挂网等方式，消除地质灾害隐患后，搭配种植乔木、灌木、藤本植物和草坪，种植的植物选择滇朴、红叶石楠、香樟、云南樱花、银杏、桂花、乐昌含笑、罗汉松、紫薇、玉兰、栾树、油麻藤等。

花渔沟片区以面山植被修复方式进行修复，投入资金约4000万元，现已完成植被修复，种植苗木约10万株。修复采用削坡造台、覆土、挂网等方式，消除地质灾害隐患后，搭配种植乔木、灌木、藤本植物，种植的植物选择滇朴、红叶石楠、雪松、香樟、油麻藤等。

a

b

图4-14　植被恢复现状

④长虫山郊野公园植被恢复

五华区长虫山郊野森林公园位于昆明北郊红云街道办事处右营社区长虫山腹部及山腰部，为五华区北部较为集中的大型采石场。1974年开始由当地农村集体开采石料，先后经过10多家单位近40年的采掘，形成大小多个采空区，造成地表裸露，再加上岩溶地貌土层较薄，雨水冲刷力强，导致水土流失，基岩裸露明显，呈现严重石漠化现象，严重破坏了长虫山的生态环境。2007年昆明市人大常委会决定禁止在滇池流域和其他重点区域挖砂采石取土，并于2008年全面关停挖砂采石取土点。2009年将长虫山、平顶山等采区纳入到市委、市政府重点督查督办的滇池流域及其他重点区域33个"五采区"

植被修复片区（点）之一，并被市级确定为采取市场化方式以郊野森林公园建设配套进行植被修复的项目。

该项目于 2010 年 2 月完成了长虫山"五采区"植被修复暨郊野公园建设可行性研究报告，2010 年 3 月 9 日区发展改革和投资促进局给予批复立项。公园规划面积 2210.76 亩，其中公园拟规划建设面积 1225.52 亩，采区面积 995.44 亩（包含原关停的右营采石场、长虫山采石场及周边零星采矿、采石点），需工程治理面积 755.3 亩，植被修复 616 亩，目前该项目已完成 95% 植被修复工作，栽种樱花、金桂、石楠、黄花槐、三角枫、云南拟单性木兰、滇朴、滇润楠、云南樟、银杏、枫香、华山松、栾树、天竺桂等乔灌木 60 余万株。六年来，通过整形除险、降坡分台、弃土筑台、覆土增肥、分流引流等治理措施，大大改善并消除了"五采区"遗留的各类地质灾害隐患，现已完成采区工程治理 601.5 亩，完成植被修复 595 亩，占需植被修复面积的 96.6%，完成投资 1.2 亿多元，现已基本完成植被修复任务（图 4-13、图 4-14）。

⑤石盆寺郊野森林公园

石盆寺郊野公园位于普吉街道办事处与西翥街道办事处交界处的石盆寺，属于昆明市主城区西部最大的石料采区之一，西北绕城高速将采区一分为二。该采区于 20 世纪 70 年代中期采石，至 2008 年关停，形成了大小采石场 43 个，集中分布于普吉社区一、二、三组和西翥街道办事处大村社区大麦塘小组境内。

图 4-15　石盆寺五采区工程治理情况　　　　图 4-16　石盆寺五采区原貌

石盆寺郊野公园属于五华区境内最大的一个采区，2009 年定为采取市场化方式以郊野森林公园建设配套进行植被修复的五采区。2011 年 6 月完成项目建设的可行性研究报告，2011 年 6 月 29 日经区发改局（五发改投资〔2011〕60 号）批复立项。2012 年 11 月，市规委会审议通过了该公园修建性详细规划，公园规划面积 2355 亩，其中，采区面积 1995 亩，需植被修复面积 1695 亩，计划投资 15778 万元。

石盆寺郊野公园通过整形除险、降坡筑台、弃土回填、布设盲沟、夯实地基、地表覆土等一系列的工程措施，逐步将破碎的山体、凸凹的地面、裸露的砂岩改造成了平地和缓坡地。至 2015 年底，经过 5 年的矿区治理和植被修复，完成了"五采区"治理面积 1995 亩，同时改造了"五采区"周边零星的石漠化和难造林地面积 250 亩，完成植被修复面积 1945 亩，其中石漠化和难造林地景观提升 250 亩。在该区域还开展了"杨善洲林""保护母亲河林""民兵林、双拥林"等植树活动，种植了金桂、石楠、黄花槐、云南樟、香樟、滇润楠、滇朴、云南拟单性木兰、三角枫、银杏、枫香、华山松、栾树、天竺桂等各类乔灌木达 41 万株，截至 2016 年 6 月，已全面完成了地质灾害治理和植被修复工作，使昔日的满山坑道、尘土飞扬的石盆寺，变成了游道交错、绿树成荫的郊野森林公园（图 4-15、图 4-16）。

（4）治理评价

岩溶地区石漠化治理后建立郊野公园也是一条石漠化治理的重要思路，通过对"五采区"的治理和植被修复，已使得原有的荒坡秃岭及"五采区"变成了绿树成荫、花香四溢的地方。这不仅改善了该区域的生态环境结构，同时也大大提高了区域内的森林覆盖率。"五采区"治理对于保护滇池具有重要意义，是加速生态文明建设的重要举措，要将其提高到建设区域性国际中心城市的战略高度来认识。

图 4-17　植被修复情况　　　　　　图 4-18　植被修复情况

另外，"五采区"治理投入的资金相对巨大，需引进社会资本为主的方式来解决；随着城市的快速发展，部分"五采区"已被城市包围，所以应该对土地使用规划适当调整，将"五采区"列为城市公园建设，一方面帮助企业脱困，另一方面为市民增加休闲好去处。在"五采区"植被修复中，要注重考虑重建水系，注重保护周边山体的植被，还要特别重视消除发生次生地质灾害隐患。

（5）推广区域

适宜在滇中、滇东南岩溶地区的石漠化"五采区"和城市面山进行推广。

案例 5　石林县乔灌搭配认建认养生态治理模式

（1）基本情况

石林县地处滇东高原腹地，位于滇东岩溶南部，往西为滇中红色高原，往东、往南过盘江进入滇东南峰丛洼地岩溶区。海拔多在 1700~1950m 之间，个别山脉、山峰海拔超过 2200m。境内地势东北高西南低，东高西低。山脉有圭山山脉、九蟠山、打羊山脉、大佛山。地貌类型主要有高原丘陵、低山、洼地、盆地、丘陵、石林、石芽原野、峰丛和溶洞、湖泊、河谷。石林、石芽主要出露在盆地、洼地、河谷附近和高原面上，是岩溶地貌高度发育区。

图 4-19 造林成效

模式区位于石林县城东郊蒲草村石黄牛片区，属低纬高原山地季风气候，四季如春，雨量充沛，气候湿润，无霜期长、云雾多、日照少。年平均气温 16.3℃，年平均降雨量 939.5mm，年平均日照 2096.8h，年平均风速 2.1m/s。

（2）治理思路

树种的选择在遵循自然规律和适地适树的前提下，按照乔灌合理搭配的原则，造林树种选择了耐旱、耐寒、耐贫瘠、速生、喜钙的常绿树种等具地方特色的树种，并辅助以认建认养生态治理模式提高造林成活率和保存率，提高生态治理的成效（图 4-19）。

（3）治理模式和主要技术措施

石林县自实施岩溶地区石漠化综合治理工作以来，不断总结经验，探索出适合自身实际的治理模式，即乔、灌搭配的认建认养生态治理模式。

石林县城东郊蒲草村石黄牛片区属巴江小流域，由于该地块岩石裸露率较高，前期属中度石漠化，县直机关在 1991~1996 年对该地块进行种植蓝桉，修复植被工作，但由于长势较差，石漠化程度一直没有较大改善。2012 年，该地块被纳入云南省石林县 2012 年石漠化综合治理工程人工造林项目。通过用卫星影像图现场勾绘，该地块小班面积为 1465 亩，扣除部分农地及岩裸，实际小班经营面积为 1120 亩。为达到"科学规划，突出重点，在生态脆弱区重点突出生态效益"的原则，在遵循自然规律和适地适树的前提下，按照乔灌合理搭配的原则，造林树种选择了耐旱、耐寒、耐贫瘠、速生、喜钙的常绿树种小叶女贞、圣诞树、车桑子等三个较具地方特色的树种。小叶女贞、圣诞、车桑子按照 1:1:1 的比例进行带状混交。整地方式为穴状整地，整地规格为 50cm×50cm×40cm。由于该地块为有林地，但密度较低，为避免水土流失和影响景观，在不破坏原植被的情况下，暂时保留原种植的蓝桉，现植树的株行距为 2m×3m，植树密度为 111 株/亩。幼林抚育主要以松土、除草、施肥、病虫害防治、旱季浇水为主，造林后一年抚育一次，每次合肥 0.2 kg/株，连续抚育三年，设专人管护。

岩溶地区造林成功与否，有着三分造七分管之说。石林县创新工作机制，制定《石林县生态建设三年行动暨义务植树县级认建认养工作方案》，根据县级认建认养制度，县直各部委办局、企事业单位、人民团体、垂管部门需按照每人 0.5 亩义务植树标准，在规划区指定地块认建认养树木，管养成林后，移交土地权属单位。目前，石林县已有 5400 余人按照义务植树标准认建认养，通过认建认养，石漠化治理有了有力保障。以往，石漠化治理一亩资金投入最高的也不过 370 ~ 400 元之间，在有限的资金条件下，只能靠撒播树种，没有管护成本，种子完全靠天养活，治理成效极不理想。有了县级认建认养制度，石林县每亩石漠化治理的资金可达 1200 元。通过义务植树县级认建认养制度，加快了林草植被恢复，生态环境得到极大的改善。

（4）治理成效

通过实施县级认建认养制度、推广以种植圣诞树、车桑子和小叶女贞为代表的石漠化治理优选树种等，昔日 3000 余亩荒山如今已披上了绿装。石漠化治理有了有力保障，生态环境得到进一步的修复。截至 2015 年，通过石漠化治理，石林县已绿化近 9678.6hm² 荒山，生态治理取得了初步的成效。

（5）推广区域

适宜在滇中岩溶地区的石漠化山地中进行推广。

案例 6　嵩明县桤木、藏柏，华山松、麻栎混交搭配车桑子生态治理模式

（1）基本情况

嵩明县位于昆明市东北部，气候属典型的温带、暖温带和北亚热带混合型气候，多年平均气温 14℃左右，极端最高气温 35.7℃，极端最低气温 –15.9℃，多年平均无霜期 232 天，年平均降雨量 1000~1400mm 之间，多年平均风速 3.1m/s，以西南风居多。县境所处大地构造单元为昆明凹陷北部，各个地质时代的地层均有出露。碳酸盐地层发育，岩层走向受北东，南西构造线所控制，平行于构造线。碳酸盐岩层与玄武盐层为条带呈东西向相间展开，由北东向西南延伸，为北东紧密而南西分散的扇形结构。北部的梁王山主峰大尖山海拔 2840m，为境内最高点；东南部的洼子村海拔 1770.5m，为境内最低点。境内水系分属长江、珠江两大流域，水资源量一年之中的变化，主要受降水量季节性变化的影响。雨季 5~10 月，水量约占全年水量的 72%~85%，干季 11 月至次年 4 月占全年 15%~28%。

（2）治理思路

根据适地适树的原则，科学选择造林树种与模式，选择生长快、适应性强的乡土树种进行造林，提高造林成活率和保存率，提高生态治理的成效。

（3）治理模式及主要技术措施

嵩明县历年来在石漠化综合治理林草植被恢复的造林树有桤木、华山松、藏柏、麻栎、云南松、滇合欢、苦楝、香樟、球花石楠、红叶石楠、大叶女贞、黄槐、银桦、喜树等。经过栽种试验，总结出两种可行且有代表的造林模式。其一，华山松—藏柏混交搭配车桑子。其二，桤木—麻栎混交搭配车桑子生态造林模式。实践当中土层厚的立地类型选择藏柏和华山松混交搭配车桑子造林效果好，土层较薄的立地类型选择桤木和麻栎混交搭配车桑子。

藏柏是柏科柏木属的一种常绿乔木，适于生长在温带地区，原产于藏东南，耐寒性和耐盐性极好，经过培育驯化，嵩明等地成功引种栽培，在中性、微酸性和钙质土上均能生长，以在湿润、深厚、富含钙质的土壤上生长最快，能耐贫瘠的山地，是岩溶地区石漠化土地治理的先锋树种之一。在县境内用藏柏与华山松混交造林，混交比可以5：5或6：4，造林密度可以适当偏高，即333株/亩，使其尽快郁闭（图4-20），在苗木周边点播车桑子种子，可以营造乔灌混交林，尽早发挥其生态效益。

桤木与麻栎都是当地比较适宜岩溶地区石漠化土地治理的阔叶树种，经多年实验，中厚层土的立地类型造林效果好。通常为6：4或5：5比例，因桤木生长相对于麻栎快，这样可尽快郁闭而发挥生态效益。种植后，在苗木周边搭配点播车桑子，同样可以营造乔灌混交林。主要技术措施如下。

造林地选择： 造林地主要选择潜在石漠化，轻、中度石漠化土地。

整地： 穴状整地。桤木、华山松、藏柏、麻栎整地规格40cm×40cm×40cm，车桑子整地规格20cm×20cm×20cm。

苗木： 容器苗，地径大于0.15cm，苗高25~40cm为宜。

造林方式： 块状不规则混交。桤木、华山松、藏柏、麻栎植苗造林，车桑子采用雨季直播造林。

抚育管理： 从造林当年开始，连续抚育2年，每年1次，以小块松土除草为主，抚育规格1m×1m，尽量保留株行距间的灌木、草本，避免因抚育不当而造成新的水土流失。同时将新造林地块纳入封山育林范围，严防人畜破坏。

图4-20　华山松、藏柏混交林

（4）模式成效

实施五年来，有效改善了嵩明县的石漠化现状，植被覆盖率不断提高，项目区林地水土保持、涵养水源的能力不断增强，石漠化区域生态恶化的趋势得到遏制，改善了水库水源区面山生态景观，防止了水土流失及其他自然灾害的发生，该模式的社会效益、生态效益、经济效益逐步显现。

（5）推广区域

适宜在滇中岩溶地区的石漠化山地中进行推广。

案例7 寻甸县多树种混交生态治理模式

（1）模式区的自然地理概况

寻甸县位于昆明市东北部，横跨金沙江、南盘江两流域。县境地势西北高，东南低，呈向东南倾斜阶梯状。以乌蒙山系的梁王山、小海梁子等山脉为主，山间点缀着低凹谷地或湖盆。北部受金沙江水系的河流强烈切割，河谷深切，山势陡峻；中部地势略高，山顶浑圆平坦，东南部低中山丘原之间散布各类大小不等的山间盆地（坝子）。由于地形高差大，气候属低纬高原季风气候，冬春两季受平直西风环流控制，大陆季风气候明显，干旱少雨；夏秋季主要受太平洋西南或印度洋东南暖湿气流控制，海洋季风突出，多雨，凉爽潮湿。5~10月为雨季，11月至次年4月为旱季。有大小20余条河流和1个天然湖泊——清水海。主要河流有牛栏江、柯渡河、四甲河、功山河、大白河等。最大的河流牛栏江是金沙江水系的重要支流，经塘子、城关、七星、河口四个乡镇，流入会泽县。

（2）治理思路

实行多树种针阔混交，改变单一品种的造林模式，调整树种结构，提高林分质量。

（3）主要技术措施

造林地选择： 仁德街道莲花山、金所街道凤龙山区域的地势相对平缓的重度石漠化土地。

树种选择： 云南松、华山松、圆柏、桤木、藏柏、车桑子等。

整地： 穴状整地。整地规格均为40cm×40cm×40cm，"品"字形排列，整地时间为冬、春季造林前1~3个月。

苗木： 云南松、华山松、圆柏、桤木、藏柏为容器苗，地径大于0.15cm，苗高25~40cm为宜。

栽植： 块状不规则针阔混交。栽植时清除穴内杂物、打碎土块、回填表土、扶正苗木、压紧踏实、稍覆松土，覆土至苗木根际以上3~5cm，要求做到根舒、苗正、深浅适宜。车桑子以撒播为主。

抚育管理： 从造林当年开始，连续抚育2年，每年一次，以小块状松土除草为主，抚育规格1m×1m，尽量保留株行距间的灌木、草本，避免因抚育不当而造成新的水土流失。防护林前2年追肥2次，每次施复合肥不少于10kg/亩。同时将新造林地块纳入封山育林范围，严防人牲破坏。

（4）治理成效

寻甸县营造云南松、华山松、圆柏、桤木、藏柏、车桑子等多树种针阔混交模式，成林树种多样，造林地的森林结构更加稳定，是石漠化土地治理的一条好思路。自2012以来，通过在仁德街道莲花山、金所街道进行石漠化地区综合治理，使原有疏林地、灌木林地迅速郁闭，形成了乔灌草的植被群落结构，有效遏制了石漠化区域环境恶化趋势，水土流失、泥石流、洪涝自然灾害明显减少。治理效果已逐渐显现，土地水土流失减少，森林覆盖率较大提高，生态环境得到改善，石漠化程度由原来的重度改善为中度。

（5）推广区域

适宜在滇中岩溶地区的重度和极重度石漠化山地中进行推广。

（二）玉溪市治理模式与评价

案例 1　澄江县华山松、桤木、核桃的综合治理模式

（1）模式区自然地理概况

澄江县地处滇中地区玉溪市境内，总面积 755.95km²。东大河水库和梁王河两大干渠分东西两边纵横南北。境内山脉多为南北走向，罗藏山自西向东横亘中部，形成澄江、阳宗两个坝子。最高海拔梁王山主峰 2820m，最低海拔南盘江与海口河交汇处 1328m，县城凤麓镇海拔 1755m。属中亚热带高原季风型气候，光照充足，冬暖夏凉，积温多，干湿分明，雨热同季，年平均气温 11.9~17.5℃。有霜日最多 46 天，最少 9 天。年降雨量 900~1200mm，相对湿度 76%。盛行西南风，年平均风速 2.3m/s。全年日照总时数 2172.3h，日照率 50%。南拥抚仙湖，北含阳宗海，东有南盘江过境流域 25.4km。此外，还有大小河道 16 条，大小潭泉 50 多个，水利资源丰富。境内河流短小，以湖泊为主。岩溶地区的土壤类型以红色石灰土为主。

（2）治理思路

根据适地适树、以乡土树种为优先的选择原则，并在综合治理工程中辅以水窖建设及应用、农业产业结构调整等方面进行探索，提高造林树种的成活率和保存率。

（3）主要技术措施

树种选择：在石漠化综合治理中，由于石漠化土地立地条件差，气候恶劣，造林树种选择尤为重要，澄江县根据适地适树、以乡土树种为优先的选择原则，经过对桤木、清香木、华山松、麻栎等多树种进行造林试验，选定以桤木、华山松为主要造

图 4-21　华山松

林树种。其中海拔 2300m 以下地块以桤木为造林树种，海拔 2300~2600m 以华山松为造林树种（图 4-21）。由于树种选择恰当，目前老虎山等石漠化地区立地条件较好的造林地块已郁闭成林，取得较好的效果。

配套水窖：从 2014 年石漠化治理工程开始，配套水窖，全县新建水窖 1000 余口，有效解决农民生产生活用水，防火取水困难等问题。

农业产业结构调整：为保护抚仙湖Ⅰ类水质，澄江县政府加大林业生态建设力度，深化农业产业结构调整，于 2014 年在全县开展核桃种植项目，林业局积极响应县产业

图 4-22　核桃种植

结构调整方针政策，结合澄江县 2015 年石漠化综合治理工程，规划设计 11700 亩核桃造林任务，该项目已通过各级验收，保存率达 95% 以上（图 4-22）。

（4）效益评价

通过人工造林老虎山地块目前已成林，生态效益初显；通过水窖建设有效解决农民生产生活用水，防火取水困难等问题；通过发展核桃产业，调整农业产业结构，待核桃挂果后，生态、社会、经济效益将会逐步显现。将保护抚仙湖与石漠化综合治理有机结合起来，为石漠化治理工程提供了一条新思路并起示范作用。

（5）适宜推广区域

本模式适宜在滇中地区海拔较高且立地条件较好的石漠化地区推广。

案例 2　易门县"圆柏 + 车桑子"混交林生态修复治理模式

（1）模式区自然地理概况

易门县地处云南省滇中西部，玉溪市西北，土地总面积 1571km²，居玉溪市第 4 位。境内最高点为北部小街乡甲浦老黑山顶雀窝尖山，海拔 2608m，最低点是绿汁镇南部炉房村旁易门与双柏、峨山交界处的绿汁江面，海拔 1036m。地形特征为东、北、西三面高山屏立，中部是溶蚀性盆地，东南面为中山河谷地带，全境状似马蹄。江河沿岸受河流切割影响，较陡峭，山谷相间、地形复杂。气候属中亚热带气候，受地形地貌的影响，立体气候明显，县内具有热带到温带的气候类型。极端最高温度 31.5℃，极端最低气温 –2.0℃，全年平均气温 16.3℃，日照数为 1706h，降雨量为 856.9mm。

（2）治理思路

遵循因地制宜、适地适树的原则，选择石漠化地区适生的圆柏与车桑子。车桑子生长迅速，能较快覆盖地表，防止水土流失；圆柏早期生长较慢，耐干旱瘠薄，圆柏、车桑子能相互促进，较快形成稳定乔灌林，促进岩溶生态系统修复。

（3）主要技术措施

造林地选择：圆柏、车桑子对自然环境的适应性强，耐干旱瘠薄土地、适宜石灰土等多种土壤，造林地主要选择中度以上石漠化土地。

整地：主要穴状整地。整地时注意保护原生植被，不提倡炼山；整地时间为造林前一个月；沿等高线平行方向整地；整地规格：圆柏 40cm × 40cm × 40cm，车桑子 20cm × 20cm × 10cm。

造林方式：植苗造林与直播造林相结合。选择在夏季第一场透雨后，适时种植。造林时间为5月下旬至7月底，适当深植，利于抗旱，提高造林成活率。车桑子采用直播造林。

苗木：圆柏通常用一年生健壮柏木营养袋苗，地径0.2cm以上，苗高25~40cm，主根不窝袋或少窝袋。车桑子每穴15~20粒种子。

栽植密度："圆柏 × 车桑子"不规则混交，混交比为1∶1，造林密度222~333株/亩为宜。

管护：7~8月底造林结束后及时进行查缺补漏，对死亡苗木及时补植；造林2年保存率低于80%及时补植。在栽植1~2年内，每年中耕除草1次，做好病虫害防治。之后，加强间伐、抚育等常规管理。

（4）模式成效

车桑子与圆柏混交在模式区广泛推广。车桑子可弥补圆柏树冠窄且前期生长慢的弱点，有利于迅速形成乔、灌、草搭配的立体结构，增强植被涵养水源、保持水土的功能；同时通过枯枝落叶积累与分解，改善土壤理化性质，对石漠化山地防护林建设与生态环境改善成效显著。该模式基本在2年内实现地表林草植被盖度50%以上，5年左右形成比较稳定的乔灌林。

（5）适合区域

本模式适宜在滇中地区中度及以上石漠化区域推广。

四、滇东南治理模式与评价

（一）红河州治理模式与评价

案例1 蒙自市高海拔特色苹果产业治理模式

（1）模式区自然地理概况

蒙自市位于云南省东南部，红河州东部，土地总面积2228km²。模式区位于红河州蒙自市西北勒乡境内，海拔1800~2400m，平均海拔2015m；年均气温13.6℃，最高气温32℃，最低气温−5℃，年均降雨量1000mm，属南亚热带季风气候。境内河流主要是红河水系。境内属于典型的岩溶地貌，地形破碎、石山纵横、岩石裸露、石漠化严重，浸蚀严重，多溶洞、漏斗，资源贫乏、土地贫瘠、耕地瘠薄，水资源奇缺。

（2）治理思路

蒙自市西北勒乡的苹果品质好，产量高，价格好。虽是落叶乔木，栽培树木一般高3~5m左右。可利用苹果根系较发达，耐干旱瘠薄，抗低温冻害，成长快，郁闭快，挂果早（约4年），适生范围较广的特点。通过发展苹果等特色经济林产业，不断摸索，在改善

图4-23 石头缝里客土栽植苹果

生态人居环境的基础上，逐步实现石漠化山区百姓增收致富（图 4-23）。

（3）主要技术措施

造林地选择：选择蒙自境内低纬度、高海拔，冷凉干燥、日照充足的石漠化山地作为造林地。

林地清理：林地清理是整地前清除造林地上的灌木、杂草等植被，其目的是为了改善造林地的立地条件和卫生状况，并为随后进行的整地、造林和抚育管理创造有利条件。林地清理以方便定植及苗木生长所需要的光热即可，避免因林地清理造成新的水土流失，造林前半年至一年进行带状清理，带宽 80~100cm。

整地：一般采用环山水平带状整地，带宽 0.8~1.0m。挖穴规格为 80cm×80cm×60cm。通过整地，可以改善土壤的水、肥、气、热条件，增加微生物活动，提高土壤肥力。在造林前 3~4 个月进行整地。

造林方法：人工造林采用植苗造林。为保证造林成效，植苗时适当深栽，回填3~5cm 表土，回土要紧实。

初植密度及株行距：初植密度每亩 33 株，株行距 4m×5m。

配置方式：采用品字形配置，即把行内植株对齐，行间植株不对齐，相邻行植株错开排列，使林木最大限度利用空间资源，快速生长。

科学施肥：增施有机肥，合理施微肥（硼锌铁镁肥、每亩施 5~10kg），追肥时氮、磷、钾肥配合施用，避免偏施氮肥。一年施四次肥。花前肥（萌芽肥）：在 2 月中旬～3 月中旬施入，以优质高氮复合肥为主，施肥量 2kg/ 株左右。花后肥：在 3 月底～4 月中旬施入，以优质高氮复合肥为主，施肥量 2kg/ 株左右。幼果膨大肥：在 5 月初～5 月中旬施入，以优质高钾复合肥为主，施肥量 2kg/ 株左右。基肥：以有机肥为主，适量配合含氮、磷、钾肥，有机肥用量每亩施 2000~3000kg，配合施用复合肥 2~3kg/ 株左右。硼锌铁镁肥，每亩施 5~10kg 左右。

合理灌溉：在苹果全年生长周期中如干旱应及时灌水，保持土壤湿润。重点保证开花期、幼果生长期，幼果膨大期等时期的供水需求。积极采用滴灌、喷灌、渗灌等节水灌溉方法。

疏花疏果：轻疏花，重疏果。疏果在幼果座稳后进行，先疏去畸形果、病虫果、擦伤果等，留下生长大小较一致的果实。根据树势单株留果 300~360 个（图 4-24）。

整形修剪：因地制宜，因树形、品种、树龄修剪，达到通风透光、立体结果的目的。修剪应在冬季落叶后进行，及时对苹果树采用疏剪、短截吊拉开张枝条角度，改善光照，提高枝质，稳定优质增产。疏除病虫枝、弱枝、干枯枝、光秃枝、密生枝、徒长枝、短截或回缩下垂枝保证树体内通体透光。

图 4-24　挂果

图 4-25　高品质苹果

病虫害防治：遵循"预防为主，综合防治"的原则，以农业防治为基础，加强物理防治，注重生物防治，适时进行化学防治。休眠期（12月至次年2月）重点防治斑点落叶病、轮纹病、红蜘蛛和各越冬害虫卵。清理园内枯枝、落叶、病枝、病果，刮除树体翘皮、老皮。喷施波美度3~5度的石硫合剂喷2~3次。萌芽开发期（3月），重点防治斑点落叶病、叶斑病、红蜘蛛、蓟马和蚜虫类。注意花期尽量少用药，使用低毒低残留农药。全园喷施甲基托布津、多氧霉素、阿维菌素、氯氰菊酯、吡虫啉、啶虫脒一次。果实膨大期（4~6月），重点防治斑点落叶病、白粉病、叶斑病、红蜘蛛、蓟马。杀菌剂可交替使用代森锰锌、苯醚甲环唑、三唑酮、甲基托布津。杀虫剂可选用阿维菌素、氯氰菊酯、噻螨酮。果实成熟期（7~11月），重点防治白粉病、叶斑病。根据早中晚熟品种不同的成熟时间，合理使用农药，可使用代森锰锌、三唑酮。果实成熟前20天，不应使用农药。

果实采收：苹果果皮条纹红色或片红色，具有品种固有的正常风味及品质时进行采收。果梗完整青鲜，果面洁净、不沾染泥土或污染物，无青果、落地果、腐烂果及病虫果，无异味，充分发育，达到市场和运输贮藏所要求的成熟度（图4-25）。

（4）模式效益

模式区因低纬度、高海拔的地理条件，主要种的是早熟品种"皇家嘎拉"、富士王和烟富三号，"皇家嘎拉"是早熟品种，比全国同类品种苹果要早熟一个多月，批发价达到20元/kg。西北勒的苹果大多被外地客商收购，价格高，目前山里红苹果已经进入国内各大城市和越南、泰国等国外市场，得到了广大消费者的青睐。目前，已带动1320多农户种植苹果，全乡已种植苹果3.6万亩，挂果2765亩，"十二五"期间已推广6.4万亩，全乡苹果种植面积达到10万亩，苹果产值达6000万元以上，种植苹果的优势日渐显现，西北勒乡找到了产业发展的新支点，真正实现了"石头缝里，刨小康"。为帮助老百姓早日走出贫困，政府通过发展苹果、核桃、李子等产业，不断摸索，在改善生态人居环境的基础上，逐步实现石漠化山区百姓增收致富。

（5）适宜推广区域

本模式适宜在滇东南低纬度高海拔岩溶地区推广。

案例 2　建水县石漠化土地分类施策综合治理模式。

（1）模式区自然地理概况

建水县位于云南省东南部，地处滇东高原南缘，土地总面积为 3940km²。模式区主要位于建水县面甸镇红田村，流域面积 79.38km²。南亚热带季风半干旱气候，年降水量约 800mm，年蒸发量 2400mm。小流域成土母岩主要为石灰岩，林地岩石裸露度 30%~70%，石漠化现象严重，流域有林地面积仅占 3.74%，灌木林地占 9.14%，且多数为低产低效林地。

（2）治理思路

因地制宜，适地适树，分类治理，开源节流并举。整合项目，充分、合理利用土地资源。根据石漠化区不同造林地块的立地条件和经营目的确定相应的造林模式。岩石裸露多且土层较薄的地方采用灌木型模式；土层厚度中等，岩石裸露 30%~50% 的造林地块，采用以灌木为主，乔灌结合的造林模式；中厚层土，岩石裸露低于 30% 的造林地块，采用以乔为主、乔灌搭配的造林模式；厚层土，岩石裸露较少的但无灌溉条件地块，营造桉树速丰林，有灌溉条件的地方营造经济林；低产低效林地通过封山育林提高林分质量和蓄积量；通过建设小水窖、引水渠，改善低产农地灌溉条件建果园，开展混农林业经营，提高土地的产出。同时，大力推广沼气综合利用技术，解决当地农户燃料问题，降低森林资源消耗。实现生态、经济、社会效益统一协调发展。

（3）主要技术措施

树种选择：石漠化区选择适应性强、根系发达、耐旱、火烧后能萌发的乔灌树种，主要有车桑子、苦刺、马鹿花、云南松、马尾松、墨西哥柏、白枪杆等（图 4-26）；用材林主要选用直杆桉和巨尾桉无性系；经济林选择在当地有悠久栽培历史的建水酸甜石榴和脐橙等（图 4-27）。

图 4-26　马尾松

图 4-27　脐橙

整地：块状整地，岩裸露荒山规格 30cm×30cm×25cm，速丰林、经济林 60cm×60cm×

50cm,时间为造林前3~6月。

苗木:苗木最好经过炼苗,松类苗龄不超过4个月,必须采用菌根土育苗。其他荒山苗木苗高20~30cm,容器苗。车桑子、苦刺等灌木树种可以直播造林。石榴用扦插苗造林。

栽植:不规则小块状混交。植苗造林在雨季进行。6月中旬前完成回塘,回塘时打碎土块,回平或稍低于塘面。栽植时扶正苗木、压紧踏实、稍覆松土,覆土至苗木根际以上3~5cm,要求做到根舒、苗正、深浅适宜,切忌窝根。直播造林时间5~6月,每塘播种15~20粒,做到土碎、踩实,使种子与土壤紧密接触。

抚育管理:造林后加强抚育。抚育时间为5~6月,连续2年,抚育方式为小块状,规格1m×1m,主要工序为除草、松土。在除草、松土中注意不要损伤林木根系,防护林中植苗树种和用材林抚育时每株施复合肥100g,连抚2年。石榴、脐橙每年追肥2~3次,以复合肥为主,根据树势确定施肥量,冬季施肥1次,以农家肥为主,萌芽、花期遇长期干旱注意灌溉。

配套措施:积极推广节能灶,建设沼气池,开展沼气综合利用工作;冬春旱季注意防火,必须有专人管护,旱季增加护林人员。

(4)模式成效

成林后林木覆盖率将由治理前的12.9%提高到32.2%,流域内的水土流失、土地石漠化得到控制,生态环境明显改善。通过建水酸甜石榴和脐橙的种植,当地农民获得了较高的经济收入,生活水平明显提高。农户通过使用沼气、电、煤,大大降低了对植被资源的破坏,使岩溶地区内经济发展和生态治理得到良好的循环。

(5)适宜推广区域

模式适宜在滇东南石漠化地区推广。

(二)文山州治理模式与评价

案例1 富宁县"六子登科"综合治理模式

(1)模式区自然地理概况

富宁县位于云南省东南部,土地面积为5352km²。地处滇东南岩溶高原东部边缘,地质属川滇黔经向构造带与青藏滇缅"歹"字形构造体系的交汇部位。境内海拔最高为西部木洪山,为1851m。属南亚热带季风气候。年平均气温为19.8℃,最高温为39.5℃,最低温为-3.7℃。日照时数1641h,年均无霜期338天,年平均降雨量1103.5mm。境内有5条主要河流和29条大小支流,主河道全长555.8km。东北部普厅河、那马河和西洋江属珠江水系,西南部郎恒河和南利河属红河水系。

(2)治理思路

山瑶是富宁县瑶族中的一个支系，共有 1828 户 8429 人。由于历史的原因，居民普遍居住在自然环境极为恶劣的石漠化地区山头，长期处于绝对贫困状况，生产生活条件十分艰苦，耕地少，收入低，生活差，人口素质普遍不高，水、电、路不通，住房难，就医难。富宁县石漠化治理按"六子登科"模式进行治理，一是山顶戴帽子。山顶采取封山育林、植树造林、生态公益林保护等措施，恢复森林植被，改善生态环境，搞好水土保持。二是山腰系带子。利用退耕还林和沿山一带的土地，大力发展核桃、油茶等特色经济林，促进农民增收致富。三是山脚搭台子。对坡度小于 25° 的山前缓坡，开展炸石垒埂造地，通过坡改梯，建设保土、保水、保肥的"三保"台地，确保人均 1 亩基本农田地。四是平地铺毯子。在水源较好、地势较为平坦的山间平地，实施高稳产农田建设，使其成为山间绿地。五是入户建池子。户均建一口水窖、一个沼气池、秸秆氨化池，解决农村能源、人畜饮水和牲畜饲料，改善农民生产生活条件，保护石漠化的治理成果。六是村庄移位子。对石漠化地区失去生存条件的农户实施易地搬迁，村庄向条件好的地方迁移，劳力向发达地区输出，缓解人口对生态环境的压力。实施县内跨乡异地搬迁、纳入小城镇建设安置、就地就近扶持发展 3 种模式，从原来缺乏生存条件的石山区迁入地势平缓、生态环境较好，已全部实现水、电、路三通的 2 个林场，16 个安置点集中安置 756 户 3508 人；将原来居住在石山区并缺乏生存条件的山瑶群众 553 户 2500 人安置到富宁县城和 3 个乡镇政府所在地；选择生存条件相对较好的地点，就近就地安置扶持 21 个村寨 249 户 1113 人。同时，辅以可行的政策措施，通过补助最低生活保障，让"贡献一代"老有所养。通过搞好群众的科技培训和劳务输出工作，让"奋斗一代"学有所教。自 2008 年至 2010 年底，投资 3924 万元，完成山瑶就近就地安置和集中安置点 30 个，安居房建设 1558 户 93480m²，搬迁 1558 户 7127 人。

（3）主要技术措施

树种选择："山顶戴帽子"，山顶地区主要以生态林建设为主，通过生态公益林保护等封山育林措施的同时，也对部分有一定造林条件的石漠化土地进行植树造，林草植被恢复以营造生态林为主。以种植"桤木＋车桑子""任豆＋香椿"为主。"山腰系带子"主要强调进行经济林建设，使人民群众在石漠化土地治理的同时，获得一定的经济利益，提高石漠化土地治理的积极性和主动性，树种选择上以种植核桃、

图 4-28　桤木生态林建设

油茶等经济林树种和以杉木用材林树种为主（图 4-28）。

整地：以穴状整地。桤木整地规格 40cm×40cm×40cm；车桑子整地规格 20cm×20cm×10cm；核桃整地规格 80cm×80cm×60cm；杉木、任豆、香椿、油茶整

地规格 40cm×40cm×30cm。

造林：造林时间宜在早春，栲木、任豆、香椿、核桃、油茶为植苗造林，车桑子为点播造林，栽植时将表土集于穴内，深度超过苗木原土痕 3~4cm，分层踏实，再覆细土。

造林密度："栲木＋车桑子""任豆＋香椿"的造林密度为 167 株/亩，株行距 2m×2m；核桃造林密度为 22 株/亩，株行距 5m×6m；油茶造林密度为 56 株/亩，株行距 3m×4m。

管护：造林后连续抚育 3 年，每年 2 次。第 1 次 5~6 月，第 2 次 9~10 月，主要是松土、扩穴（不进行全垦，全铲），尽量保护种植穴周边的乔灌木树种。

（4）模式评价

通过治理，区域经济效益明显提高，农民的生活有明显的改观。以粮食为主的农业产业结构得到调整并趋于合理，有利于大力发展林下产业，增加农民收入，将带动当地农副产品和其他商品的流通，拉动内需，促进地方经济发展。林牧收入所占比重由治理前的 10% 提高到治理后的 30%。人均纯收入由 3793 元增加到 4644 元；家庭年人均消费增加 2495 元，消费能力大幅提高。

模式区迁出地该宜林则林，宜封山则封山，逐步遏制了水土流失，改善了生态环境，石漠化顺向演潜明显。彻底改变了山瑶群众贫困的生产生活面貌，使群众"搬得出，稳得住，能致富"。此外，通过修建水池、水窖、引水渠等水利工程，对解决当地农民的生活生产用水起到了积极作用，深受农户的欢迎。

（5）适宜推广区域

本模式适宜在滇东南石漠化地区推广。

案例 2　广南县旧莫乡里干小流域核桃、油茶产业治理模式

（1）模式区自然地理概况

广南县位于云南省东南部，土地总面积 7810km²。地势由西南向东北呈阶梯状倾斜，南北走向，山岭互相切割，形成山区、半山区、丘陵、平坝、峰林交错的地貌。模式区地处广南县旧莫乡东南边里干小流域，年平均气温 24℃，年平均降水量 900mm，岩石裸露程度大，石漠化现象严重，里干小流域水土流失面积 38.3km²，年侵蚀模数 1325.5 t/km²。里干小流域面积 69.1km²，岩溶面积 49.82km²，石漠化面积 36.37km²。

（2）治理思路

将工程措施与生物措施相结合、经济建设与生态建设相结合、发展生产与劳务输出相结合、就地开发与易地开发相结合，探索了开展石漠化综合治理的宝贵经验。立足退耕还林、天然林保护、防护林体系建设、低效林改造等重点工程建设，围绕木本油料、特色经济林、林下经济、林产品加工等产业做文章，实现林业经济效益与生态效益的双赢。积极与扶贫、水务、畜牧、农业、发改等部门协作，深入探索实施植树造林、坡改梯、沟渠、小水窖、小流域治理等石漠化联防联治工程。

以影响生态环境岩石裸露程度大，石漠化现象严重的石山、灌丛地和陡坡耕地为治理重点，"造、封、管"并举，努力增加林业生态建设的科技支撑力度，提高营造林质量，不断扩大森林植被面积，遏制水土流失和石漠化，实现生态、经济、社会效益统一协调发展。

（3）主要技术措施

造林地选择：石漠化现象严重的石山、灌丛地和陡坡耕地。

整地：核桃采用穴状整地，规格为 80cm×80cm×60cm，按方型配置；油茶规格为 40cm×40cm×30cm，按"品"字形配置。打塘的同时拣出石块，回填表土。

栽植：植苗造林在冬季和早春苗木发芽前或雨季进行。栽植时清除穴内杂物、打碎土块、回填表土、扶正苗木、压紧踏实、稍覆松土，覆土至苗木根际以上 3~5cm，要求做到根舒、苗正、深浅适宜，切忌窝根，先填表土、后填心土、分层填土、分层踏实，再盖一层粗粒土与原地面齐平，要严格实行"三埋两踩一提苗"，保证造林质量。

苗木选择：苗木选用生长健壮，无病虫害和机械损害，油茶一般用 2 年生健壮苗木，苗高 12~15cm，地径 0.35cm 以上，主根长 20cm，核桃一般用 2 年生健壮苗木，苗高 30cm，地径 1cm 以上，主根长 20cm，

栽植密度：核桃株行距 6m×8m，每亩 12 株；油茶株行距 3m×3m，每亩 74 株。

管护：成活率低于 85% 或存在幼树死亡不均的地段时应选用大壮苗补植。造林后的 1~2 年内及时抚育补植，造林后的经营管护工作是造林成败的关键。造林地块距离村庄较近，人畜活动频繁，造林结束后，固定专人管护，是防止人为活动对幼苗、幼树的破坏，确保成林的关键，所以，造林后实行封山育林，全封管护，直至成林，同时加强森林病虫害监测，护林防火。

（4）模式评价

通过综合治理，模式区净增森林面积 6000 亩，较大提高植被覆盖度；完成石漠化治理面积 36.37km²，受益人口 7055 人。流域内水土流失治理程度达 80% 以上。侵蚀模数下降 0.75%，逐步控制住项目区内人为和自然因素可能造成的石漠化延伸现象，使项目区生态恶化的态势得到改进，项目区群众生产生活条件得到改善。

（5）适宜推广区域

本模式适宜在滇东南石漠化严重地区的坡耕地或立地条件较好的山地中推广。

案例 3　马关县分地块多树种治理模式

（1）模式区自然地理概况

马关县地处云南省东南部，在文山州南部，土地总面积 2767km²。地质属华南台块西部的滇桂台向斜构造，位于黔桂地台之南端，处于隆起部位，主要出露地质有寒武系、

奥陶系、泥盆系、第三系、第四系、缺失石炭系、二迭系和中生代地层；印支—燕山期花岗岩发育，变质岩分布广泛，构造以北东向断裂和榴皱为主。岩浆岩较为发育，有酸性岩和基性岩两种。地处滇东南岩溶高原南部边缘，为石灰岩山地与峡谷相间地貌，在石山起伏较为平缓地区，有高大的石峰林与深沉的溶蚀洼地、溶蚀盆地，无较大坝子。年平均气温 16.9℃，年平均降雨量 1345mm，年日照时数 1804h，无霜期达 300 天以上。境内河流属红河流域泸江水系。

（2）治理思路

遵循适地适树，石漠化土地程度为中度以上地区以种植生态林为主，着重建设和恢复生态林系统，在立地条件较好的石漠化坡耕地和土层较厚的山地，以建设经济林为主，促进农民增收和地方经济发展，实现生态效益、经济效益和社会效益协调统一。

（3）主要技术措施

造林地选择： 模式区主要建设地点为马关县跛脚镇，选择中度石漠化土地和立地条件较好的地块。

造林树种： 在石漠化较严重区域种植乡土树种杉木、桤木、漆树、臭椿等（图4-29），促进生态修复；在立地条件较好区域种植核桃、夏橙、柑橘等（图4-30）。

图 4-29　椿树（实施地块为重度石漠化）　　　　图 4-30　核桃

栽植时间： 雨季。

苗木规格： 杉木、桤木、漆树、臭椿（为一年生，Ⅰ、Ⅱ级实生苗）、柑橘（为一年生，Ⅰ、Ⅱ级嫁接苗）、夏橙（为二年生，Ⅰ、Ⅱ级嫁接苗）。

配置方式： 主要为沿等高线"品"字形配置。

整地方式及规格： 杉木、桤木、臭椿为块状整地，整地规格为 40cm×40cm×30cm。整地要求表土翻向下面，挖穴要求土壤回填，表土归心。

造林密度： 杉木 296 株/亩，株行距 1.5m×1.5m；桤木、臭椿 167 株/亩，株行距 2m×2m；核桃 22 株/亩，株行距 5m×6m；夏橙 110~120 株/亩，株行距 2m×3m；柑橘 76 株/亩，株行距 3m×3m。

抚育管理措施：及时补植，每年 7~10 月在幼苗四周 30cm 内割草、松土，加强水保措施，同时，适时整形修剪，防治病虫害，连续抚育 2 年，每年 1 次。

（4）模式评价

马关县从树种选择方面，经过多年的探索和研究，在岩溶地区石漠化土地较严重的林地上进行生态林种植，主要以杉木、桤木、漆树为主，充分发挥杉木、桤木、漆树在石灰岩地区适应性强，生长迅速，尽早郁闭等特点，达到生态和用材的结合。在岩溶地区坡耕地和农地上大力发展经济林，树种以核桃、夏橙、柑橘为主，充分调动当地农民的积极性，在治理石漠化土地的同时，取得一定的经济收益。

（5）适宜推广区域

本模式适宜在滇东南石漠化地区推广。

五、滇西南治理模式与评价

（一）临沧市治理模式与评价

案例　永德县大红山澳洲坚果生态农业示范园建设治理模式

（1）模式区自然地理概况

永德县位于临沧市西北部，地处滇西横断山系纵谷区南部，土地总面积 3296km²。地势东、南、西部高，向北倾斜。地貌多样，有深切亚高山宽谷、深切中山宽谷、深切中山窄谷、中切中山宽谷、中切中山窄谷五种类型。模式区位于临沧市永德县崇岗乡大红山，地处南汀河河谷西岸，为岩溶地貌，地势陡缓结合，最高海拔 1266m，最底海拔 650m，属永德县石漠化重点监测区域，辖区内石漠化土地、潜在石漠化土地和非石漠化土地交错分布。

大红山在开展石漠化综合治理前，辖区内土地农林间，林地以疏林地为主，农地以坡耕地为主。为了彻底改变大红山的面貌，2010 年末永德县委、县政府提出"基地路网相通、灌溉管网相连、软件硬件配套、增收效果显著"，把大红山建设成为全县澳洲坚果生态农业示范园。

（2）治理思路及成果

图 4-31　开挖喷管线　　　图 4-32　项目区引水主管架设　　　图 4-33　喷灌工程

以林业为主，坚持"合力攻坚、各记其功"的原则，按照"资金配套、项目整合、重点突出、整体推进"的思路，整合林业、发改、农业、水利、财政、国土等部门的项目和资金，同时通过咖啡企业融资、农户土地流转、土地入股等措施，加大建设资金筹措力度，累计完成投资 6606.39 万元。其中，林业资金 3487 万元，水利资金 990.85 万元，农业资金 1634.39 万元，其他资金 495 万元。种植澳洲坚果 11000 亩，套种咖啡 10136 亩，建成 1000m³ 蓄水池 1 座，500m³ 蓄水池 1 座，200m³ 蓄水池 4 座，50m³ 蓄水池 6 座；架设供水管道 85.48km，实施喷滴灌 1200 亩；完成坡改梯 7000 亩；建成园区道路 23.5km，其中硬板路 2km、弹石机耕路 14.5km、砂石机耕路 7km（图 4-31~ 图 4-33）。

（3）主要技术措施

树种选择：选择适合当地生长的经济林树种澳洲坚果。澳洲坚果属热带、亚热带经济作物，具有较强的适应性，适宜种植在海拔 1200m 以下的丘陵或平地，要求夏季最高温度一般不超过 35℃，冬季最高温度不低于 15℃，最低温度不低于 0℃，终年无霜或偶有轻霜，土层深厚，富含有机质，pH 值为 5~6，排水良好，旱季缺水时有灌溉条件。

地块选择：选择项目区的疏林地和耕坡地为主。

整地：穴状整地，澳洲坚果整地规格 80cm×80cm×60cm，整地时尽量不破坏原有灌丛植被，与原有灌丛形成带状分布，整地时间为 5~6 月。

初植密度：造林密度 20 株 / 亩，株行距 4m×8m。

苗木：采用无性系芽接苗。用实生苗做砧木，培育 1~2 年后，在 11~12 月或 3~4 月芽接。作芽接用的芽条在芽接前 1~2 月进行环剥基部，以利碳水化合物的积累，提高芽接成活率，抽芽苗壮。

栽植：植苗造林在 5~6 月雨季前进行，行间或带间混交。栽植时清除穴内杂物、打碎土块、施基肥、填表土混匀、扶正苗木、压紧踏实、浇定根水，要求做到根舒、苗正、深浅适宜，切忌窝根。

抚育管理：苗木种植后要经常淋水，保持土壤湿润；2 个月后视苗木生长情况进行施肥，原则是勤施薄施，以水肥主；待苗木第一次新梢抽生老熟后就可以进行施肥管理。苗木种植前 3 年，除顶芽生长特别旺盛需要截顶和剪除低垂枝外，自然成形不做修剪。

（4）模式成效

目前，大红山澳洲坚果生态农业示范园已全面建成（图 4-34），在坡度大和砂石较多的区域单独布局坚果，按每亩种植 20 株，每株产量 20kg，每千克 30 元计算，亩产值可达 12000 元。

图 4-34 大红山澳洲坚果种植

在地势相对平坦，土质较好的区域，布局坚果套种咖啡，按坚果每亩种植 14 株，套种咖啡 310 株的标准种植，坚果亩产 280kg，亩产值可达 8400 元；咖啡亩产 1500kg，亩产值可达 3750 元。通过加强管护和提质增效，坚果套种咖啡亩均产值也可达 12000 元以上。

大红山澳洲坚果生态农业示范园的建成，走出了一条适合永德县社会发展的石漠化综合治理和林业产业示范园区相结合的成功之路，对全省推进石漠化综合治理、调整农业产业结构和提高农民收入起到了很好的示范作用。

（5）适宜推广区域

本模式适宜在滇西南水湿条件较好的石漠化地区推广。

（二）保山市治理模式与评价

案例　隆阳区客土营造防护林治理模式

（1）自然地理概况

隆阳区地处怒山山脉尾部和高黎贡山山脉之间，澜沧江沿怒山山脉东侧流下，怒山从高黎贡山东侧及怒山两侧而过，两江并流，两山对峙，高山镶盆地，河谷嵌平坝。境内山脉连绵起伏，峡谷河流纵横延伸，最高海拔 3655.9m，最低海拔 643m。模式区位于保山市隆阳区金鸡乡境内，金鸡乡地质为新生代第二期冲积层，地貌为山地、盆地过渡地带。全乡属半山半坝区，地势东北较高，向西南呈坡状倾斜，东部最高处狮子头山海拔 2667.5m，西部最低处中东方村海拔 1649m。气候属南亚热带西南季风与东南季风交汇地带。气候温和，年平均气温 15.5℃，雨量充沛，年降雨量 970~1290mm。无霜期 204 天。

（2）治理思路

以小流域为单位，在土层浅、石砾含量高，植被覆盖度低，造林难度大，坡度较缓（20 度以下）的荒山，采用客土造林，选择耐干旱、耐瘠薄的柏树类树种为主，乔灌混交，雨季造林方式，进行生态恢复治理。

（3）主要技术措施

造林地选择：选择石砾含量 40%~70%，坡度 20° 以下、森林植被盖度低，造林难度大的荒山。

树种选择：乔木选择耐干旱、耐瘠薄的墨西哥柏、藏柏；灌木选择车桑子。

整地：即用挖土机开挖水平沟，沟宽、深各为 1m，将开挖出来的砂石堆在沟下方，从沟附近搬运换上新土进行常规造林，每亩种植 167 株。

苗木：采用容器苗造林，苗木规格：苗高 30~60cm，地径 0.2cm 以上，枝叶繁茂，无病虫害。

图 4-35 柏树纯林造林成效

图 4-36 柏树和车桑子乔灌混交造林成效

栽植：夏季第一场雨下透后开始栽植，栽植时挖一小塘，规格 30cm×30cm×30cm，将苗撕去营养袋，摆正苗木，填土压实。

管护：造林后及时落实护林人员进行管护，严防森林火灾和人畜破坏。

（4）模式成效评价

对于自然条件恶劣，林地原生植被少，石漠化程度深，造林难度大的小流域，采用客土造林，营造混交林，能有效改善局部立地条件，改变年年造林不见林的现状，极大程度提高造林成活率及保存率，促使苗木快速生长，从而加快森林植被恢复的速度，有效治理石漠化土地，改善生态环境（图 4-35、图 4-36）。

（5）适宜推广区域

适宜云南大部分土层较浅薄、石砾含量高、水土流失严重的石漠化地区推广。

第五章　石漠化综合治理工程成效评价

第一节　云南省石漠化综合治理工程

岩溶地区石漠化综合治理受到国家的高度重视，已列为国家重要的生态工程。国家"十五"计划纲要提出"推进黔、滇、桂岩溶地区石漠化综合治理"，国家"十一五"规划纲要提出"要继续推进荒漠化石漠化治理生态工程，促进自然生态恢复"，国家"十二五"规划纲要提出"推进荒漠化、石漠化和水土流失综合治理"，《中共中央关于制定国民经济和社会发展第十三个五年规划的建议》中提出"推进荒漠化、石漠化、水土流失综合治理"。在国家大力推动下，云南省 2008 年启动 12 个县的石漠化综合治理试点工程，到 2011 年实施石漠化综合治理县增加到 35 个，2012 年纳入国家石漠化监测的 65 个县全部实施了石漠化综合治理重点工程。

一、石漠化综合治理工程主要内容

石漠化综合治理工程通过林草植被恢复、农业技术措施（含草食畜牧业、农村能源建设、生态移民与劳务输出、地方特色生态经济产业）、水利工程措施（主要为水土保持和基本农田建设）来对岩溶地区石漠化土地进行综合治理。

（一）林草植被恢复

石漠化是人为活动破坏生态平衡所导致的地表植被覆盖度降低、土壤侵蚀、生境恶化的土地生产力退化过程。基岩裸露、植被稀少（退化）是其主要表现形式，"缺土少水"是其核心生态问题，依托岩溶地区生态系统自我修复能力，适度人为促进恢复地表植被，增加林草盖度是防止石漠化发生的核心。

林草植被恢复措施包括：封山育林、人工造林与草地建设；退耕还林还草、植被管护、森林抚育；岩溶地区天然林资源保护等。

（二）农业技术措施

农业技术措施主要有草食畜牧业、农村能源建设、生态移民与劳务输出、地方特色生态经济产业等。

草食畜牧业：草食畜牧业是兼顾农村扶贫、生态治理和调整农业产业结构、促进农业产业化发展的重要举措。实践证明，对轻度石漠化土地和潜在石漠化土地发展草地生态畜牧业，既能增加农民收入，又能固土涵水保护生态，强化畜品种改良，培育高产优质牧草地，合理确定草地承载量，配套建设圈养设施，鼓励专业化、规模化圈养。草食畜牧业措施以草地改良为主，配套建设棚圈、青贮窖、饲草机械等圈养设施。

农村能源建设：岩溶地区农村能源种类较单一，砍柴割草是岩溶地区农民群众的主要能源来源。巩固农户用沼气池建设为重点，开发可再生能源，推广电器设备使用，改善农村能源结构，使岩溶地区石漠化土地植被得以休养生息，加快恢复进程。农村能源工程措施包括以现有户用沼气池巩固为主，积极开发与普及再生能源，推广电磁炉、液化气与太阳能热水器等，并探索农村能源补贴试点。

生态移民与劳务输出：地区人口密度的大小决定了对资源需求的程度，人口密度越大，对资源压力就越大，破坏程度也越大。通过生态移民或劳务输出等方式减少岩溶地区人口密度，降低对石漠化土地的人为扰动和区域土地承载量，缓减区域人地矛盾，是避免岩溶地区土地进一步石漠化的关键举措。生态移民与劳务输出内容主要包括政府引导，加强培训，提高劳动者综合素质与技术业务水平。

地方特色生态经济产业：岩溶地区大多是典型的"老、少、边、山"地区，农民人均纯收入低，贫困面大，是扶贫集中连片开发的主战场。充分挖掘岩溶地区石漠化土地的自然资源及人文优势，促进地方特色生态经济产业的发展，将资源优势转化为经济优势，改善民生和长远生计。地方特色生态经济产业包括发展特色林果业、林药、特色畜牧业、特色农业、生物质能源、林下经济等生态经济型产业，推动碳汇交易，延长产业链；依托岩溶地貌景观、生物景观及人文资源，引导建设一批岩溶公园和旅游休闲区。

（三）水土保持和基本农田建设

岩溶地区山多地少、灌溉设施建设滞后，季节性缺水突出，耕地质量不高，人地矛盾尖锐是经济发展滞后和生态退化的重要原因。实施降坡砌坎、客土改良、蓄水保土等工程，推行节水农业，合理开发并有效利用水土资源，提高区域耕地生产力，缓解生存压力与人地矛盾。水土保持和基本农田建设措施包括坡改梯工程，配套引水沟渠、蓄水池等工程；强化坡改梯后耕地地埂、沟渠等绿篱、生态防护林带及小型水保措施建设。

二、石漠化综合治理工程建设任务及投资

（一）工程建设总投资

据统计，2008~2015 年云南省岩溶地区石漠化综合治理工程总投资 225350.0 万元，其中，林业措施投资 114147.6 万元，占 50.7%；农业、水利措施投资 111202.4 万元，占总投资的 49.3%。岩溶地区石漠化综合治理工程年度投资计划见表 5-1。

表 5-1　岩溶地区石漠化综合治理工程年度投资计划表

年度/年	申请中央预算内投资/万元	林业措施投资/万元	比例/%	农业、水利措施投资/万元	比例/%
合计	225350.0	114147.6	50.7	111202.4	49.3
2008	4800.0	2738.0	57.0	2062.0	43.0
2009	9600.0	5302.1	55.2	4297.9	44.8
2010	12000.0	6652.5	55.4	5347.5	44.6
2011	28000.0	14848.7	53.0	13151.3	47.0
2012	39000.0	21521.1	55.2	17478.9	44.8
2013	45500.0	23985.4	52.7	21514.6	47.3
2014	45500.0	22560.4	49.6	22939.6	50.4
2015	40950.0	16539.4	40.4	24410.6	59.6

（二）工程林业措施建设

2008~2015 年，云南省岩溶地区石漠化综合治理工程治理岩溶面积 11765.1km²。林业措施建设任务 640489.5hm²，其中人工造林 153711.2hm²、封山育林 486778.3hm²。岩溶地区石漠化综合治理工程林业措施建设年度任务见表 5-2。

表 5-2　岩溶地区石漠化综合治理工程林业措施建设年度任务表

年度/年	治理岩溶面积/km²	建设任务		
		合计	人工造林/hm²	封山育林/hm²
合计	11765.1	640489.5	153711.2	486778.3
2008	321.1	28157.9	5064.1	23093.8
2009	534.2	33826.3	10119.9	23706.5
2010	656.0	46217.5	11921.3	34296.2
2011	1739.8	78375.9	19517.0	58858.9
2012	1991.8	113638.6	27794.4	85844.1
2013	2247.8	130419.5	29830.1	100589.4
2014	2299.7	120075.9	28847.7	91228.2
2015	1974.7	89777.9	20616.7	69161.2

2008~2015 年，岩溶地区石漠化综合治理工程林业措施建设投资 114147.6 万元，其中，人工造林投资 65791.9 万元，中央投资 267.6 元/亩；封山育林投资 48355.9 万元，平均中央投资 62.8 元/亩。岩溶地区石漠化综合治理工程林业措施建设年度投资计划见表 5-3。

表 5-3   岩溶地区石漠化综合治理工程林业措施建设年度投资计划表

年度/年	林业措施投资						
	合计	人工造林投资			封山育林投资		
		小计	中央投资/万元	每亩中央投资（元/亩）	小计	中央投资/万元	每亩中央投资（元/亩）
合计	114147.6	65791.9	65791.9	267.6	48355.9	48355.9	62.8
2008	2738.0	1519.2	1519.2	200.0	1218.8	1218.8	32.3
2009	5302.1	3388.9	3388.9	228.0	1913.2	1913.2	64.6
2010	6652.5	3873.6	3873.6	211.5	2778.9	2778.9	57.8
2011	14848.7	8820.1	8820.1	301.4	6028.6	6028.6	67.4
2012	21521.1	12507.5	12507.5	300.0	9013.6	9013.6	70.0
2013	23985.4	13423.6	13423.6	300.0	10561.9	10561.9	70.0
2014	22560.4	12981.5	12981.5	300.0	9579.0	9579.0	70.0
2015	16539.4	9277.5	9277.5	300.0	7261.9	7261.9	70.0

（三）农业工程措施

据统计，2008~2015 年，计划实施草地建设 1.9 万 hm^2，实施棚圈建设 50 万 m^2、购置饲料机械 4483 台，实施青贮窖 7.4 万 m^3。

（四）水利工程措施

据统计，2008~2015 年，计划实施坡改梯 1.0 万 hm^2、新修排灌沟渠 1303.65km、沟道整治工程 60.43km、拦沙和谷坊坝 1117 座、新修沉沙池 2452 口、新修蓄水池和水窖 19863 口，新修田间生产道路 282.36km，输水管 16006.78km。

（五）工程完成情况

截至 2015 年年底，已完成封山管护、封山育林（草）面积 40 万 hm^2，完成率 88.2%；已完成人工造林面积 13 万 hm^2，完成率 88.5%；已完成草地建设 1.8 万 hm^2，完成率 93.8%；已完成棚圈建设 49 万 m^2，完成率 98%；已购置饲料机械 4221 台，完成率 94.2%；已完成青贮窖建设 6.6 万 m^3，完成率 89.2%；已完成坡改梯 0.98 万 hm^2，完成率 93.7%；已完成排灌沟渠修建 1141.06km，完成率 87.5%；已完成沟道整治 27.35km，完成率 59%；已建立拦沙坝和谷坊 1030 座，完成率 92.2%；已修建沉沙池 2167 口，完成率 88.4%；已修建蓄水池和水窖 18189 口，完成率 91.6%；已修建田间生产道路 212.63km，完成率 75.6%；已修建输水管 1376.86km，完成率 85.7%；已治理岩溶面积 0.94 万 km^2，完成率 83.5%。

第二节　石漠化综合治理工程评价

一、石漠化综合治理工程成效

（一）林草植被恢复成效

1.石漠化土地减少

岩溶地区第一次石漠化监测（2005 年），岩溶地区土地面积 7912248.4hm^2。其中，石漠化土地面积 2881376.4hm^2，潜在石漠化土地面积 1725635.4hm^2，非石漠化土地 3305236.6hm^2。

岩溶地区第二次石漠化监测（2005~2011 年），与 2005 年相比较，石漠化土地面积减少 41625.1hm^2，减少幅度为 1.4%，年均减少幅度为 0.28%；潜在石漠化土地面积增加 45390.5hm^2，增加 2.6%，年均增加幅度为 0.52%；非石漠化土地面积增加 29605.3hm^2，增加 0.9%，监测区石漠化土地面积小幅减少，石漠化土地逐步向潜在石漠化土地演变，石漠化土地扩张的趋势得到初步遏制。

岩溶地区第三次监测（2011~2016 年），与 2011 年相比较，石漠化土地面积减少 487814.5hm^2，减少幅度为 17.2%，年均减少幅度为 3.44%；潜在石漠化土地面积增加 270686.0hm^2，增加 15.3%，年均增加幅度为 3.06%；非石漠化土地面积增加 212861.4hm^2，增加 6.4%，监测区石漠化土地面积大幅减少，潜在石漠化土地显著增加，石漠化综合治理成效显现。

岩溶地区监测期内（2005~2016 年）石漠化面积减少 529439.6hm^2，减少幅度为 18.4%，年均减少幅度为 1.84%；潜在石漠化土地面积增加 316076.5hm^2，增加 18.3%，年均增加幅度为 1.83%；非石漠化土地面积增加 242466.7hm^2，增加 7.3%，间隔期内岩溶地区石漠化监测结果可看出，岩溶区的石漠化土地面积大幅减少，区内林草植被逐步恢复，农村能源结构逐步优化，水利、水保条件逐步改善，生态系统朝着顺向演替发展，生态环境进一步好转。石漠化土地状况监测结果动态变化见表 5-4。

表 5-4　石漠化土地状况监测结果动态变化表（单位：hm^2）

	监测面积	石漠化	潜在石漠化	非石漠化
2005 年	7912248.4	2881376.4	1725635.4	3305236.6
2011 年	7945619.1	2839751.3	1771025.9	3334841.9
2016 年	7941352.0	2351936.8	2041711.9	3547703.3

	监测面积	石漠化	潜在石漠化	非石漠化
第二次监测	33370.7	−41625.1	45390.5	29605.3
变动率 %		−1.4	2.6	0.9
第三次监测	−4267.1	−487814.5	270686.0	212861.4
变动率 %		−17.2	15.3	6.4
监测期	29103.6	−529439.6	316076.5	242466.7
变动率 %		−18.4	18.3	7.3

2. 石漠化程度朝向减轻方向顺向演替

据 2005 年岩溶地区第一次石漠化监测，石漠化土地面积 2881376.4hm²。其中，轻度石漠化土地面积 889553.5hm²，中度石漠化土地面积 1364029.5hm²，重度石漠化土地面积 483530.2hm²，极重度石漠化土地面积 144263.2hm²。

据 2011 年岩溶地区第二次石漠化监测结果显示，石漠化土地面积 2839751.3hm²，与 2005 年相比较，石漠化土地面积减少了 41625.1hm²，变动率为 −1.4%。其中，轻度石漠化土地面积 1373996.2hm²，轻度石漠化土地面积增加了 484442.7hm²，变动率为 54.5%；中度石漠化土地面积 1119737.8hm²，中度石漠化土地面积减少了 244291.7hm²，变动率为 −17.9%；重度石漠化土地面积 249988.1hm²，重度石漠化土地面积减少了 233542.1hm²，变动率为 -48.3%；极重度石漠化土地面积 96029.2hm²，极重度石漠化土地面积减少了 48234.0hm²，变动率为 -33.4%。从 2011 年的岩溶地区第二次石漠化监测数据可看出，监测期内极重度、重度和中度石漠化土地面积减少，轻度石漠化土地面积增加。

另据 2016 年岩溶地区第三次石漠化监测，石漠化土地面积 2351936.8hm²，与 2011 年第二次石漠化监测相比较，石漠化土地面积减少了 487814.5hm²，变动率为 −17.2%。其中，轻度石漠化土地面积 1131068.6hm²，轻度石漠化土地面积减少了 242927.6hm²，变动率为 −17.7%；中度石漠化土地面积 972590.7hm²，中度石漠化土地面积减少了 147147.1hm²，变动率为 −13.1%；重度石漠化土地面积 190726.5hm²，重度石漠化土地面积减少了 59261.6hm²，变动率为 −23.7%；极重度石漠化土地面积 57551.0hm²，极重度石漠化土地面积减少了 38478.2hm²，变动率为 −40.1%。

综合第一、二、三次监测数据，10 年监测期内石漠化土地面积减少了 529439.6hm²，变动率为 -18.4%。其中，轻度石漠化土地面积增加了 241515.1hm²，变动率为 27.2%；中度石漠化土地面积减少了 391439hm²，变动率为 -28.7%；重度石漠化土地面积减少了 292804hm²，变动率为 −60.6%；极重度石漠化土地面积减少了 86712.2hm²，变动率为 -60.1%。石漠化程度监测结果动态变化见表 5-5。

表 5-5　石漠化程度监测结果动态变化表（单位：hm²）

监测期	石漠化				
	合计	轻度	中度	重度	极重度
第一次监测（2005 年）	2881376.4	889553.5	1364029.5	483530.2	144263.2
第二次监测（2011 年）	2839751.3	1373996.2	1119737.8	249988.1	96029.2
与 2005 年相比	−41625.1	484442.7	−244291.7	−233542.1	−48234.0
变动率 %	−1.4	54.5	−17.9	−48.3	−33.4
第三次监测（2016 年）	2351936.8	1131068.6	972590.7	190726.5	57551.0
与 2011 年相比	−487814.5	−242927.6	−147147.1	−59261.6	−38478.2
变动率 %	−17.2	−17.7	−13.1	−23.7	−40.1
监测期（2005-2016 年）相比	−529439.6	241515.1	−391439.0	−292804.0	−86712.2
变动率 %	−18.4	27.2	−28.7	−60.6	−60.1

3. 植被综合盖度增加

监测数据显示，监测间隔期内岩溶区植被综合盖度总体呈现上升趋势。岩溶区平均植被综合盖度由 2005 年第一次石漠化监测的 48.2%，上升到 2011 年第二次石漠化监测的 49.8%，再到 2016 年第三次石漠化监测时的 52.6%，提高了 4.4 个百分点。

4. 森林质量提高

监测期内（2005~2016 年）的三次监测数据显示，间隔期内岩溶区林分质量呈上升趋势，植被类型正逐步向更高级演变。植被类型从灌木型演变为乔木型，面积为 505166.4hm²；植被类型从草丛型演变为灌木型、乔木型，面积分别为 275725.7hm²、179680.8hm²；植被类型从旱地作物型演变为灌木型、乔木型，面积分别为 321724.6hm²、314646.6hm²；植被类型从无植被型演变为草丛型、灌木型和乔木型，面积分别为 24386.9hm²、29692.6hm² 和 24712.8hm²。

第二次石漠化监测植被类型从灌木型演变为乔木型面积 221156.1hm²；植被类型从草丛型演变为灌木型、乔木型，面积分别为 105763.5hm²、85399.5hm²；植被类型从旱地作物型演变为灌木型、乔木型，面积分别为 62736.4hm²、64201.5hm²；植被类型从无植被型演变为草丛型、灌木型和乔木型，面积分别为 18985.7hm²、11065.2hm² 和 11881.7hm²。

第三次石漠化监测植被类型从灌木型演变为乔木型面积 284010.3hm²；植被类型从草丛型演变为灌木型、乔木型面积分别为 169962.2hm²、94281.3hm²；植被类型从旱地作物型演变为灌木型、乔木型面积分别为 196251.8hm²、250445.1hm²；植被类型从无植被型演变为草丛型、灌木型和乔木型，面积分别为 5401.2hm²、18627.4hm² 和 12831.1hm²。

（二）农业技术措施成效

农业技术措施主要有草食畜牧业、农村能源建设、生态移民与劳务输出、地方特色生态经济产业等。

草食畜牧业： 发展草食畜牧业是建设现代畜牧业的重要方面，对于加快农业转方式调结构，构建粮经饲兼顾、农牧业结合、生态循环发展的种养业体系，推进农业供给侧结构性改革，具有重要的战略意义和现实意义。草食畜产品市场供应能力逐步增强，改善了居民膳食营养结构。岩溶地区石漠化综合治理工程中大力发展现代草食畜牧业，提高岩溶地区农民的增产增收，促进经济社会发展的同时切实保护生态环境。截至 2015 年底，石漠化综合治理工程中草食畜牧业已完成草地建设 1.8 万 hm^2，完成棚圈建设 49 万 m^2，已购置饲料机械 4221 台，完成青贮窖建设 6.6 万 m^3。

农村能源建设： 建设农村能源是石漠化综合防治的有效途径。在云南岩溶地区，过度利用生物质是导致生态系统退化的一个重要原因。以薪材为主的能源是农村生活主要能源，在过去若干年里几乎所有的农户或多或少都烧柴，主要用于日常烧柴做饭、烤火取暖、喂养牲畜等。随着经济发展的需要和人口的增长，薪材的数量成倍增长，森林植被遭受严重破坏，生态环境日趋恶化。农村能源问题已成为制约生态环境保护和恢复的关键问题。从云南岩溶地区石漠化防治的需要出发，推广和普及省柴节煤炉灶，开发利用户用沼气、大力推广太阳能热水器、风能、电能、液化气等可再生清洁能源等，多渠道缓解农村能源短缺状况，以减少对薪材资源为主的森林能源消耗和依赖，保护森林植被。2008~2014 年，石漠化综合治理项目在 65 个重点县共完成沼气池 29.5 万户，节柴灶 48.56 万户，太阳能热水器 19.59 万台的农村能源建设任务。以当时云南省的农村能源建设（沼气池中央专项资金 1000 元 / 口，省级财政补助 1000 元 / 口；节柴炉专项资金补助 100 元 / 眼、太阳能 1000 元 / 户、微小水电机 1000 元 / 台）计算，用于沼气池的补助资金 59000 万元，用于节柴灶的补助资金 4856 万元，用于太阳能的补助资金 19590 万元，石漠化综合治理项目农村能源建设的资金总计达到 83446 万元，云南省在石漠化地区的农村能源进行大量的投资，使农村的能源消费结构有了明显改善。

生态移民与劳务输出： 云南是我国西南边疆少数民族聚集连片特困地区，也是国家划定生态保护红线的主要生态功能区，是我国西南生态安全的屏障。目前，在全国 14 个连片特困地区中，云南省涉及滇西边境片区、乌蒙山云南片区、迪庆藏区和滇桂黔石漠化等 4 个片区 91 个县。65 个石漠化监测县中有 30 个县纳入 4 个片区中，根据国家统计局云南调查总队发布的"十二五云南扶贫成绩单"，截至 2015 年底全省还有 474 万贫困人口，并且大部分生活在生态功能区和生态脆弱、自然条件恶劣地区。近年来全省已有 16 个州市的 110 多个县（市、区）实施了易地扶贫开发项目，共转移安置贫困农民 100 多万人。绝大多数农民搬迁到安置区以后都已基本解决了温饱问题，部分农民实现了小康。云南一直把农村劳动力转移和劳务输出作为加快城市化进程，发展农村经济，改善民生扶贫脱贫的重要措施。据云南省人力资源和社会保障厅数据，2015年云南农民工总量719.5万人，占全省农村户籍从业人员比例为29.9%，低于全国同期比例，也低于西部地区平均水平，农村劳动力转移人口规模潜力较大。农村劳动力转移就业扶贫行动将着重做好劳动力培训和转移就业工作。在长三角、珠三角地区设立劳务服务工作站，开展劳务对接，促进跨省转移就业。组织开展针对性培训，促进跨境转移就业。通过全力开展转移就业帮助农村贫困人口增收脱贫。通过移民的方式，使他们集中定居，形成新的村寨，使岩溶等生态脆弱地区实现人口、资源、环境和经济社会的协调发展，通过劳务输出方式转移剩余农村劳动力，增加就业，帮助农村贫困人口的增收脱贫，同时，间接地保护恢复生态环境。

地方特色经济林： 按照建设生态林业、民生林业的要求，云南省将石漠化治理工程与当地经济社会发展和农民增收致富有机结合，大力发展以核桃、油茶、芒果、澳洲坚果、八角、花椒等生态经济兼用型树种为主的特色经济林。2008年以来，整合石漠化等国家和省级产业发展资金，在65个重点县种植以核桃为主的特色经济林1500万亩，极大地带动了林农增收，促进了区域经济发展。2014年，65个石漠化综合治理工程重点县实现林业产值449.6亿元，较上年增长35%。

（三）水土保持和基本农田建设

岩溶地区坡耕地整治须重点解决工程性缺水问题，这是缓解农业用水需求矛盾，提高单位土地产出的关键。典型的岩溶地区山区，碳酸盐类岩石分布面积大，溶沟、漏斗、落水洞等地下岩溶发育，虽然区内降水量丰沛，但时空分布不均，70%以上集中在汛期6~8月，但是岩溶土地蓄水保土的能力较差，降水后，水量会通过溶沟、漏斗、落水洞等快速渗透。同时，春旱严重而频繁，多出现在3~5月，在不降水情况下，冬春连旱现象经常发生。岩溶地区人均水资源占有量偏低、降水量时空分布不均，地表水易渗透和旱灾严重而频繁相互叠加的结果，加剧了岩溶地区水资源相对短缺的矛盾，工程缺水问题突出，结合岩溶山区特点，大力采取工程手段解决工程性缺水问题，诸如通过建设排灌沟渠、栏沙坝、蓄水池等蓄水设施，调节水资源供需分配，满足植物和农作物的生长用水需要，间接地促进了生态环境的保护。截至2015年年底，水土保持和基本农田建设已完成坡改梯0.98万hm²，完成率93.7%；完成排灌沟渠修建1141.06km；已完成沟道整治27.35km；建立拦沙坝和谷坊1030座；修建沉沙池2167口；修建蓄水池和水窖18189口；修建田间生产道路212.63km；修建输水管1376.86km。

二、治理石漠化主要经验

（一）高位推动，合力推进

云南省委、省政府始终高度重视岩溶地区石漠化防治工作，先后出台了加速林业发展、木本油料产业发展、山区综合开发、低效林改造、森林云南建设等一批政策创新、措施有力、含金量高、操作性强的文件，把岩溶地区石漠化治理作为构建西南生态安全屏障的重大措施，加快森林云南、生态云南、美丽云南建设的重要内容以及争当全国生态建设排头兵的主要抓手，形成了主要领导抓、分管领导具体抓、有关部门合力推进、社会各界共同参与的工作格局，强有力地推动了云南岩溶地区石漠化治理工作的科学发展、跨越发展。

（二）强化管理，确保质量

制定出台了《云南省石漠化治理工程项目管理办法》，对工程建设的组织、计划、资金、实施、核查等作出了明确规定；印发了《云南省石漠化治理试点工程年度验收办法》，明确了工程验收标准，并组织开展了工程年度验收；认真审批工作，严格实行项目法人负责制、招投标制、工程监理和项目合同制，确保了石漠化治理工程建设的顺利推进。

（三）整合项目，加大投入

按照"统筹规划，集中投入，用途不变，渠道不乱，各记其功"的原则，全省2008~2015年底共计整合国家和省级生态建设和产业发展项目资金30多亿元用于65个重点县林业石漠化治理，多渠道的资金用于石漠化治理，为治理石漠化提供了强有力保障。同时，主动与相关部门沟通协调，积极争取增加林业投资份额，明确要求石漠化综合治理工程以恢复林草植被为主的林业生态建设，各工程县林业措施使用中央投资占年度综合治理工程中央总投资的比例不低于50%。

同时，"十二五"期间全省划定公益林面积18840.6万亩（国家级11877.7万亩，省级5946.9万亩，州县级1016万亩），基本形成了符合生态文明建设要求和经济社会发展需要的公益林体系，集体、个人权属的国家级和省级公益林补偿标准从10元/亩提高到15元/亩，并实现了全省同标准全覆盖，落实公益林和生态效益补偿资金74.42亿元，初步形成了以公共财政投入为主的森林生态效益补偿机制。全省岩溶地区石漠化土地绝大多数均优先纳入公益林建设，区内的林农通过直接参与公益林管护而得到工作岗位、获得劳务收入，体现了"生态补偿脱贫一批"的扶贫攻坚精神，林农得到经济补偿的同时，岩溶地区的森林得到了休养生息，生态也得到了保护。

（四）培植产业，兴林富民

按照生态建设产业化，产业发展生态化的原则，云南将石漠化治理工程与当地经济社会发展和农民增收致富有机结合，大力发展以核桃、油茶、澳洲坚果、八角、花椒、苹果等生态经济兼用树种为主的特色经济林产业。2008年以来，整合国家和省级产业发展资金，在65个重点县种植以核桃为主的特色经济林100多万 hm²，极大带动了林农增收，促进了区域经济发展。2012~2015 年，岩溶区 65 个石漠化综合治理工程县实现农、林、牧、渔总产值 1527.54、1741.51、1847.99、1913.51 亿元，2013~2015 年总产值分别较上年增长 14.0%、6.1%、3.5%。岩溶地区各州市农、林、牧、渔业总产值统计见表 5-6。

表 5-6　岩溶地区各州市农、林、牧、渔业总产值统计表（单位：亿元）

州　市	2012	2013	2014	2015
岩溶地区	1527.54	1741.51	1847.99	1913.51
昆明市	213.60	236.95	251.00	259.45
曲靖市	443.87	492.93	523.00	542.78
玉溪市	90.95	103.12	109.65	114.33
保山市	85.59	97.06	102.71	106.80
昭通市	168.73	192.83	204.77	212.39
丽江市	44.42	49.83	52.92	54.78
临沧市	78.34	92.76	98.65	102.50
红河州	176.86	210.95	224.07	228.29
文山州	192.46	227.01	240.86	249.73
大理州	17.96	20.65	21.87	23.27
迪庆州	14.76	17.42	18.49	19.19

（五）强化科技，提质增效

石漠化地区立地条件差，造林成活难、成本高，科技支撑尤其重要。监测期内，云南省针对不同区域类型，投入资金 2100 多万元，重点围绕造林树种选择、造林模式、生物治理、生态修复，困难立地造林等关键和难点技术，组织省级科研院所等科技力量开展技术攻关和示范推广，制定强化科技在工程建设中的作用，有效地提高了工程建设质量。

1. 岩溶地区石漠化综合治理技术

由云南省林业科学院承担的云南省"十五"重点科技攻关项目。主要为摸清岩溶生态脆弱区石漠化机理、不同植被恢复类型的群落结构特征、不同治理模式的水土保持效应，建立岩溶地区生态经济评价体系和方法。筛选出成活好、生长旺盛、种间共生性良好、长短结合的 11 种乔灌草混交优化造林模式；选择出 4 个速生、萌蘖力强的固氮树种及配套种植技术；提出改土培肥、增产增收的技术措施，结合林草配置和推广青贮饲料，筛选出 3 种较佳的农林畜复合经营模式。对红雾水葛、铁皮石斛、云南拟单性木兰、石菖蒲、榉木、川滇桤木、滇丁香等植物开展了研究，形成了石漠化地区适用的一些特色经济植物栽培和利用技术。探索出了"见缝插针、密度控制、多树种混交、穴状清林整地、适时育苗造林和小状抚育"的云南岩溶山地造林技术要点。探索出以恢复和增加林草植被、调整产业结构、提高粮食单产、加快能源建设、实施复合经营、发展养殖和培育新的经济增长点为主，生态保护宣传、科技培训、劳务输出等为辅的石漠化综合治理技术。

2. 滇西北亚高山退化植被恢复与重建技术

由云南省林科院承担的云南省科技攻关项目。主要针对滇西北高寒地区亚高山退化林地恢复与重建中存在的问题，开展的主要造林树种选择与壮苗培育技术、生态环境恢复及景观恢复建设混交林营造技术、林地牲畜防护技术等关键技术的研究与示范，以及基础生态学、藏族传统文化与滇西北森林生态系统的保护和恢复、森林退化干扰因子等方面的研究，形成了《滇西北亚高山退化林地植被恢复与重建技术研究与示范》成果，处于国内领先水平。

3. 亚热带高原采矿迹地生态恢复关键技术

由昆明市林业局昆明海口林场承担的昆明市科技计划项目。在分析比较国内外采矿生态恢复技术的基础上，针对云南省亚热带高原采矿迹地气候及地质环境特点，开展生态恢复集成创新技术研究，形成生态恢复核心技术，为我国亚热带高原采矿迹地生态恢复技术的推广与应用打下坚实的基础。项目内容主要包括以采矿立地进行科学分类，实现了立地边坡稳定性和植物群落组合适宜性综合分类方法的突破；提出了亚热带高原采矿迹地边坡稳定性和灾害评价体系，以及生态环境工程治理技术；通过对比研究，获得了 4 组矿山迹地植被恢复的最佳植物群落组合，优选了 50 种适应该区的植物种类，形成了独特的生态修复模式，建立了 1000 亩植被生态修复示范基地，研发了边坡岩土体监测系统，构建了亚热带高原采矿迹地生态修复区灾变监控技术体系，并成功推广应用于矿山生态环境的治理。

4. 滇东南石漠化地区植被恢复中乡土树种应用技术

由西南林业大学承担的林业科技成果国家级推广计划项目。项目根据森林生态学理论筛选出的乡土树种经过实践检验，较好地适应了滇东南岩溶地区石漠化土地的生长环境，为下一步的植被恢复提供了理论与实践参考，推广出"松类（细叶云南松、马尾松、超级湿地松）＋车桑子"和"柏类（墨西哥柏）＋车桑子"的 2 种"乔木＋灌木"模式；推广"阔叶（白枪杆、川滇桤木）＋针叶（细叶云南松、超级湿地松）＋车桑子"的针阔混交乔灌草结合模式。对引种树种超级湿地松、马尾松等，育苗时推广菌根土育苗技术，对驯化树种白枪杆，推广变温处理种子技术、沙藏催芽技术、全光照育苗技术、控制水分技术、炼苗技术；其余树种可就地采种，推广催芽技术、营养袋育苗技术、全光照育苗技术。

（六）积极探索，不断创新

为积极探索"人下山、树上山"的有效途径，进一步恢复岩溶地区森林植被、增加林地面积和减少水土流失，云南计划用 10 年时间，由省级财政投入 25 亿元完成 66.7 万 hm^2

陡坡地生态治理工程，2012~2015 年已在 65 个石漠化治理重点县实施陡坡地治理 10 多万公顷。

"十二五"期间共实施退耕还林 9.7 万 hm²，共完成沼气池 29.5 万户、节柴灶 48.6 万户、太阳能热水器 19.6 万台等农村能源建设，有效地减少了石漠化地区的薪柴消耗，保护了森林植被，65 个重点县共实施国家级公益林 429.0 万 hm²，省级公益林 173.2 万 hm²，已兑现公益林补偿资金 396100.4 万元，每年公益林补偿资金达 96764.1 万元，充分调动了林权所有者保护森林资源的积极性。

三、石漠化综合治理面临的困难和问题

（一）治理覆盖范围没有全覆盖

云南 121 个县有石漠化分布，但目前只有纳入国家监测的 65 个县实施了石漠化综合治工程，还有 56 个非重点县尚未启动，需加大石漠化防治力度，将治理范围扩大到全部石漠化县。此外，国家从 2016 年启动的第二期石漠化综合治理，调整了我省重点县范围，缩减到 45 个。同时，已实施综合治理工程县由于资金投入量少，每年每县只有 600~1000 万元不等，只能选择部分小流域进行治理，且分散在林草植被建设、草食畜牧业发展、小型水利水保设施建设等多个领域，治理规模与实际需要间的差距较大，治理进度较缓慢，要全面治理尚需加大建设规模。

（二）石漠化综合治理以政府为主，民众参与性意识薄弱

云南省石漠化综合治理工程推进总体上以政府为主导，从设计、管理到具体实施均都由政府运作，而民众参与性治理的意识较为薄弱。这种治理模式具有两个弊端，一是由于民众对石漠化综合治理参与性意识差，会出现政府边治理、民众边破坏的严重问题，政府治理易沦为治标不治本；二是政府主导的石漠化综合治理中施行的工程能够客观地为石漠化片区民众带来一定的经济效益，民众在如何致富和如何改善生产生活条件方面缺乏主观能动性的思考，依靠政府政策改善生活现象普遍，形成"等、靠、要"的严重依赖心理。在访谈中，当调研成员问及民众"是否愿意将农作物种植改为果树种植"这一问题时，部分民众的回答是"政府政策要求我们改种则种植，要求我们种什么就种什么"，还有民众回答"政府来种我来收"。石漠化综合治理应是地区发展锦上添花的民生事业，不应成为区域发展或民众致富的救命草。从长期来看，"等、靠、要"依赖心理不利于石漠化片区的经济发展和民众生活水平的改善。

（三）农民生存与生态、发展与保护的矛盾突出

生态是公共产品，而土地是农民生存最基本的生产资料。蒙自市、建水县和泸西县石漠化片区耕地总量和人均占有量少，过去当地民众靠不断开荒，以耕地总量换取粮食

168

增量，以维持日常生活，生存与生态的矛盾突出。生活能源供给方式与生态保护之间的矛盾也没有完全消除，石漠化地区建设沼气池条件差、难度大，入户率较低，使用率不高，部分农户仍然砍伐薪柴，影响石漠化治理成效。通过走访座谈和实地考察了解到，生态贫困严重影响石漠化片区居民的生产生活，突出表现是人畜混居现象难以杜绝和卫生安排制度不合理，生活垃圾、生活污水处理存在明显的安全隐患，刚性政策规定和有效监督仍待完善，石漠化综合治理片区的人居环境尚具较大的提升空间。

（四）石漠化综合治理资金来源单一、资源分配不均，投资标准低

目前云南省石漠化治理工作因治理资金来源渠道单一，投入严重不足，没有形成全方位、多渠道的投入机制，且因综合性政策配套机制不健全，公共资源分配不均衡的现象仍然存在。总体来看，石漠化地区之间的资源分配不均主要缘于政府要出政绩，科研人员要出成果，通常会选择易取得治理成效的地区，而投入多成效少的地区易被边缘化。从微观角度来看，公共资源分配不均的现象在同一地区表现也较为突出。

岩溶地区石漠化土地石多土少，保土涵水能力低，立地条件差，治理难度大，但实施综合治理工程县资金投入量少。"十二五"期间，石漠化综合治理工程每平方千米岩溶面积按国家补助治理资金 20 万元的标准偏低，虽然 2016 年国家将石漠化综合治理工程每平方千米岩溶面积国家补助治理资金提高到 25 万元，平均每个重点县每年投资由原来 600~1000 万元，提高到每个县每年 950~1200 万元，但投入量仍然偏低。据相关专家的研究，特别是云南省具有断陷盆地等特殊的岩溶地貌，其保土涵水的能力极低，恢复以增加林草植被盖度为主的工程难度大，但近年来的封山育林投资为 70 元/亩，人工造林投资为 300 元/亩，林草植被恢复措施平均单位面积的国家补助资金不到石漠化困难立地条件下治理实际需要的 1/3，投入严重不足，在一定程度上影响了工程建设效果。项目配套资金缺口大。云南地处边疆少数民族地区，"老少边穷"问题突出，大部分县市地方财政能力有限，项目配套资金困难，不能足额配套，导致项目资金缺口较大，工作开展难度大，同样也直接影响治理工作进程。

（五）规划存在缺陷和治理成果难以巩固

石漠化综合治理是云南省重要的民生问题，事关相关地区农业的可持续发展、农民的切身利益以及农村的和谐稳定。纳入综合治理的石漠化片区规划缺乏群众性参与，相关部门在石漠化规划和制订实施方案时缺少必要的调研和听取农户意见，农户草食动物放牧范围受限，且草食畜牧业建设项目分配的资金占整个石漠化治理项目总资金的比例偏低。由于农业用地和林业存在交叉，石漠化规划缺少预调查，农林统合规划，工程实施中遭受农户阻拦，临时调换工程项目实施的地块，甚至频繁更换施工队以及变更林木品种。

（六）治理工程因灾损毁严重，治理成果难以巩固

云南岩溶地区气候较为复杂，旱涝、冰冻灾害频发，林草植被修复与防治成果巩固难度大。2009 年以来，连续 4 年特大干旱，雨雪冰冻造成大量的植被死亡。据统计，"十二五"期间，年均发生森林火灾 234 起，受害森林面积 2127.2hm²，森林受害率 0.09‰。林业有害生物年均发生面积大，地震频繁等因素导致岩溶地区石漠化土地植被枯死、工程建设损失严重。以鲁甸县为例，近 10 年来该县连续遭受多次破坏性地震灾害、50 年不遇的冰凌灾害、百年不遇的持续干旱，造成牛栏江沿岸石漠化较为突出的乡镇受灾非常严重，石漠化综合治理工程受灾 3900hm²，直接经济损失 765 万元。由于旱情加剧，灾害严重，存活下来的苗木生长缓慢，难以达到预期效果。

（七）管理体制有待进一步完善

石漠化防治体系还不完善，石漠化防治科技含量偏低，相关科技攻关研究较为薄弱；同时，岩溶地区石漠化监测还不完善，尚缺乏具体针对石漠化治理工程的监测体系，无法准确的监测治理成效。国家和省、州市石漠化综合治理领导小组办公室由多部门组成，缺乏有效的联系和联动机制，组织和协调存在一定困难，没有形成很好的合力，部门间要加强协调交流，理顺工作职责和体系。监测过程中发现，部分州市的管理体制有待进一步完善，一些综合治理县只把林业、水利、农业等职能部门列为技术支撑单位，没有充分发挥县级有关职能部门的作用，加上县级林业等职能部门缺少工作经费，工程管理不够到位，影响了工程项目治理成效。

四、石漠化综合治理工程治理对策

（一）治理新形势

1. 全面建成小康社会和建设美丽乡村对石漠化治理提出了新的政治要求

全省岩溶石漠化绝大多数地处"老、少、边、穷、远"地区，区域人均 GDP 仅为全国平均水平的一半左右。其中，"十三五"建设规划区含国家扶贫开发工作重点县 27 个、集中连片特困区 32 个，贫困人口达 383.8 万人，占全省贫困人口的 67.2%，贫困面大、贫困程度深，是全省经济最不发达、"三农"问题最突出的地区之一，也是实现全面建设小康社会任务最为艰巨的地区之一。石漠化不仅是这些地区生态恶化的主要因素，也是导致经济贫困的根源之一。

党的十九大报告明确提出：要开展国土绿化行动，推进荒漠化、石漠化、水土流失综合治理，强化湿地保护和恢复，加强地质灾害防治。石漠化地区生态环境恶劣，离建设美丽乡村还有很大的差距。

2. 建设"一带一路"、长江经济带等国家战略对石漠化治理提出了新的战略要求

云南省岩溶石漠化区域处于全国"一带一路"、长江经济带的核心区域，继续推进石漠化治理，助推长江经济带生态廊道和西南生态屏障建设，将为两大战略实施提供良好生态基础，对发展新型的生态经济具有重要作用。另外，怒江州、迪庆州、玉溪市、保山市等多个石漠化严重的州市，均处于澜沧江、怒江、元江等国际性河流所在流域区域，该地区石漠化治理直接影响国际性河流境内和境外生态安全与两岸群众生产生活。上世纪八十年代以来，相关国家已开始对澜沧江—湄公河进行开发利用，并在澜沧江—湄公河次区域建立了环境监测系统，生态环境保护已经成为该区域各国交流与合作的基础及重要内容。持续推进区域石漠化防治，提升区域生态环境质量，是云南省建好面向南亚东南亚重要窗口及履行好国际义务的重要内容，对提升我国的国际形象具有重要战略意义。

3. 建设生态文明排头兵，有效保护我国生态与生物多样性的根本需求

土地是生态文明建设的空间载体，云南省岩溶地区石漠化土地约占全省国土面积一半，且是人口相对密集区域，石漠化综合治理工程就是整体谋划国土空间开发，实现生态环境保护与修复，创造良好生产生活环境。继续推进石漠化综合治理工程是云南省建设生态文明排头兵的一项基础性和必要性工作。同时，云南省被誉为全球的生物多样性集聚区和物种基因库，动植物资源十分丰富，但大部分都分布在岩溶地区，若过度开发利用或得不到良好保护与治理，未来势必会向石漠化土地演变，因而需要倍加珍惜和加大保护治理力度。加强岩溶地区石漠化治理，对生物多样性保护，维护生态平衡，协调生态、经济、社会良性循环和发展，具有很大的促进作用，对建设森林云南和实现林业双增目标具有重要作用。

4. 实施石漠化综合治理，是建设民族团结进步示范区的前提需求

中央明确指出，西部大开发要以生态环境的保护和建设为前提。石漠化是西部地区面临的主要生态问题之一。石漠化问题不解决，西部地区的生态问题就难以根本解决，特别是新常态下的西部大开发就不可能具有坚实的生态基础。云南省既是西部地区，又是边疆地区、多民族聚居地区和老革命根据地，其中，"十三五"建设规划区包含4个自治州、6个少数民族自治县，少数民族人口约占区域人口的1/3。日益严重的石漠化，不仅是区域生态恶化、经济落后、社会贫困的根源，而且是影响民族团结、社会稳定的隐患，是制约人与自然和谐、社会和谐的重要障碍。继续推进石漠化治理工程，把生态治理与区域产业结构调整、经济发展方式转变有机结合起来，将有效促进区域经济社会绿色发展、协调发展、和谐发展，对全省建设民族团结进步示范区和绿色经济强省战略有着重要作用。

5.巩固治理成果，保护本土生存空间及维护西南国土生态安全的长期需求

据全国第三次石漠化监测成果显示，云南省石漠化土地仍有 2351936.8hm²。另有潜在石漠化土地 2041711.9hm²，因其稳定性差，一旦演化为石漠化土地后，将增加治理难度与成本，必需积极防治。此外，一期工程已修复的石漠化土地，在极端气候或人为破坏的干扰下极有可能逆转，成果巩固压力大。基于生态建设的客观规律，现阶段的石漠化治理仍是初步的，巩固并扩大治理成果任务依然艰巨。同时，全省约 94% 处于山区，人口密度为全国平均水平的 1.5 倍，耕地资源十分稀缺，尤其是石漠化地区人均耕地不足 1 亩，且耕地质量低。石漠化导致大量水土流失，现有耕地不断缩减，人地矛盾更加尖锐，生存空间不断缩小，引发了生态问题。石漠化县多处于长江、珠江、澜沧江等大江大河的源头或上游地区。长江、珠江中下游为我国人口最集中、经济最发达地区，水土流失将严重影响该地区水利设施安全运营和两岸人民的生产生活。因此，巩固并扩大石漠化治理成果，是保护本土生存空间和维护国土生态安全的长期需求。

（二）对策和建议

1.建议国家扩大云南岩溶地区石漠化综合治理范围

云南地处长江、珠江、澜沧江等江河上游或源头地区，生态区位特殊，石漠化治理具有重要的现实意义，"十二五"期间云南 65 个县实施了石漠化综合治理工程，"十三五"期间，云南省有 45 个县进入国家规划，但还有 56 个属于岩溶地区石漠化非重点县没有进入国家规划，各县要求实施石漠化综合治理的呼声比较高，有很大积极性和主动性。

在国家林业局的指导帮助下，2015 年云南省组织开展了岩溶地区 56 个非重点县石漠化监测，系统地弥补了云南省石漠化监测范围不完整，形成全省全覆盖，为全面、系统地揭示云南省石漠化分布、成因、危害，为科学制定石漠化治理的有效措施，提供可靠的第一手资料；为下一步云南省岩溶地区非重点县石漠化治理纳入国家石漠化综合治理提供科学依据。建议国家进一步扩大治理范围，将云南省 121 个石漠化县全部纳入综合治理规划范围，从建设西南生态安全屏障和云南争当全国生态文明建设排头兵的现实需要出发，优先安排实施，使全省石漠化区域都能得到有效治理。

2.提高石漠化综合治理工程投资规模和补助标准

云南是一个边疆、民族、贫困、山区省份，石漠化地区很多县是国家和省级重点贫困县，财政自给能力较弱，地方配套资金难以落实到位。从石漠化综合治理单位投资来看，2008 年试点开始到 2015 年，人工造林 300 元 / 亩，封山育林 70 元 / 亩；到 2016 年石漠化综合治理二期开始，人工造林 500 元 / 亩，封山育林 100 元 / 亩。从当前石漠化综合治理的实施情况来看，人工造林的地块立地条件大多是土壤厚度薄，石砾含量高，降雨量小，保土涵水能力差，加上物价和用工单价上涨的因素，单位投资远远不够，据初步估算，生态林投资需在 800~1000 元 / 亩，经济林 1000~1200 元 / 亩，因投资低，实施难

度大等原因，造成多地的石漠化综合治理县积极性不高，抵触性很大，工作较难开展和推进，综合治理的真正效果也不好。再加上不计入治理面积的小水池、小水窖、小水塘、谷坊、田间便道、排涝渠、引水渠等点状工程和线状工程都需要大量投资，单位治理面积的实际费用远远超出国家治理每平方千米岩溶面积投入的 25 万标准，资金的缺口致使一些工程难以按照规程规范要求实施。在降低标准实施仍难以满足治理面积要求的情况下，就采用把原来配套的工程分离实施或者放弃开展种草养畜等一些项目等做法以完成任务。这样就会造成原本的设计方案不能很好实施，科学治理模式也不能按照原来的设想实施，从而导致治理效益大幅降低。而且，部分工程建成后，缺乏必要的管理经费，在巩固治理成果中存在边治理边破坏的风险。建议对云南石漠化项目的年度资金安排中提高中央投资，由每县每年 950 万元左右提高到每县每年 2000 万元；同时，针对云南省干湿分明的高原季风气候、干热河谷特殊气候及气候变化背景下的极端天气等气候因素进一步加剧了石漠化地区的"岩溶干旱"，以及云南特有的高原断陷盆地等岩溶地貌特征，立地条件差，保土涵水难度大，成本高，见效慢的实际，迫切需要提高单位岩溶区面积治理的补助标准。建议由现在的 25 万元 /km² 调整到 50 万元 /km²，并按营造林实际投入成本安排石漠化综合治理人工造林、封山育林单位面积测算中央投资，不断提高建设质量和治理水平。除此之外，各市县要进一步加大草食畜牧业、科技扶贫、水土保持、林业工程等项目与石漠化综合治理项目资金的整合力度，集中资金做好岩溶地区石漠化治理。

3. 理顺综合治理工程管理体制

进一步健全制度，依法治理，完善石漠化治理法律法规，尽快出台石漠化治理条例，加大岩溶地区石漠化土地森林生态保护和建设力度，落实政府责任和部门职能，强化生态修复基础设施建设，理顺管理体制，健全保障机制，强化林业生态建设部门在石漠化治理中的主体地位，优化产业化布局，调动各部门治理石漠化的积极性，形成全社会共同参与石漠化治理的制度。此外，还需进一步完善项目管理制度，尤其要加强对项目资金的管理，做到层层监督、步步把关，防止项目资金的挪用、截留或滥用，把项目资金真正落实到位，用出成效。另外，要出台石漠化综合防治的相关法规或管理条例，做到依法防治。石漠化防治具有社会活动行为管理方面的性质，由于石漠化土地形成的原因大部分是人为因素所致，要加强管理，避免出现过度放牧、过度垦殖、过度樵采和不合理利用水土资源等现象，再加上当前的石漠化治理远未形成广大人民群众的自觉行动，群众和部分干部的认识仍然不足，各种破坏治理工程的违法行为时常发生，个别地区生态建设的速度赶不上破坏的速度，石漠化土地受到"破坏—治理—再破坏"的恶性循环当中。因此，亟须出台类似于《云南省石漠化防治法》或者《云南省石漠化防治管理条例》等地方法律法规，以规范石漠化综合防治的相关行为。

同时，发挥规划的导向作用，有序推进石漠化综合治理。以石漠化总体规划为核心，以项目实施为载体，整合支农项目和资金，加大对退耕还林、退牧还草、以工代赈、科技扶贫、水利"三小"、农机补贴和畜牧业专项等项目资金的投入力度，以实现项目区经济、生态和社会效益良性发展为目标，有序推进石漠化综合治理。

4. 对石漠化生态系统开展长期的定位监测工作，拓展石漠化防治理论研究

对石漠化生态系统开展长期的定位监测工作，是拓展石漠化防治理论研究的重点和方向。石漠化的防治不但需要技术的指导，还需要确切的数据以及科学的理论支持。利用遥感和信息技术，坚持长期开展石漠化生态系统的监测工作，有助于了解和掌握石漠化土地利用的现状和动态变化信息，为制定石漠化防治政策和编制综合治理规划、水土保持和综合利用国土资源规划，实现社会经济的可持续发展战略目标提供可靠的基础数据。同时，有助于利用反映石漠化土地变化情况的最新监测数据，对不同岩溶地区石漠化敏感性做出客观确切的评价，科学合理地确定石漠化治理工程的建设指标，增强石漠化工作的准确性和科学性。此外，鉴于人为因素是实施石漠化综合治理的基本出发点，要加强对农村的能源利用、生产经营等行为活动等对生态环境的影响，以及加强人为因素在退化生态系统的恢复与重建中所扮演的角色和作用等方面的研究，全面深入探讨石漠化发生发展机理以及退化石漠化生态系统修复的生态、经济和社会效益一致的规律等研究，为石漠化防治提供全方位的理论支撑。加大监测经费支持力度，建立健全石漠化治理监测评估机制，为石漠化防治提供科学依据。

5. 强化科技攻关，加大科研推广

进一步强化科技攻关，组织开展岩溶地区石漠化土地森林生态修复技术攻关，探索生态建设产业化，产业发展生态化和群众增收相结合，切实突破岩溶地区石漠化土地植被修复成本高，见效慢的难题，加大实用技术推广力度，建设石漠化治理科技示范基地，将先进技术推广应用经费纳入工程建设内容予以保障，切实提高工程治理成效。

石漠化综合治理期内组织多学科专家实际参与石漠化综合治理工作，科学提炼治理经验模式。石漠化的防治，既要强调科学治理和科技攻关，又要重视以人为本和人文关怀。石漠化综合治理项目从立项开始，就需政府部门组织地质、生态、林业、水利、土地、经济等自然科学和人文社会科学的专家、科技人员和技术人员，实地勘察，帮助地方完成项目的选址、投资预算等，做好项目的实施方案以及确定适用的科学技术。

另外，在项目实施过程中，要有专家实际参与具体石漠化综合治理工作中，深入了解和监督方案的实施，以增强项目实施的科学性和实效性，提升项目治理质量和水平。针对石漠化治理工程实施效果做出科学分析和评价，准确总结提炼适合当地不同的治理经验模式，界定其适用范围并加以推广。

6. 充分发掘当地岩溶资源，建设石漠化公园、喀斯特公园

石漠化地区有着广阔的山地资源和丰富的动植物、矿产和旅游景观资源。石漠化治

理工程是精准扶贫、精准脱贫的有效举措之一，不仅将根本性改善区域生态环境，还可有效利用自然资源，培育和发展特色产业，充分利用石漠化地区自然资源和人文资源，探索建设石漠公园、地质公园等为依托的特色生态旅游发展途径，把防石治石、生态保护、新技术推广、宣传教育和开发利用集于一体，加强石漠化治理的同时也促进了区域经济社会发展。

7. 积极探索生态补偿机制，巩固石漠化治理成果

立足于石漠化治理的生态效益和社会效益，积极探索政府补偿与市场运作相结合的管理机制。石漠化治理要坚持以人为本，把解决生态问题和解决民生问题结合起来，充分调动广大农民参与石漠化治理的积极性和主动性，出台相应的生态补偿措施和优惠政策。对于把自家的石漠化耕地退耕，按照石漠化综合治理的要求和标准实施人工种草或种植经果林的农户，政府可参照退耕还林相关的政策及补偿标准给予补偿，以解决农民短期生计问题。对于调整石山为林业用地的，要确权发证，落实山林权属，并按照谁治理开发谁受益的原则，推广荒山拍卖、租赁、转让、承包、股份合作等治理模式，引导更多的投资主体投入到石漠化治理中来，形成国家、企业、集体、个人共同参与石漠化治理的新局面。

8. 扶贫先扶智，加强宣传教育，增强民众保护意识

石漠化地区发展相对滞后，民众生活环境较为封闭，生态保护及石漠化地区生态修复意识较薄弱。在石漠化综合治理中，亟须加强石漠化综合治理的宣传及舆论工作，全面提高民众的环境保护意识，大力宣传石漠化综合治理的生态效益，提高地方民众对实施石漠化综合治理的认识，激发群众积极参与石漠化治理各项工程建设，加强法律法规的宣传普及工作，让广大石漠区群众知法、学法、懂法、守法，依法约束自己的行为，有效保护和巩固石漠化治理成果。

第六章　石漠化研究、防治、工程规划和地方政策综述

　　石漠化研究是介于地质学、地貌学、水文学、土壤学、生态学、环境学以及社会科学等相关学科之间的一门新兴边缘学科。目前学术界对石漠化的研究主要集中于自然科学领域，多就石漠化概念、成因、驱动因素、演替模式、特点、分布、危害及治理模式进行研究。此外，部分学者以人文科学介入后，也拓展了石漠化的跨学科研究。

　　在石漠化成因方面，石漠化是自然属性和社会属性的统一，除地质地貌、水文、气候等自然因素以外，与社会经济中人类活动为主导的因素而形成土地退化过程有紧密联系。对影响石漠化的人为主要因素如毁林（草）开垦、过牧、过度樵采、火烧、工矿工程建设、工业污染、不适当经营方式、其他人为因素等进行深入探讨，研究其严重破坏当地脆弱的岩溶地区生态环境机理。

　　在石漠化治理方面，石漠化的相关研究最为丰富和集中。主要研究方向有石漠化综合治理工程各项目对石漠化土地演变的影响理论分析、岩溶地区坡耕地类型划分以及石漠化演变的趋势、主要植被类型与种类、主要土壤类型与肥力分析、主要地貌景观类型与组合及利用方向分析、农村能源结构状况变化状况及对石漠化演变趋势的影响分析、石漠化区域草食畜牧业发展的模式与关键技术研究、灾害因素对石漠化演变趋势的影响分析、岩溶地区农民收入状况与区域脱贫进程探讨、近20年来人口状况的变化对石漠化的影响分析、岩溶地区近10年来农村能源变化对石漠化的影响分析、岩溶地区土壤碳储量测算及固碳技术措施研究、典型地区石漠化演变趋势与驱动力分析、水文地质分析与蓄水保水措施、民族文化对石漠化土地演变的影响、喀斯特国家生态公园建设的可行性与必要性分析、工程防治成果巩固政策对策措施研究等。专家和学者对治理方面的研究，关注度高，研究成果丰硕，部分成果已应用于石漠化综合治理中，且已产生较好的生态、社会和经济效益。

　　云南省内各大学科研院所依托学科、科研、团队、人才、平台等方面的优势，结合水土保持、石漠化治理、生态系统恢复等方面的科研基础与条件，对石漠化水土过程机制、石漠化地质生物环境、石漠化植被生态环境与石漠化区域经济发展等社会关注问题和科研方向深入的进行了科学研究，近年来在石漠化造林树种选择、配置、育苗和耐旱性、生长量；石漠化土地封山育林成效、植被恢复机制；石漠化工程规划；石漠化地方政策等方面研究取得了一定的成果，这些成果应用在石漠化综合治理工作中，取得了较好的效益。各大学科研院所为云南省和我国西南地区石漠化治理、水土流失控制、脆弱生态系统恢复提供了大量的科技、人才支持及科技服务。

第一节　石漠化造林树种选择、配置、育苗、生长量研究

一、造林树种选择研究

（一）滇东南岩溶山区 4 种经济林树种的引种成效研究

1. 研究目的

引种是林木选择育种的一种快捷而有效的途径。本项试验的目的，是在滇东南的岩溶山区通过早实核桃、美国山核桃、日本甜柿和奈李 4 种经济价值较高的经济林树种的引种及其林农混作试验，以求丰富岩溶山区的经济林树种，加速其良种化的进程，提高经济林产品的产量和质量，达到以短养长，调整农村生产结构和保护生态的目的。

早实核桃、美国山核桃、日本甜柿及奈李的引种试验于 1996 年 10 月进行。先用拖拉机将引种试验地深翻 30~40cm，然后按设计挖种植塘，种植塘规格 80cm×80cm×80cm。每塘施 20kg 有机肥和 0.5kg 的钙镁磷作底肥（美国山核桃因根系易受蚂蚁啃食，种植塘不施底肥），做好栽培准备。1997 年 1~2 月，从漾濞核桃研究站、保山农科所和广南油茶研究站，引进早实核桃、美国山核桃、日本甜柿和奈李 4 个经济树种的嫁接苗进行栽培试验。嫁接苗定植后浇足定根水，种植期间强化田间管理，每年喷施 2 次农药，以防病虫害发生，夏季追施一次尿素（100g/ 株）。在林间轮流种花生、大白豆、辣椒等农作物，以耕代抚。在试验地中设置样地，机械抽取 10 株，分别测定其树高、地径、冠幅的生长量和结实量。

2. 研究内容及方法

引种地位于砚山县的铳卡农场，海拔高度 1600m，属中亚热带半湿润型气候，年平均温度 16.1℃，≥ 10℃的积温 4877.8℃，年降水量 996.4mm，平均相对湿度 79%，日照时数 1933.5h。

引种地地势平缓，原为农耕地和退耕还林地，土壤为石灰岩上发育的山地红壤，呈微酸性，土层较深厚，但质地稍黏，透水透气性差，较贫瘠。引种地的土壤养分状况见表 6-1。各引种树种的种植面积及栽培密度见表 6-2。

表 6-1　引种地的土壤养分状况表

树种	吸湿水	全氮 /mg	水解氮	速效磷	速效钾 /mg	有机质 /%	pH 值
日本甜柿	4.47	0.063	50	0.2	89	0.850	6.30
奈李	4.50	0.096	91	20.3	104	0.570	6.00
早实核桃美国山核桃	4.52	0.127	106	15.6	250	1.999	4.52

表6-2　种植面积及栽培密度表

树种	引入地	栽培面积 /hm²	株行距 /m	密度（株 /hm²）
早实核桃	漾濞	0.4	4×5	495
美国山核桃	漾濞	1.0	8×8	150
日本甜柿	保山	8.9	3×4	840
奈李	广南	3.0	3×4	840

3. 研究结果

（1）各引种树种的生长及结实状况

早实核桃是云南省林业科学院用漾濞核桃和新疆核桃杂交培育出的优良品种。在试验中表现出结实早、生长旺盛的特点。当年种植成活率达95%，次年保存率为90%。定植当年就开花结实，经过前3年摘花摘果培养树势后，四年生时结实株率达100%。树高为3.49m、地径6.5cm、冠幅2.73m，单株结实量为23.7个，单果重42g，每公顷产量为497kg，产值为2982元。美国山核桃由于根系易受蚂蚁啃食而定植时不施基肥，因此前期生长较慢。当年种植成活率达95%，次年保存率为90%。在试区的生长表现较好，尚未结实。四年生树高、地径和冠幅的均值分别为2.29m、3.7cm和1.34m，其结实表现有待进一步观测。日本甜柿引种的品种为次郎，从日本甜柿的生物学生态学特性来看，试区虽属其适生区域，但受试区小气候风大及干旱的影响，且金龟子危害严重，在其生长期，就出现封顶而停止生长的迹象。二年生时的树高、地径和冠幅的均值分别为0.91m、0.53cm、和0.29m，与定植时相比，几乎没有变化。在1998年进行中期检查评估时，决定取消该树种的栽培试验。奈李易栽植，营养生长较旺盛，因此每年的冬季需进行一次整形修剪。其种植成活率为98%，保存率达95%。生长势较强，且具有早实的特性，定植当年就已开花结实。前2年摘除奈李的花和果，促进其营养生长，第3年试花和试果，其结实率达85%。4年生时的树高为2.45m、地经5.01cm、冠幅2.21m，结实株率达100%，单株结实量为109.1个，单果重51g，每公顷产量为4673.8kg，产值12151.9元。4个引种树种的生长及结实状况见表6-3。

表6-3　生长及结实状况表

项目	早实核桃	美国山核桃	日本甜柿	奈李
树高（m）	3.49	2.29	0.91	2.45
地径（cm）	6.50	3.70	0.53	5.01
冠幅（m）	2.73	1.34	0.29	2.21

项目	早实核桃	美国山核桃	日本甜柿	奈李
单株结实量（个）	23.7			109.1
单果重（g）	42.0			51.0
结实率（%）	100.0			100.0
产量（kg/hm²）	497.0			4673.8
产值（元/hm²）	2982.0			12151.9

注：日本甜柿为2年生的观测资料。早实核桃的单价为6.0元/kg，奈李为2.6元/kg。

（2）林农混作模式的效益分析

在进行4个经济林树种栽培试验时，就拟定了与花生、大白豆和辣椒3种农作物轮流混作的经营方式。在4种经济林定植的当年混作花生，第2年混作辣椒，第3年混作大白豆。结果表明，农作物每年每公顷的平均产值为6380元。同时，由于混种了农作物，起到了以耕代抚的作用，降低了经济林木的抚育管理成本，每年每公顷可节约抚育费150元；另外，由于农作物的截留作用，减缓了雨水对土壤的冲击，从而提高了土壤的抗蚀能力，减少了水土流失，具有良好的经济效益和生态效益。混作农作物的产量及产值见表6-4。

表6-4 混作农作物的产量及产值表

混作作物	产量（kg/hm²）	单价（元/kg）	每公顷产值（元/hm²）
花生	1650	2.6	4290
大白豆	1500	2.4	3600
辣椒	1875	6.0	11250
平均	1675	3.7	6380

4. 研究结论

奈李、早实核桃和美国山核桃3个树种在滇东南岩溶山区的引种栽培是成功的，宜推广种植。3个树种的生长表现良好。四年生时早实核桃的树高、地径和冠幅分别为3.49m、6.5cm和2.73m，美国山核桃的树高、地径和冠幅分别为2.29m、3.7cm和1.34m，奈李的树高、地径和冠幅分别为2.45m、5.01cm和2.21m。除美国山核桃外，奈李和早实核桃均具有早实的特性。四年生结实株率达100%，单株结实量分别为109.1个和23.7个，单果重分别为51g和42g，每公顷产量分别为4673.8kg和497kg，每公顷产值分别为12151.9元和2982元。

在滇东南岩溶山区种植经济林木宜采用林农混作的经营方式，可获得良好的经济效益和生态效益。引种的这4种经济林木采用与花生、大白豆和辣椒轮流混作的方式，仅农作物一项，每年每公顷的平均产值就达6380元，且每公顷可节约抚育费150元。林地上种植农作物，还能减小雨水对土壤的冲刷，提高土壤的抗蚀能力，起到减少水土流失的作用。

日本甜柿由于受试区小气候（风和干旱）的影响和金龟子的危害，虽在试区内生长表现不良，但在滇东南岩溶山区水湿条件较好的地区和农家庭院还是可以种植的（文山有农户栽植，其生长和结实均较好）。

（二）滇东南岩溶山区造林树种选择试验

1. 研究目的

滇东南岩溶山区由于石灰岩裸露，土壤瘠薄，保水能力差，成为云南省造林困难的地区之一，本项研究通过选择适应性强、生长快、耐干旱瘠薄的多用途树种进行造林试验，以筛选出适用于滇东南岩溶地区优良的荒山造林树种。

2. 研究内容与方法

造林树种选择试验设置在砚山的铳卡试验垦地，属中亚热带气候，年平均温度16.1℃，年降水量996.4mm，平均相对湿度79%，日照时数1933.5h，≥10℃积温4877.8℃。试验地位于山体的中下部，海拔1610~1630m。石灰岩裸露率为30%~70%，试验地内灌木和草本植物较少，土壤为石灰岩上发育的山地红壤和百灰土，pH值为7.27，土质较差，土壤中石砾含量较高，养分较少。据表土层采样测定，土壤吸湿水为4.78%，全氮为0.28%，干土中水解氮含量212mg/kg，速效磷含量20.6mg/kg，速效钾含量235mg/kg，有机质含量为5.107%。

参试的造林树种有27个（见表6-5），其中乡土树种14个、外来树种13个。试验采用3次重复随机区组设计，每小区20株，株行距为2m×2m。整地规格为40cm×40cm×30cm。1997年和1998年育苗（任豆为1999年育苗），当年雨季定植、造林后每年抚育1坎，为保护土壤、抚育时仅清除影响林木生长的杂草和灌木。定植当年年底调查成活率，第一年旱季过后调查保存率，每年年底测定树高、地径和冠幅。2000年8月进行树高、地径、冠幅及保存率观测，每一个小区选1株平均木测定干鲜重、枝叶鲜重、根深、根幅、根鲜重及截留量。为研究各树种的抗逆能力，对植株进行抗旱性、抗寒性和抗病虫害能力调查。各项抗性指标的分级标准如下。

抗旱性：1级—不受春旱影响；2级—受春旱影响较轻，能正常生长；3级—主干近1/3因春旱而枯萎；4级—主干1/3~2/3因春旱枯萎；5级—全株因春旱枯死。

抗寒性：1级—不受霜冻影响；2级—冻害较轻，能正常生长；3级—主干冻枯约1/3；4级—主干冻枯后能重新萌发；5级—全株被冻死。

抗病虫害：1级—没有发生病虫害；2级—病虫危害较轻，能正常生长；3级—病虫危害较重，防治后能正常生长；4级—病虫危害严重、无法防治。参试造林树种一览见表6-5。

表6-5 参试造林树种一览表

序号	树种名	采种地点	造林时间／年
1	冲天柏	昆明	1997
2	藏柏	昆明	1997
3	墨西哥柏	昆明	1997
4	郭芬柏	昆明	1997
5	桤木	昆明	1997
6	水冬瓜	昭通	1998
7	川滇桤木	玉溪	1997
8	滇合欢	大理	1997
9	山合欢	昆明	1998
10	新银合欢	元江	1997
11	圣诞树	昆明	1997
12	黑荆	昆明	1997
13	台湾相思	思茅	1997
14	马占相思	景洪	1997
15	香椿	富宁	1997
16	苦楝	文山	1998
17	酸枣	昆明	1997
18	杜仲	昆明	1997
19	花椒	昭通	1997
20	蒜头果	广南	1998
21	大果枣	砚山	1998
22	苦刺	文山	1997
23	刺槐	湖南	1997
24	湿地松	福建	1997
25	云南红豆杉	昆明	1997
26	肉桂	金平	1997
27	任豆	文山	1999

3. 研究结果

虽然各参试树种的造林成括率均在 95% 以上，但经 1998 年严重的春旱后各树种造林的保存率差异较大、特别是经受 2000 年初的霜冻严重影响后，大多数树种的保存率大幅度下降。现以 3 年生树种作为调查材料进行结果分析。由于岩溶山地土壤分布于裸露的岩石之间，且土壤中石砾较多，测定植株根系时很难将整株树的根全部挖出，根深和根幅的测定数据有一定的误差，因此根系部分不参加统计分析。

（1）参试树种的适应性

不同树种的保存率、抗旱性、抗寒性、抗病虫害的能力反映了该树种对试区气候，土壤等自然条件的适应能力及对自然灾害的耐受能力，通过各调查数据汇总（各抗性指标的等级以该树种植株比例最大的级别计）。不同树种的造林保存率和抗逆性差异极大。由于试区自然条件较为恶劣，有些树种虽然造林后第 1 年的保存率较高，但到 3 年后其保存率下降幅度很大，显示了岩溶地区绿化造林和植被恢复的艰巨性。参试的 27 个树种中，在保存率、抗旱性、抗寒性和抗病虫害能力等方面表现出较强适应性的树种是墨西哥柏、冲天柏、藏柏、郭芬柏、任豆、苦刺和杜仲；不适应的树种是肉桂、花椒、云南红豆杉、蒜头果、马占相思和水冬瓜；其他树种表现一般。树种的适应性详细数据见表 6-6。

表 6-6　树种的适应性表

树种	保存率 /%		抗逆性		
	次年	第 3 年	抗旱性	抗寒性	抗病虫害
墨西哥柏	86.7	86.7	1	2	1
冲天柏	91.7	85.0	1	1	1
藏柏	80.0	70.0	1	1	1
郭芬柏	71.7	65.0	1	2	1
大果枣	91.7	43.3	3	3	1
苦刺	96.7	83.3	1	1	1
川滇桤木	71.7	51.7	2	1	2
黑荆	76.7	41.7	2	3	1
湿地松	51.7	35.0	2	1	1
圣诞树	91.7	38.3	1	2	2
山合欢	81.7	33.3	3	2	1
台湾相思	93.3	53.3	1	4	1
杜仲	83.3	76.7	1	1	1
酸枣	78.7	60.0	2	3	2

树种	保存率 /%		抗逆性		
	次年	第3年	抗旱性	抗寒性	抗病虫害
新银合欢	86.7	40.0	3	4	1
桤木	88.3	36.7	2	2	1
苦楝	93.3	53.3	2	2	1
香椿	83.3	50.0	2	3	1
刺槐	53.3	31.7	2	2	1
滇合欢	91.7	53.3	2	2	2
花椒	48.3	10.0	4	3	2
肉桂	31.7	0.0	5	5	1
云南红豆杉	16.7	0.0	5		1
蒜头果	0.0		5		
水冬瓜	26.7	0.0	5	5	1
马占相思	56.7	0.0	4	5	1
任豆	92.0		1	1	1

（2）生长状况

各参试树种耐岩溶山地贫瘠土壤的适应性，采用施肥及其他促进林木生长的技术措施，所以林木生长缓慢。三年生时表现最好的墨西哥柏平均树高142cm、地径1.77cm、冠幅55cm。三年生20个树种的生长状况中，墨西哥柏、冲天柏、藏柏、郭芬柏、川滇桤木、湿地松和圣诞树的树高、地径和冠幅生长较快，三年生时平均树高达70cm以上，平均地径在1cm以上，平均冠幅在30cm以上，而山合欢、大果枣、新银合欢、滇合欢、香椿和刺槐的生长较慢，三年生时平均树高还不到30cm。对各树种树高、地径、冠幅3个生长性状的综合排序表明，生长表现较好的树种依次是：墨西哥柏、湿地松、藏柏、郭芬柏、冲天柏、川滇桤木、酸枣、圣诞树、苦刺和桤木。生长状况及排序见表6-7。

表6-7 树种的生长状况及排序表

树种	树高		地径		冠幅		综合	
	平均值 /cm	排序	平均值 /cm	排序	平均值 /cm	排序	秩和 /cm	排序
墨西哥柏	142	1	1.77	2	55	2	5	1
冲天柏	95	4	1.73	3	37	10	17	5
藏柏	102	2	1.53	5	52	3	10	3
郭芬柏	97	3	1.55	4	44	7	14	4

树种	树高		地径		冠幅		综合	
	平均值/cm	排序	平均值/cm	排序	平均值/cm	排序	秩和/cm	排序
大果枣	29	15	0.57	15	27	14	44	14
苦刺	36	13	0.87	10	52	3	26	8
川滇桤木	70	7	1.44	6	40	9	22	6
黑荆	55	9	0.69	13	35	11	33	12
湿地松	75	6	1.82	1	60	1	8	2
圣诞树	82	5	1.03	8	31	13	26	8
山合欢	8	20	0.41	20	17	19	59	20
台湾相思	38	12	0.43	18	27	14	44	14
杜仲	57	8	0.86	11	32	12	31	11
酸枣	51	10	0.88	9	45	6	25	7
新银合欢	22	19	0.43	18	25	16	53	19
桤木	46	11	1.12	7	42	8	26	8
苦楝	31	14	0.57	15	19	18	47	16
香椿	29	15	0.66	14	46	5	34	13
刺槐	25	17	0.77	12	16	20	49	17
滇合欢	23	18	0.49	17	21	17	52	18

（3）生物量

生物量与树木的生长量相关较为密切，各树种的生物量差异极大。生物量较高的墨西哥柏、藏柏、冲天柏、湿地松和郭芬柏等树种，其单株生物量达200g以上；而生物量较低的山合欢、大果枣、新银合欢、苦楝、香椿和刺槐等树种，其单株生物量还不到20g。单株生物量较高的树种依次是：墨西哥柏、藏柏、湿地松、冲天柏、郭芬柏、川滇桤木、黑荆、杜仲、酸枣、圣诞树和苦刺。各参试树种的生物量及排序见表6-8。

表6-8　各参试树种的生物量及排序表

树种	干鲜重		枝叶鲜重		合计	
	平均值/g	排序	平均值/g	排序	平均值/g	排序
墨西哥柏	140	1	288	1	428	1
冲天柏	87	4	243	3	330	4
藏柏	100	2	278	2	378	2

续表

树种	干鲜重		枝叶鲜重		合计	
	平均值/g	排序	平均值/g	排序	平均值/g	排序
郭芬柏	62	5	178	5	240	5
大果枣	5	18	2	18	7	18
苦刺	24	11	25	10	49	11
川滇桤木	33	6	48	6	81	6
黑荆	27	9	43	7	70	7
湿地松	98	3	239	4	337	3
圣诞树	26	10	26	9	52	10
山合欢	2	20	1	19	3	20
台湾相思	11	14	15	13	26	14
杜仲	31	8	29	8	60	8
酸枣	32	7	13	11	55	9
新银合欢	6	15	5	15	11	15
桤木	23	12	16	12	39	12
苦楝	6	15	3	16	9	16
香椿	6	15	3	16	9	16
刺槐	4	19	1	19	5	19
滇合欢	23	12	7	14	30	13

（4）截留量

截留量反映了树木生态功能的一个方面，各参试树种三年生时的平均单株截留量中，截留量较大的树种是墨西哥柏、藏柏、冲天柏、湿地松、郭芬柏，单株截留量在70g以上；截留量较小的是山合欢、苦楝、刺槐、大果枣、新银合欢、滇合欢等树种，单株截留量还不到50g。树种的截留量见表6-9。

表6-9 树种的截留量表

树种	截留量		树种	截留量	
	平均值/g	排序		平均值/g	排序
墨西哥柏	106	1	山合欢	1	18
冲天柏	97	3	台湾相思	9	13
藏柏	105	2	杜仲	19	8

续表

树种	截留量		树种	截留量	
	平均值 /g	排序		平均值 /g	排序
郭芬柏	78	5	酸枣	16	10
大果枣	2	15	新银合欢	2	15
苦刺	17	9	桤木	13	11
川滇桤木	38	6	苦楝	1	18
黑荆	24	7	香椿	2	15
湿地松	84	4	刺槐	1	18
圣诞树	12	12	滇合欢	4	14

由截留量与各性状之间的相关系数中，截留量除与造林后第一年的保存率的相关不紧密外，与树高、地径、冠幅、干鲜重、枝叶鲜重及第三年的保存率间的相关均达到极显著水平，说明树木截留雨量的多少与立木生长和生产力有非常直接关系，故选择生长快、生物量大的树种造林，不仅能取得较好的经济价值，也能获得较高的生态效益。截留量与各性状间相关系数见表 6-10。

表 6-10　截留量与各性状间相关系数表

性状	树高	地径	冠幅	干鲜重	枝叶鲜重	第一年保存率	第三年保存率
截留量	0.8921 · ·	0.9092 · ·	0.6793 · ·	0.9602 · ·	0.9897 · ·	−0.239	0.5526 · ·

注：· · 表示极显著。

（5）方　差

20 个树种各性状的方差分析，在树高、地径、冠幅、干鲜重、枝叶鲜重、截留量和保存率等性状上，树种的影响均极显著；在树高、冠幅和第 1 年保存率上各重复间存在着显著的差异。树种选择方差分析见表 6-11。

表 6-11　树种选择方差分析表

性状	SU	df	SS	MS	F	性状	SU	df	SS	MS	F
树高	重复	2	1964.8	982.4	4.015	枝叶鲜重	重复	2	21054.9	10527.5	2.161
	树种	19	67042.6	3528.6	14.421 · ·		树种	19	622354.8	32755.5	6.724 · ·
	误差	38	9297.9	244.9			误差	38	185122.5	4871.6	
	总和	59	78305.3				总和	59	828532.2		

续表

性状	SU	df	SS	MS	F	性状	SU	df	SS	MS	F
地径	重复	2	0.279	0.139	2.051	截留量	重复	2	2181.3	1090.6	1.399
	树种	19	13.602	0.716	10.533··		树种	19	85185.7	4483.5	5.749··
	误差	38	2.583	0.068			误差	38	29633.4	779.8	
	总和	59	16.464				总和	59	117000.4		
冠幅	重复	2	795.4	397.7	3.856·	第1年保存率	重复	2	1030.8	515.4	5.106·
	树种	19	9990.3	525.8	5.098··		树种	19	8801.7	463.2	4.589··
	误差	38	3919.2	103.1			误差	38	3835.8	100.9	
	总和	56	14704.9				总和	59	13668.3		
干鲜重	重复	2	3325.6	1662.8	2.247	第3年保存率	重复	2	2010.8	1005.4	3.156
	树种	19	87721.2	4616.9	6.240··		树种	19	18387.9	967.8	3.038··
	误差	38	28114.9	739.9			误差	38	12105.8	3186	
	总和	56	119161.7				总和	59	32504.5		

（6）试验树种的优良性能

以各树种的第3年保存率、抗逆性、生长量、生物量及截留量等9个反映树种适应性、生产力、保水性能等指标来综合评价各树种的好坏，通过PCA分析法，得到各因子的载荷量。因子载荷量见表6-12。

表6-12 因子载荷量表

因子	第一主分量	第二主分量	h2
抗旱性	−0.3086	0.1850	0.1295
抗寒性	−0.2585	−0.2461	0.1274
抗病虫害	−0.0429	0.9225	0.8528
树高	0.3966	0.0661	0.1617
地径	0.3995	0.0577	0.1629
冠幅	0.3314	−0.0367	0.1112
第三年保存率	0.2874	0.0092	0.0827
生物量	0.4009	−0.1631	0.1873
截留量	0.4075	−0.1362	0.1846
特征值（M）	5.4480	1.0862	6.5342
信息百分比（%）	60.53	12.07	72.60

第一主分量可取得 60.53% 的信息，第二主分量可取得 12.07% 的信息，前 2 个主分量吸纳了 72.60% 的信息量。由此对 20 个树种进行了二维排序，参试树种大致分成 3 个集团，故可把它们分为 3 个类型，加上不适应的类型，可分为优良、比较优良、表现一般、不适应等 4 个类型。优良类型为墨西哥柏、冲天柏、藏柏、郭芬柏和湿地松等 5 个树种。其中 4 种柏树的各项指标都比较高，符合柏树喜生长在石灰岩上发育的钙质土上的特点。湿地松由于初期生长慢，受雨水冲刷土壤淹埋的影响，造林的成活率和保存率较低。比较优良的类型为川滇桤木、苦刺、圣诞树、杜仲、任豆、酸枣和滇合欢等 7 个树种，这些树种对环境有较强的适应能力，具有育苗期短、生长快、能固氮（除杜仲外）、耐干旱瘠薄等优良特点，多数为先锋树种。表现一般的类型为大果枣、黑荆、山合欢、台湾相思、新银合欢、桤木、苦楝、香椿和刺槐等 9 个树种。不适应的类型为肉桂、花椒、云南红豆杉、蒜头果、马占相思和水冬瓜等 6 个树种。

4. 研究结论

1997~1998 年在砚山县铳卡进行的 27 个树种造林试验，历经 1998 年春旱和 2000 年霜冻的严峻考验后，对参试树种进行了适应性、抗逆性、生长量、生产力及生态效益等多方面综合评价，具体评价如下。

①滇东南岩溶山区的荒山，由于立地条件较差，造林后林木生长均缓慢。

②滇东南岩溶山区恶劣的自然条件对造林的成效影响极大，造林后林木的成活率、次年保存率和第 3 年的保存率差异很大，显示了岩溶地区绿化造林和植被恢复的艰巨性。

③经过试验筛选出对滇东南岩溶地区山地的环境条件适应性最强的树种是墨西哥柏、冲天柏、藏柏、郭芬柏和湿地松等针叶树，适应性较强的树种是川滇桤木、苦刺、圣诞树、杜仲、任豆、酸枣和滇合欢等阔叶树。这些树种可以作为滇东南岩溶山区的造林树种使用。

④树木截留雨量的能力与立木生长和生产力有直接的关系，即选择生长快、生物量大的树种造林，不仅能取得较好的经济价值，也能得到较高的生态效益。

⑤由于砚山铳卡试验基地在滇东南岩溶山区属气候、土壤等自然条件较差的地区，所以生长于滇东南气候湿润、土壤肥厚，广南、西畴等地的蒜头果等树种在试验中表现不好。由此也表明所选择出的造林树种在滇东南岩溶地区具有较广泛的适应性。

二、造林树种配置研究

（一）滇东南岩溶山区树种配置的初步研究

1. 研究目的

在岩溶地区的造林应采取特殊的措施，尽量保护原有植被，对于形成复层的林分结构具有非常重要的作用，特别是在多石的薄层石灰土上，人工种植的阔叶树生长较差，通过科学的树种配置，种植针叶树、阔叶树种，能形成乔灌草结构的复层林分，对改善岩溶山区的生态环境效果十分明显。

2. 研究内容与方法

（1）试验地立地类型划分

表6-13 树种配置立地基本情况表

立地类型	亚类	样地号	坡向	坡度/度	破位	岩石裸露率	土层厚度/cm	pH值	石砾含量/%	盖度	土地利用情况
Ⅰ多石的石灰土类型	Ⅰ1多石的薄层石灰土类型	1	半阴	20	下部	40	50.5	6.4	0	0.3	荒山
		3	半阴	20	下部	70	45.5	7.0	50	0.3	荒山
		4	半阴	20	中下	65	22.0	7.6	50	0.3	荒山
		12	阳	10	下部	40	43.0	7.25	10	0.3	荒山
		13	阳	10	中下	40	50.0	7.2	10	0.3	荒山
		14	阳	10	下部	40	30.0	7.35	30	0.5	荒山
		17	半阳	25	中下	5	72.0	7.75	40	0.65	荒山
	Ⅰ2多石的厚层石灰土类型	15	半阳	28	中下	20	>100	7.8	0	0.6	荒山
		16	半阳	25	中下	20	>100	7.9	0	0.6	荒山
Ⅱ厚层山地红壤类型	Ⅱ1少石的厚层山地红壤类型	5	半阳	15	下部	5	>100	6.1	0	0.3	丢荒地
		6	半阳	15	下部	5	>100	5.4	5	0.3	丢荒地
		7	半阴	15	下部	1	>100	5.2	1	0.2	垦荒山
		8	半阴	15	下部	5	>100	5.4	0	0.2	垦荒山
		9	半阳	14	下部	2	>100	5.5	0	0.3	垦荒山
		18	半阳	10	下部	2	>100	7.8	0	0.3	荒山
		19	半阳	10	下部	1	>100	6.85	0	0.3	荒山
		20	半阳	10	下部	1	>100	6.9	0	0.3	荒山
		21	半阳	10	中下	1	>100	6.8	0	0.5	荒山
		23	半阳	10	中部	10	>100	7.3	1	0.3	荒山
		25	半阳	25	中部	10	>100	6.8	0	0.5	荒山
		26	半阳	22	下部	10	>100	7.1	0	0.5	荒山
		27	半阳	22	下部	10	>100	7.2	0	0.6	荒山
		28	半阳	0	中下	5	>100	6.4	0	0.3	垦荒山
	Ⅱ2多石的厚层山地红壤类型	10	半阳	12	下部	25	>100	6.7	5	0.3	垦荒山
		11	半阳	15	中下	15	>100	6.7	0	0.4	垦荒山
		22	半阳	10	中下	12	>100	7.0	0	0.4	荒山
		24	半阳	25	中部	20	>100	7.0	0	0.5	荒山

注：Ⅰ立地类型的土壤类型为石灰土；Ⅱ立地类型的土壤类型为红壤。

在砚山铳卡试验基地，石灰岩山地适宜造林的地块均位于山体的中下部，但稍好的地块已被开垦为耕地。根据立地质量调查分析，该试验基地可分为 2 个主要的立地类型和 4 个亚类：Ⅰ – 多石的石灰土类型可分为Ⅰ1– 多石的薄层石灰土类型，Ⅰ2– 多石的厚层石灰土类型；Ⅱ – 厚层山地红壤类型可分为Ⅱ1– 少石的厚层山地红壤类型，Ⅱ2– 多石的厚层山地红壤类型。树种配置立地基本情况见表6-13。

（2）树种配置试验

采用具有用材、防护和水土保持功能的树种郭芬柏、冲天柏、墨西哥柏，和具有用材、防护、水土保持、薪材、饲料、固氮等多用途的树种新银合欢、栌木、银荆、滇合欢、刺槐、苦刺、酸枣，以及经济价值较高的树种杜仲、花椒等以针阔混交、乔灌混交、生态林树种与经济林树种混交的方式进行树种配置试验。共设置了 17 块混交林和 10 块纯林，计 27 种配置模式，以研究各配置的生态经济效益。定植株行距控制在 1.5m×1.5m，每小区面积 400m²。

春季培育袋苗，块状预整地后，按 40cm×40cm×30cm 的规格打塘，将表土回填到塘中，雨水下透后定植，第 2 年进行补植补造。岩溶山地的土壤资源非常宝贵，因此在造林上采取特殊的土壤保护措施，在清林、整地、抚育等工作中十分注意保护原有植被，除对影响造林和林木生长的灌木和草类进行清除外，其他植被予以保留。

定植当年年底调查成活率，次年调查保存率，每块试验地分树种机械抽取 30 株作为固定观测样株，于每年末观测树高、地径和冠幅。8 月加测平均木的干鲜重、枝叶鲜重、根深、根幅、根鲜重和截留量。每块试验地设 5m×5m 样地一块，测定样地内的灌木种类及其高、地径、冠幅，并测定平均木的干鲜重、枝叶鲜重和截留量；1m×1m 样方草鲜重；取表土进行吸湿水、全氮、水解氮、速效磷、速效钾、pH 值、有机质和旱季土壤含水率测定。

3. 试验结果与分析

由于树龄尚小，林分未郁闭，种间还未产生生存竞争，因此各配置的机制还没有充分显示出来。下面就各配置 3 年生的生长情况进行分析。限于岩溶山地的特殊条件，土壤分布于裸露岩石之间，且土壤中石砾较多，很难将整株树的根全部挖出，故根深和根幅的观测数据有一定的误差，因此根系部分不参加统计分析。树种配置模式见表6-14。

表6-14 树种配置模式表

立地类型	亚类	样地号	配置树种	配置类型	配置方式	配置比例
I	I 1	1	郭芬柏、新银合欢	针阔混交	带状	2:2
		3	杜仲、新银合欢	经济林和生态林混交	带状	2:2
		4	新银合欢	纯林		
		12	郭芬柏	纯林		
		13	冲天柏	纯林		
		14	川滇桤木	纯林		
		17	刺槐	纯林		
	I 2	15	银荆	纯林		
		16	滇合欢	纯林		
II	II 1	5	冲天柏、新银合欢	针阔混交	带状	2:2
		6	墨西哥柏、新银合欢	针阔混交	带状	2:2
		7	川滇桤木、杜仲	经济林和生态林混交	带状	2:2
		8	墨西哥柏、杜仲	经济林和生态林混交	带状	2:2
		9	郭芬柏、杜仲	经济林和生态林混交	带状	2:2
		18	墨西哥柏、滇合欢	针阔混交	带状	2:2
		19	墨西哥柏、酸枣	针阔混交	带状	2:2
		20	墨西哥柏、川滇桤木	针阔混交	带状	2:2
		21	墨西哥柏、刺槐	针阔混交	带状	2:2
		23	墨西哥柏、银荆	针阔混交	带状	2:2
		25	墨西哥柏	纯林	带状	
		26	墨西哥柏、新银合欢	针阔混交	带状	1:1
		27	墨西哥柏、新银合欢	针阔混交	带状	3:2
		28	酸枣	纯林		
	II 2	10	银荆、杜仲	经济林和生态林混交	带状	2:2
		11	杜仲、新银合欢	纯林		
		22	墨西哥柏、花椒	经济林和生态林混交	带状	2:2
		24	墨西哥柏、苦刺	乔灌混交	带状	2:2

（1）各配置林木的生长状况

在柏树类与阔叶树混交的配置中，一般柏树类的初期生长都高于阔叶树，表明岩溶山地对树种的选择性很强，柏树类更适于在石灰岩发育的土壤上生长。各配置中初期生长表现最好的是墨西哥柏 2：滇合欢 2 混交林、墨西哥柏 2：银荆 2 混交林及墨西哥柏纯林等 3 种模式。各配置中初期生长表现较好的是川滇桤木 2：杜仲 2 混交林；墨西哥柏 2：杜仲 2 混交林；银荆 2：杜仲 2 混交林；墨西哥柏 2：酸枣 2 混交林；墨西哥柏 2：川滇桤木 2 混交林；以及郭芬柏、冲天柏、银荆和酸枣纯林等 9 种模式，其树高在 80cm 以上，地径在 1cm 以上。在Ⅰ—多石的石灰土类型上，仅银荆在厚层土壤上生长较好可适当发展，其他阔叶树的初期表现都不好，在该类型上适合种植柏树类的针叶树；Ⅱ—厚层山地红壤类型上，墨西哥柏、冲天柏、郭芬柏等针叶树和川滇桤木、滇合欢、杜仲、酸枣、苦刺等阔叶树的初期生长及相互间混交林的初期生长均较好，适合发展混交林以提高其生态和经济效益。

（2）各配置林木的生物量

3 年生林木生物量的大小与林木生长的强弱关系极为密切，同生长量一样，在针叶树与阔叶树混交的配置中，一般针叶树的生物量都高于阔叶树。3 年生各配置林木的生长状况见表 6-15。

表 6-15　3 年生各配置林木的生长状况（单位：cm）

样地号	配置模式	单株平均			样地号	配置模式	单株平均		
		树高	地径	冠幅			树高	地径	冠幅
1	郭芬柏 2	100	1.45	37	16	滇合欢	30	0.58	27
	新银合欢 2	0	0.00	0	17	刺槐	25	0.60	16
2	杜仲 2	38	0.80	26	18	墨西哥柏 2	253	3.33	104
	新银合欢 2	28	0.57	30		滇合欢 2	195	3.67	130
3	新银合欢	27	0.43	26	19	墨西哥柏 2	213	2.66	82
4	冲天柏 2	62	0.22	29		酸枣 2	112	1.92	87
	新银合欢 2	27	0.43	31	20	墨西哥柏 2	207	2.36	76
5	墨西哥柏 2	110	1.46	34		川滇桤木 2	100	1.76	51
	新银合欢 2	21	0.42	23	21	墨西哥柏 2	200	2.05	72
6	川滇桤木 2	167	3.20	94		刺槐 2	32	0.70	18
	杜仲 2	95	1.40	51	22	墨西哥柏 2	206	2.55	79
7	墨西哥柏 2	185	2.30	64		花椒 2	40	0.99	26
	杜仲 2	102	1.46	58	23	墨西哥柏 2	236	3.08	104
8	郭芬柏 2	66	2.78	69		银荆 2	170	1.72	56
	杜仲 2	73	1.17	44	24	墨西哥 2	180	1.96	66
9	银荆 2	239	2.55	99		苦刺 2	59	0.94	68
	杜仲 2	85	1.18	42	25	墨西哥柏	199	2.31	69

样地号	配置模式	单株平均			样地号	配置模式	单株平均		
		树高	地径	冠幅			树高	地径	冠幅
10	杜仲	76	1.15	42	26	墨西哥柏1	232	2.82	90
11	郭芬柏	126	2.32	67		新银合欢1	70	0.72	71
12	冲天柏	120	1.94	38	27	墨西哥柏3	212	2.63	86
13	川滇桤木	74	1.67	36		新银合欢2	82	0.78	72
14	银荆	124	1.23	37	28	酸枣	94	1.50	73

各配置中单株生物量较高的是川滇桤木2:杜仲2混交林;墨西哥柏2:杜仲2混交林;郭芬柏2:杜仲2混交林;墨西哥柏2:滇合欢2混交林;墨西哥柏2:酸枣2混交林;墨西哥柏2:川滇桤木2混交林;墨西哥柏2:银荆2混交林;墨西哥柏2:苦刺2混交林;墨西哥柏1:新银合欢1混交林以及杜仲、郭芬柏、冲天柏、墨西哥柏和酸枣纯林等14种模式,3年生各树种的单株生物量均在100g以上。

各配置中3年生单位面积生物量较高的林分依次是墨西哥柏2:滇合欢2混交林;墨西哥柏纯林;墨西哥柏2:银荆2混交林;郭芬柏2:杜仲2混交林;墨西哥柏2:川滇桤木2混交林;墨西哥柏3:新银合欢2混交林;郭芬柏纯林;西哥柏1:新银合欢1混交林;墨西哥柏2:酸枣2混交林;墨西哥柏2:杜仲2混交林;川滇桤木2:杜仲2混交林等11种模式。3年生时每公顷的生物量达2500kg以上,其中最高的墨西哥柏2:滇合欢2混交林,每公顷生物量达7433kg。

（3）林木生长与立地质量的关系

3年生各配置林木平均生长量、单位面积生物量与立地质量的相关系数中。坡度与平均地径、平均冠幅间呈显著或极显著的负相关;岩石裸露率和土壤中石砾含量与林木的平均树高、平均地径、平均冠幅和单位面积生物量间呈极显著的负相关;土类和土层厚度与平均地径、平均冠幅间呈显著或极显著的正相关;而坡向、坡位、土壤的吸湿水、旱季土壤含水率、pH值及土壤养分与各配置林木的平均生长量、单位面积生物量之间的相关不密切。可见影响岩溶山区林木生长的主要因素是坡度、岩石裸露率、土类、土层厚度和土壤中石砾的含量。造林地的坡度愈大,岩石裸露率和土壤中石砾的含量愈高,林木的生长愈差;定植在山地红壤上的林木生长量明显比石灰土上定植的大;土层愈厚,林木的生长愈旺盛。3年生各配置的林木生物量见表6-16。

表6-16　3年生各配置的林木生物量表（单位：g）

样地号	配置模式	单株鲜重			每公顷鲜重		
		干	枝叶	合计	干	枝叶	合计
1	郭芬柏2	105	235	340	233	522	75
	新银合欢2	0	0	0	0	0	
2	杜仲2	15	8	23	33	18	113
	新银合欢2	13	15	28	29	33	
3	新银合欢	3	3	6	13	13	26
4	冲天柏2	35	110	145	78	244	333
	新银合欢2	2	3	5	4	7	
5	墨西哥柏2	75	165	240	167	367	548
	新银合欢2	3	3	6	7	7	
6	川滇桤木2	405	640	1045	900	1422	2600
	杜仲2	70	55	125	156	122	
7	墨西哥柏2	325	760	1085	722	1689	2789
	杜仲2	80	90	170	178	200	
8	郭芬柏2	375	1340	1715	833	2977	4032
	杜仲2	45	55	100	100	122	
9	银荆2	400	360	760	889	800	1878
	杜仲2	45	40	85	100	89	
10	杜仲	45	70	115	200	311	511
11	郭芬柏	185	500	685	822	2222	3044
12	冲天柏	145	225	370	644	1000	1644
13	川滇桤木	30	50	80	133	222	355
14	银荆	30	20	50	133	89	222
15	滇合欢	19	10	29	84	44	128
16	刺槐	15	10	25	67	44	111
17	墨西哥柏2	845	1520	2365	1878	3377	7433
	滇合欢2	635	345	980	1411	767	
18	墨西哥柏2	410	700	1110	911	1555	2899
	酸枣2	110	85	195	244	189	
19	墨西哥柏2	410	820	1230	911	1822	3422
	川滇桤木2	105	205	310	233	456	

续表

样地号	配置模式	单株鲜重			每公顷鲜重		
		干	枝叶	合计	干	枝叶	合计
20	墨西哥柏2	240	530	870	533	1178	1766
	刺槐2	15	10	25	33	22	
21	墨西哥柏2	390	580	970	867	1289	2233
	花椒2	15	20	35	33	44	
22	墨西哥柏2	510	1040	1550	1133	2311	4144
	银荆2	140	175	315	311	389	
23	墨西哥2	190	355	545	422	789	1500
	苦刺2	50	80	130	111	178	
24	墨西哥柏	385	680	1065	1711	3022	4733
25	墨西哥柏1	460	800	1260	1022	1778	3033
	新银合欢1	40	65	105	89	144	
26	墨西哥柏3	430	740	1170	1147	62	3254
	新银合欢2	40	35	75	71	1974	
27	酸枣	50	60	110	222	267	489

注：林木生长量、生物量与立地质量相关系数见表6-17。

表6-17　林木生长量、生物量与立地质量相关系数表

立地因子	平均树高	平均地径	平均冠幅	单位面积生物量
坡向	−0.1663	−0.2635	−0.1049	−0.1068
坡度	−0.2369	−0.4306··	−0.3378	−0.2250
破位	−0.1207	0.0719	0.0508	0.0644
岩石裸露率	−0.4408··	−0.4282··	−0.4639··	−0.4325··
土类	0.4213··	0.3531	0.4589··	0.4549··
土层厚度	0.3742·	0.3582·	0.4661··	0.3780·

立地因子		平均树高	平均地径	平均冠幅	单位面积生物量
土壤	石砾含量	−0.5857··	−0.5375··	−0.5484··	−0.4884··
	吸湿水	−0.2694	−0.1780	−0.1687	−0.2182
	全氮	−0.0399	−0.1220	−0.1576	−0.0881
	水解氮	−0.0680	−0.1692	−0.1362	−0.1492
	速效磷	−0.0297	−0.0675	−0.2410	−0.2089
	速效钾	−0.0762	−0.1426	−0.0424	−0.0435
	pH 值	−0.0390	−0.1806	−0.1300	−0.1576
	有机质	0.0322	−0.0954	−0.1100	−0.0582
	含水量	−0.2476	−0.2445	−0.2501	−0.1685

注: rg≥r 0.1=0.3233为显著（·），rg≥r 0.05=0.3809为极显著（··）。

（4）土壤成分变化分析

据 1997 年和 2000 年对各配置表土层取样测定数据，造林 3 年后的土壤成分变化情况，并对年度间的差异进行方差分析。

土壤中吸湿水、水解氮、速效磷、速效钾、pH 值和旱季土壤含水率一般呈年增加趋势，其中吸湿水和旱季土壤含水率平均分别增加 3.66% 和 1.63%，每千克干土中的水解氮、速效磷和速效钾平均分别增加 11.3mg、9.99mg 和 42.59mg，土壤的 pH 值增加 0.1。土壤中全氮和有机质略有下降，其中全氮平均下降了 0.028%，有机质平均下降了 0.602%，可能与整地后土壤疏松，养分流失有关。

虽然造林仅 3 年，林木保持水土和改良土壤的机制未能充分显示，但 8 个性状中，吸湿水、速效磷、速效钾 3 个性状在年度间的差异达到显著或极显著水平，这 3 个性状的明显增加，表明了林木对岩溶山地土壤具改良作用。

由于不同物种及其群落结构对土壤的效应不同，所以不同的树种配置对土壤各个性状的作用不一样。在变化明显的 3 个性状上，吸湿水增加较高的是郭芬柏 2：新银合欢 2 混交林；杜仲 2：新银合欢 2 混交林；新银合欢纯林；冲天柏 2：新银合欢 2 混交林；墨西哥柏 2：新银合欢 2 混交林；墨西哥柏 2：杜仲 2 混交林；郭芬柏 2：杜仲 2 混交林；银荆 2：杜仲 2 混交林；以及杜仲和郭芬柏纯林 10 种模式。其吸湿水增加 4% 以上；速效磷增加较高的是郭芬柏 2：新银合欢 2 混交林；杜仲 2：新银合欢 2 混交林；郭芬柏 2：杜仲 2 混交林；滇合欢纯林、刺槐纯林；墨西哥柏 2：川滇桤木 2 混交林；墨西哥柏 2：刺槐 2 混交林；墨西哥柏纯林；墨西哥柏 1：新银合欢 1 混交林；墨西哥柏 3：新银合欢

2 混交林和酸枣纯林 11 种模式。每千克干土中的速效磷增加 10mg 以上；速效钾增加较高的是郭芬柏 2：新银合欢 2 混交林；杜仲 2：新银合欢 2 混交林；新银合欢 2 纯林；冲天柏 2：新银合欢 2 混交林；墨西哥柏 2：新银合欢 2 混交林；郭芬柏 2：杜仲 2 混交林；郭芬柏纯林；刺槐纯林；墨西哥柏 2：滇合欢 2 混交林；墨西哥柏 2：酸枣 2 混交林；墨西哥柏 2：川滇桤木 2 混交林；墨西哥柏纯林和酸枣纯林 13 种模式。每千克干土中的速效钾增加 50mg 以上。土壤成分变化情况见表 6-18。土壤成分方差分析见表 6-19。

表 6-18　土壤成分变化情况表　（单位：%、mg/kg）

样地号	吸湿水	全氮	水解氮	速效磷	速效钾	pH 值	有机质	含水量
1	5.38	0.007	16	19.4	69.3	0.10	−0.039	1.81
3	4.76	0.033	29	14.7	105.0	−0.10	0.605	2.29
4	4.74	0.018	82	−1.7	56.4	−0.95	0.356	1.46
5	4.55	0.031	77	4.4	121.6	0.25	0.860	5.80
6	6.00	−0.005	34	4.8	70.6	0	0.210	2.20
7	3.71	0.059	109	9.1	34.3	0.60	1.149	−1.09
8	4.32	−0.017	8	4.8	20.6	0.40	−0.285	−1.62
9	5.17	0.002	27	10.1	184.2	0.30	0.623	5.65
10	5.91	−0.012	−22	6.2	44.0	−0.05	−0.245	7.29
11	5.13	−0.066	−63	1.7	−29.2	−0.08	−1.307	5.16
12	4.43	−0.024	−22	7.4	75.1	−.005	−0.203	−1.51
13	3.63	−0.080	−39	5.4	23.2	0.15	−1.751	2.41
14	2.88	−0.051	51	7.4	39.7	0.05	−1.138	0.07
15	2.19	−0.008	62	2.7	10.5	−0.10	−1.188	7.79
16	0.16	−0.069	30	12.6	−3.0	−0.40	−1.384	2.37
17	1.86	−0.021	32	20.7	101.7	−0.25	−0.877	−1.32
18	3.66	−0.048	−9	5.6	86.3	0.35	−1.134	4.93
19	2.87	−0.024	−9	7.9	53.7	0.35	−0.318	−0.03
20	2.56	−0.055	15	21.3	80.2	0.45	−1.284	1.17
21	3.48	−0.077	5	10.0	30.8	0.45	−1.168	−3.24
22	2.96	−0.073	−33	8.9	−95.1	0.10	−1.390	−1.39
23	3.03	−0.044	7	9.3	−72.7	−.015	−0.683	−0.82
24	3.40	−0.100	−47	9.6	−64.4	−0.05	−2.570	1.25
25	3.28	−0.012	37	12.0	56.2	0.30	−0.443	−2.26

续表

样地号	吸湿水	全氮	水解氮	速效磷	速效钾	pH 值	有机质	含水量
26	2.45	−0.086	−31	15.1	−57.3	0.20	−1.747	−4.24
27	2.37	−0.027	−38	20.1	38.2	0.20	−1.059	−2.45
28	3.87	−0.002	−4	20.3	170.1	0.70	0.156	5.83
平均	3.66	−0.028	11.3	9.99	42.59	0.10	−0.602	1.63

表 6-19　土壤成分方差分析表

性状	差异源	df	SS	MS	F
吸湿水	年度间	1	179.9633	179.9633	130.01··
	误差	52	71.9823	1.3843	
	总计	53	251.9456		
水解氮	年度间	1	1700.1	1700.1	0.6904
	误差	52	128046.7	2462.5	
	总计	53	129746.8		
速效钾	年度间	1	24490.7	24490.7	4.8673·
	误差	52	264651.9	5031.8	
	总计	53	286142.6		
有机质	年度间	1	4.8925	4.8925	2.7752
	误差	52	91.6713	1.763	
	总计	53	96.5638		
全氮	年度间	1	0.0104	0.0104	2.7055
	误差	52	0.1991	0.0038	
	总计	53	0.2095		
速效磷	年度间	1	1348.0	1348.0000	47.4719·
	误差	52	1476.6	28.4000	
	总计	53	2824.6		
pH 值	年度间	1	0.1320	0.1320	0.2907
	误差	52	23.6144	0.4541	
	总计	53	23.7464		
含水量	年度间	1	28.1811	28.1811	3.0538
	误差	52	479.8732	9.2283	
	总计	53	508.0543		

注：F检≥F临（α＝0.05）＝4.0266为显著（·），F检≥F临（α＝0.01）＝7.1489为极显著（··）。

（5）植被变化情况

鉴于造林过程中对林地的原植被采取了保护措施，造林 3 年后，林中的灌木和草被都有了较大幅度的增长，灌木鲜重和草鲜重都有不同程度的变化。各样地（配置模式）的植被变化情况见表 6-20。

表 6-20　各样地（配置模式）的植被变化情况表

样地号	盖度		灌木鲜重		草鲜重	
	增值 /Kg	百分比 /%	增值 /Kg	百分比 /%	增值 /Kg	百分比 /%
1	0.15	37.50	55	2.35	1725	83.33
3	0.05	14.29	189	18.51	460	33.33
4	0.10	33.33	152	12.84	580	32.22
5	0.20	66.67	101	12.53	980	65.33
6	0.10	33.33	85	5.14	450	28.85
7	0.20	100.00	93	124.67	166	48.82
8	0.15	75.00	5	4.13	360	128.57
9	0.10	33.33	607	116.73	667	162.68
10	0.20	66.67	84	16.60	648	150.70
11	0.10	25.00	998	107.49	430	122.86
12	0.20	66.67	104	67.10	790	64.23
13	0.20	66.67	150	83.33	155	66.96
14	0.10	20.00	66	7.15	828	38.88
15	0.10	16.67	2069	102.63	1057	40.04
16	0.15	25.00	50	7.04	2680	98.17
17	0.15	23.07	210	12.07	2992	113.33
18	0.20	50.00	52	5.12	900	71.43
19	0.20	50.00	51	11.07	861	59.79
20	0.25	55.55	30	2.21	1093	71.44
21	0.20	40.00	1175	112.98	1520	90.48
22	0.20	50.00	2451	64.19	648	40.00
23	0.20	66.67	131	7.22	260	16.67
24	0.10	20.00	1312	90.92	932	39.08
25	0.20	40.00	767	37.39	1240	66.67
26	0.20	40.00	54	2.14	1095	59.84

样地号	盖度		灌木鲜重		草鲜重	
	增值 /Kg	百分比 /%	增值 /Kg	百分比 /%	增值 /Kg	百分比 /%
27	0.20	33.33	905	97.97	2194	86.04
28	0.20	66.67	63	8.25	85	65.89
平均	0.24	45.02	443	42.23	1021	72.06

由表可见：27 块配置样地的植被盖度、灌木鲜重和草类鲜重都有不同程度的增长。盖度增长为 0.05~0.25，平均增加 0.24，增长率为 45.02%；每公顷灌木鲜重增加 5~2 451kg，平均增加 443kg，增长率为 42.23%；每公顷草鲜重增加 85~2992kg，平均增加 1021kg，增长率为 72.06%。

在岩溶山地的绿化造林中保留其原有植被，对于形成复层的林分结构具有非常重要的作用。特别是在多石的薄层石灰土类型上，人工种植的阔叶树生长较差，通过种植针叶树，保护原有灌草资源，经过几年的发展，能形成乔灌草结构的复层林分，对改善岩溶山区的生态环境、降低造林成本效果十分明显。

（6）截留量分析

林木对雨水的截留是林分系统水文作用的一项重要指标，截留雨量的多少显示了不同配置的水文效应。林木的一次最大截留量采用人工模拟方法测定，分别不同树种选择样株砍下，称取鲜重后，放入水中浸泡 0.5h，取出并滴净重力水称取湿重，两次相减得到截留水分的重量，根据配置树种与密度计算出林分的一次最大截留量，各配置 3 年生林木的单位面积树木和灌木一次最大截留量。各样地（配置模式）的截留量见表 6-21。

表 6-21　各样地（配置模式）的截留量表

样地号	树木 /cm	灌木 /mm	合计 /mm	样地号	树木 /cm	灌木 /mm	合计 /mm
1	0.0178	0.0793	0.0971	16	0.0036	0.0187	0.0223
2	0.0031	0.0226	0.0257	17	0.0022	0.0535	0.0557
3	0.0008	0.0436	0.0444	18	0.1467	0.0280	0.1747
4	0.0093	0.0224	0.3170	19	0.0933	0.0081	0.1014
5	0.0138	0.0578	0.0716	20	0.0955	0.0312	0.1267
6	0.0662	0.0034	0.0696	21	0.0540	0.0404	0.0944
7	0.08	0.0030	0.0830	22	0.0567	0.0146	0.2028
8	0.1133	0.0297	0.1430	23	0.0855	0.0548	0.1403
9	0.0244	0.0211	0.0455	24	0.0473	0.0486	0.0959

样地号	树木 /cm	灌木 /mm	合计 /mm	样地号	树木 /cm	灌木 /mm	合计 /mm
10	0.0222	0.0474	0.0696	25	0.1022	0.0539	0.1561
11	0.1111	0.0048	0.1158	26	0.0811	0.0514	0.1325
12	0.1067	0.0065	0.1132	27	0.0533	0.0445	0.0978
13	0.0089	0.0351	0.0440	28	0.0111	0.0434	0.0545
14	0.0067	0.1074	0.1141				

灌木对雨水的截留作用很大，甚至超过了幼龄（3 年生）树木的作用。27 块样地中有 11 块的灌木 1 次最大截留量大于幼树的截留量，可见在岩溶山地造林中保留灌木的重要性。

幼树 1 次最大截留量较大的配置是墨西哥柏 2：杜仲 2 混交林；郭芬柏 2：杜仲 2 混交林；墨西哥柏 2：滇合欢 2 混交林；墨西哥柏 2：酸枣 2 混交林；墨西哥柏 2：川滇桤木 2 混交林；墨西哥柏 2：银荆 2 混交林；墨西哥柏 1：新银合欢 1 混交林；郭芬柏纯林；冲天柏纯林和墨西哥柏纯林等 10 种配置模式。他们 1 次最大截留的雨量达 0.08mm 以上。

4. 研究结论

①滇东南岩溶山区可用来造林的土地主要有 2 种立地类型：Ⅰ—多石的石灰土类型，Ⅱ—厚层山地红壤类型。从 3 年生幼龄期不同树种的造林效果来看，在类型Ⅰ上，宜用墨西哥柏、郭芬柏和冲天柏等针叶树作造林树种，在土层较厚的地方可种植银荆；在类型Ⅱ上，适宜营造墨西哥柏、冲天柏、郭芬柏、川滇桤木、滇合欢、银荆、杜仲、酸枣、苦刺等针阔、阔阔混交林以提高其生态和经济效益。

②影响岩溶山地林木生长的主要因素是坡度、岩石裸露率、土类、土层厚度和土壤中石砾含量。造林地的坡度、岩石裸露率和土壤中石砾含量愈高，林木生长愈差；山地红壤上定植的林木生长量明显比石灰土上的大；土层愈厚，林木的生长愈旺盛。而坡向、坡位、土壤的吸湿水、旱季土壤含水率、pH 值及土壤养分与林木平均生长量、单位面积生物量之间的相关不密切。

③岩溶山地的土壤资源非常宝贵，因此在岩溶地区的造林工作上应采取特殊的土壤保护措施，在清林、整地、抚育等工作中应十分注意保护原有植被，除清除影响林木营造和生长的灌木和草类外，其他植物全部保留。保护其原有植被，对于形成复层的林分结构、对雨水的截留都具有非常重要的作用，特别是在多石的薄层石灰土类型上，人工种植的阔叶树生长较差，通过种植针叶树，保护原有灌草资源，经过几年的发展，能形成乔灌草结构的复层林分，对改善岩溶山区的生态环境、降低造林成本效果十分明显。3 年来各配置样地的植被盖度、灌木鲜重和草鲜重都有不同程度的增长。盖度增长 0.05~0.25，平均增加 0.24，增长率为 45.02%；每公顷灌木鲜重增加 5~2451kg，平均增

加 443kg，增长率为 42.23%；每公顷草鲜重增加 85~2992kg，平均增加 1021kg，增长率为 72.06%。

④虽然造林仅 3 年，保持水土和改良土壤的机制未能充分显示，但在吸湿水、全氮、水解氮、速效磷、速效钾、pH 值、有机质和旱季土壤含水率 8 个性状中，吸湿水、速效磷、速效钾 3 个性状在年度间的差异达到显著或极显著水平，其中吸湿水平均增加 3.66%，每千克干土中的速效磷和速效钾平均分别增加 9.99mg 和 42.59mg，表明了造林对岩溶山地土壤的良性作用。

三、造林树种的育苗技术和耐旱性研究

（一）滇东南半干热石漠化地区乡土树种白枪杆苗木培育及耐旱性评价研究

1. 研究目的

对滇东南半干热石漠化地区的乡土树种白枪杆生物学特性进行观测，并探索其造林技术。以培育的白枪杆苗木与其他树种进行混交造林，观测其生长情况，并与其他树种进行耐旱性评价，期望对云南岩溶地区石漠化土地治理，尤其是最难治理的半干旱石漠化地区的植被恢复具有指导及示范作用。

2. 研究内容、方法及技术路线

（1）研究区概况

滇东南石漠化地区地貌主要属于滇东南岩溶地貌，泥盆纪至三叠纪地层分布广泛，石灰岩占据了这一地区绝大部分面积，山原平均海拔高度在 1300~1800m 之间，西高东低，大部分地区相对高差不大，约 200m 左右，基本上保持了丘陵状高原面貌。除岩溶山原外，文山州多孤峰残丘，红河州多孤峰残丘和断陷盆地，盆地海拔多在 1200~1400m 之间红河谷地在本区最西侧，是红河洲大断裂带发育而成的侵蚀构造峡谷。这一地区的气候具干湿季分明，年温差小，冬暖夏凉的特点，但受东南季风的影响较大。大部分地区年均温多在 15.8~19℃之间。

（2）植被变化历史

三百年来，这一地区森林日趋减少，以红河州半干暖石漠化地区最为突出。以开远为例：《开远县志》载，民国初期 1934 年，开远森林面积减少了 100 万亩，森林面积下降了 38%，1934 年至 1990 年，森林面积减少了 129 万亩，森林面积又下降了 80%。

造成森林减少的主要原因是以锡矿为主的矿山开发大量消耗了森林。《汉书·地理志》载："武帝改滇王国为益州郡，中有贲古县（即现今个旧市、蒙自市），其北采山出锡，西羊山出银、铅，南乌山出锡。"乾隆起，银矿渐竭遂以采锡为主。自雍正 2 年至嘉庆十七年（1724~1812 年），产锡 750t，以后越采越多，至滇越铁路通车时年产量达 6000t，1917 年后产量已达万吨以上。由于砍伐矿柱及炼锡燃料，开远、建水、个旧、

蒙自、石屏等县的森林逐步被砍光。郭恒在《云南之自然资源》中写道："滇省土法炼矿，皆以薪柴木炭，以数十至数百年之取用，矿山附近森林几乎已砍伐殆尽，势不得不由远处取得薪炭而维持矿山之作业"。《个旧县志》载："个邑原有之天然林，因采矿炼锡用椽木薪炭，业已砍伐殆尽。"1940年，郝景盛教授在《云南林业》一文中谈到，"蒙自附近之山在不久之前尚有天然林存在，后因个旧锡业发达，大量用木炭，每年炼锡用木炭在1500万斤以上，最初取自蒙自山林，后由建水现已用至石屏山林，而石屏山林又将砍伐殆尽矣。"1943年，建水县政府在《建水县三十二年施行计划》中写道："建水县因受个旧炼锡之影响，天然森林砍伐殆尽，濯濯童山，举目皆然。"《开远县志》载："民国初期，开远炭业兴起，主销个旧。"

气候的干热、岩溶山地的漏水、三百余年植被的破坏、水土流失的严重使这一地区的生态环境日趋恶化，石漠化现象突出。以至于有的县在一些年份里造林成活率仅达10%（开远市林业志，1998）。在"九五"攻关基础上，借国家珠江防护林工程、天然林保护工程及退耕还林工程的契机，这一地区的生态环境有了很大改善，在红河、文山州有关部门的组织下，成林面积不断增加。

（3）研究内容

本课题以滇东南半干热石漠化地区的乡土树种白枪杆为研究对象，分析了其所在的植物群落特征，观测其生物学特性，并进行了苗木培育。通过观测在试验地的生长表现，分析评价白枪杆在石漠化地区植被恢复中的表现，并与其他造林树种进行了抗旱性比较，旨在为今后的石漠化治理的苗木培育提供借鉴，并为大规模苗木培育提供技术支撑。

（4）研究方法

采取文献综述法及现地调查法，收集滇东南半干热石漠化地区白枪杆所生长的植物群落，并对该树种的资源利用情况进行走访调查；采取线路调查法，对开远、建水、个旧等地植被恢复区主要造林树种进行调查，调查树种使用情况及生长情况；选择有代表性的造林区域，各设置20m×20m样地3块，分别测定苗（树）高、地（胸）径、冠幅等；与其他造林树种相关观测因子进行比较，分析白枪杆抗旱性情况，并进行评价。

3. 白枪杆苗木培育及耐旱性评价

（1）白枪杆所在群落及主要伴生树种

董棕、茶条木、多歧苏铁群落：属热带雨林植被类型山地雨林植被亚型。本群落主要分布于马鹿底山西北坡及邻近的沟谷两侧，尤其在阴坡上发育良好。海拔高度在800~1100m，坡度25~45°，石灰岩出露率30%~50%，有些地段可达70%。土壤为红色石灰土，表土暗褐色，腐殖质和枯枝落叶层较厚。群落外貌显示林冠茂密，深绿带灰蓝色，尤以董棕的巨型三回羽状复叶形成的棕榈型树冠最引人注目，种类组成十分丰富，结构也较复杂。乔木层结构复杂，可分3层。上层乔木高25~30m，色调深绿，树冠参差不齐，彼此不连接，多呈伞形，盖度30%~40%。种类组成多样，但明显地以董棕为优势，

203

树高 25~30m，干高达 20 余米，胸径 0.8~1.2m，树干基部环生粗壮的不定根，特别以巨型棕榈型树冠最具特色。林下生有不同年龄的幼树，表现出良好的天然更新能力。其他种类有蒙自合欢、南酸枣、软皮桂、狭叶密花树、圆叶乌桕等，偶见鱼骨木。乔木中层一般高 10~15m，盖度达 60%~85%，色调深绿，树冠多呈伞状，比较平整，彼此连接，种类较少，其中以茶条木为优势种，胸径 20~30cm，树干光滑，常有多枝萌生状生长的植株。此外还有白枪杆、龙迈青岗等。乔木下层高 7~10m，树冠较稀疏，多呈圆锥状，有时混生有高大灌木种类，盖度为 30%，种类较丰富，优势种不明显，常见的种类有桄榔、变叶翅子树、河口油丹、猪仔树、西南粗糠柴、卫茅等。灌木层一般高 3~5m，盖度 40%，结构较零乱，种类较丰富，除乔木幼树外，常有多歧苏铁散生于乔木及灌木之间。其他常见的灌木种类有星毛紫金牛、毛九节木、长柄本勒木、棒柄花等。还散生有小果山菠萝、越南密脉木、金平藤春等。草木层分布不均匀，高 1~1.5m，可分 2 层。草木上层高达 1.5m，盖度 30%~50%，藤本植物也较丰富，附生植物多见。

滇青冈、高山栲群落：属半湿性常绿阔叶林植被亚型，滇青冈群系。样地总盖度 75%，面积 150m²。坡度 30°，海拔高度为 1430m。本群落分布于文山、砚山、邱北一带，分布海拔范围为 1300~1600m，是这一带常绿阔叶林的代表类型。分布地均为石灰岩基质，土壤为赤红壤及石灰土。现大部分均已破坏，呈现石灰岩灌丛景观。现以金振洲（1987）在文山县拖白尼所作样地为例。样地高 12m，因人为影响及岩石的起伏，群落上层高低不平，乔木层高 6~12m，胸径 20~40cm，小树 6~7cm。层盖度 50%，主要树种为滇青冈，其次为高山栲及清香木，此外还有短萼海桐、牛筋木等。灌木层高 0.5~2m。层盖度 30%，种类有 32 种，以乔木种类的萌生灌木状植株为主。有常绿及落叶的植物，是石灰岩地区常见种类，包括榆科、鼠李科、漆树科的一些喜钙种类，如铁仔、沙针、滇青冈、清香木、短萼海桐、毛叶柿、化香、毛枝榆、鼠李、山合欢等。草本层高 20~25cm，盖度为 15%，种类较少。样地乔木层、灌木层资料见后续图表。白枪杆在群落中处于灌木层中，高度仅 20cm。

滇青冈、清香木群落：属半湿性常绿阔叶林植被亚型滇青冈群系。乔木上层以滇青冈为主，乔木下层以清香木为主的群落。主要分布在滇中高原中东部地区的石灰岩山地海拔高度为 1500~2000m。由于长期人为活动的原因，大部分群落已遭破坏，加之石灰岩山地上的植被破坏后很难恢复，现仅少量林子残存在偏僻山沟。现以任宪威先生在易门县大龙口所作样地为例作一分析。样地设在海拔 1630~1730m 处，为沟谷两侧，坡向东北坡及西北坡，坡度 30°~45°，水湿条件较好。基质为石灰岩，土壤为红色石灰土。森林总盖度为 80%~90%，受人为干扰较轻，是保存下来的成熟林分。乔木上层平均高 22.6m，最高的大树可达 25m 多。平均胸径 30.6cm，最大近 60cm。在 5 个 900m² 样地中有 18 种植物，平均每样地有 24.6 株。优势种为滇青冈，占株数的 61.8%，其他乔木种类为少数，常见的有野漆、球花石楠、金江城、南亚枇杷等。落叶树占少数，如白枪杆、滇合欢、滇朴等。乔木下层平均高 10m，平均胸径 16.6cm。种类为 15 种，占优势的为清香木，占总株数的 33.3%。其次为南亚枇杷，占 13.7%，山玉兰占 9.8%。样地中白枪杆高达 25m、胸径达 46cm，是所见白枪杆中最高最粗的。

铁橡栎、清香木群落：属硬叶常绿阔叶林植被亚型，铁橡栎群系。主要分布在川滇干热河谷及干暖河谷中。在红河哈州北部的半干旱暖热地区及干热河谷地区多有分布。土壤多为赤红壤或石灰土，分布地多为石灰岩山地。该群落树冠参差不齐，并随地形波状起伏，但该群落明显地可分为四层，即乔木层、灌木层、草本层及层间植物、无苔藓地衣层。样地在建水黄龙寺，海拔 1350m，由于寺庙的作用保护了 10hm² 左右的一片森林。石灰岩裸露明显，土层浅薄，林下道路较多，地被有所破坏。有的地段砍伐后形成了萌生林。群落外貌亮绿色或灰绿色，乔木层高 3~7m，树干多弯曲，皮厚，多小叶、硬叶等旱生叶片。在寺庙里尚保留了胸径 50cm 的清香木数株，胸径 20cm 的尖叶木樨榄 1 株，寺外林木胸径多较小。群落乔木层由漆树科、壳斗科、木樨科、使君子科、椴树科、梧桐科、榆树科、茜草科树木组成，热带科属数量较多，样地含 18 科 20 属植物。乔木层的郁闭度为 50%~90%，组成树种有铁橡栎、清香木、高山栲、白枪杆等，层高为 4.5~9m，以铁橡栎和清香木为主。灌木层有铁橡栎、薄叶鼠李、滇合欢、白枪杆、苦刺、短萼海桐、锐齿槲栎、尖叶木樨榄等种类。灌木层高 1.5~3m，盖度因坡向、坡度的不同和海拔的差异而相差较大。草本层高 0.1~1m，层盖度也随样地位置的变化而发生变化。白枪杆在群落中高 6m，但在寺庙周围土层深厚处仍有 12m 高、胸径 26cm 的大树。在沟谷两侧及林缘有白枪杆小团树群分布。

（2）白枪杆的生态学特性

白枪杆分布多生长在以石灰岩为基质的土壤上，土壤多为红色石灰土。海拔在 600~1500m 之间。坡向有东北坡、西北坡、西南坡、东南坡不等。分布区多在南亚热带气候条件下，年均温为 16~21℃之间，活动积温 5200~6500℃，年降雨量在 800~1200mm 之间，分布区干湿季明显。但在较湿润生境条件下比在半干旱生境条件下生长好。中性偏阳树种，浓密树冠下虽有幼苗生成，但在稍有上方或侧方光照的地方幼苗能成活生长。中幼树在灌木层、草本层中时能耐侧方遮阴，稍耐上方遮阴。在土层深厚、湿度较大的地方生长较好，并能形成高大乔木（高 25m、胸径 46cm）。但在半干热生境及土浅石多，水土流失严重的石漠化地区则生长矮小（高常达 3m 左右），根系发达。在乔木层出现，也可在灌木层、草本层中出现。主要伴生树种为铁橡栎、滇青冈、清香木、高山栲、茶条木等。

（3）白枪杆苗木培育

苗木培育的总原则是全光照育苗以提高幼苗上山后对强光及较高温度的适应能力，育苗后期逐步减少浇水次数及浇水量，进行抗旱锻炼并促使幼苗尽早木质化，使苗木上山后能适应干旱的环境。

苗圃地的选择：苗圃地要选在交通便利、水源充足，土壤的透水性和通气性较好的平坦或缓坡地，坡度不超过 15° 的地方。土壤的性质和肥力对苗木的产量和质量有很大影响，土质好，耕作和起苗就比较容易，苗木生长速度快并且健壮。土壤以酸性为宜。苗圃地选好后，作好种植区规划，合理设置排水、灌溉系统，建盖管护房屋和建盖放置工具、肥料、荫棚的房屋。

整地：整地是改良土壤性质，清除杂草和保墒，使土壤适合苗木生长的需要。整地在秋季进行，深耕土地 30cm，翻转土层、打碎土块、清除杂草、石块、树根等杂物。

作苗床：用床式育苗，在规划整理好的土地上作苗床。采用平床：床面与步道无甚高低。苗床的方向以东西向为好，有利于阳光均匀照射。苗床宽 1.2m、两床相距 30cm 为步道。先把苗床用锄头背面仔细平整，不能有大的土块、不倾斜，然后均匀的放上已腐熟、打碎的农家肥，再用锄头背面仔细平整。

采种：白枪杆 5~6 月开花，9~11 月翅果成熟，果序为顶生或腋生的聚伞状圆锥果序，成熟后可在树上宿存 1~2 个月，然后飘落地上，飞行距离 10m 左右。采种可在树上采集，也可在地上捡拾。翅果采集后于室外晒干后用布袋收藏于室内通风处，可不去翅。每公斤有 2.1 万粒带翅种子，种子发芽率为 76%。

种子贮藏：贮藏的原则是以最大限度地保持种子的发芽力，延长种子的寿命为目的。主要用普通干藏法，将筛选过的种子用袋子装好，放在通风良好的、干燥而温度较低、变化不大的室内。在贮藏过程中要随时检查种子，发现问题及时处理，保证所贮种子的质量。

播种前的种子处理：可以促进种子萌发和出苗整齐。播种前的前 1 天，把装好种子的袋子口用线扎紧放入冷水中或沼气池中，水里放 0.5% 的高锰酸钾，用大石头压在袋子上，让水或沼汽水淹过袋子，浸泡 24h，让种子充分吸水。

播种：翌年 1 月下旬整地作床，由于是旱季可作成平床或低床。床宽 1m，长 15m，耕扒整地使土粒细致。种子用 60° 温水浸泡 1 天后换水继续用 60° 温水继续浸泡 1 天，将浸泡好的种子捞出，水分晾干，把种子和农药充分拌和，然后种子均匀地撒在作好的苗床上。种子撒好后覆盖 1 层筛过的细土，厚度 2mm，覆土不宜过厚，不然会影响种子萌发。以能盖住种子为宜。然后均匀的盖上蔗糖叶（多年育苗得出用蔗糖叶盖比用草、松毛盖的好，用蔗糖叶盖出苗率高并且整齐）厚度为 5cm，以利保水，最后用细喷头的喷水头反复透浇，再用质量好、厚实的薄膜盖上，薄膜的 4 周用土压实，不通风，不透气。几天后拉开薄膜一角观察苗床如果土还湿润，就不用浇水。如果土有点干就把薄膜拉开透浇 1 次水，再把薄膜盖好，用土压实薄膜，要随时观察是否有苗出土。浇上 4 次水后，约 50 天，种子开始出土，这时薄膜搭成拱形，苗床两头通风，观察苗出齐后，拆除薄膜，揭开蔗糖叶，盖上荫网搭成拱形，一天浇 2 次水，早、晚各 1 次，及时除草，预防病虫害。等到长出 3 片叶片，拆除荫网长出 4~5 片叶片时，就可移植到准备好的营养袋里。

苗木出土：15 天左右子叶开始出土，5~7 天出齐。出齐逐步揭去覆草搭建遮阴网。子叶期 15~20 天，长出第一对真叶，约 15 天后长出第二对真叶。第一对真叶出现后根系开始长侧根，第二对真叶出现后开始长须根。

入袋：将幼苗装入营养袋内培育，营养土为"2/5 红土 +2/5 火烧土 +1/5 腐殖土 + 适量农家肥及普钙"，用农药消毒杀菌。装袋后排在苗床中，袋高与步道平。入袋后逐渐减少浇水次数，由每天 1 次减为每 2 天 1 次，一月后再减为 3 天 1 次，出圃前一个月再减为 4~5 天 1 次，以提高苗木木质化程度，增强苗木抗性。但出圃前应浇足水分，以利上山后尽快适应不良生境，尽早扎根。

出圃：7 月初即可出圃。苗木出圃时苗高应在 15cm 以上，地径 0.15cm 以上。

4. 白枪杆造林技术

（1）造林技术要求

预整地：头年冬季在石漠化山地提前预整地，挖穴 40cm×40cm×30cm，去石除草根，晒至第二年五月回土。六月运苗至造林地附近水源方便的地方建临时苗圃。

造林时间：7 月第 1 场透雨后专业造林队上山造林。

株行距：株行距以 2.5m×2.5m 为好。营养袋必须撕破后苗木才能入土，踩实回土，使之与袋苗土壤紧密结合。

抚育：白枪杆幼树有一定的耐侧方荫蔽能力，造林后头年抚育二次，2~3 年时每年抚育一次即可。

（2）混交造林模式

与墨西哥柏、冲天柏或云南松、加勒比松等针叶树混交成针阔混交林。由于石漠化山地岩石露头多而不规则，因而不过分强调混交株行距，多使用小块状不规则混交。株行距多为 2.5m×2.5m。墨西哥柏是浅根性树种，4~5 年生幼树根系深度绝大部分在 40cm 内、根幅一般为 1m²×1m²。白枪杆根系较深，4~5 年幼树根系多在 30~80cm 之间，根幅多为 3m²×3m²。在空间上墨西哥柏为第 1 林冠层，白枪杆为第 2 林冠层，墨西哥柏树冠窄小（1.5m²×1.5m²），白枪杆冠幅多在 3m²×4m² 之内。白枪杆不与墨西哥柏争光争肥，形成的植被能充分利用地上及地下空间，一针一阔，相辅相成。加勒比松、云南松为深根性树种，4~5 年生对主根多在 1m 以下，根幅多在 60cm²×60cm² 以内，与白枪杆的根幅不重叠，地上部分也是一高一低，一宽一窄。这样 1 针 1 阔，也相辅相成。白枪杆地上部分在特别寒冷及特别干旱时落叶，落叶分解后可改良土壤结构，提高土壤保水保肥能力。加上白枪杆的药用价值及良好材性，使之可能成为一个优良的治理石漠化的优良阔叶树种。

（3）试验点生长情况分析

随海拔的升高，生长速度放慢。海拔 1380m 山下部中度石漠化地区红色石灰土，上阴坡，2.5 年生的白枪杆保存率 95%，高 138.5cm、地径 2.76cm（建水闫把寺）；海拔 1470m 山上部，中度石漠化表蚀性赤红壤，上阴坡，2.5 年生的白枪杆保存率 92%，高 63.7cm、地径 0.83cm（闫把寺）。不同海拔白枪杆造林后生长情况对照见表 6-22。

表 6-22　不同海拔白枪杆造林后生长情况对照表

海拔 /m	年龄 / 年	树高 /m	地径 /cm	坡向
1380	2.5	138.5	2.76	阴
1470	2.5	63.7	0.83	阴

水土流失程度不同生长速度不同。海拔 1400m 严重水土流失地区阴坡表蚀性赤红壤上 2.5 年生白枪杆保存率 87%，高 22.8cm、地径仅 0.60cm（南庄）。不同水土流失区白枪杆造林情况对照见表 6-23。

表 6-23　不同水土流失区白枪杆造林情况对照表

海拔 /m	年龄 / 年	土　壤	水土流失程度	坡　向	树高 /cm	地径 /cm
1400	2.5	赤红壤	重度	阴	22.8	0.60
1380	2.5	赤红壤	中度	阴	138.5	2.76

在滇东南水土流失较严重的中度石漠化地区，实生苗的白枪杆的生长速度比四川乐山（年均温 18℃，年降水量 1200mm 左右，紫色土）同属植物白蜡树扦插苗生长速度稍慢。白枪杆与同属树种白蜡树幼年生长情况比较见表 6-24。石漠化山地 2.5 年生白枪杆与常用造林树种生长对比见表 6-25。

表 6-24　白枪杆与同属树种白蜡树幼年生长情况比较表（单位：cm）

年　龄	白枪杆（实生苗）	白蜡树（扦插苗）
1 年生	26	40
2 年生	57	70
3 年生	106	120

表 6-25　石漠化山地 2.5 年生白枪杆与常用造林树种生长对比表

树　种	树高 /cm	地径 /cm	海拔 /m	坡　向	地　点
白枪杆	62.8	0.8	1460	半阴坡	建水闫把寺
加勒比松	66.7	1.9	1460	半阴坡	建水闫把寺
墨西哥柏	83.3	0.7	1460	半阴坡	建水闫把寺
云南松	35.4	2.1	1480	半阴坡	建水盆科

2.5 年生时，高生长为墨西哥柏＞加勒比松＞白枪杆＞云南松；地径生长为云南松＞加勒比松＞白枪杆＞墨西哥柏。高生长速度比不上速生的针叶树种墨西哥柏与加勒比松，但它的造林成活率却高达 92% 以上。在石漠化地区作为针阔混交林中的伴生树种是优良的。

（4）病虫害防治

研究期间尚未发现白枪杆有病虫害发生。同属白蜡树报导有煤烟病、牛藓病、天牛、卷叶虫、茶袋蛾发生，但均可预防。煤烟病用石硫合剂防治，牛藓病用波尔多液防治，天牛卵用刮除法，幼虫用 40% 乐果乳剂 15~20 倍液塞入洞中用泥封死。卷叶虫用敌百虫或敌敌畏驯 1000 倍液喷治。茶袋蛾用 80% 敌敌畏乳剂 1500 倍液喷治。

5. 白枪杆造林后适应性评价

3 月下种，7 月时幼苗，苗高 12.4cm，地径 1.6cm 时，平均根长 21cm，侧根平均 21 根，平均侧根长 6cm，总长 126cm，须根平均 238 根，平均长 1.8cm，总长 428.5cm，平均根幅 59.5cm^2×8.5cm^2。正是较发达的根系使幼苗上山后能更多地吸收土壤水分及养分，提高了造林成活率及保存率。白枪杆与几个常用耐旱造林树种苗期根部比较见表 6-26。

表 6-26　白枪杆与几个常用耐旱造林树种苗期根部比较表（单位：cm）

树种	苗高	地径	根长	侧根数	侧根长	侧根总长	须根数	须根长	须根总长	根　幅
白枪杆	12.4	0.16	21.0	21	6.0	126	238	1.8	428.4	9.5×8.5
云南松	4.0	0.16	15.5	14.5	5.8	84.1	132.5	0.15	19.88	5.5×5.5
加勒比松	9.8	0.17	16.0	21.5	7.5	161.5	120	0.1	12.5	5.5×5.5
苦棟	7.5	0.24	18.5	10.5	6.0	63.0	135	2.4	388.4	5.5×5.5
墨西哥柏	30.0	0.25	22.0	16	7.0	112	264	0.75	198	7.0×6.8

由于须根是苗木从土壤中吸收水分及养分的主要部分，须根越长，吸收面积越大，从土壤中得到的水分及养分就越多，越有利于幼苗的成活及生长。白枪杆与常用耐旱树种苗期须根吸收面积统计见表 6-27。

表 6-27　白枪杆与常用耐旱树种苗期须根吸收面积统计表

树　种	须根 /cm	平均直径 /cm	平均周长 /cm	吸收面积 /cm^2
白枪杆	428.4	0.01	0.0314	13.4518
细叶云南松	19.88	0.01	0.0314	0.6242
加勒比松	12.5	0.01	0.0314	0.3925
苦　棟	388.4	0.01	0.0314	12.1958
墨西哥柏	198	0.01	0.0314	5.9172

侧根长，根幅就宽，须根占吸收水分及养分空间也跟着扩大，越对植物的生长有利。同样，主根越长吸收水分及养分的空间越深，越对植物的成活及生长越有利。可见，白枪杆的吸收面积、根幅、主根长度均在几个主要造林树种前列，加之喜钙乡土树种对环境的适应性，在造林困难的石漠化地区成活率较高是有道理的。

6.白枪杆耐旱性评估

（1）研究方法

主分量分析是一种把原来多个指标化为少数几个相互独立的综合指标的一种统计方法，在生物学各领域中广泛应用，目的在于分清主次，简化和精炼原始数据，将不利于整理、分类和评价的高维空间转换成低维空间，并尽量减少原始信息的损失，保持它在高维空间分布规律的特点。其基本原理是坐标通过适当的刚性旋转与运转，从原来错综复杂的一组变量中导出一组彼此无关的新变量，其中方差最大者能代表原来一组变量所含信息的大部分者即为主分量。

（2）研究结果与分析

在干旱地区，植物对水分胁迫的适应是通过多种途径来完成的，形态解剖结构的适应性是其表现之一。植物的抗旱性是由各旱生结构共同作用产生的，为此，我们综合了7个旱生结构指标，利用主分量分析法，对各树种的抗旱性进行了综合分析。据植株旱生结构的特点，主要对单位长度叶面积、海绵组织、栅栏组织或绿色折迭组织、胞间隙、角质层、草被层、表皮毛及其表皮分泌物等特性进行了观测及量化，观测的原始数据见表。量化过程中，单位长度叶面积、海绵组织及栅栏组织或绿色折迭组织与叶片总厚度之比为实际观察数据，其余指标按其分布的特点分级量化。由于裸子植物中仅有绿色折迭组织，无栅栏组织、海绵组织，而绿色折迭组织在叶片中所起的作用等同于栅栏组织，都具有紧密的结构，并是进行光合作用的主要器官，对植物的抗旱性都起着同等重要的作用。因此，观测时将裸子植物的绿色折迭组织看作为被子植物的栅栏组织进行记录及量化。植物旱生结构生理指标见表6-28。

表6-28　植物旱生结构生理指标表（单位：%）

树种	5mm长度叶面积	海绵组织厚／叶总厚	叶片类型	折迭组织或栅栏组织／叶总厚	胞间隙	角质层与蜡被层	表皮毛与黏性分泌物
车桑子	100	39.29	一面有栅栏组织	42.86	较大	有蜡被层	有黏性分泌物
墨西哥柏	6	0	两面都有栅栏组织	86.76	小	角质层与蜡被层均具	无
银荆	5	18.18	两面都有栅栏组织	27.73	小	角质层与蜡被层均具，且角质层发达	密被毛
冲天柏	5	0	仅有绿色折迭组织	92.86	小	角质层与蜡被层均具	无
新银合欢	30	26.09	一面有栅栏组织	52.17	较大	无	无

续表

树种	5mm 长度叶面积	海绵组织厚/叶总厚	叶片类型	折迭组织或栅栏组织/叶总厚	胞间隙	角质层与蜡被层	表皮毛与黏性分泌物
赤桉	125	35.29	两面都有栅栏组织	55.88	较大	角质层与蜡被层均具，且有角质突起	无
厚荚相思	175	45	两面都有栅栏组织	45	中	角质层与蜡被层均具，且角质层发达	无
细叶云南松	4.5	0	仅有绿色折迭组织	88.89	小	角质层与蜡被层均具	无
加勒比松	7.5	0	仅有绿色折迭组织	93.14	小	角质层与蜡被层均具	无
木麻黄	4	0	仅有栅栏组织	89.47	小	有蜡被层	无
直干桉	300	51.72	一面有栅栏组织	34.48	大	角质层与蜡被层均具，且角质层发达	无
羽叶山黄麻	85	33.33	一面有栅栏组织	45.83	小	无	有黏性分泌物
大叶相思	100	41.18	两面都有栅栏组织	52.94	小	角质层与蜡被层均具，且角质层发达	无
白枪杆	200	44.44	一面有栅栏组织	27.78	较大	有角质层	有表皮
石榴	75	0	仅有栅栏组织	86.96	中	有角质层	无
苦刺	25	0	仅有栅栏组织	83.87	较大	有角质层	有表皮毛

被子植物叶肉组织中的栅栏组织根据其分布特点分二级量化。栅栏组织较均匀地分布于叶片上、下表面的用"2"表述，而仅分布于叶的上表面的用"1"表述，仅有栅栏组织的用"2"表述；裸子植物中绿色折迭组织分布均匀，都评定为"2"。胞间隙的大小分三级量化：其中大的为 3，较大的为 2，中等的为 1.5，小的为 1。角质层与蜡被层的量化分四级：角质层与蜡被层均具但不发达的为 2；仅有角质层或仅有蜡被层的为 1；既无角质层，又无蜡被的为 0。表皮毛及表皮分泌物的量化分三级：密被表皮毛或既有表皮毛又有黏性分泌物的为 2，仅有表皮毛或仅有黏性分泌物的为 1，既无表皮毛又无黏性分泌物的为 0。最后把所有量化的数据按其旱生结构的生理学意义加正负号，以形成统一。结果得植物旱生结构指标量化表。

将植物旱生结构指标量化数据作主分量分析，得相关矩阵（R），然后通过相关矩阵（R）的因子分析计算特征向量和累积贡献率。计算结果显示，前三个主分量的累积贡献率已达到 89.9131%，一般经验指出，累积贡献率大于 0.8 或 0.85 即可。因而，取前三个主分量的特征根、特征向量，计算对应因子的因子负荷量，找出影响植物抗旱性的主要因子。对应因子的因子负荷量的计算公式为 $r(Y_\kappa, X_j) = (\lambda_j U_{\kappa j})^{1/2}$。植物旱生结构指标量化见表 6-29，相关矩阵 (R) 见表 6-30，特征向量、特征根、累积贡献率见表 6-31，因子负荷量计算结果见表 6-32。

表 6-29　植物旱生结构指标量化表

树 种	5mm 长度叶面积	海绵组织厚／叶总厚（%）	叶片类型	折迭组织或栅栏组织／叶总厚（%）	胞间隙	角质层与蜡被层	表皮毛与黏性分泌物
车桑子	-100	-39.29	1	42.86	-2	1	1
墨西哥柏	-6	0	2	86.76	-1	2	0
银荆	-5	-18.18	2	27.73	-1	3	2
冲天柏	-5	0	2	92.86	-1	2	0
新银合欢	-30	-26.09	1	52.17	-2	0	0
赤桉	-125	-35.29	2	55.88	-2	3	0
厚荚相思	-175	-45	2	45	-1.5	3	0
细叶云南松	-4.5	0	2	88.89	-1	2	0
加勒比松	-7.5	0	2	93.14	-1	2	0
木麻黄	-4	0	2	89.47	-1	1	0
直干桉	-300	-51.72	1	34.48	-3	3	0
羽叶山黄麻	-85	-33.33	1	45.83	-1	0	1
大叶相思	-100	-41.18	2	52.94	-1	3	0
白枪杆	-200	-44.44	1	27.78	-2	1	0
石榴	-75	0	2	86.96	-1.5	1	0
苦刺	-25	0	2	83.87	-2	1	1

表 6-30　相关矩阵 (R) 表

项 目	单位长度叶面积	海绵组织厚／叶总厚	叶片类型	折迭组织或栅栏组织／叶总厚	胞间隙	角质层与蜡被层	表皮毛与黏性分泌物
单位长度叶面积	1.0000	0.8370	0.5205	0.6587	0.7356	-0.2754	0.2159
海绵组织厚／叶总厚	0.8370	1.0000	0.6144	0.8841	0.5581	-0.2215	-0.0246
叶片类型	0.5205	0.6144	1.0000	0.6221	0.5750	0.4906	-0.1012
折迭组织或栅栏组织／叶总厚	0.6587	0.8841	0.6221	1.0000	0.4669	-0.1487	-0.3841
胞间隙	0.7356	0.5581	0.5750	0.4669	1.0000	0.0000	0.0914
角质层与蜡被层	-0.2754	-0.2215	0.4906	-0.1487	0.0000	1.0000	-0.0780
表皮毛与黏性分泌物	0.2159	-0.0240	-0.1012	-0.3841	0.0914	-0.0780	1.0000

表 6-31　特征向量、特征根、累积贡献率表

主分量　变量	Y1	Y2	Y3	Y4	Y5	Y6	Y7
单位长度叶面积	0.4688	−0.2706	0.1561	0.0305	0.7207	−0.3710	0.1571
海绵组织厚 / 叶总厚	0.4905	−0.1205	−0.1093	−0.3700	0.0068	0.3541	−0.6860
叶片类型	0.4011	0.4552	0.1997	−0.1645	−0.4298	−0.6139	−0.0573
折迭组织或栅栏组织 / 叶总厚	0.4595	0.0644	−0.3801	−0.2294	−0.1575	0.3333	0.6721
胞间隙	0.4060	−0.0230	0.2832	0.7922	−0.2149	0.2818	−0.0348
角质层与蜡被层	−0.0408	−0.7371	0.3630	−0.1065	0.4133	0.3736	0.0379
表皮毛与黏性分泌物	−0.0334	−0.3962	0.7532	−0.3787	−0.2323	0.1733	0.2172
特征根	3.6127	1.4692	1.2120	0.4693	0.1065	0.0886	0.0417
累积贡献率 %	51.6095	72.5983	89.9131	96.6167	98.1388	99.4042	100.0000

表 6-32　因子负荷量计算结果表

主分量	Y1	因子负荷量	Y2	因子负荷量	Y3	因子负荷量
单位长度叶面积	0.4688	0.8910	−0.2706	−0.3280	0.1561	0.1718
海绵组织厚 / 叶总厚	0.4905	0.9323	−0.1205	−0.1461	−0.1093	−0.1203
叶片类型	0.4011	0.7624	0.4552	0.5518	0.1997	0.2199
折迭组织或栅栏组织 / 叶总厚	0.4595	0.8734	0.0644	0.0780	−0.3801	−0.4185
胞间隙	0.4060	0.7717	−0.0230	−0.0279	0.2832	0.3118
角质层与蜡被层	−0.0408	−0.0776	0.7371	0.8935	0.3630	0.3997
表皮毛与黏性分泌物	−0.0344	−0.0636	−0.3962	−0.4803	0.7532	0.8292

　　第一主分量中的单位长度叶面积、海绵组织厚度与叶片总厚度之比、栅栏组织或绿色折迭组织厚与叶总厚之比、叶类型、胞间隙都具有较大、较接近的正向负荷。单位长度叶面积小，蒸腾面积也就少，蒸腾速率小；胞间隙大，叶内外蒸汽压差大，有利于蒸腾；海绵组织在叶肉组织中所占的比例及分布状况，都反映了栅栏组织与抗旱性强弱间的关系：栅栏组织越发达，植物的抗旱性越强。

　　第二主分量是反映角质层、蜡被层与抗旱性强弱关系的生理指标，角质与蜡被都分布于植物的表皮，都属于保护组织，主要功能是控制蒸腾，防止水分过度丧失，是植物抗旱性的重要指标。

第三主分量中表皮毛与黏性分泌物的正向负荷为 0.8295，表皮毛和黏性分泌物的存在加强了表皮的保护作用，削弱了强光的影响，加强了对蒸腾的控制，对植物的抗旱性有一定影响。

据以上分析可知，第一个主分量指标是叶肉组织细胞排列和叶类型指标，其指标主要与植物的各种代谢活动有紧密的联系，是评估和选择半干热地区造林树种的关键；第二个主分量指标是表述角质层与蜡质层的指标，是植物抗菌素性的重要指标；第三个指标是表述表皮毛与黏性分泌物的指标；二、三指标都属于植物保护组织的指标，说明保护组织也是植物适应半干热地区生态环境主要结构组成。

样本排序。原数据第 j 变量的标准差，代入具体数据后得前三个主分量方程，主分量值见上表，为了使样本间关系清晰直观，我们将上表中 Y1，Y2 主分量坐标分别当做纵、横坐标，把各样本点描绘在主分量坐标图上，由图可以较直观地表现出样本间的相互关系，此图即为样本排序图。

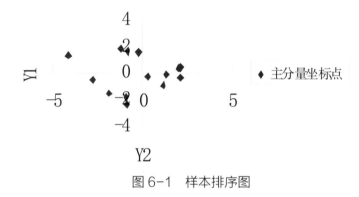

图 6-1　样本排序图

由样本排序图，根据各点的分布，可将 16 个样本分为 6 类。第 1 类：墨西哥柏、冲天柏、加勒比松、细叶云南松；第 2 类：大叶相思、厚荚相思、赤桉；第 3 类：直干桉；第 4 类：白枪杆；第 5 类：车桑子、新银合欢、羽叶山黄麻；第 6 类：银荆、木麻黄、石榴、苦刺。

用主分量的期望值 P（平均数）来评估各类的抗旱能力。

$$P = \sum_{i=1}^{4} Y_i \lambda_i$$

λi、Yi 分别为第 i 主分量的特征根和相应的坐标值，表示第 α 类中 n 个树种的期望值，α =1，2，3，…，6。据 P 值的大小，评定此 6 类的抗旱性强弱，其顺序为：第 1 类 > 第 6 类 > 第 2 类 > 第 5 类 > 第 4 类 > 第 3 类。

根据以上分类分析，第 1 类为松柏类的裸子植物，平均单位长度叶面积小，无海绵组织和栅栏组织，仅有绿色折迭组织，具有发达的角质层和蜡被层，胞间隙小。第 2 类植株的栅栏组织占叶肉的 1/2 以上，且分布于叶的上、下表面，角质层发达，具蜡被层；胞间隙除赤桉外都较大。第 3 类植株仅有直干桉，第四类仅有白枪杆，两类的栅栏组织都只分布于叶的上表面，海绵组织占叶肉的 1/2~1/3 左右，单位长度叶面积比其他类大，胞间隙也大，均具角质层。不同之处为直干桉不仅有发达的角质层，还覆盖有蜡被层。第 5 类的平均单位长度叶面积比第 2 类稍大，车桑子和羽脉山黄麻有黏性分泌物，栅栏组织除新银合欢占叶肉的 52.17% 外，车桑子和羽叶山黄麻都小于 50%，且只分布于叶片的上表面。除车桑子有蜡被层而外都无角质层和蜡被层。第 6 类的平均单位长度叶面积是此 12 种双子叶植物中最小的。除银荆的栅栏组织分布差异较大外，都有较为均匀地分布于叶的上、下表面，胞间隙小。银荆有发达的角质层，并有蜡被层，表皮密被毛；木麻黄有蜡被层；石榴和苦刺有角质层；苦刺兼有表皮毛。因而各类的抗旱性排列为第 1 类＞第 6 类＞第 2 类＞第 5 类＞第 4 类＞第 3 类是有理可依的。

与各类植物抗旱性强弱排序同理，用数学期望值（P）来表示 16 种植物的抗旱能力。根据 P 值的大小，评定此 16 种植物抗旱性强弱，其顺序为：冲天柏＞加勒比松＞云南松＞墨西哥柏＞木麻黄＞银荆＞石榴＞苦刺＞大叶相思＞赤桉＞厚荚相思＞山黄麻＞新银合欢＞车桑子＞白枪杆＞直干桉。

观测研究结果表明白枪杆叶片构造与其他 15 个树种比较，不具有特别的旱生构造。叶小型、叶两面、柄、叶轴、花序等部位均具柔毛，这些特征可减少水分的蒸发，是对干旱环境的生态适应。以强大的须根从土壤中尽可能多的吸收水分来供植物所需。干季最旱时，树木以落叶的方式来适应不良环境，减少水分消耗。

（3）研究结论

白枪杆是云南岩溶山地的特有树种，主要分布在滇东南岩溶地区及滇中南部岩溶地区，天然分布区从北纬 23°36′ ~ 25° 附近，东经 102° ~ 105°40′ 左右，海拔从 800~1500m，中心区域应为云南东南部，即现已成为石漠化地区的红河州、文山州大部地区。这一地区的气候条件为年均温 17~20℃，年降雨量 800~1200mm，半干旱或半湿润生境。具有较高的经济价值及药用价值。驯化技术简单易学，当地技术人员及劳动力接受程度高。用当地种子经驯化培育后造林试验，表现出了较高的对环境的适应性，能在中度及重度石漠化土地生长。适应石灰岩山地环境，根系较发达，干季以落叶形式适应环境，抗旱能力强，成活率高。生长较迅速。

（二）滇东南岩溶山地 9 种造林树种的育苗技术研究

1. 研究目的

岩溶山地是一个独特的生态系统，由于成土母岩的岩石成分、风化和侵蚀速度的差异，地貌形态特征的不同，形成了成土慢、土被分布不连续、土层薄、厚度变化大、水土容易流失；对植被选择严格，环境容量低；生态系统变异敏感度高的特点。一旦植被被破坏，水土流失就格外剧烈。针对滇东南岩溶山区土壤瘠薄、保水性能差，造林的成活率和保存率较低的特点，拟选择墨西哥柏、冲天柏、郭芬柏、杜仲、圣诞树、滇合欢、新银合欢、刺槐和川滇桤木等9个树种作为该区的造林树种。在砚山县镜卡农场进行墨西哥柏、冲天柏、杜仲、圣诞树、滇合欢、新银合欢、刺槐和川滇桤木8个树种的育苗试验，在云南省林业科学院苗圃进行郭芬柏树种的育苗试验。9个树种的育苗试验均通过切根及喷洒云大—120植物生长调节剂处理，以促进苗木的生长发育、提高苗木质量，从而提高造林成活率和保存率。

2. 研究方法、内容

（1）试验地概况

砚山县铳卡农场试点海拔1600m，属中亚热带半湿润型气候，年平均温度16.1℃，年降水量996.4mm，平均相对湿度79%，日照时数1933.5h，> 10℃积温4 877.8℃。土壤为石灰岩上发育的山地赤红壤。地势平缓，原为农耕地，土层深厚，排水状况良好，但土壤质地黏重，透水透气性差。

云南省林业科学院苗圃试点海拔1950m，年平均温度14.7℃，绝对最低温 –9℃，绝对最高温为31.5℃，年降水量700~1100mm，干湿季节明显，平均相对湿度68.2%。土壤为玄武岩发育的山地红壤，质地稍粘，土壤较贫瘠。

（2）试验方法

试验设计：试验采用2因素2水平3次重复随机区组试验设计，设置试验小区96块，每小区面积1m² 约225株，四周设保护行。各因素及水平如下：

A：切根

A1—切根 (切去苗木根长的1/3)，A2—不切根

B：叶面喷云大—120

B1—喷云大—120（每隔15天喷1次云大—120 5000 倍液），B2—不喷云大—120

试验布置图如下：

重Ⅰ：A1B1 A2B2 A2B1 A1B2

重Ⅱ：A1B2 A1B1 A2B2 A2B1

重Ⅲ：A2B1 A2B2 A1B1 A1B2

（3）育苗方法

试验苗木均采用塑料袋容器苗，容器袋规格10cm×15cm，袋底打孔，容器内充实填满土壤。

土壤处理：装袋及播种前，在苗床土壤中加入30%的有机肥和0.03%的复合肥，混匀后整细土壤，按每 m² 用量10g的多菌灵溶液均匀喷洒苗床，翻挖后，用塑料薄膜覆盖5天左右，进行土壤消毒。土壤消毒后，整理好苗床，并进行育苗袋填土。

种子处理：各参试树种的育苗用种均通过水选，去掉干瘪、小粒种子。根据各树种的种子特性，对墨西哥柏、冲天柏、郭芬柏、杜仲、川滇桤木5个树种的种子用

30~40℃的温水浸种 2 天（每天换 1 次水）；新银合欢、滇合欢、刺槐、圣诞树 4 个树种的种子用 70~80℃的水浸种 3 天左右（每天换两次水）。待种子发胀后，捞出种子，稍微晾干（以种子不会粘在一起为宜），用塑料薄膜包好进行催芽，待种子冒白芽后，取出种子，按种子重量的 1/1000 加入多菌灵（粉剂）拌种消毒即可播种。除圣诞树、滇合欢、新银合欢和刺槐 4 个树种不切根处理的直播于袋中外，其他 5 个树种和上述 4 个树种切根处理的均在苗床上育苗，待苗木开始长出真叶后，按试验设计移植于容器内继续培育。移苗后进行遮阴，加强除草、松土、病虫害防治等苗圃管理. 15 天对叶面喷施 1 次 0.3% 的尿素。

观测内容及分析程序：在苗木出圃前，当墨西哥柏、郭芬柏、冲天柏、杜仲苗龄达 6 个月，刺槐、滇合欢、川滇桤木、新银合欢、圣诞树苗龄达 4 个月时，在每个小区中随机抽取 20 株苗木，对苗高、地径、冠幅、茎叶鲜重、侧枝数、根长、根幅、根鲜重、侧枝数、主根发育状况及根瘤等 11 个性状进行单株测定。按观测性状对材料进行汇总，据此通过相关分析、方差分析、LSR 检验及排序，筛选出各参试树种较为合理的育苗技术措施。

3. 研究结果

本研究专题包含了所参试的 9 个树种的 9 篇育苗试验结果分析。试验分析结果表明，切根及喷云大—120 能够有效地促进郭芬柏、川滇桤木、刺槐和圣诞树 4 个树种苗木地上及地下部分的生长，一般各性状的生长均大于对照。在育苗中，对郭芬柏宜采取切根喷云大—120 并用的形式，川滇桤木可采用切根或喷云大—120，刺槐和圣诞树宜采用喷云大—120 的技术措施。切根和喷云大—120 对墨西哥柏、冲天柏、杜仲、滇合欢和新银合欢 5 个树种苗木的生长作用却不明显，仅对少数性状作用显著，且多呈副作用，因此在这 5 个树种的育苗中不宜采用切根及喷洒云大—120 这两种技术措施。

四、造林树种生长量研究

（一）滇东南岩溶区 4 种松树的生长量比较研究

1. 研究目的

滇东南半干旱暖热岩溶区集中分布在红河州的建水县、蒙自市、开远市、弥勒县和个旧市等，海拔 500~1300m，是云南省开发较早，经济文化较发达的地区，由于历史的原因，该区石漠化状况极为严重。该区除具有云南一般岩溶地区的特点外，其突出的特点是年平均降雨量 800.4~815.8mm，年平均蒸发量 2360.0~2430.0mm，蒸发量几乎为降水量的 3 倍，林地对植被选择十分严格，是造林的困难区域之一。本项研究通过十余年来对云南松、湿地松、马尾松和加勒比松的生长进行观测，并对 4 个松属树种在滇东南半干旱暖热岩溶区的生长表现进行评价，为该区松类树种的造林提供科学依据。

2.研究内容、方法

（1）试验地概况

滇东南岩溶地区土地包括非石漠化土地、潜在石漠化土地和石漠化土地。为了较好地反映松类树种在不同土地类型上的生长状况，2001~2003 年在建水县分别选择岩石裸露低于 30% 的非石漠化土地和岩石裸露在 30%~50% 的石漠化土地进行造林试验。石漠化土地试验点设在面甸镇闫把寺村委会灰山。其特点是林地内土壤、岩石裸露及其分布等变化较大。试验区海拔 1350~1530m，坡向为半阳坡，坡度 15°，土壤为石灰岩发育的山地红壤，年降水量约 800 mm，年蒸发量约 2300mm，岩石裸露率 30%~50%，土层较薄，质地为黏壤土。非石漠化土地类型造林试验点设在岔科阻塘子，试验区海拔为 1550m，坡向为半阳坡，坡度 5°，土壤为红色石灰土，年降水量约 800mm，年蒸发量约 2300mm，土层较厚，质地为粘壤土。阻塘子与灰山试验点的土壤理化性质见表 6-33。

表 6-33　阻塘子与灰山试验点的土壤理化性质

实验区	土壤层次	深度 /cm	厚度 /cm	湿度	结构	pH 值	颜色	有机质 /%	全氮 /%	全磷 /%	全钾 /%	碱解氮	速效磷	速效钾
阻塘子	A	0–10	10	干	粒状	4.6	棕色	2.61	0.186	0.070	1.13	299.0	3.0	908.0
	B	11–33	22	稍润	块状	4.6	棕黄	1.50	0.068	0.053	1.65	99.0	痕迹	169.0
	C	33 以下		稍润	块状		黄红							
灰山	A	0–8	10	干	粒状	4.6	棕灰	2.81	0.184	0.075	1.10	265.0	3.0	887.0
	B	9–25	22	干	块状	4.7	棕黄	1.50	0.070	0.056	1.25	102.0	1.0	172.0
	C	25 以下		稍润	块状		黄红							

注：碱解氮、速效磷、速效钾的单位为mg/kg。

（2）试验方法

参试树种：选择较耐干旱瘠薄的松属树种云南松、湿地松、加勒比松和马尾松分别在非石漠化的阻塘子和具有石漠化代表性的灰山进行造林试验。

试验及调查方法：石漠化土地类型造林试验区造林时间为 2001~2003 年，造林地分散、不整齐。采用随机区组设计，每个树种为单行小区，每小区 10 株，株行距 2~2.5m，9 次重复，其 36 个小区。每个试验点每个树种各调查 25~30 株（其中放马坪点只有云南松和湿地松）。对每个点每个树种分别按胸径降序排序，取前 10（或 15）株构成 30 株组成分析样本。非石漠化土地类型造林试验区 2002 年 7 月造林，造林地相对集中。采用随机区组设计每个树种为 1 单行小区，株行距 1.5m×2m，每小区 7 株，9 次重复，共 36 个小区。分别单株测定其树高和胸径，由于小区均有缺株，分析时对每个树种按胸径降序排序，选取前 30 株组成分析样本。造林所用苗木均为菌根土袋苗，苗龄为 4 个月，整地规格为 30cm×30cm×25cm，雨季造林。当年造林成活率 90% 以上，

3 年保存率 80% 以上。4 个树种的种子来源是：湿地松种子采自广东台山，云南松种子采自石屏，马尾松种子采自广西百色，加勒比松种子采自广西合浦。

（3）分析方法

材积计算方法：云南松用《云南省森林调查常用数表》（云南省林业调查规划院 1984 年 4 月）中的云南松人工林立木材积表计算。

湿地松　$V=C_0+C_1D-C_2D^2-C_3DH+C_4D^2H+C_5H$，其中 $C_0=0.036\,509$，$C_1=0.010\,357$，$C_2=0.000\,730$，$C_3=0.000\,498$，$C_4=0.000\,084$，$C_5=0.001\,466$。

加勒比松　$V=C_0D^{[C_1-C_2(D+10H)]}H^{[C_3+C_4(D+10H)]}$，其中 $C_0=0.000\,067\,473$，$C_1=2.264\,03$，$C_2=0.002\,6240$，$C_3=0.378\,914$，$C_4=0.003\,207\,0$。

马尾松　$V=C_0D^{[C_1-C_2(D+H)]}H^{[C_3+C_4(D+H)]}$，其中 $C_0=0.000\,094\,147$，$C_1=1.938\,96$，$C_2=0.004\,267\,6$，$C_3=0.709\,88$，$C_4=0.005\,925\,6$。

数据处理：胸径、树高和材积的方差分析采用 SPSS Statis-tics 19 完成；为避免石漠化地区造林地条件不均匀和林地受人为因素的影响，方差齐性时多重比较采用 LSD 法进行，方差不齐时多重比较采用 Dunnett's T3 方法进行，分析均为 95% 可信期间。

3. 研究结果与分析

（1）石漠化土地生长量

石漠化土地上云南松、湿地松、加勒比松、马尾松的生长，按各树种胸径、树高和材积生长量统计。胸径由大到小依次为湿地松 > 马尾松 > 加勒比松 > 云南松；树高由大到小依次为马尾松 > 湿地松 > 加勒比松 > 云南松；材积由大到小依次为马尾松 > 湿地松 > 云南松 > 加勒比松。石漠化各树种生长量的统计结果见表 6-34。

表 6-34　石漠化土地各树种生长统计表

项目	树种	均值	标准偏差	N
胸径	云南松	8.8033	1.20701	30
	湿地松	11.2600	0.89812	30
	加勒比松	8.9567	1.80338	30
	马尾松	10.4600	1.64602	30
	总计	9.8700	1.75397	120
树高	云南松	5.4767	0.81481	30
	湿地松	6.4767	0.63119	30
	加勒比松	5.7267	0.86660	30
	马尾松	6.6333	0.66089	30
	总计	6.0783	0.88794	120

续表

项目	树种	均值	标准偏差	N
	云南松	0.023723	0.007747	30
	湿地松	0.034260	0.006339	30
材积	加勒比松	0.022843	0.011058	30
	马尾松	0.035887	0.011972	30
	总计	0.029178	0.011163	120

对其进一步作方差分析和多重比较统计，4个树种的胸径、树高和材积均存在显著差异。石漠化各树种生长量的方差分析统计见表6-35。

表6-35　石漠化各树种生长量的方差分析

性状	差异源	平方和	df	均方	F	P
	组间	127.565	3	45.522	20.679	0.000
胸径	组内	238.527	116	2.056		
	总和	366.092	119			
	组间	28.571	3	9.524	43.076	0.000
树高	组内	65.253	116	0.563		
	总和	93.824	119			
	组间	0.0004	3	0.001	15.387	0.000
材积	组内	0.011	116	0.000		
	总和	0.015	119			

各树种胸径、树高和材积按均差值、标准误差、P值、95%置信区间进行比较，在胸径、树高和材积指标中，云南松和加勒比松无显著差异，与湿地松、马尾松差异显著；加勒比松3项指标与湿地松、马尾松均差异显著；湿地松与马尾松3项指标均不显著，胸径生长状况为湿地松＞马尾松＞加勒比松＞云南松，树高生长为马尾松＞湿地松＞加勒比松＞云南松，材积生长为马尾松＞湿地松＞云南松＞加勒比松。石漠化各树种生长量多重比较见表6-36。

表 6-36 石漠化各树种生长量多重比较

因变量		（I）树种	（J）树种	均差值（I-J）	标准误差	P	95% 置信区间	
							下限	上限
胸径	LSD	云南松	湿地松	−2.45667	0.27468	0.000	−3.2056	−1.7077
			加勒比松	−0.15333	0.39619	0.999	−1.2358	0.9292
			马尾松	−1.65667	0.37266	0.000	−2.6730	−0.6403
		湿地松	云南松	2.45667	0.27468	0.000	1.7077	3.2056
			加勒比松	2.30333	0.36782	0.000	1.2911	3.3156
			马尾松	0.80000	0.34234	0.132	−0.1400	1.74
		加勒比松	云南松	1.15333	0.39619	0.999	−0.9292	1.2358
			湿地松	−2.30333	0.36782	0.000	−3.3156	−1.2911
			马尾松	−1.50333	0.44578	0.008	−2.7518	−0.2909
		马尾松	云南松	−1.00000	0.37266	0.000	−0.6403	2.673
			湿地松	−0.25000	0.34234	0.132	−1.7400	0.14
			加勒比松	−1.15667	0.44578	0.008	0.2909	2.7158
树高		云南松	湿地松	1.00000	0.19365	0.000	−1.3836	−0.6164
			加勒比松	0.75000	0.19365	0.199	−0.6336	0.1336
			马尾松	−0.15667	0.19365	0.000	−1.5402	−0.7731
		湿地松	云南松	0.25000	0.19365	0.000	0.6164	1.3836
			加勒比松	0.75000	0.19365	0.000	0.3664	1.1336
			马尾松	−0.15667	0.19365	0.420	−0.5402	0.2269
		加勒比松	云南松	0.25000	0.19365	0.199	−0.1336	0.6336
			湿地松	−0.75000	0.19365	0.000	−1.1336	−0.3664
			马尾松	−0.90667	0.19365	0.000	−1.2902	−1.5231
		马尾松	云南松	1.15667	0.19365	0.000	0.7731	1.5402
			湿地松	0.15667	0.19365	0.420	−0.2269	0.5402
			加勒比松	0.90667	0.19365	0.000	0.5231	1.2902

因变量	（I）树种	（J）树种	均差值（I-J）	标准误差	P	95% 置信区间 下限	95% 置信区间 上限
材积	云南松	湿地松	−0.010537	0.001828	0.000	−0.015512	−0.005561
		加勒比松	0.000880	0.002465	0.999	−0.005849	0.007609
		马尾松	−0.012163	0.002603	0.000	−0.019282	−0.005045
	湿地松	云南松	0.010537	0.001828	0.000	0.005561	0.015512
		加勒比松	0.011417	0.002327	0.000	0.005035	0.017798
		马尾松	−0.001627	0.002473	0.985	−0.008422	0.005169
	加勒比松	云南松	−0.000880	0.002465	0.999	−0.007609	0.005849
		湿地松	−0.011417	0.002327	0.000	−0.017798	−0.005035
		马尾松	−0.013043	0.002976	0.000	−0.021136	−0.004951
	马尾松	云南松	0.012163	0.002603	0.000	0.005045	0.019282
		湿地松	0.001627	0.002473	0.985	−0.005169	0.008422
		加勒比松	0.013043	0.002976	0.000	0.004951	0.021136

（2）生长趋势比较分析

由于各树种生态学特性不一，有的树种前期主要地下部分生长快，后期径高生长加快。不同年份各松树高径生长差异的生长趋势比较中，马尾松生长最快，云南松高径生长明显加快，湿地松和加勒比松明显趋缓。究其原因，近几年建水县年均降雨均低于多年平均值，从侧面也反映了国外引入的湿地松、加勒比松在耐旱方面不如本土的云南松和马尾松。以阻塘子 4 个松类树种第 6 年和第 10 年的径高生长状况统计，不同年份各种松树高径生长差异统计见表 6-37。

表 6-37　不同年份各种松树高径生长差异统计表

	云南松 胸径 /cm	云南松 树高 /m	湿地松 胸径 /cm	湿地松 树高 /m	加勒比松 胸径 /cm	加勒比松 树高 /m	马尾松 胸径 /cm	马尾松 树高 /m
第 6 年	5.28	3.07	6.92	4.37	6.1	3.67	6.84	4.79
第 10 年	9.12	6.12	10.34	6.78	8.88	5.91	11.45	7.88
差值	3.84	3.05	3.42	2.41	2.78	2.24	4.61	3.09

（3）非石漠化土地松树的生长量比较

非石漠化土地各树种生长量的统计中，胸径由大到小依次为马尾松＞湿地松＞云南松＞加勒比松；树高由大到小依次为马尾松＞湿地松＞云南松＞加勒比松；材积由大到小依次为马尾松＞湿地松＞云南松＞加勒比松。非石漠化土地各树种和生长量比较结果见表6-38。

表6-38 非石漠化土地各树种和生长量比较结果表

性状	树种	均值	标准偏差	N
胸径（cm）	云南松	9.1167	1.71587	30
	湿地松	10.3433	1.30137	30
	加勒比松	8.8800	1.86333	30
	马尾松	11.4533	1.90186	30
	总计	9.9483	1.98249	120
树高（m）	云南松	6.1233	0.79814	30
	湿地松	6.7800	0.39862	30
	加勒比松	5.9067	0.98679	30
	马尾松	7.8767	0.64202	30
	总计	6.6717	1.006022	120
材积（m³）	云南松	0.027723	0.010517	30
	湿地松	0.032250	0.006711	30
	加勒比松	0.022847	0.010989	30
	马尾松	0.049120	0.015720	30
	总计	0.032985	0.015041	120

注：云南松（*Pinus yunnanensis*）、湿地松（*P. elliottii*）、加勒比松（*P. caribaea*）、马尾松（*P. massoniana*）。

方差分析4个树种在非石漠化土地类型上不同性状的方差分析结果统计，各树种胸径、树高和材积均存在显著差异。非石漠化树种生长量的方差分析结果见表6-39。

表6-39 非石漠化树种生长量的方差分析结果表

性状	差异源	平方和	df	均方	F	P
胸径	组间	127.622	3	42.541	14.511	0.000
	组内	340.078	116	2.932		
	总和	467.700	119			

续表

性状	差异源	平方和	df	均方	F	P
树高	组间	70.490	3	23.497	43.076	0.000
	组内	63.274	116	0.545		
	总和	133.764	119			
材积	组间	0.012	3	0.004	29.901	0.000
	组内	0.015	116	0.000		
	总和	0.027	119			

多重比较各树种胸径、树高和材积的多重比较结果统计，胸径、树高指标除云南松和加勒比松无显著差异外，其他树种间均差异显著；材积指标云南松与加勒比松、湿地松差异不显著，湿地松与云南松不显著，马尾松与其他 3 种松均差异显著。无论胸径、树高还是材积生长状况，均为马尾松 > 湿地松 > 云南松 > 加勒比松。非石漠化土地各树种生长量多重比较见表 6-40。

表 6-40　非石漠化土地各树种生长量多重比较表

因变量		（I）树种	（J）树种	均差值（I-J）	标准误差	P	95% 置信区间	
							下限	上限
胸径	LSD	云南松	湿地松	−1.2667	0.44209	0.006	−2.1023	−0.351
			加勒比松	0.2367	0.44209	0.593	−0.6390	1.1123
			马尾松	−2.3367	0.44209	0.000	−3.2123	−1.461
		湿地松	云南松	1.2267	0.44209	0.006	0.3510	2.1023
			加勒比松	1.4633	0.44209	0.001	0.5877	2.339
			马尾松	−1.1100	0.44209	0.013	−1.9856	−0.2344
		加勒比松	云南松	−0.2367	0.44209	0.593	−1.1123	0.639
			湿地松	−1.4633	0.44209	0.001	−2.3990	−0.5877
			马尾松	−2.5733	0.44209	0.000	−3.4490	−1.6977
		马尾松	云南松	2.3367	0.44209	0.000	1.4610	3.2123
			湿地松	1.1100	0.44209	0.013	0.2344	1.9856
			加勒比松	2.5733	0.44209	0.000	1.6977	3.449

224

续表

| 因变量 | （I）树种 | （J）树种 | 均差值（I-J） | 标准误差 | P | 95% 置信区间 | |
						下限	上限
树高 DUNNETT's T3	云南松	湿地松	−0.6567	0.16288	0.001	−1.1049	−0.2084
		加勒比松	0.2167	0.3172	0.922	−0.4143	0.8476
		马尾松	−1.7533	0.18701	0.000	−2.2626	−1.2441
	湿地松	云南松	0.6567	0.16288	0.001	0.2084	1.1049
		加勒比松	0.8733	0.19431	0.000	−0.3358	1.4108
		马尾松	−1.0967	0.13797	0.000	−1.4743	−0.7191
	加勒比松	云南松	−0.2167	0.23172	0.922	−0.8476	0.4143
		湿地松	−0.8733	0.19431	0.000	−1.4108	−0.3358
		马尾松	−1.9700	0.21494	0.000	−2.5576	−1.3824
	马尾松	云南松	1.7533	0.18701	0.000	1.2441	2.2626
		湿地松	1.9067	0.13797	0.000	0.7191	1.4743
		加勒比松	1.9700	0.21494	0.000	1.3824	2.5576
材积 DUNNETT'sT3	云南松	湿地松	−0.004527	0.002278	0.269	−0.010757	0.001704
		加勒比松	0.004877	0.002777	0.402	−0.002675	0.012429
		马尾松	−0.021397	0.003453	0.000	−0.030831	−0.011962
	湿地松	云南松	0.004527	0.002278	0.269	−0.001704	0.010757
		加勒比松	0.009403	0.002351	0.001	0.002967	0.01584
		马尾松	−0.016870	0.003121	0.000	−0.025491	−0.008249
	加勒比松	云南松	−0.004877	0.002777	0.402	−0.012429	0.002675
		湿地松	−0.009403	0.002351	0.001	−0.015840	−0.002967
		马尾松	−0.026273	0.003502	0.000	−0.035832	−1.016715
	马尾松	云南松	0.021397	0.003453	0.000	0.011962	0.030831
		湿地松	0.016870	0.003121	0.000	0.008249	0.025491
		加勒比松	0.026273	0.003502	0.000	0.016715	0.035832

4. 研究结论

在半干旱暖热岩溶地区海拔 1300~1600m 范围，无论是石漠化土地和非石漠化土地，云南松、湿地松、加勒比松和马尾松等 4 个树种均有较强的适应性，其中以马尾松、湿地松和云南松的总体表现较优。幼林期湿地松、马尾松的生长水平明显好于云南松、加勒比松。马尾松生长最快；云南松前 3 年较缓，其后生长加快；湿地松和加勒比松前 6 年生长较快，其后生长趋缓，尤其是加勒比松 6 年后生长较慢，建议今后在半干旱暖热岩溶区不作为主要造林树种；海拔 1600m 以上地带最好用云南松造林，海拔 1600m 以下可选择马尾松、湿地松造林。马尾松、湿地松可以广泛用于石漠化治理中短轮伐期工业原料林造林、防护及兼用林的乔木层造林。在半干旱暖热石漠化地区采用云南松、马尾松和湿地松与白枪杆、冬樱桃形成针阔混交的乔木层，用车桑子与苦刺花形成灌木层，从而形成针阔混交、乔灌结合的治理模式，可以使石漠化得到较好的治理效果，5 年基本可使造林地石漠化程度有明显顺向演替。

第二节　石漠化防治成效研究

一、封山育林成效研究

（一）滇东南岩溶地区石质山封山育林成效初探

1. 研究目的

滇东南岩溶地区部分重度或极重度石漠化山地由于立地条件十分恶劣，生态系统破坏非常严重，无法造林，只有利用水热条件较好的优势，采取全面封山育林的措施，在封育区内禁止一切不利于林木生长繁殖的人为活动如烧山、开垦、放牧、砍柴、割草等，使植被能够恢复。在条件较好的地段，见缝插针地补植一些耐旱树种，如墨西哥柏、冲天柏、圣诞树和川滇桤木等树种，以加快植被恢复的进程。其目的是通过封山育林，并辅助以人工造林恢复岩溶地区的重度或极重度石漠化山地，建立起一个可持续发展的岩溶山地森林生态系统。

2. 研究内容、方法

（1）试验地概况

封山育林地设于滇东南砚山县铳卡农场试验示范基地，面积 20.8hm²。海拔 1620~1683m，属中、亚热带半湿润型气候，年平均温度 16.1℃，年降水量 996.4mm，平均相对湿度 79%，日照时数 1933.5h，≥ 10℃积温 4877℃。为石质山地。岩石裸露面积达 40% 以上，坡度大于 15°，土壤为石灰岩上发育的山地赤红壤，土层厚度小于 30cm，是一块遭到严重破坏的灌木林地，林地乔木稀少，乔木树桩的萌枝被年年砍伐，仅留下地径在 3cm 以下的灌丛，且逐年减少。由于岩石裸露、土层浅薄、坡度大、水土流失严重，该石质山地已成为人工植树造林十分困难的地区。

（2）观测样地的设置

在对封山育林区进行全面调查的基础上，根据不同坡位、坡度、坡向、岩石裸露比例和植被等状况，设置具有代表性的固定观测样地 7 块，其中 2 号样地的面积为 20m×20m，其余 6 块的面积为 5m×5m，其中样地 Ⅴ 栽植墨西哥柏，样地 Ⅵ 栽植冲天柏。样地于封护初期进行第 1 次调查，封山育林第 3 年进行第 2 次调查。调查项目有土壤紧密度、湿度和旱季土壤含水率、吸湿水、土壤水解氮、速效磷、速效钾、有机质，木本植物的种类、生长量、生物量、截留量，草本植量的生物量及总盖度。各样地基本情况见表 6-41。

表 6-41 各样地基本情况表

样地号	海拔/m	坡位	坡向	坡度/度	岩石裸露/%	土壤质地	土层厚度/cm	木本植物种类	草本植物种类
Ⅰ	1650	上部	半阴坡	20	60	黏壤	27	羊蹄甲、小铁仔、杭子梢、云南勾儿茶、滇青冈、鼠李、盐肤木、狗椒、绿皮刺	九里光、羊耳朵、白茅、天门冬、知风草、狼毒
Ⅱ	1635	中部	阳坡	20	70	黏壤	26	羊蹄甲、盐肤木、杭子梢、碎米花	羊耳朵、天门冬、白茅
Ⅲ	1640	下部	半阳坡	30	50	黏壤	35	羊蹄甲、鼠李、杭子梢、盐肤木、黄檀、黑泡、锥连栎、胡颓子	白茅、天门冬、藤子菜、蕨
Ⅳ	1660	上部	阴坡	40	70	黏壤	23	羊蹄甲、杭子梢、锥连栎、狗椒、白栎、清香木、马尿果	羊耳朵、扭黄茅、蕨、藤子菜
Ⅴ	1625	下部	半阴坡	15	40	黏壤	50	羊蹄甲、碎米花、黄檀	羊耳朵、白茅、扭黄茅
Ⅵ	1620	下部	半阴坡	20	40	黏壤	45	羊蹄甲、清香木、茄莲、小铁仔、鼠李、牛筋木、狗椒、黄泡、白栎、杭子梢、黄檀、黑泡	紫茎泽兰、香薷、白茅、天门冬、狼毒、茜草、地石榴、扭黄茅
Ⅶ	1640	中部	半阴坡	20	40	黏壤	29	羊蹄甲、锥连栎、清香木、檞栎、茄莲、小铁仔、棠梨	十三年花、羊耳朵、蕨、九里光、地石榴、扭黄茅

3.封山育林成效分析

（1）植被变化

采取封山育林后，样地植被 9 个性状的数值都有不同程度的增加。封护 3 年后，灌木平均高、地径、冠幅、每公顷生物量、截留量、种类、草本生物量、总生物量和总盖度分别增加 30.3%、17.2%、11.8%、42.2%、20.1%、5.94%、27.9%、40.7%、21.2%。其中灌木生物量最多增加了 108.7%（Ⅳ），单位面积截留量最多增加 52.9%（Ⅳ），草本生物量最多增加了 52.8%（Ⅶ），总生物量最多增加 91%（Ⅳ），盖度最多增加 33.3%（Ⅴ），说明封护不仅有利于植被的恢复，还具有保持水土和减少水土流失的作用。

经过 3 年的封护，7 块样地中有 5 块样地的总盖度达 0.6~0.7，平均总盖度为 0.6。依据北京林业大学关君蔚教授的论点，若林地的植被总盖度在 0.7 以上时，不论实际坡度大小，植被组成如何都可以防止面蚀。据此，再封护几年，该区域的植被总盖度将达 0.7 以上，到那时石质山地的水土流失将全面得到控制。样地植被调查见表 6-42。

表 6-42　样地植被调查表

| 样地号 | 年份 | 木本植物 | | | | | | 草本植物每公顷生物量 | 每公顷总生物量 | 总盖度 |
		高/m	地径/cm	冠幅/m	每公顷生物量	每公顷截留量	种类			
I	1997	1.01	1.80	1.03	7372	2763	9	256	7628	55
	2000	1.24	1.85	1.16	8556	3082	9	295	8851	65
	增加（%）	12.9	2.8	12.6	16.1	11.5	0	15.2	16.0	18.2
II	1997	1.1	1.14	1.19	4752	1875	4	13	4765	60
	2000	1.54	1.32	1.26	6812	2028	4	16	6828	65
	增加（%）	40.0	18.4	5.9	43.4	8.2	0	231	43.3	8.3
III	1997	0.96	1.43	0.87	5852	425	9	215	6067	45
	2000	1.45	1.82	1.16	6840	460	9	256	7096	55
	增加（%）	51.0	27.3	33.3	16.9	82	0	19.1	17.0	22.2
IV	1997	1.08	1.43	1.16	5904	2546	7	1578	7482	50
	2000	0.51	1.97	1.23	12320	3892	7	1965	14285	60
	增加（%）	39.8	37.8	6.0	108.7	52.9	0	24.5	91.0	20.0
V	1997	0.42	0.97	0.63	1218	429	3	1572	2790	30
	2000	0.53	1.21	0.74	1324	552	4	2228	3552	40
	增加（%）	26.2	24.7	17.5	8.7	28.7	33.3	41.7	27.3	33.3
VI	1997	0.65	1.37	0.73	2424	948	12	1793	4217	50
	2000	0.76	4.42	0.75	2664	1044	13	2135	4799	65
	增加（%）	16.9	3.6	2.7	9.9	10.1	8.3	19.1	13.8	30.0
VII	1997	1.10	1.65	1.03	7128	2543	7	4582	11710	60
	2000	1.38	1.74	1.08	13640	3080	7	7000	20640	70
	增加（%）	25.5	5.5	4.9	91.4	21.1	0	52.8	76.3	16.7
2000 年均值		1.20	1.62	1.05	7451	2020	7.6	1985	9436	60
平均增加		30.3	17.2	11.8	42.2	20.1	5.94	27.9	40.7	21.2

　　从单位面积总生物量的增效来看，不同坡位的封山育林以山体中部的效果最明显，

每公顷总生物量增加 66.7%，其次是上部，每公顷总生物量增加 53.1%，然后才是下部，每公顷总生物量增加 18.2%；总盖度中，下部增加最大，总盖度增加 26.2%，其次是上部，总盖度增加 18.9%，然后才是中部，总盖度增加 13.3%。不同坡位的植被变化情况见表6-43。

表6-43 不同坡位的植被变化情况表（单位：cm、m、kg、%）

坡位	年份/年	灌木						草本植物每公顷生物量	每公顷总生物量	总盖度
		高/m	地径/cm	冠幅/m	每公顷生物量	每公顷截留量	种类/种			
上部	1997	1.05	1.52	1.10	6638	2655	8	917	7555	53
	2000	1.38	1.90	1.20	10438	3487	8	1130	11568	63
	增加（%）	31.4	25.7	9.1	57.2	31.3	0	23.2	53.1	18.9
中部	1997	1.10	1.40	1.11	5940	2209	5.5	2298	8238	60
	2000	1.44	1.55	1.17	10226	2554	5.5	3508	13734	68
	增加（%）	30.9	10.7	6.3	72.2	15.6	0	52.7	66.7	13.3
下部	1997	0.68	1.26	0.74	3165	301		1193	4358	42
	2000	0.91	1.48	0.88	3609	685	8	1540	5149	53
	增加（%）	33.8	17.5	18.9	14.0	14.0	0	29.1	18.2	26.2

进一步对各观测性状进行t检验，总盖度和灌木高的检验值分别为9.165和4.955，差异极显著；木本植物地径、冠幅、单位面积生物量、截留量和总生物量的差异显著，说明经封山育林后木本植物的各性状均有明显变化。各性状t检验见表6-44。

表6-44 各性状t检验表（单位：m、kg/hm²、%）

年份/年	灌木					草本植物生物量	总生物量	总盖度
	高	地径	冠幅	生物量	截留量			
1997	0.90	1.40	0.95	4950	1790	1430	6380	0.49
2000	1.20	1.63	1.05	7451	2020	1985	9436	0.595
t检验值	4.995	3.200	3.141	2.377	3.427	1.1717	2.395	9.165

（2）土壤养分变化分析

由于全封，植被没有受到破坏，林地土壤的养分、含水率、pH值及紧密度等发生了变化。封护3年后，土壤中的吸湿水、水解氮、速效磷、速效钾、有机质和旱季土壤含水率分别增加105.0%、-9.3%、6.3%、95.3%、10.9%、12.9%和8.0%。增加最大的是吸湿水，其次是速效磷，说明封护有利于土壤的保肥保水，提高了林地土壤肥力。

灌木中固氮植物生物量增大（如羊蹄甲），固氮能力增强，增加了土壤中的氮含量，土壤的 pH 值从 7.25 降低到 6.60。土壤紧密度由紧密变为较紧，土壤湿度由干变为潮。土壤各营养成分变化情况见表 6-45。

表 6-45　土壤各营养成分变化情况

年份	平均吸湿水	平均全氮	平均水解氮	平均速效磷	平均速效钾	平均有机质	土壤含水率/%	pH
1997	5.40	0.300	271	16.9	440	5.090	31.83	7.25
2000	11.07	0.275	288	33.0	486	2.841	34.37	6.60
增加（%）	105	−8.3	6.3	95.3	10.5	12.9	8	−9

4. 研究结论和建议

①石漠化山地采取封山育林后，灌木的生长量、生物量、盖度及截留量均有较大程度的提高。封护 3 年后，灌木平均高达 1.20m、地径 1.62cm、冠幅 1.05m、每公顷生物量 7451kg。截留量 2020kg，每公顷草本植物的生物量 1985kg，每公顷总生物量和总盖度达 9436kg 和 0.6。各性状分别增加 30.3%、17.2%、11.8%、42.2%、20.1%、27.9%、40.7% 和 21.2%。说明封护有利于岩溶地区石质山地植被的恢复，植被的迅速恢复对保持水土，防止面蚀，减小地表径流，减少水土流失具有重要作用。

②不同坡位的封山育林以山体中部的效果最明显，每公顷总生物量增加 66.7%；不同坡向以阴坡效果最明显，每公顷总生物量增加 91%。

③通过 3 年封护，灌木中固氮植物生物量增大（如羊蹄甲），固氮能力增强，增加了土壤中的氮含量。土壤的 pH 值从 7.25 降低到 6.60。土壤养分亦有很大增加，土壤中的吸湿水、全氮、水解氮、速效磷、速效钾、有机质和土壤含水率分别增加 105.0%、−8.3%、6.3%、95.3%、10.9%、12.9% 和 8.0%。说明封护有利于土壤的保肥保水，提高了林地土壤肥力。

④由于封护时间短，许多封护效果尚未表现，有待进一步观测、研究。

⑤建议在岩溶地区重度和极重度石漠化山地制定封山育林的政策法规，采取全面封禁的措施，使该地区的植被得以恢复，以达到保持水土、提高生态效益的目的。

（二）滇东南石漠化土地封山育林前后群落生态学特征比较

1. 研究目的

封山育林是培育森林资源的重要途径之一，特别是在石漠化地区，通过研究森林顺向演替规律，采取积极的人工干预措施，促进其顺向演替，使森林植被从初级向高级阶段演替发展。本研究在滇东南砚山县经过 10hm² 的封山育林所取得的成果，以及收集相关调查资料的基础上，通过对封山育林前后群落的结构特征、物种多样性等方面进行研究和比较，作出分析和评价。

2.研究内容、方法

（1）研究地区及其林分概况

试验地位于滇东南砚山县，境内河流为珠江和红河流域上游，北纬23°18′~23°59′、东经03°35′~104°45′，属我国西部半湿润亚热带气候。太阳辐射年总量524.25千焦，日照时数1920.3h，年平均气温为16.6℃，气温年相差12.4℃，最冷月（1月）平均气温为8.5℃，最热月（7月）平均气温为20.9℃，极端最低气温–7.8℃，极端最高气温33.2℃，≥10℃活动积温4812.2℃，≥18℃日数114天，无霜期302天，年均降水量818.6mm，年均蒸发量1948.5mm，集中分布在7~10月，年平均相对湿度79%。以岩溶山原地貌为主，石灰岩层出露普遍，属典型的岩溶侵蚀类型地区。土壤主要为红色石灰土和黑色石灰土；地带性植被主要为以壳斗科为主的半湿性亚热带常绿阔叶林，但由于长期人为的干扰和破坏，原生植被已被破坏殆尽，破坏的地带已被云南松林更替，迹地残存灌木有小叶羊蹄甲、白牛筋、小叶荚蒾、清香木、苦刺、棠梨、短序越橘、小铁仔等，草本有白茅、刺芒野古草、蕨菜、地石榴等。

（2）样地设置及群落调查

在野外调查中采用分散典型取样原则，首先对试验区进行全面调查，在此基础上根据不同坡位、坡度、坡向、岩石裸露比例和植被等状况，设置具代表性、典型性的7块样地作固定样地观测。样地面积为10m×10m，对样地内灌木进行全部调查，调查灌木层记录每种灌木的种名、多度、盖度、高度、冠幅等；草本植物记录植物的种名、多度、盖度、高度、冠幅等。

（3）生活型谱、叶型谱、光照生态类型谱和水分生态类型谱的编制

生活型谱的编制采用C.Raunkiaer(1934)的划分标准，主要根据植物休眠芽与地面的位置关系划分为高位芽（Ph.）、地上芽（Ch.）、地面芽（H.）、地下芽（G.）和1年生（T.）植物；高位芽植物又分为大高位芽（Ma. Ph.）、中高位芽（Me. Ph.）、小高位芽（Mi. Ph.）、矮高位芽（Na. Ph.）植物。叶型谱的编制采用C.Raunkiaer（1934）的划分标准，按照植物叶片面积的大小划分为巨型叶（Meg.）、大型叶（Ma.）、中型叶（Me.）、小型叶（Mi.）、微型叶（Lep.）和鳞型叶（Sc.）植物。光照生态类型谱的编制按照阳生（Ⅰ）、耐阴（中生）（Ⅱ）、荫生（Ⅲ）植物。水分生态类型谱的编制按照陆生植物的习性划分为旱生（Ⅰ）、耐旱（Ⅱ）、中性（Ⅲ）、湿生植物（Ⅳ）。

（4）多样性测度方法的选择

根据陈廷贵等对多样性指数的研究，选用a多样性研究中最常用的多样性指数。物种丰富度（S）指样地内所有物种数目。

3. 研究结果分析

（1）封山育林前后群落生态学特征

植物群落及组成群落植物的生态学特征能对其立地的生态环境条件作出准确反应。群落外貌是群落最明显的特征，通过群落的植物生活型谱、叶型谱、光照生态类型谱和水分生态类型谱的分析，可以概括了解其外貌特点及其对所在地气候环境的反应、群落对空间的利用以及群落内部可能产生的竞争等。在统计植物种类组成的基础上分别对它们的生活型、叶型、光照的和水分生态类型等进行了划分和各谱的统计，并且和半湿性亚热带常绿阔叶林进行生态学特征的比较分析，可以进一步认识封山育林后的群落和自然林之间的生态相关性，以及森林生态恢复的水平。

生活型是植物对于综合环境条件长期适应而形成的植物类型，生活型组成反映了群落中植物与环境的关系，采用 C.Raunkiaer(1934) 的划分植物生活型的标准。封山育林前后群落均以高位芽植物为主，占总数 50% 以上，说明高位芽植物是对气候适应的生活型，其中又以小高位芽为主，其次是地面芽植物；它们的生活型谱与滇中武定狮子山和昆明西山半湿性亚热带常绿阔叶林的生活型谱一致，而与南亚热带常绿阔叶林的生活型谱不同（高位芽中以中高位芽为主），说明所处的环境是中亚热带气候。封山育林后群落的高位芽和地上芽植物比例有所增加，地面芽、地下芽和 1 年生植物比例有所减少，这符合群落演替的规律，说明群落正向半湿性亚热带常绿阔叶林演替。生活型谱比较见表 6-46。

表6-46　生活型谱比较表（单位：%）

群落名称	Ph.				合计	Ch.	H.	G.	T.
	Ma.	Me.	Mi.	Na.					
封山育林前群落	2.2	7.5	30.1	11.8	51.6	4.3	23.7	11.8	8.6
封山育林后群落	4.2	11.3	28.2	9.9	53.6	5.6	22.5	11.3	7.0
武定狮子山半湿性亚热带常绿阔叶林					56.9	11.4	15.9	9.7	2.2
昆明西山半湿性亚热带常绿阔叶林					52.8	3.8	30.2	13.2	–

一个地区群落的叶型特征变化可以作为评价当地水热条件的指标。叶型谱的制定根据 C.Raunkiaer 的划分标准，封山育林前后群落均以中型叶占绝对优势，其次是小型叶，与亚热带常绿阔叶林叶型谱一致，以中型叶为主。封山育林后，群落中叶型植物和大叶型比例增加，小叶型、微叶型和鳞叶型植物比例均降低，说明水分条件有所改善，群落演替方向是中叶型和大叶型比例增加，小叶型和微叶型比例减少，这符合正向演替的规律。叶型谱比较见表 6-47。

表6-47 叶型谱比较表（单位：%）

群落名称	Meg.	Ma.	Me.	Mi.	Sc.	Lep.
封山育林前群落	0.0	7.5	51.6	33.3	2.2	5.4
封山育林后群落	0.0	14.1	54.9	26.8	1.4	2.8

从光照生态型谱中，封山育林后群落阳生种类比例减少，荫生种类比例增加，群落演替方向是阳生种类减少，荫生种类增加，说明封山育林后改变了群落的光照条件，荫生种类的比例决定于上层的覆盖和林地土壤的水湿条件。光照生态类型比较见表6-48。

表6-48 光照生态类型比较表（单位：%）

群落名称	I	II	III
封山育林前群落	31.2	54.8	14.0
封山育林后群落	26.8	53.5	19.7

植物的水分生态类型中，封山育林后耐旱种类比例减少，中生种类比例增加；旱生种类比例增加是暂时的，随着演替的进程，其比例将逐渐减少。群落演替的结果是旱生和耐旱的种类比例减少、中生种类比例增加，这符合正向演替的规律。水分生态类型比较见表6-49。

表6-49 水分生态类型比较表（单位：%）

群落名称	I	II	III	IV
封山育林前群落	15.1	50.5	34.4	0
封山育林后群落	18.3	45.1	36.6	0

优势植物的比较中，封山育林后灌木层和草本层的优势植物种类均增加，灌木层小叶羊蹄甲分层重要值降低，优势种出现了清香木、锥连栎等半湿性亚热带常绿阔叶林的常见种；草本层优势植物出现中性植物种类如红果莎、猪殃殃等，说明立地条件由旱生、耐旱环境向中性过渡，群落正向生物多样性方向发展。

（2）物种多样性比较

封山育林前后群落各层片的物种数、Shannom-Wiener指数值、Sioson优势度指数值与均匀度指数值统计中，封山育林后群落的物种丰富度、物种多样性指数、生态优势度和群落均匀度均有很大的提高，说明封山育林有利于石漠化地区的植被恢复。群落H1

值愈大，均匀度愈高，有利于群落向顶级演替发展，说明封山育林后物种多样性增加，群落稳定性增强，且破坏后修复能力增强。优势植物的比较见表 6-50。

表 6-50　优势植物的比较表

群落名称	灌木层	草本层
封山育林前群落	小叶羊蹄甲（重要值 34.02）、小铁仔（重要值 21.16）	白茅（重要值 24.11）、地石榴（重要值 25.60）、蕨菜（重要值 19.15）、荩草（重要值 15.94）
封山育林后群落	小叶羊蹄甲（重要值 23.97）、清香木（重要值 21.95）、锥连栎（重要值 20.18）	荩草（重要值 25.12）、刺芒野谷草（重要值 20.80）、红果莎（重要值 15.57）、黄山药（重要值 18.75）、猪殃殃（重要值 78.86）

物种多样性主要体现在物种丰富度（S）、物种多样性（H1）、生态优势度（C）、群落均匀度（J）的分析，物种多样性比较见表 6-51。

表 6-51　物种多样性比较表

群落名称	物种丰富度（S）			物种多样性（H1）			生态优势度（C）			群落均匀度（J）		
	灌木	草本	所有植物	灌木	草本	综合	灌木	草本	综合	灌木	草本	综合
封山育林前群落	37	34	71	3.38	3.31	4.04	0.04	0.04	0.08	0.93	0.92	0.94
封山育林后群落	45	48	93	3.54	3.56	4.24	0.04	0.04	0.08	0.94	0.94	0.95

4. 研究结论与讨论

群落外貌是群落最明显的特征，反映群落外貌最主要的标志是植物的生活型谱、叶型的状况等，亚热带常绿阔叶林的生活型主要以高位芽植物为主。研究中群落所在地位于滇东南文山州北部，而文山州位于北半球南亚热带与中亚热带的过渡地带，以高位芽植物为主。说明了高位芽是对气候适应的生活型。它们的生活型谱与滇中半湿性亚热带常绿阔叶林的生活型谱一致。

从生活型谱、叶型谱、光照生态类型谱、水分生态类型谱和优势植物等群落特征看，封山育林后群落的水湿条件有所改善，群落正向地带性植被演替，最终演替为半湿性亚热带常绿阔叶林还需几十年的时间，不过目前的数据仍能说明封山育林后群落正向地带性植被方向演替。

从群落物种多样性看，封山育林后群落的物种丰富度、物种多样性指数、生态优势度和群落均匀度均有很大的提高，物种多样性增加，群落稳定性增强，且破坏后修复能力增强，说明封山育林是石漠化地区植被恢复的有效措施之一。

二、石漠化植被恢复机制研究

（一）石漠化植被恢复机制

1. 研究目的

石漠化形成是自然因素和人为因素的综合结果，而很多地区大面积砍伐森林植被，导致大面积的森林减少，形成岩石裸露，水土流失加剧，出现"地瘠民贫"的土地石漠化现象的重要因素。近期以来，随着各地自然保护与产业结构调整带来了石漠化地的景观、水景、土地利用调整，出现了石漠化地景观的恢复重建过程与景象更新，使土地石漠化的现象得到极大的遏止。研究当地石漠化植被恢复机制，对于岩溶地区石漠化土地的治理和生态系统的重建有着重要的意义。

2. 研究内容、方法

（1）研究地概况

石林县地势是北部高、东西两端高，中部低凹且平缓，西南低。巴江河自北而南贯穿石林县，在石林县西南处大叠水汇入南盘江。从流域角度，石林县域整体属南盘江一级支流流域，有巴江河和普拉河两条支流。境内地貌类型主要有高原岩溶山地、岩溶丘陵、峰丛洼地、岩溶断陷盆地、孤峰与残丘、峰林、峰丛等。石林县内因石林岩溶闻名世界，是世界同类地貌的模式地。地层有新元古界、古生界、新生界。新元古界为昆阳群和震旦系，以板岩、碎屑岩和硅质白云岩为主，分布于北部和东部圭山西北附近。石林县西部出露寒武系、奥陶系、志留系，主要是泥质碳酸盐岩和碎屑岩。上古生界主要是碳酸盐地层，泥盆系、石炭系为灰质白云岩和白云岩，集中分布于石林县中东部和南部；下二叠统以灰岩、白云质灰岩为主，集中分布于石林县中部九蟠山西部；下二叠统底部是梁山组页岩和铝质页岩，呈南北向分布于九蟠山东部山麓，为隔水层。泥盆系、石炭系、二叠系接触关系为平行不整合。上二叠统峨眉山玄武岩组，零星分布于石林县中部和东部，呈团块状或帽岩状覆盖下二叠统碳酸盐岩，有玄武岩烘烤古石牙（林）的地质地貌遗迹点。新生界古近系始新统、渐新统为底砾岩、泥岩，称路南群，属古湖相沉积，始新统超覆于玄武岩层和上古生界碳酸盐岩，并填充于古石牙（林）间。晚二叠世玄武岩层和始新世碎屑岩层与石林（牙）间的接触关系是石林岩溶发育古老与多期性的重要证据。第四系为碎屑松散层与钙华层。石林县裸露碳酸盐岩类主要集中于石林县中东部。地质构造主要是断裂构造，分别有东侧的北北东—南南西师宗—弥勒断裂组、西侧的近南北向九乡—石垭口断层、中部的维则—文笔山断层。

（2）调查群落

石林县植被存在着原有森林植被进向演替与石漠化地向森林地的恢复趋势（图6-2~图6-7）。≥40年森林地主要是石林县民族村寨保持的石山原生林或近原生林与早期人工辅助恢复或自然扩展的暖性针叶林（云南松林为主），＜40年森林地主要是封禁管理自然恢复人工辅助恢复的次生林、灌木林，以及盆地和耕地转化成林地的人工绿化林。加上轻度、中度、重度石漠化地灌草丛或灌丛。根据石林县森林景观年龄结构与空间分布类型，选择以自然恢复、保持与管理历史明晰的森林与原生林或近原生林（滇青冈林，PF，年龄超过40年）、云南松林（PP，40~29年）、次生林（萌生滇青冈林，SF，年龄40~29年）、灌木林（团花新木姜子林，SL，年龄29~22年）、石漠化灌草丛组成石漠化地森林植被恢复系列（表6-52），结合石林县石漠化地生境结构，调查石漠化地森林植被恢复特征，阐述其机制。石漠化土地森林植被恢复调样地一览见表6-52。

表6-52　石漠化土地森林植被恢复调样地一览表

样地	地点	海拔/m	坡度/度	坡向	基岩	岩溶地貌	土石比	石高/m	干扰状态	群落类型
石漠化草丛	石林二级保护区	1830~1860	20~30	东南坡	石灰岩	石芽、溶丘	10:90	0.3	石漠化状态，放牧践踏	粉叶小檗、硬杆禾灌草丛
灌草丛	石林二级保护区	1830~1860	25~35	东南坡	石灰岩	石牙溶丘	25:75	0.8	封禁石漠化灌草丛8年零星放牧	毛枝绣线菊、团花新木姜子、扭黄茅灌草丛
灌木林	石林特级保护区	1840~1860	25~35	东南坡	白云岩	剑状石林	38:62	1.7	1987封禁灌草丛石漠化地	团花新木姜子林
萌生滇青冈林	石林二级保护区	1880~1920	15~20	东南坡	石灰岩	石芽、石柱、溶丘	35:65	0.5	1982年封禁强烈砍伐滇青冈林	滇青冈次生林
滇青冈林	石林一级保护区	1880~1920	15~20	东南坡	石灰岩	石芽、石柱、溶丘	45:55	0.7	彝族密枝山宗教保护林，零星间伐和践踏	滇青冈林
云南松林	石林中南部一级保护区	1800~1840	25~35	东南坡	石灰岩	石芽、零星石柱	40:60	0.5	1983石漠化山地人工飞播林	云南松林

图 6-2　石漠化草丛

图 6-3　石灰岩灌草丛

图 6-4　灌木林（团花新木姜子林）

图 6-5　云南松林

图 6-6　萌生滇青冈林

图 6-7　滇青冈林

滇青冈林：属半湿润常绿阔叶林，位于石林保护地南部蓑衣山，为密枝山森林。人为干扰较少，森林植被未经激烈破坏，偶有择伐，现今仅见少量伐桩。为该地最好的半湿润常绿阔叶林，视为地带性植被代表，为年龄超过40年的乡土植被代表。

次生滇青冈林：属萌生栎类林，位于月湖哑巴山，也为"密枝林"，曾在1970~1980年受到过短暂、程度很高的破坏，缺高大乔木，后严格封山育林，萌生林趋

237

势良好，视为年龄 32~17 年乡土植被代表。

团花新木姜子林：属稀疏栎类萌生幼年林，位于乃古石林，该地曾遭受严重砍伐，乔木、灌木基本消失，1988 年建乃古石林景区后，仅严格封禁形成的次生灌木林。代表石林保护地内严重石漠化后从石灰岩灌草丛恢复的次生林，萌生林木分布不均，大多属幼年林阶段，视为 20~29 年恢复林代表。

团花新木姜子、毛枝绣线菊、黄背草群系：为保护地分布较广轻度石漠化岩溶植被代表，石灰岩稀树灌草丛，位于石林火车站、火车站对面、乃古石林景区门口一带。散生乔、灌木物种生长于石隙间，群落高度 1~2m，草本植物分布于有土壤空隙，为年龄 ≤ 5 年的次生林代表。

稀疏灌草坡（毛枝绣线菊、扭黄茅群系）：保护地石漠化严重的岩溶丘陵植被代表，地点位于板栗园，基本不见乔木，带刺灌木呈低矮分布与石缝，有土壤出露点多草本植物。

云南松林：为飞播恢复林，位于大石林景区松毛山，为 1979~1983 年飞播形成，属云南松单优森林群落，为 30 年针叶林的代表。

（3）方法和调查内容

样方调查中，采用记名记数样方调查法。在四个森林、次生林样地（蓑衣山、月湖哑巴山、松毛山、乃古）内，各设置 100m×100m 样地，用绳子将其分为 100 个 10m×10m 样方，在每个样方内记录每株胸径 ≥ 3cm 的乔木种类的名称、高度和胸径；每个 10m×10m 样方的中心设 2m×2m 样方记录高度 >30cm 的木本植物种类、数量和藤本植物的种类、数量；在 2m×2m 的中心设置 1m×1m 样方记录草本物种和木本植物幼苗（<30cm）的种类和数量。

在草丛样地内，仍然沿用 100 个 10m×10m 样方的方法，在每个 10m×10m 样方的中心设 2m×2m 样方记录高度 >30cm 的木本植物种类、数量和藤本植物的种类、数量；在 2m×2m 的中心设置 1m×1m 样方记录草本物种和木本植物幼苗（<30cm）的种类和数量。

在灌丛和灌草丛调查时，结合调查木本植物的萌生情况，采用 20m×20m 样地的样方，将其分为 4 个 10m×10m 小样方，逐木捡株调查记录样方每株木本植物高度、萌生个体数量、萌枝数。同时设置幼苗和草本调查小样地。

上述调查中，为同步分析次生林恢复与地质多样性关系，也设置 1000m² 样方的岩溶小生境调查，调查测量过程，取土壤和种子雨、土壤种子库样品。

为分析群落结构，计算群落重要值等。乔木层重要值（Important value，IV）：IV=(RDE+RDO+RFE)/3，RDE(Relative density) 为相对密度，其值为物种的个体数占总个体数的百分比；RDO(Relative dominance) 为相对优势度，以物种 DBH 占总 DBH 的百分比表示；RFE(Relative frequency) 为相对频度，其值为物种出现的样方数占总样方数的比例。

238

3.研究成果

（1）群落植物类群和科属结构

调查样方获得93科226属279种，单子叶植物10科39属50种，双子叶植物72科169属208种，裸子植物2科5属6种，蕨类植物9科15种，从滇青冈林到毛枝绣线菊扭黄茅云南裂稃草灌丛，滇青冈林缺乏裸子植物，双子叶植物减少相对突出，科属种以滇青冈林为多，其次是次生团花新木姜子林、次生滇青冈林、毛枝绣线菊扭黄茅云南裂稃草草丛。研究区植物类群特征见表6-53。

表6-53 研究区植物类群特征表

植物	科属种	T.F.	F.C.	S.F.C.	S.F.N.	SH.F.S.	S.F.P.
合计	科	93	70	50	67	45	39
	属	226	130	105	127	92	85
	种	279	163	128	153	110	96
单子叶植物	科	10	9	9	8	5	4
	属	39	17	24	21	19	15
	种	50	25	32	29	25	15
双子叶植物	科	72	55	36	52	34	29
	属	169	104	73	97	67	64
	种	208	127	88	115	79	75
裸子植物	科	2		2	1	1	2
	属	5		3	1	1	2
	种	6		3	1	1	2
蕨类植物	科	9	6	3	6	5	4
	属	13	9		8	5	4
	种	15	11	5	8	5	4

注：T.Form.全部群落，F.C.滇青冈林，S.F.C.次生滇青冈林；S.F.N.次生团花新木姜子林；.SH.F.S.毛枝绣线菊扭黄茅云南裂稃草灌草丛；S.F.P.次生云南松林。

五个10000m^{2}调查的物种面积曲线表明，调查面积4500m^{2}时，乔木层物种数稳定，灌木、草本层物种数随调查面积增加，物种数仍增加。石林保护地调查样地物种—面积曲线见图6-8。

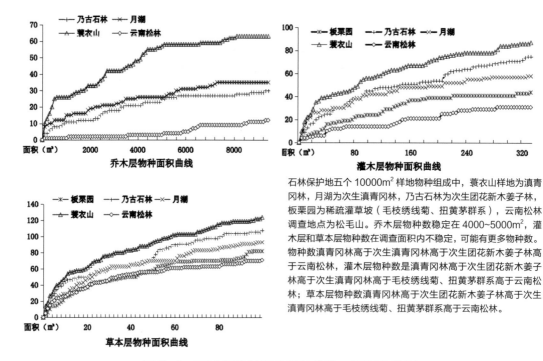

石林保护地五个 10000m² 样地物种组成中，蓑衣山样地为滇青冈林，月湖为次生滇青冈林，乃古石林为次生团花新木姜子林，板栗园为稀疏灌草坡（毛枝绣线菊、扭黄茅群系），云南松林调查地点为松毛山。乔木层物种数稳定在 4000~5000m²，灌木层和草本层物种数在调查面积内不稳定，可能有更多物种数。物种数滇青冈林高于次生滇青冈林高于次生团花新木姜子林高于云南松林，灌木层物种数是滇青冈林高于次生团花新木姜子林高于次生滇青冈林高于毛枝绣线菊、扭黄茅群系高于云南松林；草本层物种数滇青冈林高于次生团花新木姜子林高于次生滇青冈林高于毛枝绣线菊、扭黄茅群系高于云南松林。

图 6-8　石林保护地调查样地物种—面积曲线图

（2）调查群落物种的种结构

滇青冈林的乔木层物种重要值前 4 的物种是滇青冈、清香木、团花新木姜子、云南木樨榄，滇青冈优势突出，属滇青冈林群系（滇青冈林）；月湖哑巴山为云南木樨榄、滇青冈、清香木、团花新木姜子。云南木樨榄和滇青冈构成双优物种，定为滇青冈云南木樨榄群系（滇青冈云南木樨榄林）。值得注意的两个调查样地中的物种组成空间变异较大，在蓑衣山样地的 100 个 10m × 10m 小样方中，滇青冈作为最优种几率为 58%，清香木为 24%，团花新木姜子为 12%，云南木樨榄为 11%，大果冬青为 3%，云南鹅耳枥和黄连木分别为 5%，结合物种—面积曲线（图 6-2），调查面积小于 4000m² 时，得到的群系（丛）的物种重要值会差别大，得到的群落分类结果会有差异。乃古石林调查群落乔木层物种重要值前的团花新木姜子、毛叶柿、云南木樨榄、多脉猫乳，定名为团花新木姜子群系（团花新木姜子林）。后山调查群落乔木层的物种重要值是云南松、清香木，属云南松林群系（云南松林），其为飞播云南松子形成，可定为人工云南松林。板栗园溶丘样地木本层乔木物种密度、频率顺序是清香木、团花新木姜子、云南木樨榄、薄皮鼠李。调查群落物种重要值、相对密度、相对频度见表 6-54。

表6-54 调查群落物种重要值、相对密度、相对频度表

参数 群落	IV F.C.	IV S.F.C	IV S.F.N.	IV S.F.P.	RDE F.C.	RFE F.C.	RDE S.F.C	RFE S.F.C	RDE S.F.N.	RFE S.F.N.	RDE S.F.P.	RFE S.F.P.	RDE S.F.S.	RFE S.F.S.
矮探春	3				2.9	4.3								
薄皮鼠李	3.1	1.5			2.8	4.4	0.7	3.2					5	2
粗糠柴		2.2							2.05	2.42				
大果冬青	2.3				1.7	2								
大毛毛花	1.3	1.8			0.8	2	0.8	3.4						
大叶桂樱			1.2						0.77	1.93				
滇朴	1.5	0.3			1	2.2								
滇青冈	21.7	24			25.2	11.6	26.3	14.1						
滇润楠	1.4	2.4			1.1	1.6	2	3.4						
短萼海桐	1.4				1	2.1								
多脉猫乳	0.3	2.7	4.9		0.2	0.5	1.3	5.4	4.73	4.83				
花椒勒	1.8				1.8	2.4								
黄连木	3.1	1.6			1.6	3.5	0.7	2.6						
裂果漆	3.2	3.9			2.5	4.9	2.1	6.9						
毛叶柿			7.9						6.65	11.11				
牛筋条		1.3					0.8	2.5						
清香木	12.8	17.7	2.9	1.25	15.1	9.5	18.9	14.2	2.05	4.35	0.71	2.78	15	6
沙坝榕	2.1				1.9	2.9								
沙针		1.5	2.0				0.8	3.1	1.41	3.38				
棠梨（川梨）			1.6						0.9	2.9				
团花新木姜子	11.7	9.3	59.9		13.2	10	9.1	11.6	69.18	41.06			12	1
香叶树	1.2				0.9	1.7								
象鼻藤	1.1	2.7	3.0		0.9	1.8	1.9	4.7	1.92	5.31				
野漆	2.2	0.1			1.8	3.4	0.1	0.3						
云南鹅耳枥	4.6				4.1	4.8								
云南木樨榄	10.3	24.5	6.2		11.9	8.7	32.1	14.1	5.63	7.73			5	3
云南松				93.68							96.45	86.11		
针齿铁子	1.1				0.9	2								
其他	13.7	4.7	8.2	5.07	6.7	13.7	2.4	10.5	4.34	15	2.84	11.1	5	

注：T.Form.全部群落，F.C.滇青冈林，S.F.C.次生云南木樨榄滇青冈林;S.F.N.次生团花新木姜子林; SH.S.毛枝绣线菊竹叶草扭黄茅灌草丛;S.F.P.次生铁仔云南裂稃草云南松林。

调查群落灌木层物种相对频度物种顺序有差别，滇青冈林相对频度大于1%的有32个，排列前10的有铁子、云南木樨榄、滇青冈、针齿铁子、团花新木姜子、清香木、土茯苓、鸡屎藤、矮探春、光五叶薯蓣。次生滇青冈林相对频度大于1%的有25个，铁子、云南木樨榄、清香木、小叶菝葜、团花新木姜子、沙针、滇青冈、粘山药、野丁香、土茯苓。次生团花新木姜子林相对频度大于10%有毛枝绣线菊、土茯苓、铁子、贵州络石、团花新木姜子、毛叶柿、小叶菝葜、清香桂、云南木樨榄、粘山药。人工云南松林频度大于%的灌木物种有7个，铁子、地石榴、毡毛栒子、苦刺花、云南松、喜阴悬钩子、多花杭子、木香花；溶丘石山样地的灌木层木本物种有7个：毛枝绣线菊、红梅消、野丁香、川西马兜铃、地石榴、铁子、贵州络石。调查群落草本层相对频度和密度前10的物种为滇青冈林是细长叶苔草、钩状冷水花、沿阶草、石苇、竹叶草、间型沿阶草、皱叶狗尾草、膜叶星蕨、瓦苇、鸭跖草；次生滇青冈林是细长叶苔草、大叶茜草、间型沿阶草、沿阶草、菊状千里光、石苇、一把伞南星、红鳞苔草、春兰；次生团花新木姜子林是野燕麦、紫茎泽兰、细长叶苔草、竹叶草、云南裂稃草、大叶茜草、黄茅草、蔗茅、草沙蚕、红鳞苔草。云南松林是云南裂稃草、黄茅草、白茅、竹叶草、黄背草、拟金茅、蔗茅、大叶茜草、云南猪屎豆、紫茎泽兰。板栗园溶丘石山样地是竹叶草、黄茅草、云南裂稃草、紫茎泽兰、孔颖草、异叶泽兰、野燕麦、黄背草、细长叶苔草、大叶茜草。

结合灌木层和草本层物种相对密度和相对频度，蓑衣山、月湖哑巴山、乃古石林植物群落名称有乔木层定名，而后山人工云南松林和板栗园溶丘石山的植物群落名称分别是含铁仔云南裂稃草云南松林，板栗园溶丘石山为毛枝绣线菊竹叶草扭黄茅群系。

（3）调查群落物种相似系数

群落相似性是按群落间物种相同性分析，揭示群落间生物多样性关系与演替潜力。以群落间共有种计算Jaccard相似性系数。研究区的地带性植被是蓑衣山滇青冈林，故以其为本底，计算月湖次生滇青冈林、乃古石林次生团花新木姜子林、板栗园含清香木毛枝绣线菊、黄茅草、云南裂稃草丛、云南松林与之的相似性系数。与滇青冈林的相似系数是次生滇青冈林>团花新木姜子林>毛枝绣线菊扭黄茅云南裂稃草草丛>云南松林。乔木层是次生滇青冈林>团花新木姜子林>云南松林；灌木层是团花新木姜子林>次生滇青冈林>毛枝绣线菊扭黄茅云南裂稃草草丛>云南松林；草本层是次生滇青冈林>团花新木姜子林>毛枝绣线菊扭黄茅云南裂稃草草丛>云南松林。滇青冈林为目标群落的群落相似系数见表6-55。

（4）调查群落的物种多样性指数

岩溶植物群落恢复过程中，物种数和单位面积植株数都有效地增加，从石山灌草丛到萌生林，萌生株的数量显著增加，原生林（滇青冈林）的萌生株减少。萌生在岩溶自然植被恢复中有重要作用。但应看到人工辅助恢复的云南松林与自然恢复（灌木林、次生滇青冈林）相比，各个层次的物种数显著地少，受绿化物种控制，30年的恢复时间中地带性植被中的关键种也没有出现，如滇青冈、黄毛青冈、云南鹅耳枥、滇润楠、短萼海桐等都没有出现，乔木层和灌木层物种结构发生的根本性变化。石漠化草丛到滇青冈林的植物多样性指数逐步增加，相对于基本同龄的灌木林和萌生滇青冈林，云南松林植物多样性指数偏低，单一绿化物种形成的林相影响植物多样性。调查群落结构特征见表6-56。调查样地生物多样性指数特征见表6-57。

表6-55　滇青冈林为目标群落的群落相似系数表

群落	物种数				相似系数			
	总数	相同	消失	新添	群落	乔木层	灌木层	草本层
滇青冈林	163							
毛枝绣线菊扭黄茅云南裂稃草草丛	108	50	111	58	0.233	0.00	0.24	0.14
团花新木姜子林	151	84	75	67	0.372	0.34	0.32	0.29
次生滇青冈林	128	77	84	44	0.376	0.36	0.30	0.34
云南松林	96	35	126	61	0.158	0.060	0.09	0.11

乔木层、灌木层、草本层物种数斜线上为相同物种，下括号分别为研究群落和该层物种总数

表6-56　调查群落结构特征表

植物群落类型		石漠化草丛	石山灌草丛	灌木林（团花新木姜子林，20年）	萌生滇青冈林（28年）	滇青冈林（成熟林）	云南松林（30年）
物种数（株）	总物种数	30	104	161	132	163	98
	草本层	24	78	108	94	123	68
	灌木层	6	40	70	60	89	32
	萌生层	1	0	20	24	36	1
	乔木层		0	28	35	58	10
胸径级别（cm）	1~3.0	13	95	303	560	208	123
	3.1~6	0	6	136	347	164	40
	6.1~15	0	0	16	120	95	25
	15.1~20	0	0	0	6	8	11
	20.1~30	0	0	0	1	3	13
	>30	0	0	0	0	2	0
总植株		13	101	455	1034	480	212

植物群落类型		石漠化草丛	石山灌草丛	灌木林（团花新木姜子林，20年）	萌生滇青冈林（28年）	滇青冈林（成熟林）	云南松林（30年）
总干面积		73.94	668	8135.5	43827.1	64614.8	14652.2
实生幼苗数量		100	11	265	2111	3641	49
草本盖度		0.74	0.61	0.55	0.25	0.45	0.17
单位面积植株数	草本层		66	65.6	35.1	78.2	64.4
	灌木层		7.1	5.9	12.7	13	6.6
	萌生层			0.14	0.51	0.47	0
	乔木层			0.14	0.42	0.31	0.06
	胸径			0.32	2.06	1.92	0.52

注：样方调查面积为10000m²（石漠化草丛1000m²）乔木和萌生株的调查100×10m×100m，灌木调查面积100×2m×2m，草本（含幼苗）调查面积100×1m×1m，采用记名计数方法调查，单位面积为m²。

表6-57　调查样地生物多样性指数特征表

物种多样性指数	层次	草丛	灌草丛	灌木林	萌生滇青冈林	践踏滇青冈林	云南松林
多样性指数	草本层	2.61	2.58	3.2	2.56	3.27	2.68
	灌木层	1.57	1.65	2.82	2.79	2.77	1.75
	乔木层			1.36	1.76	1.87	0.26
优势度指数	草本层	0.87	0.87	0.93	0.85	0.93	0.88
	灌木层	0.62	0.59	0.84	0.9	0.9	0.67
	乔木层			0.51	0.76	0.78	0.08
丰富度指数	草本层	8.69	8.98	11.73	7.32	11.25	7.98
	灌木层	3.47	5.54	10.17	5.49	7.18	4.08
	乔木层			3.94	2.64	4.19	1.74
均匀性指数	草本层	0.6	0.59	0.69	0.63	0.72	0.63
	灌木层	0.57	0.43	0.64	0.77	0.67	0.5
	乔木层			0.41	0.59	0.52	0.1

4. 研究结论

退化景观的恢复就是通过自然或人为因素，植物物种以有性或无性繁殖的方式再进入、生长、繁殖、定植、扩张，森林植被恢复并由此带来的生境改善、生物多样性增加、水源涵养功能改善恢复的过程。退化岩溶景观恢复的关键是适宜生境条件下的退化植物群落物种的再进入、繁殖和成功定植。学者认为两种途径（保护自然群落和保护自然生境）可以促进物种的成功定植，其原因在于物种的残留。这些残体为退化景观恢复的先锋繁殖体，其更新模式深刻影响恢复群落的结构和演替方向。有较多的有性繁殖和生物因子（林隙生境）在岩溶森林更新中的作用研究，而研究岩溶非生物因子，尤其是保护岩溶地质遗迹在退化岩溶森林植被恢复中的作用鲜见。生物因子与非生物因子共同组成生物的生境，而小尺度生境对局部环境中更新个体的表现和命运产生极不相同的影响。

岩溶地区溶痕类型丰富，数量多。虽然它们是否具有和如何影响岩溶森林植被恢复的研究鲜见，但保护岩溶景观地区出现森林植被自然恢复的现象普遍存在，并且与人工辅助恢复共同组成退化岩溶生态系统治理的主要方式。这种机制的揭示是本项目的重要目标。溶痕生境是指其中含有土壤与生物的溶痕。岩溶森林植被退化过程引起溶痕生境的变化，保护岩溶景观也将引发溶痕生境的变化，由此可能导致岩溶植物的存在状态和对干扰的响应差异，影响溶痕生境中的物种更新特征与退化群落的演替方向与恢复的可能性。现代保护和封山育林30多年历史的云南石林世界遗产地提供了这样的研究基地。依据溶痕与土壤、植物生长发育的关系划分溶痕生境类型，研究不同演替阶段岩溶森林溶痕生境木本植物的更新特征，以期探讨岩溶地区物种对干扰的响应与更新机制，研究退化岩溶地质生态系统景观的恢复机制。

（1）岩溶溶痕生境类型与特征

根据有无土壤的分布与植物的生长发育，将石林的溶痕生境划分为5种，分别为溶蚀廊道(solution corridors, SC)、溶槽(solution well or shaft, SW)、裂隙溶沟(kluft karren,KK)、溶坑(deep solution pits, DSP)和溶蚀石堆(solution rock debris, SRD)。这些溶痕生境在滇青冈林（原生林，S1）、灌木林（团花新木姜子林，S2）、灌丛(S3)、灌草丛(S4)、石漠化草丛样地(S5)各有分布。滇青冈林的主要溶痕生境是溶蚀石堆，占该群落总调查面积的31.7%，其次为裂隙溶沟；灌木林以裂隙溶沟为主，达37.0%，再次为溶蚀石堆；灌丛地是溶蚀廊道、溶蚀石堆，分别占18.4%和18.1%；灌草丛是溶蚀石堆和裂隙溶沟，分别占20.1%和20.3%。石漠化草地是溶蚀石堆，占该群落总调查面积的71.3%。岩溶溶痕生境特征见表6-58，岩溶溶痕生境的群落分布特征见表6-59。

表6-58　岩溶溶痕生境特征表

生境类型	面积		形态		土壤特征	
	面积 /m²	百分比/%	长度范围 /m	宽度范围 /m	厚度 /cm	枯枝落叶层厚度
溶蚀廊道	624.8	12.5	1.35 ~ 10	0.6 ~ 10	23.67 ~ 65.3	1 ~ 4
溶槽	284.0	5.7	0.65 ~ 10	0.3 ~ 2.3	19 ~ 64	1 ~ 3

续表

生境类型	面积		形态		土壤特征	
	面积/m²	百分比/%	长度范围/m	宽度范围/m	厚度/cm	枯枝落叶层厚度
裂隙溶沟	857.2	17.1	0.2~10	0.1~0.2	1~52	0~5
溶坑	175.0	3.5	0.4~5	0.1~0.3	9~38.5	0~2
溶蚀石堆	1612.5	32.3	1.15~10	0.25~10	32~46	0
石芽（柱）	1446.6	28.9	–	–	–	–

表6-59　岩溶溶痕生境的群落分布特征表

生境类型	滇青冈林 面积 m²（比例%）	灌木林 面积 m²（比例%）	灌丛 面积 m²（比例%）	灌草丛 面积 m²（比例%）	草地 面积 m²（比例%）
溶蚀廊道	102.（10.2）	150.4（15.0）	183.7（18.4）	35.5（3.6）	153.1（15.3）
溶槽	58.7（5.90）	32.8（3.3）	144.4（14.4）	46.3（4.6）	1.7（0.2）
裂隙溶沟	126.6（12.7）	370.7（37.0）	108.6（10.9）	202.8（20.3）	48.4（4.8）
溶坑	55.1（5.5）	4.1（0.4）	55.0（5.5）	55.6（5.6）	5.1（0.5）
溶蚀石堆	317.0（31.7）	200（20）	181.0（18.1）	201.1（20.1）	713.3（71.3）
石芽（柱）	340.5（34.）	241.9（24.2）	327.3（32.7）	458.5（45.9）	78.4（7.8）

（2）群落木本植物的更新方式

用记名记数方法调查了5个岩溶植物群落溶痕生境中的木本物种进行调查，统计乔木、灌木的种类、个体数目、乔灌幼苗的种类、个体数等内容，并区分乔灌幼苗是实生还是萌生。调查到木本植物90种中基本都具有萌生茎干。物种的更新方式在不同演替阶段的溶痕生境中的分布差异较大。滇青冈林中的溶痕生境中均表现出具实生苗的物种数目多余萌生茎干的物种数，在溶槽、裂隙溶沟中甚至超过10种；在灌木林的溶痕生境中具实生苗的物种数和具萌生茎干的物种数差别较小；在灌丛、灌草丛、石漠化草丛中，具萌生茎干的物种数多于具实生苗的物种数，甚至一些溶痕生境中没有具实生苗的物种。随着群落的退化，在各种溶痕生境中具实生苗的物种数大致表现为递减，而具萌生茎干的物种数则以灌丛为最高向两极减少。从个体数来看，本次调查涉及更新层植株占总植株数的98.5%，其中实生苗占24.4%，萌生茎干占75.6%。各溶痕生境实生苗和萌生茎干的物种数和植株数比例见表6-60。

表6-60 各溶痕生境实生苗和萌生茎干的物种数和植株数比例表（单位：%）

群落	溶蚀廊道		溶槽		裂隙溶沟		溶坑		溶蚀石堆	
	实生	萌生	实生	萌生	实生	萌生	实生	萌生	实生	萌生
滇青冈林	27 (81.0)	18 (19.0)	25 (89.1)	8 (10.9)	35 (85.4)	18 (14.6)	20 (74.5)	21 (25.5)	28 (77.7)	19 (22.3)
团花新木姜子林	21 (37.5)	21 (62.5)	8 (42.3)	11 (57.7)	23 (50.3)	18 (49.7)	6 (19.0)	2 (81.1)	3 (100)	0 (0.0)
灌丛	11 (3.7)	27 (96.2)	7 (2.9)	20 (97.1)	13 (5.2)	27 (94.8)	7 (1.7)	22 (98.3)	9 (3.7)	32 (96.4)
灌草丛	0 (0.0)	19 (100)	1 (0.1)	18 (99.9)	9 (0.5)	36 (99.6)	3 (0.3)	23 (99.7)	4 (0.3)	23 (99.7)
草丛	1 (0.15)	12 (99.9)	1 (2.9)	7 (97.1)	1 (1.2)	7 (98.8)	0 (0.0)	3 (100.0)	12 (1.7)	26 (98.4)

因此，萌生更新在不同演替阶段发挥不同作用，并与溶痕生境相联系（图6-9），群落总萌生率从滇青冈林（17.9%）到石漠化草丛（98.6%）急剧增加。实生苗大致表现为从滇青冈林—灌木林—灌丛—灌草丛—石漠化草丛呈明显下降的趋势，灌草丛、石漠化草丛中分布甚少，个别溶痕生境中没有分布；萌生植株在各阶段各类型的溶痕生境都有存，但分布特征因生境类型而异。在各类溶痕生境（溶蚀廊道除外）中，灌木林的萌生茎干数量均处于曲线的较低值。在溶蚀石堆中，萌生茎干数大致按照滇青冈林—灌木林—灌丛—灌草丛—石漠化草丛的顺序增加；在溶蚀廊道中，群落萌生茎干数在灌丛最高，而且灌草丛、石漠化草丛的萌生茎干数多于原生林与次生林；在裂隙溶沟、溶槽和溶坑中，灌草丛群落萌生茎干数最多，在石漠化草丛中分布很少。利用方差分组的两因素无重复观察方差分析对萌生率对演替阶段和溶痕生境的响应表明，演替阶段的萌生率差异极显著（$p:0$），萌生率在演替阶段的均匀性分析是滇青冈林一组、萌生滇青冈林一组，灌木林、灌草丛和石漠化草丛合并一组；溶痕生境差异不显著（$p:0.393$），均匀性分组是五种小生境的萌生率基本一致。演替阶段和溶痕生境的萌生率均匀性分组见表6-61。

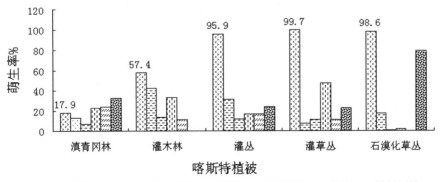

图6-9 石漠化地植被恢复进程中的物种更新策略

表 6-61　演替阶段和溶痕生境的萌生率均匀性分组

| Student-Newman-Keuls | Subset | | | | Student-Newman-Keuls | Subset |
演替阶段	N	1	2	3	溶痕生境	N	1
滇青冈林	5	18.46			溶蚀石堆	5	63.344
萌生滇青冈林	5		50.186		溶蚀裂沟	5	71.484
灌木林	5			96.572	溶槽	5	72.538
石漠化草丛	5			98.812	溶蚀廊道	5	75.516
灌草丛	5			99.772	溶坑	5	80.92
Sig.		1	1	0.928	Sig.		0.298

（3）岩溶石漠化地植被恢复的更新层植物多样性特征

调查群落各生境更新层中的萌生茎干的多样性指数、丰富度、均匀度与优势度在各类生境中表现不一。在溶蚀廊道中，随群落的退化，多样性指数、丰富度、均匀度基本呈现出下降的趋势，而优势度增加，灌木林的丰富度最大；在溶槽中，灌木林多样性指数最大，灌丛丰富度最大，均匀度则在滇青冈林与石漠化草丛中较大，优势度则以灌草丛最大；在裂隙溶沟中，灌草丛丰富度最大，均匀度以石漠化草丛最大，优势度以灌草丛最大；在溶坑中，丰富度以滇青冈林最大，均匀度以石漠化草丛最大，优势度以灌木林最大；在溶蚀石堆中，多样性指数以滇青冈林最大，丰富度灌丛最大，均匀度滇青冈林最大。

在除溶蚀石堆外的其他溶痕生境中，实生苗的多样性指数、丰富度、均匀度大致呈现出随着群落的退化降低而优势度增加的趋势，反映了群落退化过程中实生更新能力降低与退化生态系统物种较单一的特征，但仍然表现出一定的差异。在溶蚀廊道中，多样性指数、丰富度指数峰值出现灌木林，优势度出现在群落严重退化阶段（石漠化草丛）；在溶槽、裂隙溶沟与溶坑中，多样性指数、丰富度均以滇青冈林为最大，优势度、均匀度则表现不一。溶坑中实生苗的优势度、均匀度峰值出现在灌草丛；溶槽中实生苗的优势度峰值出现在灌草丛和石漠征，优势度、均匀度峰值则出现在灌木林中。

（4）岩溶石漠化地恢复森林植被的关键种群的更新机制

选择滇青冈、云南木樨榄、清香木、团花新木姜子四个关键种群进行更新机制调查，分别调查它们的乔木数量、萌生幼苗和实生幼苗数量，记录其分布的小生境。在 6 个样地中设置 20m×50m 的样方，用绳子将其分为 10 个 5m×20m 的样带，分别调查滇青冈、云南木樨榄、清香木、团花新木姜子的乔木数量、萌生幼苗和实生幼苗数量，计算萌生比率（萌生幼苗数量／乔木数量）。六个群落中，云南松林缺乏关键种群幼苗，单优物种绿化影响地带性植被关键种群的存续。团花新木姜子的萌生率从灌草丛到滇青冈林逐步减少，清香木在云南松林中有一定数量的萌生株，从灌草丛到滇青冈林逐步减少。云南木樨榄从灌草丛到滇青冈林逐步减少，早期群落萌生强于实生；恢复程度增加，实生强于萌生。调查群落中只有萌生滇青冈林和滇青冈林检测到滇青冈，萌生率在35%和46%，实生强于萌生。岩溶植物群落恢复过程中，先锋群落恢复以萌生为主；中晚期的群落中，实生逐步成为主要更新方式。石林退化岩溶植物群落的关键种群萌生率见表6-62。

表6-62 石林退化岩溶植物群落的关键种群萌生率表

种群名称	云南松林	石漠化草丛	灌草丛	灌木林	萌生滇青冈林	滇青冈林
团花新木姜子	0		99.2	71	36.5	17.7
清香木	50		99.8	54.6	40.5	18.6
云南木樨榄	0		99.8	76	35	46
滇青冈					35	46

（5）岩溶植被恢复系列的抗干旱能力

利用2009~2012年特大干旱影响，研究了石漠化地恢复植被对干旱的响应。干旱期的温度距平指数在特殊月份达50%以上（2010年1月），降水量距平指数在特殊月份达80%以上（2009年2、9月和2010年2月）；蒸发量距平指数在2009年2、3、9、10月达100%以上。因此，2009年秋开始干旱，雨季（5~10月）降水量显著低于正常年份，旱季降水量继续减少，到2010年春已发展为极端干旱。2009年9月2010年4月的全部降水量为125.3mm，仅相当于多年平均值（325.6mm）的38.5%；同期平均气温16.0℃，比多年平均值（15.6℃）高0.4℃；蒸发量是998mm，为多年平均值（643.9mm）的155%。降水量减少与高温相叠加，导致土壤水分严重亏欠。调查期0~15cm土壤的含水量为2.5%~5%，仅为正常年份（15%~31%）的1/6。实验结果证明，此次极端干旱持续时间长、干旱程度深。

这种干旱提供了评价岩溶植被恢复系列抗旱能力的机遇，是深化岩溶石漠化地适配植物群落选择和培育的重要事件。选择研究区主要恢复群落进行抗旱能力评价。用受旱率、死亡率分析植物群落和物种的受旱程度；用受旱（死亡+萎蔫）物种数及其植株数、耐旱（存活）物种数及其植株数、群落（受旱+存活）物种数及其植株数计算生物多样性指数来评估极端干旱对群落和其生物多样性的影响。抗旱能力评价选择的岩溶恢复群落特征见表6-63。

表 6-63　抗旱能力评价选择的岩溶恢复群落特征表

林型	15cm 土水分（g）	土石比	主要物种	乔木密度（株/m²）	灌木密度（株/m²）	单位面积胸径（cm/m²）	群落外貌特征	备注
滇青冈林	3.04	40:60	清青冈、云南木樨榄、团花新木姜子、清香木	1.08	31.4	3.11	枯树、光枝、萎蔫、常绿落叶混杂	彝族村寨密枝山林（宗教林）
栓皮栎林	2.57	10:90	栓皮栎、薄叶鼠李、清香木、铁仔	1.08	10.8	1.49	光枝、萌动	自然恢复林分22年
灌丛	3.73	25:75	铁仔、毛枝绣线菊、苦刺花		35.9	0	萎蔫、光枝	频繁放牧、樵采
云南松林	4.71	85:15	云南松、薄叶鼠李、铁仔	1.24	27.9	6.66	萎蔫与常绿	松毛虫害、林分25年
原生桤木林	4.85	90:10	桤木、乌桕、香樟、铁仔	1.03	25.6	1.76	光枝、幼芽、萎蔫	灌丛地，栽培桤木林分8年
客土桤木林	3.19	20:80	桤木、山玉兰、清香木、火棘	1.04	0	2.44	枯树、光枝、萎蔫	采石场遗迹客土栽培桤木，林分5年
墨西哥柏林	3.7	10:90	墨西哥柏	2.29	37.8	1.85	常绿、枯叶、萎蔫、	栽培墨西哥柏，林分3年
圣诞树林	4.94	40:60	圣诞树	1.83	0	1.49	枯树、光枝、萎蔫	栽培圣诞树，林分3年

　　8 种群落物种平均死亡率、受旱率分别是 25.1% 和 30.6%。自然群落中物种受干旱影响的比例由高到低的顺序是滇青冈林、石灰岩灌丛、栓皮栎林。人工群落中，物种受干旱影响的比例由高到低的顺序是墨西哥柏林、圣诞树林、客土桤木林、原土桤木林、云南松林。共调查到植物个体 2815 株，其中死亡个体和萎蔫个体总数为 871 株，受旱率为 30.9%。但调查群落的植株数受旱率、死亡率差异大，主要原因在于群落类型的差异，整体上人工植物群落受旱程度较自然植物群落严重。群落的植株数受旱率以人工栽培的圣诞树林为最高，死亡率也以圣诞树林为最高。但各物种的受旱植株数差异很大。自然群落中物种的植株数占全部植株数的 65.1%，但仅占受旱植株的 26.9%，而主要栽培物种桤木、圣诞树、墨西哥柏、云南松的受旱植株占全部受旱植株的 73.1%，而死亡植株占 71.6%，其中桤木的受旱植株比例为 31.2%，而死亡植株为 38.2%（原土桤木林中桤木的死亡植株数仅占总数的 1.8%，而客土桤木林占 90.8%），圣诞树分别为 17.2% 和 20.4%，墨西哥柏为 21.7% 和 12.9%；乡土物种的受旱植株仅占全部受旱植株的 26.9%，死亡植株占 28.4%，其中影响最大的物种为滇青冈（受旱植株比例为 4.6%，死亡植株为 3.8%）和毛枝绣线菊（3.8% 和 4.2%）。原生林的其他优势树种清香木仅有 0.3% 和 0.4%，

云南木樨榄 0.1% 和 0。岩溶地区乡土物种具有较强的耐旱性，这是其对岩溶特殊生境长期适应的结果。

干旱影响群落植株径级结构。群落内植株径级间的受旱死亡率显著性差异检验水平 P =0.0483。干旱对群落的径级大的植株影响较大，说明干旱对乔木层的影响较大。在乔木层中，植株的受旱率、死亡率大致表现为随径级的增大而增大。客土栲木林、原土栲木林、墨西哥柏林、圣诞树林由于栽培时间较短，胸径主要集中在 1~15cm，径级结构不完整。在灌木层（DBH <1cm 的植株）中，自然植物群落的死亡率、受旱率排序为灌丛 > 滇青冈林 > 栓皮栎林；人工植物群落中除圣诞树与客土栲木林的排序为墨西哥柏林 > 原土栲木林 > 云南松林。圣诞树林、客土栲木林未调查到 DBH < 1 cm 的植株。云南石林不同径级植物的死亡率与受旱率见表 6-64。

表 6-64 云南石林不同径级植物的死亡率与受旱率表（单位：cm）

群落	<1 死亡率（受旱率）	5 ≥ DBH ≥ 1 死亡率（受旱率）	10 ≥ DBH ≥ 5 死亡率（受旱率）	15 ≥ DBH ≥ 10 死亡率（受旱率）	20 ≥ DBH ≥ 15 死亡率（受旱率）	DBH ≥ 20 死亡率（受旱率）
滇青冈林	10.56 (10.56)	16 (21.33)	8.33 (27.78)	18.18 (36.36)	20.00 (100.00)	33.33 (100.00)
栓皮栎林	2.75 (2.75)	5.81 (5.81)				
云南松林	1.15 (1.15)					
原土栲木林	1.19 (1.19)	5.48 (5.48)	3.85 (3.85)			
客土栲木林		35.63 (35.63)	100.00 (100.00)			
墨西哥柏林		60.47 (95.35)	39.13 (81.99)	8.00 (52.00)		
圣诞树林		81.36 (86.44)	83.33 (86.46)	66.67 (74.07)	100.00 (100.00)	

注："—" 表示未受旱或调查群落中无该径级的植物个体。

受旱多样性、均匀度指数越高，群落的物种和植株受旱性越分散；耐旱多样性、均匀度指数越高，群落多样性受到威胁越小；受旱优势度高，群落物种和植株受旱越集中。干旱对群落多样性指数在整体上表现为多样性、均匀度降低，优势度增加，但不同的群落有较大差异，如云南松林多样性指数和均匀度增加，而优势度降低。群落经历干旱后存活的生物多样性与群落特征关系密切。干旱对自然群落（S1~S3）的多样性、均匀度、优势度影响比人工群落小，表现为自然群落的耐旱多样性指数、均匀度减小的幅度＜10%；在人工林中，则受物种和栽培方式的影响而变化不一，云南松林的主要物种云南松具有耐旱、耐贫瘠的特征，经历干旱后其存活的物种多样性变化幅度为5.2%，原土栲木林仅为0.5%；而客土栽培的栲木林变化幅度为20.8%，墨西哥柏林为23.3%，在圣诞树林的多样性指数变幅为150.6%。干旱对石林岩溶植物群落多样性结构的影响见表6-65。

表6-65　干旱对石林岩溶植物群落多样性结构的影响表

群落	多样性			均匀度			优势度		
	受旱	耐旱	群落	受旱	耐旱	群落	受旱	耐旱	群落
滇青冈林	1.450	2.005	2.127	0.630	0.671	0.653	0.369	0.182	0.125
栓皮栎林	1.040	1.460	1.514	0.946	0.554	0.574	0.375	0.402	0.380
云南松林	1.941	1.508	2.102	0.843	0.617	0.638	0.175	0.217	0.196
铁仔绣线菊灌丛	0.685	2.362	2.151	0.988	0.756	0.696	0.509	0.146	0.160
原土栲木林	0	1.380	1.327	0	0.635	0.638	1.0	0.381	0.372
客土栲木林	0	1.300	1.151	0	0.864	0.715	1.0	0.268	0.397
墨西哥柏林	1.050	2.179	1.767	0.398	0.836	0.637	0.594	0.150	0.336
圣诞树林	0.109	0.446	0.178	0.99	0.322	0.129	0.960	0.807	0.936

　　石漠化土地恢复群落对干旱的适应性评价，表明自然恢复系列受干旱的影响相对较小，原因可能在于其物种组合、生物多样性和层片结构经历过各种严酷环境变化的历练，适应了岩溶特殊生境，具有抗旱性和持续性演替。在植被严重退化的岩溶地区，岩溶溶痕生境中残留有地带性植被优势种群的繁殖体，具有以营养繁殖（萌生或克隆）为先锋途径的植物群落自然恢复能力。因此，对于非用材林地的植物群落恢复，选择合理的树种与恢复方式，将可避免耗费巨大的人力物力营造的人工林在遭受极端环境事件（干旱、火灾、虫害等）干扰后再次严重退化，这样不仅可避免严重的经济损失，也可回避生态环境和生物多样性问题的重复发生，实现植物群落的持续恢复和自然更新机制。

　　（6）石漠化地恢复森林植被的机制

　　石漠化地森林植被恢复的实质是适宜群落关键种群的恢复更新。关键种种群在退化过程中能否保持或在停止干扰后，能否重新进入是恢复的关键。溶痕生境是岩溶生态系统物种存续的生境类型。石林公园的五种溶痕生境的结构比例在景观演替过程发生变化。

在建立石林公园之前，砍伐、樵采（特别是挖根）等各种方式对石林植被的干扰改变了植被面貌，也改变了群落溶痕生境结构。部分地段在长期的人为干扰后，土壤被侵蚀、流失，出露更多的石芽，把溶痕生境切割得更小，逐步演变为裂隙溶沟和溶蚀石堆占主导的群落生境，随着干扰进一步加剧，导致石芽（石柱）倒塌，形成大面积由石块堆积而成的溶痕生境（溶蚀石堆），这则在石漠化草丛、灌丛、灌草丛中表现突出。在滇青冈林（原生林）中，由于干扰较小，生物风化强烈，溶蚀石堆占有的比例也较大。这影响着退化岩溶植物群落关键种群的更新和群落恢复。

植物的更新方式包括有性繁殖（实生苗）更新和无性繁殖（萌生、克隆等）。何种形式发挥何种作用的最主要影响因素是干扰。在干扰强时，具萌生能力的物种多以萌生更新为主，实生更新较少；干扰程度较弱时，群落趋向于采用实生更新。石林地区的森林植被具有较多的萌生茎干，这反映了石林地区森林受到强烈的干扰，与石林的植被变化历史相适应。滇青冈林中萌生茎干个体数和物种数目少于实生苗数和实生物种数，这与其干扰较小密切相关，同 delTredici (2001) 的研究结果相一致，即在干扰较小的情况下，萌生物种数较少。在石林地区森林群落退化中，实生苗多样性指数降低，萌生茎干苗多样性指数增加，反映了在生境退化过程中，植物改变其生殖策略以适应干扰和生境的退化，即为了对抗干扰，退化群落更新逐步以萌生繁殖为主，这也与目前的部分研究结论相一致。滇青冈林的溶痕生境中以实生更新为主，其余群落以萌生更新为主。

森林中存在具萌生能力的物种可以地域因严重干扰导致群落的消亡，这样的物种通过反复的萌生以维持种群的繁衍，因为萌生物种具有持续生态位 (persistence niche) 且能快速补充种群数量。这种过程在群落恢复初期阶段发挥着重要作用。在石林地区，萌生茎干的分布受到溶痕生境的深刻影响。樵采（包括挖根）和放牧干扰过程中，一些植物的残体（残根或伐桩）能在一些特殊的溶痕生境中保存，这些残体在连续的干扰中反复萌生以实现物种延续。群落不同演替阶段溶痕生境中具萌生茎干的物种数、个体数和其多样性指数差异很大，就是溶痕生境保存植物残体的能力不一的反映，仅部分溶痕生境能成为植物抵抗干扰的庇护所。在溶蚀廊道中，随着群落退化，多样性指数呈下降趋势而优势度增加，说明其保存植物残体的能力低，易受到干扰；在溶蚀石堆中，萌生茎干个体数随着群落的退化呈增加趋势、多样性指数相对稳定，说明溶蚀石堆能较好地保存植物的残体；同时，裂隙溶沟、溶槽、溶坑也表现出一定的保存植物残体的能力。这些溶痕生境中存在的植物残体通过萌生，不仅改变着群落的面貌，一旦干扰退出，这些萌生茎干的成熟将成为岩溶植被恢复繁殖体的天然来源。这些溶痕生境是如何实现保存植物残体的，原因可能在于部分溶痕生境特殊的形态特征（狭窄或周围石芽较高）而降低了干扰程度，其机制究竟如何还需要进一步研究。

实生更新是维持种群遗传多样性和提高个体生存能力的关键，植物实生更新种子主要来源于土壤种子库、种子雨与动物的搬运等。植物种子的传播往往是随机的，其命运取决于能否落到安全岛（具备种子萌发与幼苗成长的条件，并能避免动物的特殊侵害、竞争或土壤毒害的生境）内。溶痕生境是依据土壤存在与否和植物生长发育的关系划分的，其在种子的保存与萌发、幼苗的成长中发挥着重要作用，但不同的溶痕生境作用不同。随着群落的退化，植物物种的实生苗数减少，多样性指数降低，这与萌生植株的年龄密切相关。但我们还应该注意到即使在严重干扰的灌草丛、石漠化草丛中，在溶蚀石堆、裂隙溶沟、溶槽中仍然有植物的实生苗。这与鸟类传播有关。如观察到的团花新木姜子中被鸟类食用后，在其粪便中排除，出现在严重退化的石漠化草丛中。关键种群（如团花新木姜子种群）对生境空间的侵占程度是增大的，在萌生滇青冈林最高，滇青冈林又有所降低。团花新木姜子种群的丛生指标和平均拥挤度在灌木林最大，萌生滇青冈林次之，灌草丛最低，说明团花新木姜子种群在演替过程中是密度先增大复又减小。

与自然恢复系列不尽一致的是，人工辅助恢复云南松林（飞播林），无论是物种多样性和生境功能结构、土壤水文功能结构，均表现一定的差异，物种数和地带性植被的关键种群数量都少。人工恢复的针叶林如何影响地带性植被关键种群恢复再生更新的机制需要进一步研究。一方面是如何影响残存的物种，另一方面如何影响物种的进入定植，如鸟类传播进入的种子为什么不能萌发和定植。

研究区的自然恢复系列与人工辅助恢复群落表现出差异。一方面由于岩溶溶痕生境的特殊作用，退化岩溶森林植被具有较大的自然恢复可能性，只要加大对地带性植被残留体的保护，采取一定的封育措施，构建岩溶原生林植被的关键种或适宜种群的物种源，将可以实现岩溶生态系统的恢复与生物多样性维持。但人工绿化的适宜性物种源需要适配的管理方式，并与岩溶森林植被的重建区水源地、特殊保护地保护相结合。

第三节　石漠化工程规划

云南省有规划、系统性治理石漠化的时间可以分为三个阶段：第一阶段 2008~2010 年，为准备及试点阶段，2008 年启动 12 个试点县治理工程工作；第二阶段 2011~2015 年，为全面治理阶段，2011 年扩大到 35 个重点县，2012 年扩大到 65 个石漠化县。第三阶段 2016~2025 年，为新时期石漠化治理阶段。其中第一阶段和第二阶段又统称为"一期工程"，第三阶段又称为"二期工程"。

一、一期工程概况

自 2008 年启动石漠化综合治理工程以来，截至 2015 年年底，8 年共治理石漠化土地面积 62.14 万 hm^2，治理岩溶面积 117.65 万 hm^2。石漠化扩张趋势得到有效遏制，取得了良好的生态效益、经济效益和社会效益，积累了丰富的治理经验，基本实现了《云南省岩溶地区石漠化综合治理规划（2006—2015 年）》确定的治理目标。

（一）建设情况

2008~2015 年云南省石漠化综合治理工程累计投资资金 23.48 亿元。其中，中央投资 22.53 亿元，地方配套 0.95 亿元。其中，林业措施投资占 62%，水利措施投资 28%，农业措施投资 10%。一期工程治理措施投资情况见图 6-10、石漠化综合治理一期工程任务累计完成情况见表 6-66。

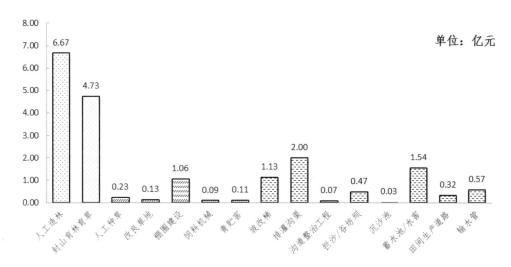

图 6-10 一期工程治理措施投资情况

表 6-66 石漠化综合治理一期工程任务累计完成情况表

指标名称		单位	合计
治理岩溶面积		万 hm^2	117.65
治理石漠化面积		万 hm^2	62.14
植被建设和保护		hm^2	640489.5
林业措施	封山育林 封山育林	hm^2	486778.3
	人工造林 防护林、经济林、其他	hm^2	153711.2
农业措施	草地建设 人工种草	hm^2	5966.8
	草地建设 改良草地	hm^2	11841.1
	草食畜牧业 棚圈建设	m^2	498866.6
	草食畜牧业 饲料机械	台	4221.0
	草食畜牧业 青贮窖	m^3	66905.9

续表

指标名称		单位	合计
水利措施	坡改梯	hm²	9832.4
	排灌沟渠	km	1174.9
	沟道整治工程	km	35.4
	拦沙坝/谷坊	座	1032.0
	沉沙池	口	2167.0
	蓄水池/水窖	口	18210.0
	田间生产道路	km	222.9
	输水管	km	2759.6

（二）主要成效及经验

1. 统筹规划与综合治理，石漠化面积实现净减少

自启动试点工程以来，成立了由分管副省长担任组长，省政府副秘书长和省发展改革委副主任担任副组长的石漠化综合治理工作领导小组，组织编制了《云南省岩溶地区石漠化综合治理规划（2006—2015 年）》，并加大了石漠化治理县的资金整合及投入力度，有效保障了工程统筹管理及综合治理，石漠化治理成效显著，石漠化面积实现净减少。据 2012 年发布的《云南省石漠化状况公报》显示，与 2005 年相比，石漠化面积减少 6.2 万 hm²，石漠化扩展的趋势得到有效控制。

2. 生物措施与工程措施相结合，生态服务功能显著提升

因地制宜，因害设防，采取生物措施和工程措施相结合的方式，开展综合治理，形成治理良性循环，探索出了山顶戴帽子、山腰系带子、山脚搭台子、平地铺毯子、入户建池子、村庄移位子的"六子登科"等多种成功模式。特别是实施林草植被恢复措施，工程区林草植被覆盖率得到提高，野生动植物数量和种类明显增多，生物群落结构进一步优化，植被固碳释氧、净化空气等生态功能显著增强。据统计，自 2008 年石漠化综合治理工程实施以来，工程区增加森林面积约 13.01 万 hm²，年均增长 16257.87hm²，年净增率达到 12.5%。按每公顷林木生长 2.5m³ 计算，增加林木蓄积 49.69 万 m³，森林储备价值约 29814 万元。通过工程实施，减少了水土流失，改善了生态环境，有效保护和合理利用了耕地，石漠化地区群众的环保意识逐渐增强，走出了"越穷越垦、越垦越穷"的恶性循环，走上了社会、经济、环境协调发展之路。

3. 优化治理方式，促进石漠化地区脱贫致富

结合岩溶分布特点、石漠化程度和地区经济状况，通过工程建设，大致形成了三种治理方式：一是在植被覆盖较少、岩石裸露较多，石漠化危害较重的石山区，以生态恢

复为主；二是在改善生态环境的同时，结合实际，因地制宜，发展特色产业；三是在优先改善生态环境的同时，对石漠化地区进行村容村貌整治，扶贫开发和新农村建设相结合。部分地区结合工程建设，充分发挥区域优势条件，因地制宜地发展林农特色产业和生态旅游业，已将其培育成地方支柱产业，极大地带动了地方经济发展和农民增收致富。做到"治石与治贫"相结合，推进了区域脱贫致富步伐，农民居民年人均纯收入从2006年的2367元提高到2015年的8242元。工程实施也使农业生产条件得到改善，提高了土地的生产率，工程区粮食单产每亩提高50~100kg。

4. 强化管理，有序推进石漠化工程治理

加强管理，建立健全"五项制度"，即项目法人制、监理制、公示制、合同管理制、招标投标制五项制度。工程验收严格执行工程任务和投资计划完成达到标准，项目质量达到相关规范标准，资金拨付、管理和使用达到政策规定标准，工程管护措施落实达到标准，各项效益指标达到设计标准，工程档案、资料等管理措施达到标准等"六个标准"。为工程建设提供有力保障，严格执行"七条措施"加强管理：一是项目管理部门成立了石漠化综合治理项目建设实施组；二是制定了项目实施方案和细则指导项目的建设；三是认真落实项目建设地块；四是加强技术培训；五是认真总结试点工作；六是及时落实各项工程运行管护主体和管护责任；七是按照"谁治理、谁管护、谁受益"的原则，积极探索灵活、有效的运行管护机制，制定规章制度、乡规民约等管理办法。

工程实施以来，区域生态环境逐步改善，农村传统生产生活方式发生改变，生态文明建设成效得到彰显。工程建设带动了村寨绿化美化，村容村貌得到改善，促进了乡村文明和美好乡村建设。同时，大批农民接受了系统科学的工程技术培训，综合素质和劳动技能得到提高。通过工程宣传和教育，全民生态意识也不断增强，地方群众对生态建设的态度由消极被动转变为积极参与，爱绿、护绿、增绿的生态文明建设氛围日益高涨。

二、二期工程治理思路

（一）治理原则

1. 统筹兼顾，综合治理

防治工程要以林草植被保护和建设为重点，统筹兼顾农林产业、草畜业发展、生态扶贫等内容，遵循自然规律，坚持"山、水、林、田、路"综合治理思路，将生物措施、工程措施紧密结合，合理布局，宜林则林、宜灌则灌、宜草则草，以水定林，标本兼治，协同增效。

2. 精准治理，绿色发展

结合区域产业结构调整和脱贫攻坚需要，因地制宜，精准治理，制定符合各地的治理措施，促进区域生态环境改善与绿色经济发展，提倡绿色富民产业，以生态扶贫带动

精准扶贫，加快贫困地区各族群众脱贫致富。

3. 保护优先，防治并重

优先保护好岩溶地区现有林草植被与现有治理成果，加强潜在石漠化地区生态环境的保护，正确处理资源利用与环境保护的关系，进行资源开发活动必须充分考虑生态环境承载能力，实现石漠化土地预防与治理协调推进。

4. 突出重点，分步推进

推进石漠化综合治理工程应遵循自然规律和石漠化特征，突出重点，分类指导，分区施策，分步实施。同时，强化项目带动，试点对石漠化重点区域、防治先进单位进行资金与政策的倾斜，达到点面结合，以点带面的作用。

5. 科学防治，依法防治

石漠化区域自然环境差异大，工程治理综合性强、难度大，要依靠科技进步，大力推广和应用先进实用的技术和模式，提高治理成效。要大力贯彻《森林法》《水土保持法》《草原法》等法律法规，制定完善相应监督管理体系，坚持依法治理。

（二）总体布局

"十三五"建设重点县从滇西北到滇东南，地理跨度大，垂直海拔悬殊，气候区域差异显著，石漠化形成、演变的自然因素和社会经济因素在空间分布上均存在明显差异，从而决定了石漠化特征的区域性极强。为科学合理地确定工程布局、因地制宜地制定防治对策，提高工程治理成效，根据工程治理区的石漠化区域特征和生态功能定位，将"十三五"建设重点县划分为"五江三片五区"为主体的工程建设空间格局。

表 6-67 "十三五"建设重点县所属流域情况

所在区域	所在流域	县个数	"十三五"建设重点县
长江区	金沙江流域	16	昭阳区、鲁甸县、巧家县、大关县、永善县、镇雄县、彝良县、寻甸县、禄劝县、会泽县、鹤庆县、古城区、玉龙县、华坪县、宁蒗县、香格里拉市
珠江区	南盘江流域	15	石林县、陆良县、师宗县、罗平县、富源县、沾益县、宣威市、澄江县、蒙自市、建水县、泸西县、砚山县、丘北县、广南县、富宁县
西南诸河区	红河流域	8	易门县、个旧市、开远市、弥勒市、文山市、西畴县、麻栗坡县、马关县
	澜沧江流域	2	维西县、德钦县
	怒江流域	4	隆阳区、永德县、镇康县、沧源
合计		45	

从所在流域及影响范围来看，"十三五"建设重点县分属金沙江流域、南盘江流域、红河流域、澜沧江流域、怒江流域五大流域；从空间分布特征来看，"十三五"建设重点县分为滇西北片、滇东片、滇西南片等三片区；从治理区岩溶特征来看，"十三五"建设重点县包括中高山峡谷、岩溶峡谷、岩溶断陷盆地、岩溶峰丛洼地和岩溶山地五个石漠化治理区。"十三五"建设重点县所属流域情况见表6-67。

（三）治理分区

为更加科学合理地分区进行工程布局和针对性地安排治理措施，按地理气候、土壤植被分布、石漠化成因、生态功能定位和社会经济状况等不同，"十三五"建设重点县包括中高山峡谷、岩溶峡谷、岩溶断陷盆地、岩溶峰丛洼地和岩溶山地五个石漠化治理区。"十三五"建设重点县治理分区石漠化土地情况见表6-68。

表6-68 "十三五"建设重点县治理分区石漠化土地情况表

片区	治理区	县（市、区）		石漠化		
		名 称	数量/个	面积/hm²	比例/%
		重点县	45	2207391.1	100.0
滇西北片	滇西北高山峡谷石漠化区	香格里拉市、德钦县、维西县、古城县、玉龙县、宁蒗县、华坪县、鹤庆县	8	455248.9	20.6
滇东片	滇东北岩溶峡谷石漠化区	大关县、永善县、镇雄县、彝良县、昭阳区、鲁甸县、巧家县、会泽县、宣威市、富源县、罗平县、师宗县、陆良县、沾益县	14	699915.1	31.7
	滇中断陷盆地石漠化区	石林县、寻甸县、禄劝县、易门县、澄江县	5	104803.7	4.7
	滇东南峰丛洼地石漠化区	西畴县、麻栗坡县、广南县、富宁县、文山市、砚山县、丘北县、马关县、泸西县、弥勒县、开远市、个旧市、蒙自市、建水县	14	858133.2	38.9
滇西南片	滇西南岩溶山地石漠化区	隆阳区、永德县、镇康县、沧源县	4	89290.2	4.0

（四）分区施策

1. 滇西北高山峡谷石漠化治理区

（1）区域范围

本区包括滇西北、滇西的8个重点县，主要涉及迪庆州的香格里拉市、德钦县、维西县3个县（市），丽江市的古城区、玉龙县、宁蒗县、华坪县等4个县（区），及大理州的鹤庆县。

（2）石漠化基本情况

国土面积4118753.0hm²，岩溶土地面积1320835.6hm²，占土地面积的32.1%，石漠化土地面积455249.8hm²，占岩溶面积的34.5%。

（3）存在问题

该区区位特殊，交通不便；自然条件较差，山高坡陡，由于特殊的高海拔立体气候条件，岩溶土地受人为干扰后极易形成石漠化；耕地总量少，坡耕地多，陡坡种植面积大；农业生产技术相对比较落后；畜牧业较为发达，但放养方式导致对植被破坏较为严重。

（4）治理方向和重点

在保护好现有林草植被的基础上，重点是加强封山育林、草地保护和建设，发展草食畜牧业和生态旅游业，建设以太阳能为主的能源工程；通过林草植被保护与建设，提高森林质量与水源涵养能力；合理配置牧草的品种，提高单位面积草地的产量和品质；改良草食牲畜品种，优化牲畜结构，做好草畜平衡；提高畜产品的科技附加值；利用青藏高原地区岩溶自然景观、辅以民族文化底蕴，大力开发生态旅游业，带动第三产业的发展。

2.滇东北岩溶峡谷石漠化治理区

（1）区域范围

该亚区包括滇东北14个重点县，主要涉及昭通市的7个县（区）：大关县、永善县、镇雄县、彝良县、昭阳区、鲁甸县、巧家县；曲靖市的7个县：会泽县、宣威市、富源县、罗平县、师宗县、陆良县、沾益县。

（2）石漠化基本情况

该区国土面积4504072.0hm²，岩溶土地面积2459508.3hm²，占土地面积的54.6%，石漠化土地面积699915.1hm²，占岩溶土地面积的29.8%。

（3）主要问题

该区人口密度大，自然环境恶劣；耕地面积少，人地矛盾突出；陡坡开荒、工矿活动等人为破坏较为严重，植被破坏和土壤侵蚀严重；经济欠发达，贫困面大，贫困程度深；受"8·3云南鲁甸地震"影响，地质稳定性降低，植被一定程度上受损毁，易形成滑坡、泥石流、旱涝等地质灾害。

（4）治理方向和重点

积极抓好人口政策、增加劳务输出和生态移民等工作，以缓解环境压力、解决人地矛盾。同时，重点开展以坡改梯为主的农田基本建设，针对性地开展水土保持小流域综合治理，以封山育林、人工造林为主的林草植被建设。因地制宜开展退耕还林还草，根除陡坡开荒，发展特色农林产业和草食畜牧业；加强对水土资源的保护和开发，减少水土流失，提高水土资源的利用效率；采用小流域山、水、林、田、路综合治理模式，海拔高的地区或山顶宜通过封山育林育草和人工造林、种草，营造生态防护林、发展饲料草地，山腰退耕还林，发展核桃、花椒等经济林，山脚造地改田，发展小型微型集雨工程和提灌工程，解决旱地浇灌和人畜饮水问题；在农户中推广低碳循环性农村新能源建设，解决农村能源短缺问题。

3. 滇中断陷盆地石漠化治理区

（1）区域范围

该亚区包括滇中5个重点县，主要涉及昆明市的3个县：石林县、寻甸县、禄劝县；玉溪市的2个县：易门县、澄江县。

（2）基本概况

该区土地面积1180104.0hm²，岩溶土地面积343097.0hm²，占土地面积的29.1%，石漠化土地面积104803.7hm²，占岩溶土地面积的30.5%。

（3）存在问题

该区经济相对发达，但人口密度大，生态承载力不足，环境压力大；无序的采石、挖砂、采矿等工矿活动加速了土地石漠化，引发的水土流失，对高原湖泊造成泥沙淤积和水体污染；盆地周边山区石漠化严重，农村能源短缺；盆地内水资源相对仍然短缺，制约了土地和光热资源的开发利用。

（4）治理方向和重点

在保护好现有林草植被的基础上，重点加强以封山育林和人工造林为主的林草植被建设，扩大环境容量，同时兼顾特色产业开发。可采用小流域山、水、林、田、湖综合治理模式，加强高原湖泊的保护和石漠化治理；搞好周边山区，尤其是山区向盆地过渡的石漠化严重地带的封山育林育草、人工造林，积极营造生态林和薪炭林，发展人工种草和草地改良，提高植被覆盖度；加强水资源的开发利用，发展小型微型集雨工程和提灌工程，保障人畜饮水和生产用水；充分发挥区域光热资源优势，大力发展林果、中草药等特色产业及林农混作、林菜、林菌等林下种植，培育支柱产业，发展区域经济；因地制宜地发展以国家喀斯特或石漠化公园为主的生态旅游业。

4. 滇东南峰丛洼地石漠化治理区

（1）区域范围

该亚区包括滇东南的文山州和红河州的14个重点县，其中，文山州8个县：西畴县、麻栗坡县、广南县、富宁县、文山市、砚山县、丘北县；红河州6个县：泸西县、弥勒县、开远市、个旧市、蒙自市、建水县。

（2）基本概况

本区土地面积 4642504.0hm²，岩溶土地面积 2319155.5hm²，占土地面积的 50.0%，石漠化土地面积 858133.2hm²，占岩溶土地面积的 37.0%。

（3）存在问题

该区出露的碳酸盐岩古老、坚硬、层厚、质纯，且连片分布，以孤峰残丘和溶蚀洼地为主，土层极薄，严重缺土；虽然雨量充沛多，但分布不均，地表水漏失严重，使地表水系缺乏，地下水系发育，人畜饮水困难，易旱涝；石漠化程度深、分布广，加之耕种、工矿等人为活动，植被破坏严重；经济发展滞后，贫困面较大。

（4）治理方向和重点

重点是通过建立泉点引水等水利工程，充分开发利用地下水，解决人畜饮水问题；通过排涝沟渠、隧道建设，根除洼地、谷地的涝灾问题；通过人工造林、种草、草地改良、封山育林育草，保护和增加林草植被，搞好蓄水保土工程，从根本上减少地表水土流失；通过坡改梯等措施，稳定现有耕地面积，建设基本农田；发展太阳能、沼气池、节柴灶、小水电等农村能源建设，解决农村能源问题；在人地矛盾突出的地区，有计划地开展易地扶贫搬迁；因地制宜地发展以国家喀斯特或石漠化公园为主的生态旅游业。

5. 滇西南岩溶山地石漠化治理区

（1）区域范围

该亚区包括滇西南的4个重点县，主要涉及保山市的隆阳区；临沧市的镇康县、永德县、沧源县。

（2）基本概况

本区国土面积 1304605.0hm²，岩溶土地面积 590722.1hm²，占国土面积的 45.3%，石漠化土地面积 89290.2hm²，占岩溶土地面积的 15.1%。

（3）主要问题

该区气候炎热，雨量充沛；受自然和人为因素共同影响，水土流失时有发生；局部缺水、缺能源；经济发展缓慢，贫困面较大。

（4）治理方向和重点

重点加强以封山育林、人工造林为主的植被建设，从根本上减少水土流失，同时兼顾发展特色农林牧业，增加农民的经济收入；积极发展南亚热带特色经济林、早熟蔬菜和种养结合的庭院经济；通过水源工程建设，解决农民的生产、生活用水；加强坡改梯为主的基本农田建设在恢复良好的生态景观的前提下，积极发展旅游业；发展太阳能、小水电为主等农村能源建设，解决农村能源短缺问题。

第四节　石漠化地方政策

一、防治石漠化政策现状分析

近年来我国在环境保护法制建设中取得了很大的进展，我们国家现行的环境保护方面的法律有《中华人民共和国宪法》《中华人民共和国环境保护法》《中华人民共和国水土保持法》《中华人民共和国森林法》《中华人民共和国草原法》和《中华人民共和国防沙治沙法》。为解决岩溶地区石漠化问题，国务院批复了《岩溶地区石漠化综合治理规划大纲（2006—2015 年）》。根据大纲的规定和要求，西南岩溶区域各地区根据本地实际情况制定了石漠化治理综合规划，我国防治石漠化法律体系建设取得了一定的成果。但是，目前并没有针对西南岩溶区域石漠化防治的专门立法，立法空白的问题在石漠化治理中日益凸显。针对西南岩溶区域日益严重的石漠化现状，现有的防治石漠化的政策和相关法规虽然涉及石漠化防治的法律问题，但所涉规定多为原则性规定，缺乏可操作性。西南岩溶区域石漠化面积日益扩展，生态安全遭受重大威胁，这与防治石漠化法制不健全有重要的关系，现有的法律法规中缺少石漠化的预防、石漠化的治理、石漠化治理的保障措施及防治石漠化的法律责任的规定，这使得防治石漠化的成效大打折扣。尤其是防治石漠化法律责任规定的缺位，使得破坏岩溶区域植被的现象屡禁不止。云南省虽根据国务院《岩溶地区石漠化综合治理规划大纲（2006—2015 年）》制定了石漠化治理综合规划。但是这些规划不具有法律效力，也没有出台防治石漠化的地方性法规。此外，也没有明确的法律规定确保防治石漠化者的合法权益，社会力量投入防治石漠化的机制也没有从法律上进行规定，这些法律法规的缺位严重阻碍了防治石漠化的成效。

有效的行政管理机制缺乏。目前，在石漠化防治中并没有确立从中央到地方的纵向的石漠化防治行政管理监督机制，也没有确立横向的各行政部门之间的协调机制，更没有设立专门的石漠化防治行政管理部门。此外，现行的法律法规没有明确规定防治石漠化的主管、监督管理机关的职权和职责，这使得在防治石漠化过程中行政主管部门之间多头管理，分工不明，权责不清的问题日益彰显。由于各行政管理部门之间职权分工的不明确，往往会出现管理分散、权责不明、责任推脱的现象。防治石漠化中有效的行政管理机制的缺位必然会严重影响防治石漠化的成效，在防治石漠化的具体工作开展中引发诸多问题，使石漠化防治工作难以达到预期目标。此外，防治石漠化中由于地区分割、部门分割、多头管理，缺乏各部门跨区域的协作机制，而石漠化问题是整个西南岩溶区省份共同面对的生态问题，涉及整个西南岩溶区的生态安全、经济发展及西南岩溶区域的可持续发展，因此西南岩溶区域各省跨区域协作机制的缺位，将影响整个西南岩溶区石漠化防治的整体成效。

公众参与机制缺乏。西南岩溶区石漠化面积的扩展直接威胁到此区域中广大公众的生存空间，西南岩溶区域石漠化的扩展不仅仅是生态安全问题，更为重要的是公众的生存安全问题。因此，西南岩溶区域防治石漠化只依赖环保部门是远远不够的，还需要广大公众的广泛参与与监督，形成完善的公众参与机制。目前，我国宪法和环境保护法及相关政策法规中已有对公众参与权的原则性规定，国家环境保护总局还发布了《环境影响评价公众参与暂行办法》，但是这些法律法规中并没有详细规定公众参与权行使的具体程序、途径，参与权多规定以检举的形式而非诉讼的形式，没有明确的规定公众参与中所享有的权利和承担的义务，原则性的规定在实际操作中缺乏适用性，这往往导致公众参与权难以落到实处。完善的环境公益诉讼制度的缺失使得实践中侵害社会公众利益的非法开矿、破坏植被、乱砍滥伐造成石漠化程度加剧的事件无法得到遏制，公众参与机制只是停留在制度化的层面，由于没有具体的可适用的环境公益诉讼机制，致使公众参与机制无法有效发挥。

二、构建防治石漠化的法律机制

（一）填补法律空白，增强防治石漠化的实效

西南岩溶区域石漠化面积的扩展造成当地群众生存空间的缩小，生物多样性锐减，危害了水利设施的安全，甚至影响了长江三角洲、珠江三角洲的经济可持续发展，生态环境的恶化更是加剧了上游地区贫困，影响了社会稳定、民族团结。只有构建完善的防治石漠化的法律机制，才能控制石漠化蔓延的速度，修复生态环境，实现西南岩溶区域经济快速、稳定可持续发展。建议应该由全国人大常委会尽快出台《防治石漠化法》，准确地对石漠化的概念进行界定，详细规定石漠化的预防、石漠化的治理、石漠化治理的保障措施及防治石漠化的法律责任，这会增加法律在实际中的操作性，增强防治石漠化的成效，为防治石漠化提供有力的法律支撑。尤其对于法律责任的规定要详尽具有可操作性，增加法律的适用性。各地方人大及常委会应根据本地区具体实际尽快出台防治石漠化的地方法规，以法规的方式明确规定相关主体在防治石漠化过程中的职权与职责，权利与义务。完善责任体系，规定破坏环境、加剧石漠化现象主体的责任，使得法律责任明确化、具体化，增加法规的可操作性。此外，应在法律法规中明确规定防治石漠化者的合法权益，保障防治石漠化者的合法权益。只有构建完善的防治石漠化的法律机制，才能遏制石漠化蔓延的速度，阻滞生态恶化，保障人民群众的生存空间，实现经济社会的协调和可持续发展。

（二）完善行政管理机制

完善的行政管理机制可以增强法律在实际中的适用性，达成防治石漠化的既定目标。

建议应构建从中央到地方的纵向的石漠化防治行政管理监督机制，首先应确立全国防治石漠化的行政主管部门，在整个防治石漠化中居于组织、领导、监督、协调的地位，负责对全国石漠化工作进行统一安排、全面监督、协调组织，明确防治石漠化主管部门的职权和职责，避免出现权责不明，责任推脱的现象。此外，石漠化防治中涉及多个行政主管部门，应确立农业、水利、林业、国土、环保等行政主管部门之间的协调机制，明确各部门在防治石漠化中的分工，对各行政部门职权作出详尽规定，明确规定各部门之间的关系，避免多头管理、责任推脱情况的出现。此外，西南岩溶区域的各省、市、县应建立专门的石漠化防治机构，石漠化防治机构应负责本地区防治石漠化工作的进行，对石漠化工作进行组织、监督、实施。确立行政责任追究机制，完善的监督机制的确立，可以督促石漠化防治中的行政主体积极的履行职责，将防治石漠化的效果落到实处，因此，建立健全防治石漠化责任追究机制就显得尤为重要。此外，应注重地区内各个机构之间的协作与协调，同时应打破地区分割成立跨区域的防治石漠化综合机构，遏制石漠化蔓延的速度、恢复生态，实现区域经济社会的协调和可持续发展。

（三）确立公众参与机制

随着西南岩溶区石漠化面积的蔓延，石漠化恶化了生态环境，造成了区域贫困，严重影响了当地广大群众的生产生活，阻碍了区域经济社会协调与可持续发展。因此，构建公众参与机制，完善石漠化防治法律机制已经刻不容缓。世界上许多国家例如美国、日本已经构建了公众参与机制。实践证明，公众参与机制已经在环境保护中发挥着至关重要的作用。只有在相关法律法规中详细规定公众参与的权利，完善公众参与的程序，才能确保公众的参与权的实现，克服政府调节在防治石漠化中的缺陷，只有以法律的方式详细规定公众参与的途径、程序，完善环境公益诉讼机制，实行诉讼中举证责任倒置，才能使公众参与不仅停留在制度层面，在实践中具有可操作性，才能真正调动公众监督与参与的积极性，使得公民的环境权益得以实现。西南岩溶地区石漠化问题已经不仅仅是生态问题，更是一个求生存、求发展的问题，只有强化广大公众的环境保护意识，才能遏制石漠化蔓延的速度。

三、云南省石漠化相关地方法律法规

云南根据国家《岩溶地区石漠化综合治理工程建设管理办法》《岩溶地区石漠化综合治理工程"十三五"建设规划》及有关法律、法规和政策规定。省发展改革委、林业厅、农业厅、水利厅研究制定了《云南省岩溶地区石漠化综合治理工程建设管理办法实施细则（试行）》和《云南省岩溶地区石漠化综合治理工程验收办法》。《云南省岩溶地区石漠化综合治理工程建设管理办法实施细则（试行）》共计九章三十七条。主要对石漠化综合治理工程建设管理中的基本建设单位、国家安排专项资金实施的建设内容进行说明，并对组织管理、目标责任制、前期工作（规划、作业设计及审批）、投资计划管理、工程建设管理、工程资金管理、工程核查验收、建后管护进行了规定。在此基础上，云南省制定了《云南省岩溶地区石漠化综合治理工程验收办法》，共十二条。主要对项目核查验收方式、主要内容、必须具备条件并提交相应文件、验收评定采用评分法、核查验收评定结果划分等级、年度验收工作程序、复查、整改作出了相应的规定。具体内容详见附件 6-1 和附件 6-2。

第七章 非重点县石漠化监测

第一节 监测的基本情况

一、工作开展情况

（一）工作开展的背景

根据国家林业局的统一部署，云南省针对 65 个重点石漠化县（已实施石漠化综合治理工程县）分别于 2005 年、2011 年、2016 年同步完成了三次岩溶地区石漠化监测工作。2014 年以前全省仍有岩溶分布的 56 个石漠化非重点县未开展监测工作。根据云南省林业厅 云南省发展和改革委员会《关于认真贯彻落实中央领导同志重要批示精神扎实推进石漠化防治工作的通知》（云林联发〔2012〕38 号）要求："不断加大石漠化防治力度，扩大防治覆盖面"。为了全面掌握云南省岩溶地区石漠化土地现状，2014 年云南省林业厅决定开展云南省岩溶地区 56 个非重点县石漠化监测工作。通过开展 56 个非重点县石漠化监测工作，系统地弥补了云南省岩溶地区石漠化监测范围空白，形成全省全覆盖，为全面、系统地揭示云南省石漠化分布、成因、危害，为科学有效制定石漠化治理措施，提供可靠详实的全省完整资料，为下一步岩溶地区非重点县石漠化治理纳入国家石漠化综合治理提供科学依据。

云南省林业厅于 2014 年 10 月 17 日下发了《云南省林业厅关于开展岩溶地区非重点县石漠化监测工作的通知》（云林造林〔2014〕18 号）的文件，决定开展云南省岩溶地区非重点县石漠化监测。

云南省林业厅十分重视非重点县石漠化监测工作，为确保监测工作的顺利开展，省厅成立了以主管副厅长为组长的领导小组，及时组织技术人员编制了《云南省岩溶地区非重点县石漠化监测工作方案》《云南省岩溶地区非重点县石漠化监测实施细则》。云南省林业厅负责组织、协调整个监测工作；监测技术支撑单位云南省林业调查规划院负责实施细则的编制、技术培训、技术指导、质量检查、影像数据处理、全省数据统计汇总、省级成果编制等工作；各州（市）林业局负责上传下达监测的有关事项；各监测县具体承担外业调查核实图斑、小班区划、相关资料收集、GPS 特征点采集、编制县级监测报告等工作。

云南省石漠化监测技术研究中心抽调 20 多名技术人员负责指导和质量检查，各县（市、区）林业局抽调了 1059 名技术人员负责调查工作。整项工作从 2014 年 9 月开始，至 2015 年 6 月结束,工作全过程严格执行云南省的《云南省岩溶地区非重点县石漠化监测实施细则》技术标准。

监测范围涉及 56 个县(市、区)、328 个乡(镇、林场),监测县国土总面积 1796 万 hm²,监测乡镇国土总面积 890.9 万 hm²。岩溶监测区总面积 328.7 万 hm²,占监测县国土总面积 18.3%,占监测乡镇国土总面积的 36.9%,共区划小班 201287 个,平均小班面积 16.3hm²。设立 GPS 特征点 9137 个,拍摄各类照片近万张。

(二)监测范围

监测范围涉及 14 个州(市、新区)56 个县(市、区)。

大理州: 大理市、漾濞县、祥云县、宾川县、弥渡县、南涧县、巍山县、永平县、云龙县、洱源县、剑川县。

德宏州: 瑞丽市、芒市、盈江县。

昆明市: 东川区、晋宁县、滇中产业新区、安宁市。

普洱市: 思茅区、宁洱县、墨江县、景东县、景谷县、镇沅县、江城县、孟连县、澜沧县、西盟县。

玉溪市: 峨山县、新平县、元江县。

红河州: 石屏县、元阳县、红河县、金平县、绿春县。

保山市: 腾冲县、龙陵县、昌宁县。

临沧市: 临翔区、凤庆县、云县、双江县。

昭通市: 绥江县。

楚雄州: 楚雄市、双柏县、牟定县、南华县、元谋县、武定县、禄丰县。

怒江州: 泸水县、福贡县、兰坪县。

西双版纳州: 景洪市、勐腊县。

丽江市: 永胜县。

二、石漠化防治情况

(一)岩溶地区石漠化防治情况

非重点县岩溶土地监测面积 3287670.9 万 hm²,石漠化土地发生率 18.3%,分布在 14 个州(市、新区)56 个县(市、区)328 个乡(镇),土地的石漠化,加剧水土流失,使生态环境恶化,并引发自然灾害,压缩群众的生存与发展空间,导致贫困加剧,监测范围涉及人口达 1668 万,分布着占全省近半数的贫困人口。因此,土地石漠化不但危及岩溶区域群众的生产生活状况、区域经济社会的可持续发展和生态文明建设,而且对长江下游地区,珠江下游等地区的社会经济发展带来严重影响。

目前，云南省岩溶地区 56 个非重点县尚未开展石漠化综合治理，还存在石漠化较为严重的情况，局部地区石漠化呈现恶化趋势，水土流失严重；耕地石漠化形势不容乐观；潜在石漠化土地也急需加强植被保护，防止植被退化。全省石漠化防治还任重道远。

（二）重点生态治理工程情况

岩溶地区非重点县石漠化区域现阶段正在实施的重点生态治理工程主要有天然林资源保护工程、生态公益林保护工程、退耕还林成果巩固工程、农业综合开发等工程。但对于严峻的石漠化防治形式，这些还远远不够，应力争将上述区域，逐步纳入到石漠化综合治理工程中来，全面改善岩溶地区石漠化防治形式，为云南成为全国生态文明建设排头兵，为社会经济可持续发展打下坚实的基础。

第二节　监测结果

一、岩溶区土地

（一）岩溶区土地地理分布

岩溶区国土总面 8909001.7hm²。监测区岩溶土地面积 3287670.9hm²，涉及 56 个县 328 个乡，占监测区国土总面积的 36.9%，共区划小班 201287 个，平均小班面积 16.3hm²。其中：石漠化土地面积 690868.1hm²，占岩溶土地面积 21.0%；潜在石漠化土地面积 785402.2hm²，占岩溶土地面积 23.9%；非石漠化土地面积 1811400.6hm²，占岩溶土地面积 55.1%。

非重点县岩溶土地面积按州市统计见表 7-1，各县区详见附录二。

表 7-1　非重点县岩溶土地面积按州市统计表（单位：hm²）

州市面积	监测区国土面积	岩溶土地		石漠化土地面积	潜在石漠化土地面积	非石漠化土地
		面积	比例 /%			
合计	8909001.7	3287670.9	100.0	690868.1	785402.2	1811400.6
昆明市	305798.2	186144.2	5.7	101595.4	48308.0	36240.8
滇中产业新区	109204.0	36246.7	1.1	975.7	1232.8	34038.2
玉溪市	346819.0	130894.9	4.0	39944.8	51948.0	39002.1
保山市	500417.0	138657.6	4.2	4889.1	15524.7	118243.8
昭通市	74841.1	32643.1	1.0	12230.4	19925.4	487.3
丽江市	386275.4	324765.1	9.9	43479.5	41068.4	240217.2

州市面积	监测区国土面积	岩溶土地		石漠化土地面积	潜在石漠化土地面积	非石漠化土地
		面积	比例/%			
普洱市	1528815.9	354162.7	10.8	50724.2	90370.8	213067.7
临沧市	775479.7	485640.7	14.8	129720.8	153126.5	202793.4
楚雄州	808447.2	229818.0	7.0	32648.4	52254.3	144915.3
红河州	797365.7	313991.6	9.6	102326.6	116632.6	95032.4
西双版纳州	709257.0	177391.3	5.4	5.9	38090.9	139294.5
大理州	1562353.6	506357.6	15.4	96854.5	58168.4	351334.7
德宏州	271665.8	31699.7	1.0	2850.6	8741.5	20107.6
怒江州	732262.1	339257.7	10.3	72622.2	90009.9	176625.6

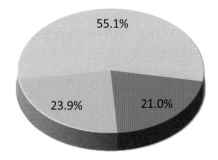

■ 石漠化土地

■ 潜在石漠化土地

■ 非石漠化土地

图 7-1　岩溶区各岩溶土地类型占比

（二）岩溶区土地地类统计

　　监测区岩溶土地面积 3287670.9hm²，石漠化土地面积 690868.1hm²，占岩溶土地面积 21.0%。按石漠化程度统计，轻度石漠化面积 316016.2hm²，占石漠化土地面积 45.7%；中度石漠化面积 280526.0hm²，占石漠化土地面积 40.6%；重度石漠化面积 60249.7hm²，占石漠化土地面积 8.7%；极重度石漠化面积 34076.2hm²，占石漠化土地面积 4.9%。潜在石漠化面积 785402.2hm²，占岩溶土地面积 23.9%；非石漠化土地面积 1811400.6hm²，占岩溶土地面积 55.1%。

　　按地类统计，林地面积 2326586.2hm²，占岩溶土地面积 70.8%；耕地面积 791028.8hm²，占岩溶土地面积 24.1%；草地面积 11170.1hm²，占岩溶土地面积 0.3%；未利用地面积 44429.5hm²，占岩溶土地面积 1.4%；建设用地面积 73876.6hm²，占岩溶土地面积 2.2%；水域面积 40579.7hm²，占岩溶土地面积 1.2%。非重点县石漠化土地面积分程度按地类统计见表 7-2。

表7-2 非重点县石漠化土地面积分程度按地类统计表（单位：hm²）

调查单位	石漠化类别		合计	林地	耕地	草地	未利用地	建设用地	水域
云南省	总面积（hm²）		3287670.9	2326586.2	791028.8	11170.1	44429.5	73876.6	40579.7
	比例（%）		100.0	70.8	24.1	0.3	1.4	2.2	1.2
	石漠化类别	轻度石漠化	316016.2	270043.5	45806.4	166.3			
		中度石漠化	280526.0	149423.2	129830.8	1272.0			
		重度石漠化	60249.7	43550.1	5549.7	2528.5	8621.4		
		极重度石漠化	34076.2	5961.5	23.4		28091.3		
		潜在石漠化	785402.2	762752.6	22145.4	504.2			
		非石漠化	1811400.6	1094855.3	587673.1	6699.1	7716.8	73876.6	40579.7
昆明市	总面积（hm²）		186144.2	114490.0	42610.9	2702.4	20143.0	4224.2	1973.7
	石漠化类别	轻度石漠化	11034.3	8637.9	2303.3	93.1			
		中度石漠化	56714.3	35029.5	20690.6	994.2			
		重度石漠化	12106.5	10452.4	478.4	845.9	329.8		
		极重度石漠化	21740.3	1904.5	23.4		19812.4		
		潜在石漠化	48308.0	48308.0					
		非石漠化	36240.8	10157.7	19115.2	769.2	0.8	4224.2	1973.7
滇中产业新区	总面积（hm²）		36246.7	21883.2	8640.2	4.2	1125.8	3411.7	1181.6
	石漠化类别	轻度石漠化	322.8	322.8					
		中度石漠化	141.7	141.7					
		重度石漠化	105.3		97.1		8.2		
		极重度石漠化	405.9				405.9		
		潜在石漠化	1232.8	1232.8					
		非石漠化	34038.2	20185.9	8543.1	4.2	711.7	3411.7	1181.6
玉溪市	总面积（hm²）		130894.9	102398.4	24533.3		811.6	2507.8	643.8
	石漠化类别	轻度石漠化	18577.2	17536.5	1040.7				
		中度石漠化	16383.5	14453.2	1930.3				
		重度石漠化	3933.6	3329.5			604.1		
		极重度石漠化	1050.5	866.0			184.5		
		潜在石漠化	51948.0	51932.5	15.5				
		非石漠化	39002.1	14280.7	21546.8		23.0	2507.8	643.8

续表

调查单位	石漠化类别		合计	林地	耕地	草地	未利用地	建设用地	水域
保山市	总面积（hm²）		138657.6	86287.1	46460.0	672.4	422.1	4032.1	783.9
	石漠化类别	轻度石漠化	3426.1	2868.6	555.7	1.8			
		中度石漠化	1046.6	951.5	95.1				
		重度石漠化	384.2	233.8		8.6	141.8		
		极重度石漠化	32.2	7.4			24.8		
		潜在石漠化	15524.7	15184.0		340.7			
		非石漠化	118243.8	67041.8	45809.2	321.3	255.5	4032.1	783.9
昭通市	总面积（hm²）		32643.1	23871.1	8499.4		20.5	241.7	10.4
	石漠化类别	轻度石漠化	3844.5	3844.5					
		中度石漠化	8385.9	101.2	8284.7				
		潜在石漠化	19925.4	19925.4					
		非石漠化	487.3		214.7		20.5	241.7	10.4
丽江市	总面积（hm²）		324765.1	226850.6	78501.9		753.7	5723.2	12935.7
	石漠化类别	轻度石漠化	33180.8	30596.9	2583.9				
		中度石漠化	8501.5	7663.7	837.8				
		重度石漠化	1176.0	1088.3			87.7		
		极重度石漠化	621.2				621.2		
		潜在石漠化	41068.4	41068.4					
		非石漠化	240217.2	146433.3	75080.2		44.8	5723.2	12935.7
普洱市	总面积（hm²）		354162.7	254354.3	90473.5	275.2	359.2	3332.0	5368.5
	石漠化类别	轻度石漠化	20472.8	13696.3	6776.5				
		中度石漠化	25762.3	11768.5	13869.4	124.4			
		重度石漠化	4248.9	1624.8	2469.3	137.7	17.1		
		极重度石漠化	240.2	81.5			158.7		
		潜在石漠化	90370.8	88798.5	1572.3				
		非石漠化	213067.7	138384.7	65786.0	13.1	183.4	3332.0	5368.5

续表

调查单位	石漠化类别		合计	林地	耕地	草地	未利用地	建设用地	水域
临沧市	总面积（hm²）		485640.7	310659.0	154268.0	45.2	163.2	15466.1	5039.2
	石漠化类别	轻度石漠化	63382.1	36807.1	26575.0				
		中度石漠化	57856.4	9743.9	48112.5				
		重度石漠化	5440.9	4984.4	443.4		13.1		
		极重度石漠化	3041.4	3038.6			2.8		
		潜在石漠化	153126.5	132568.9	20557.6				
		非石漠化	202793.4	123516.1	58579.5	45.2	147.3	15466.1	5039.2
楚雄州	总面积（hm²）		229818.0	163302.5	55688.7	11.3	1222.8	6585.5	3007.2
	石漠化类别	轻度石漠化	14475.9	14330.8	145.1				
		中度石漠化	7594.4	7456.4	126.7	11.3			
		重度石漠化	9850.5	9548.8			301.7		
		极重度石漠化	727.6	12.1			715.5		
		潜在石漠化	52254.3	52254.3					
		非石漠化	144915.3	79700.1	55416.9		205.6	6585.5	3007.2
红河州	总面积（hm²）		313991.6	203629.2	99469.6	4.6	4774.3	5318.2	795.7
	石漠化类别	轻度石漠化	43818.4	39529.9	4283.9	4.6			
		中度石漠化	48332.2	29299.9	19032.3				
		重度石漠化	6604.9	3962.5	1718.9		923.5		
		极重度石漠化	3571.1	51.4			3519.7		
		潜在石漠化	116632.6	116632.6					
		非石漠化	95032.4	14152.9	74434.5		331.1	5318.2	795.7
西双版纳州	总面积（hm²）		177391.3	174789.9	1338.5		210.0	198.8	854.1
	石漠化类别	重度石漠化	5.9				5.9		
		潜在石漠化	38090.9	38090.9					
		非石漠化	139294.5	136699.0	1338.5		204.1	198.8	854.1

续表

调查单位	石漠化类别	合计	林地	耕地	草地	未利用地	建设用地	水域
大理州	总面积（hm²）	506357.6	347433.9	115740.5	7310.1	14245.1	15929.4	5698.6
	轻度石漠化	55238.3	54758.5	413.0	66.8			
	中度石漠化	23773.1	17829.6	5801.4	142.1			
	重度石漠化	15219.5	7631.3	30.2	1391.6	6166.4		
	极重度石漠化	2623.6				2623.6		
	潜在石漠化	58168.4	58004.9		163.5			
	非石漠化	351334.7	209209.6	109495.9	5546.1	5455.1	15929.4	5698.6
德宏州	总面积（hm²）	31699.7	22201.6	7930.1		178.2	1217.5	172.3
	轻度石漠化	621.9	563.2	58.7				
	中度石漠化	1858.2	17.1	1841.1				
	重度石漠化	348.3	74.3	251.9		22.1		
	极重度石漠化	22.2				22.2		
	潜在石漠化	8741.5	8741.5					
	非石漠化	20107.6	12805.5	5778.4		133.9	1217.5	172.3
怒江州	总面积（hm²）	339257.7	274435.4	56874.2	144.7		5688.4	2115.0
	轻度石漠化	47621.1	46550.5	1070.6				
	中度石漠化	24175.9	14967.0	9208.9				
	重度石漠化	825.2	620.0	60.5	144.7			
	潜在石漠化	90009.9	90009.9					
	非石漠化	176625.6	122288.0	46534.2			5688.4	2115.0

（这一栏标为"石漠化类别"）

（三）岩溶区土地植被综合盖度统计

非重点县岩溶土地面积3287670.9hm²，按植被综合盖度统计，植被综合盖度10%以下面积170363.5hm²，占岩溶土地面积5.2%；植被综合盖度在10%~19%的面积为18616.3hm²，占岩溶土地面积0.6%；植被综合盖度在20%~29%的面积为50184.2hm²，占岩溶土地面积1.5%；植被综合盖度在30%~39%的面积为210979.0hm²，占岩溶土地面积6.4%；植被综合盖度在40%~49%的面积为310447.7hm²，占岩溶土地面积9.4%；

274

植被综合盖度在 50%~59% 的面积为 448872.0hm²，占岩溶土地面积 13.7%；植被综合盖度在 60%~69% 的面积为 485500.6hm²，占岩溶土地面积 14.8%；植被综合盖度在 70%~79% 的面积为 372839.8hm²，占岩溶土地面积 11.3%；植被综合盖度在 80%~89% 的面积为 257662.6hm²，占岩溶土地面积 7.8%；植被综合盖度在 90% 以上的面积为 171176.4hm²，占岩溶土地面积 5.2%；植被综合盖度在 30%~49%（耕地）的面积为 791028.8hm²，占岩溶土地面积 24.1%。非重点县岩溶土地按植被综合盖度统计见表 7-3。

表 7-3　非重点县岩溶土地按植被综合盖度统计表（单位：hm²）

调查单位	植被综合盖度	合计	比例 /%	石漠化	潜在石漠化	非石漠化
云南省	小计	3287670.9	100.0	690868.1	785402.2	1811400.6
	10% 以下	170363.5	5.2	45974.1		124389.4
	10%~19%	18616.3	0.6	11854.4		6761.9
	20%~29%	50184.2	1.5	37065.1		13119.1
	30%~39%	210979.0	6.4	161753.6		49225.4
	40%~49%	310447.7	9.4	218009.5		92438.2
	50%~59%	448872.0	13.7	20989.2	272882.3	155000.5
	60%~69%	485500.6	14.8	14011.9	241115.7	230373.0
	70%~79%	372839.8	11.3		137251.1	235588.7
	80%~89%	257662.6	7.8		86635.9	171026.7
	90% 以上	171176.4	5.2		25371.8	145804.6
	30%~49%（耕地）	791028.8	24.1	181210.3	22145.4	587673.1
昆明市	小计	186144.2	100.0	101595.4	48308.0	36240.8
	10% 以下	27254.1	14.6	21015.3		6238.8
	10%~19%	580.2	0.3	533.9		46.3
	20%~29%	2937.2	1.6	2799.8		137.4
	30%~39%	12880.9	6.9	12639.1		241.8
	40%~49%	33137.0	17.8	32303.4		833.6
	50%~59%	22641.3	12.2	5499.1	14127.6	3014.6
	60%~69%	21568.7	11.6	3309.1	14838.9	3420.7
	70%~79%	12181.9	6.5		10980.9	1201.0
	80%~89%	8700.0	4.7		7236.8	1463.2
	90% 以上	1652.0	0.9		1123.8	528.2
	30%~49%（耕地）	42610.9	22.9	23495.7		19115.2

续表

调查单位	植被综合盖度	合计	比例 /%	石漠化	潜在石漠化	非石漠化
滇中产业新区	小计	36246.7	100.0	975.7	1232.8	34038.2
	10% 以下	5899.5	16.3	414.1		5485.4
	10%~19%	26.2	0.1			26.2
	20%~29%	1151.3	3.2	80.9		1070.4
	30%~39%	141.3	0.4			141.3
	40%~49%	3113.7	8.6	379.8		2733.9
	50%~59%	5720.8	15.8	3.8	258.1	5458.9
	60%~69%	6058.1	16.7		545.5	5512.6
	70%~79%	3844.1	10.6		429.2	3414.9
	80%~89%	1565.6	4.3			1565.6
	90% 以上	85.9	0.2			85.9
	30%~49%（耕地）	8640.2	23.8	97.1		8543.1
玉溪市	小计	130894.9	100.0	39944.8	51948.0	39002.1
	10% 以下	3963.2	3.0	788.6		3174.6
	10%~19%	3110.3	2.4	3110.3		
	20%~29%	3547.8	2.7	3542.4		5.4
	30%~39%	10011.4	7.6	9977.3		34.1
	40%~49%	19657.1	15.0	19277.4		379.7
	50%~59%	24847.0	19.0	60.8	23555.6	1230.6
	60%~69%	20351.8	15.5	217.0	15654.9	4479.9
	70%~79%	14434.1	11.0		8378.9	6055.2
	80%~89%	5911.9	4.5		3870.9	2041.0
	90% 以上	527.0	0.4		472.2	54.8
	30%~49%（耕地）	24533.3	18.7	2971.0	15.5	21546.8
保山市	小计	138657.6	100.0	4889.1	15524.7	118243.8
	10% 以下	6381.4	4.6	443.5		5937.9
	10%~19%	168.5	0.1	19.9		148.6
	20%~29%	3227.3	2.3	195.4		3031.9
	30%~39%	2062.8	1.5	707.7		1355.1
	40%~49%	5391.8	3.9	2538.5		2853.3
	50%~59%	14818.6	10.7	97.2	4285.7	10435.7

续表

调查单位	植被综合盖度	合计	比例 /%	石漠化	潜在石漠化	非石漠化
保山市	60%~69%	20942.5	15.1	236.1	4403.9	16302.5
	70%~79%	17174.2	12.4		2936.4	14237.8
	80%~89%	18361.7	13.2		3592.2	14769.5
	90% 以上	3668.8	2.6		306.5	3362.3
	30%~49%（耕地）	46460.0	33.5	650.8		45809.2
昭通市	小计	32643.1	100.0	12230.4	19925.4	487.3
	10% 以下	272.6	0.8			272.6
	30%~39%	78.0	0.2	78.0		
	40%~49%	3867.7	11.8	3867.7		
	50%~59%	8580.8	26.3		8580.8	
	60%~69%	11344.6	34.8		11344.6	
	30%~49%（耕地）	8499.4	26.0	8284.7		214.7
丽江市	小计	324765.1	100.0	43479.5	41068.4	240217.2
	10% 以下	19412.6	6.0	708.9		18703.7
	10%~19%	3529.1	1.1	3160.5		368.6
	20%~29%	5714.4	1.8	3445.7		2268.7
	30%~39%	19144.5	5.9	9474.5		9670.0
	40%~49%	41471.2	12.8	21178.7		20292.5
	50%~59%	64203.6	19.8	1936.1	24015.2	38252.3
	60%~69%	65220.4	20.1	153.4	14406.3	50660.7
	70%~79%	27567.4	8.5		2646.9	24920.5
	30%~49%（耕地）	78501.9	24.2	3421.7		75080.2
普洱市	小计	354162.7	100.0	50724.2	90370.8	213067.7
	10% 以下	10730.6	3.0	865.8		9864.8
	10%~19%	543.1	0.2	75.6		467.5
	20%~29%	1006.6	0.3	741.3		265.3
	30%~39%	15676.2	4.4	11720.9		3955.3
	40%~49%	14782.5	4.2	9749.5		5033.0
	50%~59%	44513.3	12.6	3127.6	22538.9	18846.8
	60%~69%	47647.8	13.5	1328.3	24938.2	21381.3
	70%~79%	52194.5	14.7		31838.1	20356.4

调查单位	植被综合盖度	合计	比例 /%	石漠化	潜在石漠化	非石漠化
普洱市	80%~89%	37819.4	10.7		8567.9	29251.5
	90% 以上	38775.2	10.9		915.4	37859.8
	30%~49%（耕地）	90473.5	25.5	23115.2	1572.3	65786.0
临沧市	小计	485640.7	100.0	129720.8	153126.5	202793.4
	10% 以下	28061.3	5.8	7408.7		20652.6
	10%~19%	675.3	0.1	508.7		166.6
	20%~29%	6791.7	1.4	5656.3		1135.4
	30%~39%	27553.3	5.7	15936.3		11617.0
	40%~49%	37106.5	7.6	24006.2		13100.3
	50%~59%	59566.0	12.3	323.7	42169.7	17072.6
	60%~69%	80155.3	16.5	750.0	52933.2	26472.1
	70%~79%	80705.0	16.6		34957.6	45747.4
	80%~89%	9273.0	1.9		2224.9	7048.1
	90% 以上	1485.3	0.3		283.5	1201.8
	30%~49%（耕地）	154268.0	31.8	75130.9	20557.6	58579.5
楚雄州	小计	229818.0	100.0	32648.4	52254.3	144915.3
	10% 以下	10927.8	4.8	1039.3		9888.5
	10%~19%	186.1	0.1	25.6		160.5
	20%~29%	4256.8	1.9	2665.0		1591.8
	30%~39%	28709.8	12.5	18659.9		10049.9
	40%~49%	23684.2	10.3	9208.1		14476.1
	50%~59%	56656.5	24.7	458.9	36904.0	19293.6
	60%~69%	26246.1	11.4	319.8	7981.7	17944.6
	70%~79%	15613.5	6.8		5447.2	10166.3
	80%~89%	6124.4	2.7		1678.8	4445.6
	90% 以上	1724.1	0.8		242.6	1481.5
	30%~49%（耕地）	55688.7	24.2	271.8		55416.9
红河州	小计	313991.6	100.0	102326.6	116632.6	95032.4
	10% 以下	10888.2	3.5	4443.2		6445.0
	10%~19%	2557.0	0.8	2409.6		147.4
	20%~29%	8347.9	2.7	7996.4		351.5

278

续表

调查单位	植被综合盖度	合计	比例/%	石漠化	潜在石漠化	非石漠化
红河州	30%~39%	32222.9	10.3	30808.1		1414.8
	40%~49%	32847.0	10.5	30562.5		2284.5
	50%~59%	45220.8	14.4	878.3	41161.6	3180.9
	60%~69%	29031.5	9.2	193.4	25605.0	3233.1
	70%~79%	6118.3	1.9		4619.4	1498.9
	80%~89%	29781.4	9.5		28048.1	1733.3
	90%以上	17507.0	5.6		17198.5	308.5
	30%~49%(耕地)	99469.6	31.7	25035.1		74434.5
西双版纳州	小计	177391.3	100.0	5.9	38090.9	139294.5
	10%以下	1262.9	0.7	5.9		1257.0
	20%~29%	1717.2	1.0			1717.2
	30%~39%	197.5	0.1			197.5
	50%~59%	1129.9	0.6		664.0	465.9
	60%~69%	317.0	0.2		225.3	91.7
	70%~79%	12427.6	7.0		7258.8	5168.8
	80%~89%	60464.7	34.1		26088.6	34376.1
	90%以上	98536.0	55.5		3854.2	94681.8
	30%~49%(耕地)	1338.5	0.8			1338.5
大理州	小计	506357.6	100.0	96854.5	58168.4	351334.7
	10%以下	35937.9	7.1	8796.5		27141.4
	10%~19%	6067.0	1.2	891.9		5175.1
	20%~29%	2756.0	0.5	1700.3		1055.7
	30%~39%	32472.5	6.4	23801.0		8671.5
	40%~49%	69865.1	13.8	43119.7		26745.4
	50%~59%	71446.0	14.1	6533.0	30172.7	34740.3
	60%~69%	84615.0	16.7	5767.5	19991.2	58856.3
	70%~79%	58626.3	11.6		6635.4	51990.9
	80%~89%	26544.6	5.2		1184.7	25359.9
	90%以上	2286.7	0.5		184.4	2102.3
	30%~49%(耕地)	115740.5	22.9	6244.6		109495.9

调查单位	植被综合盖度	合计	比例 /%	石漠化	潜在石漠化	非石漠化
德宏州	小计	31699.7	100.0	2850.6	8741.5	20107.6
	10% 以下	1568.0	4.9	44.3		1523.7
	10%~19%	38.5	0.1			38.5
	30%~39%	53.6	0.2	7.6		46.0
	50%~59%	4177.2	13.2		4013.3	163.9
	60%~69%	2392.0	7.5	647.0	324.7	1420.3
	70%~79%	1120.5	3.5		1120.5	
	80%~89%	9491.4	29.9		2492.3	6999.1
	90% 以上	4928.4	15.5		790.7	4137.7
	30%~49%（耕地）	7930.1	25.0	2151.7		5778.4
怒江州	小计	339257.7	100.0	72622.2	90009.9	176625.6
	10% 以下	7803.4	2.3			7803.4
	10%~19%	1135.0	0.3	1118.4		16.6
	20%~29%	8730.0	2.6	8241.6		488.4
	30%~39%	29774.3	8.8	27943.2		1831.1
	40%~49%	25523.9	7.5	21818.0		3705.9
	50%~59%	25350.2	7.5	2070.7	20435.1	2844.4
	60%~69%	69609.8	20.5	1090.3	47922.3	20597.2
	70%~79%	70832.4	20.9		20001.8	50830.6
	80%~89%	43624.5	12.9		1650.7	41973.8
	30%~49%（耕地）	56874.2	16.8	10340.0		46534.2

二、石漠化土地

岩溶区石漠化土地面积 690868.1hm²，占监测区岩溶土地面积的 21.0%。

（一）按州市统计

岩溶区石漠化土地按州市统计，昆明市石漠化土地面积 101595.4hm²，占石漠化土地面积 14.7%。其中，轻度石漠化土地面积 11034.3hm²；中度石漠化土地面积 56714.3hm²；重度石漠化土地面积 12106.5hm²；极重度石漠化土地面积 21740.3hm²。

滇中产业新区石漠化土地面积 975.7hm²，占石漠化土地面积 0.1%。其中，轻度石漠化土地面积 322.8hm²；中度石漠化土地面积 141.7hm²；重度石漠化土地面积 105.3hm²；极重度石漠化土地面积 405.9hm²。

玉溪市石漠化土地面积 39944.8hm²，占石漠化土地面积 5.8%。其中，轻度石漠化土地面积 18577.2hm²；中度石漠化土地面积 16383.5hm²；重度石漠化土地面积 3933.6hm²；极重度石漠化土地面积 1050.5hm²。

保山市石漠化土地面积 4889.1hm²，占石漠化土地面积 0.7%。其中，轻度石漠化土地面积 3426.1hm²；中度石漠化土地面积 1046.6hm²；重度石漠化土地面积 384.2hm²；极重度石漠化土地面积 32.2hm²。

昭通市石漠化土地面积 12230.4hm²，占石漠化土地面积 1.8%。其中，轻度石漠化土地面积 3844.5hm²；中度石漠化土地面积 8385.9hm²。

丽江市石漠化土地面积 43479.5hm²，占石漠化土地面积 6.3%。其中，轻度石漠化土地面积 33180.8hm²；中度石漠化土地面积 8501.5hm²；重度石漠化土地面积 1176.0hm²；极重度石漠化土地面积 621.2hm²。

普洱市石漠化土地面积 50724.2hm²，占石漠化土地面积 7.3%。其中，轻度石漠化土地面积 20472.8hm²；中度石漠化土地面积 25762.3hm²；重度石漠化土地面积 4248.9hm²；极重度石漠化土地面积 240.2hm²。

临沧市石漠化土地面积 129720.8hm²，占石漠化土地面积 18.8%。其中，轻度石漠化土地面积 63382.1hm²；中度石漠化土地面积 57856.4hm²；重度石漠化土地面积 5440.9hm²；极重度石漠化土地面积 3041.4hm²。

楚雄州石漠化土地面积 32648.4hm²，占石漠化土地面积 4.7%。其中，轻度石漠化土地面积 14475.9hm²；中度石漠化土地面积 7594.4hm²；重度石漠化土地面积 9850.5hm²；极重度石漠化土地面积 727.6hm²。

红河州石漠化土地面积 102326.6hm²，占石漠化土地面积 14.8%。其中，轻度石漠化土地面积 43818.4hm²；中度石漠化土地面积 48332.2hm²；重度石漠化土地面积 6604.9hm²；极重度石漠化土地面积 3571.1hm²。

西双版纳州石漠化土地面积 5.9hm²，均为重度石漠化土地。

大理州石漠化土地面积 96854.5hm²，占石漠化土地面积 14.0%。其中，轻度石漠化土地面积 55238.3hm²；中度石漠化土地面积 23773.1hm²；重度石漠化土地面积 15219.5hm²；极重度石漠化土地面积 2623.6hm²。

德宏州石漠化土地面积 2850.6hm²，占石漠化土地面积 0.4%。其中，轻度石漠化土地面积 621.9hm²；中度石漠化土地面积 1858.2hm²；重度石漠化土地面积 348.3hm²；极重度石漠化土地面积 22.2hm²。

怒江州石漠化土地面积 72622.2hm²，占石漠化土地面积 10.5%。其中，轻度石漠化土地面积 47621.1hm²；中度石漠化土地面积 24175.9hm²；重度石漠化土地面积 825.2hm²。

各州市石漠化土地分程度按行政单位统计见表 7-4，各县区非重点县石漠化状况及程度分行政单位统计详见附录二。各州市石漠化土地占比见图7-2。

表7-4 石漠化土地分程度按行政单位统计表

州市	石漠化土地					
	小计	比例/%	轻度石漠化/hm²	中度石漠化/hm²	重度石漠化/hm²	极重度石漠化/hm²
合计	690868.1	100.0	316016.2	280526	60249.7	34076.2
比例（%）	100.0		45.7	40.6	8.7	4.9
昆明市	101595.4	14.7	11034.3	56714.3	12106.5	21740.3
滇中产业新区	975.7	0.1	322.8	141.7	105.3	405.9
玉溪市	39944.8	5.8	18577.2	16383.5	3933.6	1050.5
保山市	4889.1	0.7	3426.1	1046.6	384.2	32.2
昭通市	12230.4	1.8	3844.5	8385.9		
丽江市	43479.5	6.3	33180.8	8501.5	1176	621.2
普洱市	50724.2	7.3	20472.8	25762.3	4248.9	240.2
临沧市	129720.8	18.8	63382.1	57856.4	5440.9	3041.4
楚雄州	32648.4	4.7	14475.9	7594.4	9850.5	727.6
红河州	102326.6	14.8	43818.4	48332.2	6604.9	3571.1
西双版纳州	5.9	0.0			5.9	
大理州	96854.5	14.0	55238.3	23773.1	15219.5	2623.6
德宏州	2850.6	0.4	621.9	1858.2	348.3	22.2
怒江州	72622.2	10.5	47621.1	24175.9	825.2	

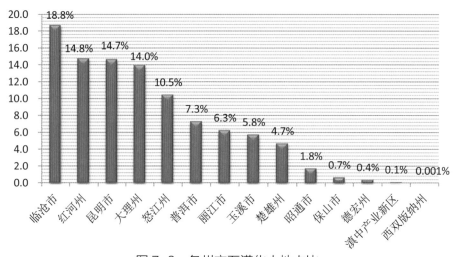

图7-2 各州市石漠化土地占比

据各监测县统计分析，岩溶区石漠化土地面积比较大的县是昆明市东川区石漠化土地面积 99034.9hm²；丽江市永胜县石漠化土地面积 43479.5hm²；临沧市凤庆县石漠化土地面积 66545.3hm² 和临沧市云县石漠化土地面积 57883.9hm²；红河州石屏县石漠化土地面积 63798.5hm²；大理州云龙县石漠化土地面积 56504.0hm²；怒江州泸水县石漠化土地面积 30705.9hm²；怒江州兰坪县石漠化土地面积 38994.5hm²。八县合计石漠化土地面积 456946.5hm²，占石漠化土地总面积 66.1%。

非重点县石漠化程度主要以轻、中度石漠化土地为主，其中临沧市两者占比均超过 20%，昆明市中度石漠化占比超过 20%。此外，昆明市极重度石漠化土地面积为 21740.3hm²，占全省极重度石漠化土地面积的 63.8%，主要集中在昆明市东川区。

（二）土地利用类型统计

石漠化土地按土地利用类型统计，其中林地上石漠化土地面积 468978.3hm²，占石漠化土地总面积的 67.9%，林地上石漠化发生率 20.2%。

耕地上石漠化土地面积 181210.3hm²，均是在坡耕旱地上，占石漠化土地面积 26.2%，耕地上石漠化发生率 22.9%。

草地上的石漠化面积 3966.8hm²，占石漠化土地面积 0.6%，主要发生在天然草地上，占发生在草地上石漠化面积的 98.1%，草地上石漠化发生率 35.5%。

未利用地上的石漠化面积 36712.7hm²，占石漠化土地总面积的 5.3%，未利用地上石漠化发生率 84.1%。

这些石漠化土地由于基岩裸露度普遍在 60.0% 以上，以重度、极重度石漠化为主，立地条件极差，实施生态工程治理难度较大。各州市石漠化土地按土地利用类型统计见表 7-5。

（三）按流域统计

石漠化土地按一级流域统计，西南诸河流域（澜沧江、怒江、红河）面积 483555.0hm²，占一级流域面积 70.0%；长江流域面积 200359.7hm²，占一级流域面积 29.0%；珠江流域面积 6953.4hm²，占一级流域面积 1.0%。

按二级流域统计，西南诸河区中，澜沧江流域面积 264508.3hm²；怒江及伊洛瓦底江面积 61595.3hm²；红河流域面积 157451.4hm²。长江区中，金沙江石鼓以下流域面积 200359.7hm²。珠江区中，南北盘江流域面积 6953.4hm²。

按三级流域统计，西南诸河流域中，沘江口以上流域面积 66747.0hm²；沘江口以下流域面积 197761.3hm²。怒江及伊洛瓦底江中，怒江勐古以上流域面积 33690.6hm²；怒江勐古以下流域面积 23767.2hm²；伊洛瓦底江流域面积 4137.5hm²。

石漠化土地各流域占比见图 7-3。石漠化土地面积按流域分程度统计见表 7-6。

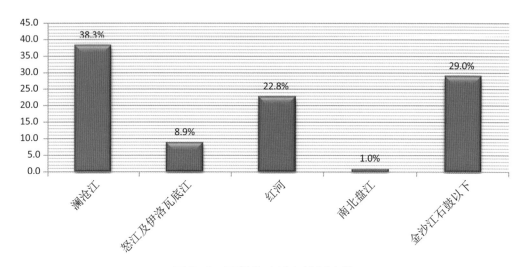

图 7-3　石漠化土地各流域占比

表 7-5　各州市石漠化土地按土地利用类型统计表（单位：hm^2）

州市	小计	林地	耕地	牧草地	未利用地
合计	690868.1	468978.3	181210.3	3966.8	36712.7
比例（%）	100.0	67.9	26.2	0.6	5.3
昆明市	101595.4	56024.3	23495.7	1933.2	20142.2
滇中产业新区	975.7	464.5	97.1	0	414.1
玉溪市	39944.8	36185.2	2971	0	788.6
保山市	4889.1	4061.3	650.8	10.4	166.6
昭通市	12230.4	3945.7	8284.7	0	0
丽江市	43479.5	39348.9	3421.7	0	708.9
普洱市	50724.2	27171.1	23115.2	262.1	175.8
临沧市	129720.8	54574	75130.9	0	15.9
楚雄州	32648.4	31348.1	271.8	11.3	1017.2
红河州	102326.6	72843.7	25035.1	4.6	4443.2
西双版纳州	5.9	0	0	0	5.9
大理州	96854.5	80219.4	6244.6	1600.5	8790
德宏州	2850.6	654.6	2151.7	0	44.3
怒江州	72622.2	62137.5	10340	144.7	0

表 7-6 石漠化土地面积按流域分程度统计表（单位：hm²）

流域			石漠化土地				
一级流域	二级流域	三级流域	合计	轻度石漠化	中度石漠化	重度石漠化	极重度石漠化
合计			690868.1	316016.2	280526	60249.7	34076.2
西南诸河区	小计		483555	250785.5	192237	29557.3	10975.2
	澜沧江	小计	264508.3	145591.3	99991.5	14435	4490.5
		沘江口以上	66747	52451.6	9627.5	3669.3	998.6
		沘江口以下	197761.3	93139.7	90364	10765.7	3491.9
	怒江及伊洛瓦底江	小计	61595.3	33294.7	23918.1	3329.6	1052.9
		怒江勐古以上	33690.6	14548	18461.3	680.5	0.8
		怒江勐古以下	23767.2	17562.1	3197	2005.3	1002.8
		伊洛瓦底江	4137.5	1184.6	2259.8	643.8	49.3
	红河	小计	157451.4	71899.5	68327.4	11792.7	5431.8
		元江	114669.4	57256.4	46942.5	8329.7	2140.8
		李仙江	42782	14643.1	21384.9	3463	3291
珠江区	南北盘江	南盘江	6953.4	5491.3	1207.7	188.5	65.9
长江区	金沙江石鼓以下	石鼓以下干流	200359.7	59739.4	87081.3	30503.9	23035.1

（四）按植被类型、植被综合盖度统计

1. 石漠化土地植被类型面积结构

石漠化土地按植被类型统计，乔木型（有林地、疏林地）面积 187456.5hm²，占石漠化土地面积 27.2%；灌木型面积 167541.2hm²，占石漠化土地面积 24.2%；草丛型面积 117947.4hm²，占石漠化土地面积 17.1%；旱地作物型面积 181210.3hm²，占石漠化土地面积 26.2%；无植被型面积 36712.7hm²，占石漠化土地面积 5.3%。

石漠化土地按植被类型分程度统计见表 7-7。石漠化土地植被类型占比见图 7-4。

表 7-7　石漠化土地按植被类型分程度统计表（单位：hm^2）

项目	合计	轻度石漠化	中度石漠化	重度石漠化	极重度石漠化
合计	690868.1	316016.2	280526.0	60249.7	34076.2
比例（%）	100.0	45.7	40.7	8.6	5.0
乔木型	187456.5	145896.9	38485.1	3074.5	
比例（%）	27.2	21.1	5.7	0.4	
灌木型	167541.2	100077.9	48514.4	18948.9	
比例（%）	24.2	14.5	7.0	2.7	
草丛型	117947.4	24235.0	63695.7	24055.2	5961.5
比例（%）	17.1	3.5	9.2	3.5	0.9
旱地作物型	181210.3	45806.4	129830.8	5549.7	23.4
比例（%）	26.2	6.6	18.8	0.8	0.0
无植被型	36712.7			8621.4	28091.3
比例（%）	5.3			1.2	4.1

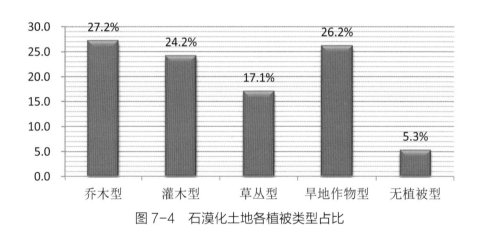

图 7-4　石漠化土地各植被类型占比

2. 石漠化土地按林草植被综合盖度的面积结构

据统计，石漠化土地上林草植被综合盖度状况如下：植被综合盖度在 10% 以下的面积为 45974.1hm^2，占石漠化土地面积的 6.7%；植被综合盖度在 10%~19% 的面积为 11854.4hm^2，占石漠化土地面积的 1.7%；植被综合盖度在 20%~29% 的面积为 37065.1hm^2，占石漠化土地的 5.4%；植被综合盖度在 30%~39% 的面积为 161753.6hm^2，占石漠化土地的 23.4%；植被综合盖度在 40%~49% 的面积为 218009.5hm^2，占石漠化土地的 31.6%；植被综合盖度在 50%~59% 的面积为 20989.2hm^2，占石漠化土地面积的 3.0%；植被综合盖度在 60%~69% 的面积为 14011.9hm^2，占石漠化土地面积的 2.0%；植被综合盖度在 30%~49%（旱地）的面积为 181210.3hm^2，占石漠化土地面积的 26.2%。

石漠化土地按植被综合盖度统计见表7-8。

表7-8　石漠化土地按植被综合盖度统计表（单位：hm²）

植被综合盖度	石漠化					
	小计	比例/%	轻度石漠化	中度石漠化	重度石漠化	极重度石漠化
合计	690868.1	100.0	316016.2	280526.0	60249.7	34076.2
10%以下	45974.1	6.7		279.2	13716.4	31978.5
10%~19%	11854.4	1.7		5666.2	4735.3	1452.9
20%~29%	37065.1	5.4	8301.8	23137.6	5004.3	621.4
30%~39%	161753.6	23.4	90830.8	48170.8	22752.0	
40%~49%	218009.5	31.6	148260.9	61861.8	7886.8	
50%~59%	20989.2	3.0	13120.6	7506.1	362.5	
60%~69%	14011.9	2.0	9695.7	4073.5	242.7	
30%~49%（旱地）	181210.3	26.2	45806.4	129830.8	5549.7	

（五）按坡度级统计

石漠化土地按坡度级统计：Ⅰ级平坡：≤ 5° 面积 18521.6hm²，占石漠化土地面积的 2.7%；Ⅱ级缓坡：6°~15° 面积 73237.3hm²，占石漠化土地面积的 10.6%；Ⅲ级斜坡：16°~25° 面积 237444.9hm²，占石漠化土地的 34.3%；Ⅳ级陡坡：26°~35° 面积 215324.6hm²，占石漠化土地的 31.2%；Ⅴ级急坡：36°~45° 面积 96782.2hm²，占石漠化土地的 14.0%；Ⅵ级险坡：≥ 46° 面积 49557.5hm²，占石漠化土地面积的 7.2%。

石漠化土地按坡度级统计见表7-9。

表7-9　石漠化土地按坡度级统计表（单位：hm²）

坡度级	石漠化					
	小计	比例/%	轻度	中度	重度	极重度
合计	690868.1	100	316016.2	280526.0	60249.7	34076.2
≤ 5°	18521.6	2.7	10705.9	6256.0	708.3	851.4
6°~15°	73237.3	10.6	41680.8	26757.6	3413.5	1385.4
16°~25°	237444.9	34.3	89983.7	114766.5	28671.2	4023.5
26°~35°	215324.6	31.2	101545.7	86820.2	15504.5	11454.2
36°~45°	96782.2	14.0	49885.9	28455.8	7863.2	10577.3
≥ 46°	49557.5	7.2	22214.2	17469.9	4089.0	5784.4

（六）按岩溶地貌统计

石漠化土地按岩溶地貌，岩溶山地面积 588875.3hm²，占石漠化土地面积 85.2%；岩溶峡谷面积 88317.3hm²，占石漠化土地面积的 12.8%；岩溶丘陵面积 13500.5hm²，占石漠化土地的 2.0%；岩溶槽谷面积 175.0hm²。

石漠化土地按岩溶地貌统计见表 7-10。

表 7-10　石漠化土地按岩溶地貌统计表（单位：hm²）

岩溶地貌	石漠化					
	小计	比例 /%	轻度	中度	重度	极重度
合计	690868.1	100.0	316016.2	280526.0	60249.7	34076.2
岩溶丘陵	13500.5	2.0	9368.7	3014.8	579.0	538.0
岩溶槽谷	175.0	0.0	37.7	1.4	18.5	117.4
岩溶峡谷	88317.3	12.8	59040.9	26737.4	1976.1	562.9
岩溶山地	588875.3	85.2	247568.9	250772.4	57676.1	32857.9

（七）按治理措施统计

在石漠化土地中没有采取任何治理措施的 553320.6hm²，占石漠化土地面积 80.1%，已采取治理措施的 137547.5hm²，占石漠化土地的 19.9%。

在已采取治理措施的面积中，林草措施治理面积为 108420.1hm²，占已采取治理措施石漠化土地的 78.8%，是石漠化土地治理最有效的手段之一。

农业技术措施治理面积 27341.7hm²，占已采取治理措施石漠化土地的 19.9%，对改善石漠化土地生产力、减缓水土流失最为直接。

工程措施 1785.7hm²，占已采取治理措施石漠化土地的 1.3%，是进行石漠化综合治理的主要措施。石漠化土地按治理措施统计见表 7-11。非重点县分石漠化治理现状统计详见附录二。

表 7-11　石漠化土地按治理措施统计表（单位：hm²）

项目	石漠化土地					
	合计	比例 /%	轻度石漠化	中度石漠化	重度石漠化	极重度石漠化
合计	690868.1	100.0	316016.2	280526.0	60249.7	34076.2
无治理措施	553320.6	80.1	211492.2	252806.9	56014.4	33007.1
有治理措施合计	137547.5	19.9	104524.0	27719.1	4235.3	1069.1
林草措施	108420.1	78.8	79672.4	23747.5	3931.1	1069.1
农业技术措施	27341.7	19.9	24108.6	2928.9	304.2	
工程措施	1785.7	1.3	743.0	1042.7		

（八）按工程类别统计

岩溶地区非重点县石漠化土地还未纳入石漠化综合治理工程，只有少部分石漠化土地被其他生态治理项目所覆盖。据统计，没有纳入生态治理工程面积505123.0hm²，占石漠化面积的73.1%；已纳入生态治理工程面积185745.1hm²，占石漠化面积的26.9%。

已纳入生态治理工程面积中，天然林资源保护工程实施面积106090.2hm²，占纳入工程治理范畴石漠化土地面积57.1%；生态公益林保护工程面积27397.8hm²，占纳入工程治理范畴石漠化土地面积14.8%；农业综合开发工程面积24943.7hm²，占纳入工程治理范畴石漠化土地面积13.4%；速生丰产林工程（分布于水湿条件较好的普洱市和临沧市）面积10834.2hm²，占纳入工程治理范畴石漠化土地面积5.8%；退耕还林还草工程面积8315.7hm²，占纳入工程治理范畴石漠化土地面积4.5%；自然保护区工程面积6364.6hm²，占纳入工程治理范畴石漠化土地面积3.4%；长江珠江防护林工程面积1798.9hm²，占纳入工程治理范畴石漠化土地面积1.0%。

石漠化土地按工程类别统计见表7-12。

表7-12 石漠化土地按工程类别统计表（单位：hm²）

项目	石漠化土地					
	合计	比例/%	轻度石漠化	中度石漠化	重度石漠化	极重度石漠化
合计	690868.1	100.0	316016.2	280526.0	60249.7	34076.2
未纳入治理工程	505123.0	73.1	183629.8	246474.2	45602.5	29416.5
纳入治理工程合计	185745.1	26.9	132386.4	34051.8	14647.2	4659.7
生态公益林保护工程	27397.8	14.8	12302.5	10624.4	3840.2	630.7
退耕还林还草工程	8315.7	4.5	6233.2	1463.9	618.6	
长江珠江防护林工程	1798.9	1.0	1578.1	220.8		
天然林资源保护工程	106090.2	57.1	78490.5	17118.4	9790.4	690.9
速生丰产林工程	10834.2	5.8	9999.4	834.8		
自然保护区工程	6364.6	3.4	842.8	2050.2	133.5	3338.1
农业综合开发工程	24943.7	13.4	22939.9	1739.3	264.5	

三、潜在石漠化土地现状

经监测，非重点县岩溶区潜在石漠化土地面积785402.2hm²，占岩溶区土地面积23.9%，占监测乡镇级国土总面积的8.8%。各州市潜在石漠化土地统计见表7-13，各县区潜在石漠化土地统计详见附录二。

（一）按州市统计

岩溶地区非重点县潜在石漠化土地面积785402.2hm²，占岩溶区县域土地总面积4.4%，占岩溶土地面积23.9%。

按州市统计，昆明市潜在石漠化土地面积48308.0hm²，占岩溶区县域土地总面积15.1%，占岩溶土地面积26.0%。滇中产业新区潜在石漠化土地面积1232.8hm²，占岩溶区县域土地总面积0.9%，占岩溶土地面积3.4%。玉溪市潜在石漠化土地面积51948.0hm²，占岩溶区县域土地总面积5.8%，占岩溶土地面积39.7%。保山市潜在石漠化土地面积15524.7hm²，占岩溶区县域土地总面积1.3%，占岩溶土地面积11.2%。昭通市潜在石漠化土地面积19925.4hm²，占岩溶区县域土地总面积26.6%，占岩溶土地面积61.0%。丽江市潜在石漠化土地面积41068.4hm²，占岩溶区县域土地总面积8.3%，占岩溶土地面积12.6%。普洱市潜在石漠化土地面积90370.8hm²，占岩溶区县域土地总面积2.0%，占岩溶土地面积25.5%。临沧市潜在石漠化土地面积153126.5hm²，占岩溶区县域土地总面积13.1%，占岩溶土地面积31.5%。楚雄州潜在石漠化土地面积52254.3hm²，占岩溶区县域土地总面积2.5%，占岩溶土地面积22.7%。红河州潜在石漠化土地面积116632.6hm²，占岩溶区县域土地总面积8.3%，占岩溶土地面积37.1%。西双版纳州潜在石漠化土地面积38090.9hm²，占岩溶区县域土地总面积2.8%，占岩溶土地面积21.5%。大理州潜在石漠化土地面积58168.4hm²，占岩溶区县域土地总面积2.2%，占岩溶土地面积11.5%。德宏州潜在石漠化土地面积8741.5hm²，占岩溶区县域土地总面积1.1%，占岩溶土地面积27.6%。怒江州潜在石漠化土地面积90009.9hm²，占岩溶区县域土地总面积8.8%，占岩溶土地面积26.5%。各州市潜在石漠化土地占比见图7-5。

表7-13　各州市潜在石漠化土地统计表（单位：hm²）

州市	土地总面积	岩溶土地	潜在石漠化	与土地总面积占比/%	与岩溶土地占比/%
岩溶区	18004402.0	3287670.9	785402.2	4.4	23.9
昆明市	320981.0	186144.2	48308.0	15.1	26.0
滇中产业新区	130181.0	36246.7	1232.8	0.9	3.4
玉溪市	893152.0	130894.9	51948.0	5.8	39.7
保山市	1226279.0	138657.6	15524.7	1.3	11.2
昭通市	74895.0	32643.1	19925.4	26.6	61.0
丽江市	492836.0	324765.1	41068.4	8.3	12.6

续表

州市	土地总面积	岩溶土地	潜在石漠化	与土地总面积占比 /%	与岩溶土地占比 /%
普洱市	4429647.0	354162.7	90370.8	2.0	25.5
临沧市	1169687.0	485640.7	153126.5	13.1	31.5
楚雄州	2059325.0	229818.0	52254.3	2.5	22.7
红河州	1400371.0	313991.6	116632.6	8.3	37.1
西双版纳州	1374561.0	177391.3	38090.9	2.8	21.5
大理州	2595227.0	506357.6	58168.4	2.2	11.5
德宏州	816263.0	31699.7	8741.5	1.1	27.6
怒江州	1020997.0	339257.7	90009.9	8.8	26.5

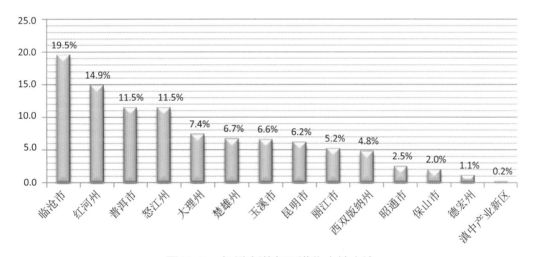

图 7-5　各州市潜在石漠化土地占比

（二）按土地利用类型统计

　　潜在石漠化土地面积 785402.2hm²，按土地利用类型统计，林地上的潜在石漠化土地面积 762752.6hm²，占潜在石漠化土地面积 97.1%。耕地上的潜在石漠化土地面积 22145.4hm²，占潜在石漠化土地面积 2.8%，均为梯土化旱地。草地上的潜在石漠化土地 504.2hm²，占潜在石漠化土地面积 0.1%，均为天然草地。

　　潜在石漠化土地按土地利用类型统计见表 7-14。

表 7-14 潜在石漠化土地按土地利用类型统计表

州市	小计		林地		耕地		牧草地	
	面积/hm²	比例/%	面积/hm²	比例/%	面积/hm²	比例/%	面积/hm²	比例/%
合计	785402.2	100	762752.6	97.1	22145.4	2.8	504.2	0.1
昆明市	48308	6.2	48308	6.2				
滇中产业新区	1232.8	0.2	1232.8	0.2				
玉溪市	51948	6.6	51932.5	6.6	15.5			
保山市	15524.7	2	15184	1.9			340.7	0.04
昭通市	19925.4	2.5	19925.4	2.5				
丽江市	41068.4	5.2	41068.4	5.2				
普洱市	90370.8	11.5	88798.5	11.3	1572.3	0.2		
临沧市	153126.5	19.5	132568.9	16.9	20557.6	2.6		
楚雄州	52254.3	6.7	52254.3	6.7				
红河州	116632.6	14.9	116632.6	14.9				
西双版纳州	38090.9	4.8	38090.9	4.8				
大理州	58168.4	7.4	58004.9	7.4			163.5	0.02
德宏州	8741.5	1	8741.5	1				
怒江州	90009.9	11.5	90009.9	11.5				

（三）按流域状况统计

非重点县潜在石漠化土地面积 785402.2hm²，按一级流域统计，西南诸河流域面积 600176.2hm²，占潜在石漠化土地面积 76.4%；长江流域面积 163735.7hm²，占 20.9%；珠江流域面积 21490.3hm²，占 2.7%。

按二级流域统计，西南诸河流域中，澜沧江流域 301878.8hm²，占西南诸河流域潜在石漠化的 50.3%；红河流域潜在石漠化面积为 178637.4hm²，占西南诸河流域潜在石漠化的 29.8%；怒江及伊洛瓦底江流域 119660.0hm²，占 19.9%。长江流域中，潜在石漠化全部分布在金沙江石鼓以下流域，面积 163735.7hm²。在珠江流域中，潜在石漠化全部分布在南北盘江流域，面积 21490.3hm²。

按三级流域统计，西南诸河中，澜沧江沘江口以上流域面积 35754.7hm²；澜沧江沘江口以下流域面积 266124.1hm²。怒江勐古以上流域面积 66374.3hm²，怒江勐古以下流域面积 39791.1hm²，伊洛瓦底江流域面积 13494.6hm²。元江流域面积 109582.1hm²，李仙江流域面积 69055.3hm²。珠江区中南盘江流域面积 21490.3hm²。长江区中石鼓以下干流流域面积 163735.7hm²。

非重点县潜在石漠化土地按流域统计见表7-15。

表7-15 非重点县潜在石漠化土地按流域统计表

流域单位			潜在石漠化 /hm²	比例 /%
一级流域	二级流域	三级流域		
合计			785402.2	100.0
西南诸河区	小计		600176.2	76.4
	澜沧江	小计	301878.8	50.3
		沘江口以上	35754.7	
		沘江口以下	266124.1	
	怒江及伊洛瓦底江	小计	119660.0	19.9
		怒江勐古以上	66374.3	
		怒江勐古以下	39791.1	
		伊洛瓦底江	13494.6	
	红河	小计	178637.4	29.8
		元江	109582.1	
		李仙江	69055.3	
珠江区	南北盘江	南盘江	21490.3	2.7
长江区	金沙江石鼓以下	石鼓以下干流	163735.7	20.9

（四）按植被综合盖度统计

潜在石漠化土地按林草植被综合盖度统计，植被综合盖度在50%~59%的面积为272882.3hm²，占潜在石漠化土地的34.7%；植被综合盖度在60%~69%的面积为241115.7hm²，占潜在石漠化土地的30.7%；植被综合盖度在70%~79%的面积为137251.1hm²，占潜在石漠化土地的17.5%；植被综合盖度在80%~89%的面积为86635.9hm²，占潜在石漠化土地面积的11.0%；植被综合盖度在90%以上的面积为25371.8hm²，占潜在石漠化土地面积的3.2%。

非重点县潜在石漠化土地按植被综合盖度统计见表7-16。

表7-16 非重点县潜在石漠化土地按植被综合盖度统计表（hm²）

植被综合盖度	面积	比例 /%
50%~59%	272882.3	34.7
60%~69%	241115.7	30.7
70%~79%	137251.1	17.5
80%~89%	86635.9	11
90% 以上	25371.8	3.2

（五）按坡度级统计

潜在石漠化土地面积785402.2hm²，按坡度级统计，Ⅰ级平坡：≤ 5°面积18727.9hm²，占潜在石漠化土地面积的2.4%；Ⅱ级缓坡：6~15°面积59985.9hm²，占潜在石漠化土地面积的7.6%；Ⅲ级斜坡：16~25°面积277263.5hm²，占潜在石漠化土地的35.3%；Ⅳ级陡坡：26~35°面积285304.9hm²，占潜在石漠化土地的36.3%；Ⅴ级急坡：36~45°面积94958.8hm²，占潜在石漠化土地的12.1%；Ⅵ级险坡：≥ 46°面积49161.2hm²，占潜在石漠化土地面积的6.3%。

非重点县潜在石漠化土地按坡度级统计见表7-17。

表 7-17　非重点县潜在石漠化土地按坡度级统计表

坡度级	面积 /hm²	比例 /%
合计	785402.2	100.0
≤ 5°	18727.9	2.4
6°~15°	59985.9	7.6
16°~25°	277263.5	35.3
26°~35°	285304.9	36.3
36°~45°	94958.8	12.1
≥ 46°	49161.2	6.3

（六）按岩溶地貌统计

潜在石漠化土地按岩溶地貌统计，岩溶山地面积675526.4hm²，占潜在石漠化土地面积的86.0%；岩溶峡谷面积108484.0hm²，占潜在石漠化土地面积的13.8%；岩溶丘陵面积1199.2hm²，占潜在石漠化土地的0.2%；岩溶槽谷、岩溶断陷盆地面积分别为187.8hm²、4.8hm²，在潜在石漠化土地中所占比例极小。

非重点县潜在石漠化土地按岩溶地貌统计见表7-18。

表 7-18　非重点县潜在石漠化土地按岩溶地貌统计表

岩溶地貌	面积 /hm²	比例 /%
合 计	785402.2	100.0
岩溶丘陵	1199.2	0.2
岩溶槽谷	187.8	
岩溶峡谷	108484.0	13.8
岩溶断陷盆地	4.8	
岩溶山地	675526.4	86.0

（七）按治理措施状况统计

潜在石漠化土地中没有采取任何治理措施面积 603664.9hm²，占潜在石漠化土地的 76.9%，已采取治理措施的 181737.3hm²，占潜在石漠化土地的 23.1%。

在已采取治理措施的面积中，林草措施治理面积 162871.9hm²，占已采取治理措施潜在石漠化土地的 89.6%，是潜在石漠化土地治理的最有效手段；农业技术措施治理面积 18860.9hm²，占已采取治理措施潜在石漠化土地的 10.4%，对改善石漠化土地生产力、减缓水土流失最为直接；工程措施 4.5hm²，是进行潜在石漠化综合治理的主要措施，但所占已采取治理措施潜在石漠化土地面积的比例极小。

非重点县潜在石漠化土地按治理措施统计见表 7-19。

表 7-19　非重点县潜在石漠化土地按治理措施统计表

项目	面积 /hm²	比例 /%
合计	785402.2	100.0
没有治理措施	603664.9	76.9
有治理措施合计	181737.3	23.1
林草措施	162871.9	89.6
农业技术措施	18860.9	10.4
工程措施	4.5	

（八）按工程类别状况

潜在石漠化土地中未纳入各种生态治理工程面积 468195.9hm²，占潜在石漠化土地面积的 59.6%。已纳入各种生态治理工程面积 317206.3hm²，占潜在石漠化土地面积的 40.4%。其中以天然林资源保护工程实施面积最多，为 168141.9hm²，占纳入工程治理范畴潜在石漠化土地面积的 53.0%；其次为生态公益林保护工程，面积为 74014.9hm²，占纳入工程治理范畴潜在石漠化土地面积的 23.3%；农业综合开发工程面积 46387.1hm²，占纳入工程治理范畴潜在石漠化土地面积 14.6%；长江珠江防护林工程面积 17672.1hm²，占纳入工程治理范畴潜在石漠化土地面积 5.6%；自然保护区工程面积 5693.3hm²，占纳入工程治理范畴潜在石漠化土地面积 1.8%；退耕还林还草工程面积 4086.0hm²，占纳入工程治理范畴潜在石漠化土地面积 1.3%；速生丰产林工程面积 1211.0hm²，占纳入工程治理范畴潜在石漠化土地面积 0.4%。非重点县潜在石漠化土地按工程类别统计见表 7-20。

表7-20 非重点县潜在石漠化土地按工程类别统计表

项目	潜在石漠化土地 /hm^2	比例 /%
合计	785402.2	100.0
未纳入治理工程	468195.9	59.6
纳入治理工程合计	317206.3	40.4
生态公益林保护工程	74014.9	23.3
退耕还林还草工程	4086.0	1.3
长江珠江防护林工程	17672.1	5.6
天然林资源保护工程	168141.9	53.0
速生丰产林工程	1211.0	0.4
自然保护区工程	5693.3	1.8
农业综合开发工程	46387.1	14.6

目前，非重点县中大部分潜在石漠化土地未纳入任何生态治理工程，缺乏生态保护措施，这将会导致部分生态脆弱地区岩溶土地石漠化状况逆向演变，迫切需要通过石漠化综合治理工程来加强对这部分土地的治理和保护。

第三节 非重点县石漠化土地现状分析

一、石漠化土地现状分析

（一）石漠化现状

岩溶地区非重点县石漠化监测面积3287670.9hm^2，其中石漠化土地面积690868.1hm^2，占监测面积21.0%；石漠化程度以轻、中度为主，轻、中度面积为596542.2hm^2，占石漠化土地总面积的86.4%。

石漠化土地中，耕地石漠化面积181210.3hm^2，占石漠化土地中26.2%，且均为坡耕旱地。其中坡度在25°以上的石漠化耕地面积55749.6hm^2，占石漠化耕地总面积的30.8%。非重点县石漠化耕地分坡度、石漠化程度统计见下图7-6及表7-21。

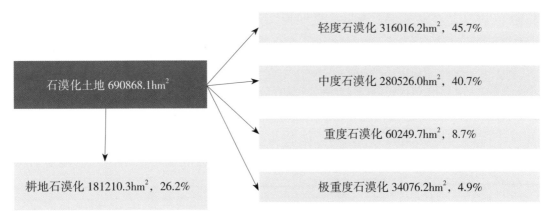

图 7-6　石漠化程度统计图

表 7-21　非重点县石漠化耕地分坡度及石漠化程度统计表

程度	石漠化耕地					
坡度	合计	比例/%	轻度石漠化/hm²	中度石漠化/hm²	重度石漠化/hm²	极重度石漠化/hm²
合计	181210.3	100.0	45806.4	129830.8	5549.7	23.4
≤ 5°	11666.8	6.4	6379.7	4779.7	507.4	
6°~15°	34835.7	19.2	15940.1	18101.3	794.3	
16°~25°	78958.2	43.6	11704.3	64945.3	2308.6	
26°~35°	47571.7	26.3	8078.2	38234.7	1235.4	23.4
36°~45°	5206.9	2.9	1642.4	3126.5	438.0	
≥ 46°	2971.0	1.6	2061.7	643.3	266.0	

目前，岩溶地区非重点县石漠化土地还未纳入石漠化综合治理工程，只有少部分石漠化土地被其他生态治理项目所覆盖。其中没有纳入生态治理工程面积 505123 万 hm²，占石漠化面积的 73.1%；已纳入生态治理工程面积 185745.1hm²，占石漠化面积的 26.9%；此外，耕地石漠化情况较为严重，石漠化防治形势依旧严峻，石漠化综合治理工程的开展尤为迫切。

（二）地州现状

岩溶地区非重点县石漠化监测共涉及 14 个州市，其中临沧市、红河州、昆明市、大理州和怒江州 5 个州市石漠化土地分布较广，面积较大，石漠化土地面积共503119.5hm²，占石漠化土地总面积的 72.8%。

全省以临沧市石漠化土地面积最大，为 129720.8hm²，占全省石漠化土地总面积的 18.8%，以下依次为红河州、昆明市、大理州、怒江州，分别为 102326.6hm²、101595.4hm²、96854.5hm²、72622.2hm²。

（三）各县现状

1. 非重点县中石漠化土地面积超过 1 万 hm² 统计情况

岩溶地区非重点县石漠化监测涉及 56 个县（市、区），其中，石漠化土地面积超过 3 万 hm² 的县有 8 个，总面积 456946.5hm²，占全省 56 个非重点县石漠化土地总面积的 66.1%，分别是东川区面积 99034.9hm²、永胜县 43479.5hm²、凤庆县 66545.3hm²、云县 57883.9hm²、石屏县 63798.5hm²、云龙县 56504.0hm²、泸水县 30705.9hm² 和兰坪县 38994.5hm²。

石漠化土地面积 2 万 ~3 万 hm² 的县有 3 个，总面积 84947.6hm²，占全省 56 个非重点县石漠化土地总面积的 12.3%，分别是元江县 28507.9hm²、金平县 28863.3hm² 和思茅区 27576.4hm²。

石漠化土地面积 1 万 ~2 万 hm² 的县有 4 个，总面积 60220.1 万 hm²，占全省 56 个非重点县石漠化土地总面积的 8.7%，分别是元谋县 19920.9hm²、宾川县 17375.2hm²、绥江县 12230.4hm² 和峨山县 10693.6hm²。非重点县石漠化现状见图 7-7。

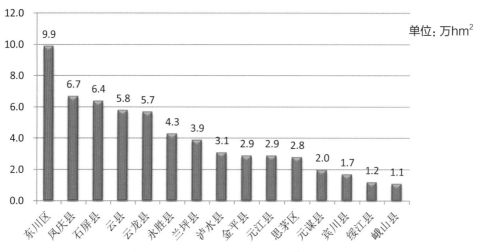

图 7-7　非重点县石漠化土地面积 1 万 hm² 以上各县情况

2. 部分非重点县石漠化土地面积与同一地区重点县比较情况

通过部分非重点县石漠化土地面积与同一地区重点县进行比较可以更直观的反映出云南省岩溶地区 56 个非重点县中石漠化较为严重的情况。

昆明市东川区石漠化土地面积 99034.9hm²，远大于该地区石漠化重点县石林县、禄劝县、寻甸县等县（市、区）的石漠化土地面积。临沧市凤庆县、云县石漠化土地面积分别为 66545.3hm²、57883.9hm²，均分别大于该地区石漠化重点县永德县、镇康县、沧源县的石漠化土地面积。红河州石屏县石漠化土地面积 63798.5hm²，分别大于该地区石漠化重点县开远市、蒙自市、建水县、弥勒县等县（市、区）的石漠化土地面积。丽江市永胜县石漠化土地面积 43479.5hm²，分别大于该地区石漠化重点县华坪县、古城区的石漠化土地面积。玉溪市元江县石漠化土地面积 28507.9hm²，分别大于该地区石漠化重点县澄江县、华宁县、易门县、江川区等县（市、区）的石漠化土地面积。大理州云龙县、怒江州泸水县和兰坪县、红河州金平县、普洱市思茅区的石漠化土地面积也同样大于多数石漠化重点县。根据数据统计分析，岩溶地区非重点县中还存在石漠化情况较为严重的县（市、区）。

二、潜在石漠化土地现状分析

（一）潜在石漠化全省现状

岩溶地区非重点县石漠化监测面积 3287670.9hm²，其中潜在石漠化土地面积 785402.2hm²，占岩溶监测区总面积的 23.9%，略高于石漠化土地面积。

从地类看，潜在石漠化土地主要以林地为主，面积 762752.6hm²，占潜在石漠化土地总面积的 97.2%。林地中，有林地面积 582616.2hm²，占潜在石漠化林地面积的 76.4%；其次是灌木林地，面积 177488.8hm²，占潜在石漠化林地面积的 23.2%；其他林地面积 2647.6hm²，占潜在石漠化林地面积的 0.4%。潜在石漠化土地中未纳入各种生态治理工程面积 468195.9hm²，占潜在石漠化土地面积的 59.6%。已纳入各种生态治理工程面积 317206.3hm²，占潜在石漠化土地面积的 40.4%。大部分潜在石漠化土地未纳入任何生态治理工程，缺乏生态保护措施，这将会导致部分生态脆弱地区岩溶土地石漠化状况逆向演变，迫切需要通过石漠化综合治理工程来加强对这部分土地的保护。

（二）潜在石漠化地州现状

云南省岩溶地区非重点县石漠化监测共涉及 14 个州（市、新区），其中，临沧市、红河州、普洱市、怒江州、大理州、楚雄州和玉溪市 7 个州（市）潜在石漠化土地分布较广，面积较大，潜在石漠化土地面积共 612510.5hm²，占潜在石漠化土地总面积的 78.1%。

现状以临沧市潜在石漠化土地面积最大，为 153126.5hm²，占潜在石漠化土地总面积的 19.5%，随后依次为红河州、普洱市、怒江州、大理州、楚雄州和玉溪市，分别为 116632.6hm²、90370.8hm²、90009.9hm²、58168.4hm²、52254.3hm² 和 51948.0hm²。

（三）潜在石漠化各县现状

岩溶地区非重点县石漠化监测共涉及 56 个县（市、区），其中，潜在石漠化土地面积超过 3 万 hm² 的县有 10 个，总面积 484128.2hm²，占全省 56 个非重点县潜在石漠化土地总面积的 61.7%，分别是凤庆县 80122.0hm²、云县 61865.3hm²、泸水县 57526.1hm²、石屏县 46504.1hm²、东川区 45483.9hm²、永胜县 41068.4hm²、绿春县 39264.8hm²、思茅区 39013.7hm²、勐腊县 37941.8hm²、元江县 35338.1hm²。

潜在石漠化土地面积 2 万 ~3 万 hm² 的县有 3 个，总面积 75918.9 万 hm²，占全省 56 个非重点县潜在石漠化土地总面积的 9.7%，分别是元谋县 28816.6hm²、兰坪县 24513.0hm²、云龙县 22589.3hm²。

潜在石漠化土地面积 1 万 ~2 万 hm² 的县有 8 个，总面积 116137.5hm²，占全省 56 个非重点县潜在石漠化土地总面积的 14.8%，分别是绥江县 19925.4hm²、孟连县 18997.2hm²、红河县 15158.5hm²、金平县 14907.2hm²、墨江县 12624.9hm²、景东县 12030.3hm²、宾川县 11987.2hm²、武定县 10506.8hm²。

非重点县潜在石漠化土地现状见图 7-8，详见附录二。

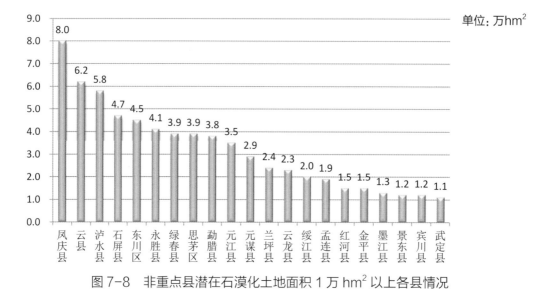

图 7-8　非重点县潜在石漠化土地面积 1 万 hm² 以上各县情况

参考文献

[1] 蒋忠诚,李先琨,胡宝清,等.广西岩溶山区石漠化及其综合治理研究[M].北京:科学出版社,2011.

[2] 但新球,屠志方,李梦先,等.中国石漠化[M].北京:中国林业出版社,2014.

[3] 彭建.贵州石漠化片区经济社会发展与旅游减贫研究[M].北京:中央民族大学出版社,2014.

[4] 胡培兴,白建华,但新球,等.石漠化治理树种选择与模式[M].北京:中国林业出版社,2015.

[5] 兰立达,蔡凡隆.四川岩溶区石漠化土地特征与植被恢复技术研究[M].成都:西南财经大学出版社,2016.

[6] 但新球,吴协保,白建华,等.岩溶地区石漠化综合治理工程规划研究[M].北京:中国林业出版社,2015.

[7] 张伏全.治理石漠化,建设彩云南[M].云南林业,2015,32(4).

[8] 储小院,刘绍娟,孙鸿雁.云南省岩溶地区石漠化现状、成因及防治对策[J].林业建设,2015.

[9] 云南植被编写组.云南植被[M].北京:科学出版社,1987.

[10]中国森林编辑委员会.云南森林[M].昆明:云南科技出版社,1986.

[11]云南省林业调查规划院.云南主要森林类型常见植物图鉴[M].昆明:云南科技出版社.2015.

[12]赖兴会.昆明森林及其经营[M].昆明:云南科技出版社,2011.

[13]云南省统计局.云南省统计年鉴——2015[M].北京:中国统计出版社,2015.

[14]赖兴会.昆明森林及其经营[M].昆明:云南科技出版社,2011.

[15]云南省林业厅林业改革与产业发展处.互联网助推云南林业精准扶贫[J].云南林业,2016,4第209期.2016.

[16]冷华.大力发展绿色富民产业,全力促进林农脱贫致富——在全国林业厅局长会议上的发言[J].云南林业,2016,5(210).

[17]陈丽花.文山州石漠化综合治理模式探讨[J].林业调查规划,2015,40(5).

[18]云南省林业厅农村能源工作站.新能源助推精准扶贫,服务万千贫困农户[J].云南林业,2016,5(210).

[19]云南省河湖编纂委员会.云南河湖[M].昆明:云南科技出版社,2010.

[20]云南省地方志编纂委员会.云南省志(卷一地理志)[M].昆明:云南人民出版社,1998.

[21]云南省林业厅，云南省统计局，国家统计局云南调查总队.云南领导干部手册[M].昆明：云南科技出版社，云南人民出版社，2015.

[22]云南科学院中国动物志编辑委员会.中国动物志[M].北京：科学出版社，2004.

[23]云南科学院中国植物志编辑委员会.中国植物志[M].北京：科学出版社，2004.

[24]云南省林业调查规划院.云南自然保护区[M].北京：中国林业出版社，1989.

[25]温庆忠等.中国湿地资源—云南卷[M].北京：中国林业出版社，2015.

[26]宋玉麟，皇甫岗等.云南省减灾年鉴（2004-2005）[M].昆明：云南科技出版社，2008.

[27]宋玉麟，皇甫岗等.云南省减灾年鉴（2006-2007）[M].昆明：云南科技出版社，2008.

[28]赵钰，皇甫岗，李国材，等.云南省减灾年鉴（2008-2009）[M].昆明：云南科技出版社，2010.

[29]赵钰，皇甫岗，李国材，等.云南省减灾年鉴（2010-2011）[M].昆明：云南科技出版社，2012.

[30]赵钰，皇甫岗等.云南省减灾年鉴（2012-2013）[M].昆明：云南科技出版社，2014.

[31]李树生等.大力发展农村构建乡村低碳模式—云南农村能源"十二五"展望[J].云南林业，2011，32（5）.

[32]刘静等.云南省农村新能源发展现状评述[J].现代农业科技，2010（06）.

[33]云南省林业厅.云南林业的"十二五"[J].云南林业，2016，3.

[34]云南省农村能源工作站.云南省农村能源"十二五"建设稳步推进[J].云南林业，2014，2.

[35]杨家科，安丽华.龙陵县农村沼气闲置弃用原因及对策[J].云南林业，2014，2.

[36]安丽华.拓展发展模式 提高保障能力 促进农村能源建设升级[J].云南林业，2016，1.

[37]云南省林业调查规划院，昆明市林业局.云南轿子山自然保护区[M].昆明：云南科学技术出版社，2006.

[38]云南省林业调查规划院，云南省林业厅.衷牢山国家级自然保护区综合考察报告集[M].昆明：云南民族出版社，1988.

[39]云南省林业调查规划院.云南自然保护区[M].北京：中国林业出版社，1998.

[40]云南省林业厅，云南省林业调查规划院.怒江自然保护区[M].昆明：云南美术出版社，1998.

[41]云南省林业厅，中荷合作云南省 FCCDP 办公室，云南省林业调查规划院 . 糯扎渡自然保护区 [M]. 昆明：云南科学技术出版社，2003.

[42]云南省林业厅，中荷合作云南省 FCCDP 办公室，云南省林业调查规划院 . 无量山国家级自然自然保护区 [M]. 昆明：云南科学技术出版社，2006.

[43]云南省林业厅，中荷合作云南省 FCCDP 办公室，云南省林业调查规划院 . 小黑山自然保护区 [M]. 昆明：云南科学技术出版社，2006.

[44]洪世奇，李晓兵等，云南省生态建设与常绿草地畜牧基地的建设 [J]. 资源科学，2004，26(3).

[45]袁福锦，黄梅芬等，滇西北高寒地区牧草混播组全的筛选 [J]. 草业科学，2017.

[46]温庆忠，肖丰，罗亚妮 . 气候因素对云南石漠化治理的影响与对策 [J]. 林业调查规划，2014，39(5).

附　录

附录一　石漠化监测主要技术标准

一、岩溶土地石漠化状况分类

根据岩溶土地按是否发生石漠化分为石漠化土地、潜在石漠化土地和非石漠化土地三大类。

石漠化土地： 基岩裸露度（或石砾含量）≥ 30%，且符合下列条件之一者为石漠化土地。

① 植被综合盖度＜ 50% 的有林地、灌木林地。

② 植被综合盖度＜ 70% 的草地。

③ 未成林造林地、疏林地、无立木林地、宜林地、未利用地。

④ 非梯土化旱地。

潜在石漠化土地： 基岩裸露度 (或石砾含量) ≥ 30%，土壤侵蚀不明显，且符合下列条件之一者为潜在石漠化。

① 植被综合盖度≥ 50% 的有林地、灌木林地。

② 植被综合盖度≥ 70% 的草地。

③ 梯土化旱地。

非石漠化土地： 除石漠化土地、潜在石漠化土地以外的其他岩溶土地。

二、石漠化程度

（一）石漠化程度划分

石漠化程度分为轻度石漠化（Ⅰ）、中度石漠化（Ⅱ）、重度石漠化（Ⅲ）和极重度石漠化（Ⅳ）四级。

（二）石漠化程度评定因子及指标

石漠化程度评定因子有基岩裸露度、植被类型、植被综合盖度和土层厚度。各因子及评分标准详见表 1-1~ 表 1-4。

表 1-1　基岩裸露度评分标准

岩基裸露度 （或石砾含量）	程度	30%~39%	40%~49%	50%~59%	60%~69%	≥ 70%
	评分值	20	26	32	38	44

表 1-2　植被类型评分标准

植被类型	类型	乔木型	灌木型	草丛型	旱地作物型	无植被型
	评分值	5	8	12	16	20

表 1-3　植被综合盖度评分标准

植被综合盖度	盖度	50%~69%	30%~49%	20%~29%	10%~19%	<10%
	评分值	5	8	14	20	26

注：旱地农作物植被综合盖度按30%~49%计。

表 1-4　土层厚度评分标准

土层厚度	厚度	Ⅰ级≥40cm	Ⅱ级 20~39cm	Ⅲ级 10~19cm	Ⅳ级<10cm
	评分值	1	3	6	10

（三）石漠化程度分级评价标准

根据四项评定指标评分值之和确定石漠化程度，具体标准如下：

① **轻度石漠化（Ⅰ）**：各指标评分值之和≤45；

② **中度石漠化（Ⅱ）**：各指标评分值之和为46~60；

③ **重度石漠化（Ⅲ）**：各指标评分值之和为61~75；

④ **极重度石漠化（Ⅳ）**：各指标评分值之和>75。

三、石漠化演变类型

（一）石漠化演变类型

针对石漠化与潜在石漠化的发生发展趋势情况，石漠化演变类型分为明显改善、轻微改善、稳定、退化加剧和退化严重加剧5个类型。可概括为顺向演变类（明显改善型、轻微改善型）、稳定类（稳定型）和逆向演变类（退化加剧型、退化严重加剧型）3大类。

（二）演变类型评价标准

① **明显改善型**：影像特征变化明显，现地调查植被状况明显改善，石漠化状况顺向演变或者石漠化程度顺向演变两级或者两级以上。

② **轻微改善型**：影像特征变化小，现地调查植被状况轻微改善，石漠化程度顺向演变一级。

③ **稳定型**：影像特征没有变化，现地调查植被状况基本维持稳定，石漠化状况与石漠化程度均没有发生变化。

④ **退化加剧型**：影像特征变化小，现地调查植被有轻微退化，石漠化程度逆向演变一级。

⑤ **退化严重加剧型**：影像特征变化明显，现地调查植被退化明显，石漠化状况逆

向演变或者石漠化程度逆向演变两级或者两级以上。

四、土地利用类型

土地利用类型分林地、耕地、草地、建设用地、水域、未利用地。

（1）**林地**：以培育森林、发展林业为目的的土地，包括有林地、疏林地、灌木林地、未成林造林地、苗圃地、无立木林地、宜林地和林业辅助生产用地。

①**有林地**：生长有森林植被、连续面积大于 $0.06hm^2$、郁闭度 0.20 以上（含 0.20，下同）的林地，包括乔木林和竹林。

乔木林：由乔木（含人工培育后矮化的）树种组成，面积和郁闭度符合有林地标准的片林或林带，包括符合造林保存株数要求的乔木型经济林。

竹林：指竹胸径 ≥ 2cm、面积和郁闭度符合有林地标准的竹类构成的林地。达到合理造竹株数以上且生长稳定的造林地，地类应定为竹林。

②**疏林地**：生长有乔木树种，连续面积大于 $0.067hm^2$、郁闭度 0.10~0.19 之间的林地。

③**灌木林地**：生长有灌木树种或因生境恶劣矮化成灌木型的乔木树种以及胸径小于 2cm 的小杂竹丛，以经营灌木林为目的或起防护作用，连续面积大于 $0.067hm^2$、覆盖度在 30% 以上的林地。其中，灌木林带行数应在 2 行以上且行距 ≤ 2m，当林带的缺损长度超过林带宽度 3 倍时，应视为两条林带；两平行灌木林带的带距 ≤ 4m 时按片状灌木林地调查。灌木林地分为国家特别规定的灌木林地和其他灌木林地。

云南省国家特别规定灌木林分为：灌木经济林地（油茶、柑桔、大叶千斤拔、木豆、茶叶、花椒、咖啡、云南沙棘、山木瓜、茉莉花、青刺尖等）及各山系乔木生长界限以上的灌木林、岩溶地区石山和乱石滩上形成的灌木林和河谷生态脆弱地带专为防护用途的其他特别灌木林地。

其他灌木林：不属于国家特别规定的灌木林地（含实行短轮伐期平茬采薪经营的灌木林）。

④**未成林造林地**：人工造林、飞播造林和通过自然变化、封山育林、人工促进天然更新后，不到成林年限，尚未郁闭但有成林希望的林地。

⑤**苗圃地**：固定的林木、花卉育苗用地，不包括母树林、种子园、采穗圃、种质基地等种子、种条生产用地以及种子加工、储藏等设施用地。

⑥**无立木林地**：包括采伐迹地、火烧迹地、其他无立木林地。符合下列条件之一的林地确定为其他无立木林地：

a.造林更新后，成林年限前成活率和保存率达不到未成林造林地标准的造林地。

b.造林更新达到成林年限后，未达到有林地、疏林地或灌木林地标准的林地。

c.已经整地但还未造林的林地。

d. 不符合上述林地区划条件，但有林地权属证明，因自然保护、科学研究、森林防火等需要保留的无立木林地。

⑦**宜林地：**经县级以上人民政府规划的宜林荒山荒地和用于发展林业的其他土地。包括以下两类：

宜林荒山荒地：未达到上述有林地、疏林地、灌木林地、未成林造林地标准，规划为林地的荒山、荒滩、荒沟、荒地等。

其他宜林地：经县级以上人民政府规划为造林用地的其他土地。

⑧**林业辅助生产用地：**指直接为林业生产服务的工程设施用地（含配套设施）和其他具有林地权属证明的土地。

（2）**耕地：**指种植农作物的土地，分为水田和旱地。

①**水田：**有水源保证和灌溉措施，在一般年景能正常灌溉，用以种植水稻等水生作物的耕地，包括灌溉的水旱轮作地。

②**旱地：**除水田以外种植农作物的土地。

梯土化旱地：经过梯土化改造的坡耕旱地。

非梯土化旱地：指未经过梯土化改造的旱地。

（3）**草地：**由县级以上人民政府规划主要用于畜牧业的土地，达不到有林地、疏林地、灌木林地标准，以生长草本植物为主，主要用于畜牧业的土地，分为天然草地、改良草地和人工草地三类。

天然草地：未经改良，以天然草本植物为主，用于放牧或割草的草场；

改良草地：采用灌溉、排水、施肥、耙松、补植等措施进行改良的草场；

人工草地：种植牧草的土地。

（4）**建设用地：**指建造建筑物、构造物的土地。包括工矿建设用地、城乡居民建设用地、交通用地、其他用地（包括旅游设施、军事设施、名胜古迹、墓地、陵园等）。

（5）**水域：**指陆地水域和水利设施用地。包括河流、湖泊、水库、坑塘、苇地和沟渠等。

（6）**未利用地：**目前还未利用和难利用的土地。包括荒草地、沙滩和干沟、裸岩和其他未利用土地。

五、环境调查因子

（1）**地貌**

①**大地貌：**根据绝对海拔高度和相对高差，岩溶地区大地貌分为高山、中山、低山、丘陵（坝子）。

高山：海拔为 3500~4999m，相对高差 200m 以上的山地；

中山：海拔 1000~3500m，有明显的峰和陡坡，相对高差 200m 以上的山地；

低山：海拔 500~1000m，有明显的峰和陡坡，相对高差 200m 以上的山地；

丘陵（坝子）：海拔高度 500m 以下，起伏不大，相对高差一般在 100m 以内；无明显脉络，坡地占地面积较大。

②**岩溶地貌**：岩溶地区的岩溶地貌主要有峰丛洼地、峰林洼地、孤峰残丘及平原、岩溶丘陵、岩溶槽谷、岩溶峡谷、岩溶断陷盆地、岩溶山地 8 种类型。

（2）**海拔**：指小班范围内的平均海拔，采用 GPS、地形图或 DEM 计算确定海拔值，以 m 为单位，精确到 10m。

（3）**坡度**：山地坡面与水平面的夹角，按度数分成平坡、平缓坡、缓坡、斜坡、陡坡、急坡和险坡 7 级。

① I 级为平坡：0°~5°；　　　② II 级为平缓坡：5°~8°；

③ II 级为缓坡：9°~14°；　　　④ III 级为斜坡：15°~24°；

⑤ IV 级为陡坡：25°~34°；　　⑥ V 级为急坡：35°~44°；

⑦ VI 级为险坡：≥ 45°。

（4）**坡位**：指小班在地形纵剖面上的相对位置，分为山脊、山坡（上坡、中坡、下坡）、全坡、山谷（或山洼）、平地 7 个坡位。

（5）**坡向**：指坡面在水平面上的投影的方向，即图斑坡面的主要朝向，分为 9 个坡向。

①北坡：方位角 338°~360°，0°~22°　　②东北坡：方位角 23°~ 67°

③东坡：方位角 68°~112°　　　　　　④东南坡：方位角 113°~157°

⑤南坡：方位角 158°~202°　　　　　⑥西南坡：方位角 203°~247°

⑦西坡：方位角 248°~292°　　　　　⑧西北坡：方位角 293°~337°

⑨无坡向：坡度 < 5° 的地段。

（6）**植被**

①**植被类型**：指地表植被状况，包括乔木型、灌木型、草丛型、旱地作物型、无植被型。

乔木型：图斑郁闭度大于等于 0.20，且分布均匀的乔木树种；

灌木型：图斑灌木覆盖度大于等于 30%，或图斑每 hm² 有灌木不少于 1000 株（丛），且分布均匀；

草丛型：达不到乔木型和灌木型，但图斑草丛综合覆盖度大于等于 10%，且乔、灌木极少；

旱地作物型：主要种植农作物的旱地；

无植被型：地表无植被。

②**优势植物种类**：指主要植物种类（建群种或优势种）。

在有林地、疏林地中，按蓄积量组成比重确定，蓄积量占总蓄积量比重最大（组成系数最大）的树种（组）为图斑的优势树种。未达到起测胸径的幼龄林（未达检尺幼林）、未成林造林地图斑，按株数组成比例确定，株数占总株数最多的树种为图斑的优势树种。

经济林图斑，按株数或丛数比例确定，株数或丛数占总株数或丛数最多的树种为图斑的优势树种。达不到有林地、疏林地、灌木型和未成林造林地，但图斑以草本为主，草丛综合覆盖度大于等于30%的草本为优势草本。

岩溶地区优势树种主要有以下6类。

a. 乔木树种（组）

针叶树种（组）：铁杉、滇油杉、落叶松、华山松、马尾松、云南松、高山松、湿地松、其他松类、杉木、柳杉、水杉、秃杉、云杉、柏木、圆柏、昆明柏、藏柏、冲天柏、墨西哥柏、其他杉类。

阔叶树种：川滇高山栎、栓皮栎、麻栎、西南桦、桤木、樟木、滇润楠、滇朴、滇青冈、檫木、其他硬阔类、滇杨、香椿、黑荆树、圣诞树、银合欢、任豆、榕树、喜树、女贞、桉树、直杆桉、川楝、其他软阔类。

混交树种类：针叶混、阔叶混、针阔混。

b. 竹林树种（组）：毛竹、散生杂竹类、丛生杂竹类、混生杂竹类、慈竹、金竹。

c. 经济树种（组）

果树类：柑桔、苹果、梨、桃、李、杏、枣、枇杷、核桃、板栗、荔枝、杨梅、柚、龙眼、樱桃、其他。

食用原料类：油茶、茶叶、花椒、八角、山胡椒、其他。

药材类：杜仲、川桂、黄连木、银杏、其他。

林化工业原料类：油桐、栓皮栎、其他。

其他经济类：蚕桑、其他。

d. 其他灌木树种（组）：紫穗槐、白花刺、盐肤木、马桑、火棘、刺梨、车桑子、小铁仔、小檗、杜鹃、栎灌、桃金娘、松灌、竹灌、柏灌、其他藤本、刺灌类、地盘松、青香木、余甘子、其他灌木。

e. 草本：蕨类、五节芒、秋海棠、野芭蕉、土麦冬、其他禾草、豆类、沙仁、龙须草、剑麻、其他草本。

f. 地衣类：地衣、其他。

③**优势种起源**：分为天然和人工两种。

天然：指天然下种、人工促进天然更新或天然采伐后萌生三类起源；

人工：指植苗（包括植苗、分殖、扦插）、直播（条播或穴播）、飞播、人工林采伐后萌生四类。

④**乔灌盖度**：指乔木和灌木植物地上部分垂直投影的面积占地面的比率，用百分数表示。

⑤**植被综合盖度**：指乔木、灌木和草本所有植物地上部分垂直投影的面积占地面的比率，用百分数表示。

⑥**群落高**：指乔木、灌木或草本优势群落的平均高度，单位为 m，保留 1 位小数。

⑦**植被生长状况**

好：生长旺盛，发育良好，枝干发达，叶子大小和色泽正常；

中：生长一般，长势不旺，但不呈衰老状；

差：达不到正常的生长状态，发育不良。

（7）**土壤**

①**母岩**：碳酸盐岩按方解石和白云石含量的差异，可分为石灰岩类、白云岩类和泥岩类、其他母岩等。各类型的母岩在全省范围内呈交叉分布。

石灰岩类：指碳酸钙（方解石）含量超过 50%，多为白色、灰白色，常具鲕状结构和逢合线、结核、隐晶致密块状构造，遇稀盐酸剧烈起泡；

泥岩类：指碳酸盐岩中泥质含量超过 50%，均为隐晶或微粒结构，具多种颜色 (黄、灰、绿、棕等)；

白云岩类：指白云石含量超过 50%，一般为淡黄、白色，有时为浅褐、深灰或黑色，晶粒结构，致密块状构造，具砂岩状断口，遇稀盐酸略起微泡；

其他母岩：指碳酸盐岩以外的成土母岩。

②**基岩裸露度** (或石砾含量)：地表裸露岩石面积占土地面积的比率，用百分数表示。

③**土壤类别**：石漠化土地的土壤主要有黑色石灰土、红色石灰土、黄色石灰土、棕色石灰土、耕作土壤、其他土壤 6 大类。

④**土层厚度**：采用图斑土层的平均厚度，分成中厚、薄、较薄、极薄四个级。

Ⅰ级为土层中厚 (40cm 以上)；

Ⅱ级为土层薄 (20~39cm)；

Ⅲ级为土层较薄 (10~19cm)；

Ⅳ级为土层极薄 (10cm 以下)。

⑤**土壤质地**：指土壤中各种土粒含量的相对比例及其所表现的土壤砂黏性质，分为黏土、黏壤土、壤土、砂壤土、砂土。

六、其他指标

（1）**治理措施类型**：指石漠化治理中的主导技术措施，分为林草措施、农业技术措施、工程措施 3 类。

①林草措施包括封山管护、封山育林 (草)、人工造林、飞播造林、低产低效林改造、中幼林抚育、人工种草、草地改良、其他林草措施；

②农业技术措施包括耕作、间作、轮作、禁牧、其他农业技术措施；

③工程措施包括坡改梯工程、客土改良、小型水利水保工程和其他工程措施。

（2）**工程类别**：分为石漠化综合治理工程、生态公益林保护工程、退耕还林 (草)

工程、长江珠江防护林工程、天然林资源保护工程、速生丰产林工程、野生动植物保护及自然保护区建设工程、农业综合开发工程、小流域综合治理工程、森林抚育工程和其他重点工程（如木本油料林工程）。

（3）**石漠化变化原因**：分为人为因素、自然因素、前期误判与技术因素。

①**人为因素**

治理因素：工程治理后导致小班石漠化状况或程度发生变化，按治理措施代码记载；

破坏因素：因毁林（草）开垦、过牧、过度樵采、火烧、工矿工程建设、工业污染、不适当的经营方式和其他人为因素导致石漠化状况或程度的变动；

工程建设：因建筑、勘察、开采矿藏、修建道路、水利、电力、通信等工程建设导致石漠化状况或程度的变动。

②**自然因素**

自然修复：因林草植被的自然修复导致石漠化状况或程度的变动；

灾害因素：地质灾害（泥石流、滑坡、崩塌、地震等）、灾害性气候（连续暴雨、干旱、水灾等）、有害生物灾害（病害、虫害）等非人为控制的原因导致石漠化状况和程度的变动。

③**前期误判**：因前期调查人员的误判所造成的错误。

④**技术因素**：因本期遥感影像数据、调查标准等技术因素所造成两期数据的差异。

（4）**土地利用变化原因**：分为人为因素、自然因素、前期误判与技术因素。

①**人为因素**

营造林措施：因人工造林、飞播造林、封山育林（草）和植被更新改造等措施导致土地利用类型变化。

种草：因人工种草、草地改良、封山育草等导致土地利用类型变化。

采伐：前期地类为有林地或疏林地，因林木采伐导致土地利用类型变化。

樵采：因过度砍柴、割草等导致土地利用类型变化。

土地整治：有计划开展的国土整治、土地垦复等导致土地利用类型变化。

开垦：前期地类为非耕地，因开垦导致土地利用类型变化，小班土地利用现状为耕地。

弃耕：指前期土地利用类型为耕地，监测间隔期内因弃耕抛荒导致土地利用类型变化。

火烧：因火烧导致土地利用类型变化。

工程建设：因建筑、勘察、开采矿藏、修建道路、水利、电力、通信等工程建设导致土地利用类型变化。

②**自然因素**

自然修复：因林草植被的自然修复后导致土地利用类型变化。

灾害因素：因地质灾害（滑坡、崩塌、地震等）、灾害性气候（连续暴雨、干旱、水灾等）、有害生物灾害（病害、虫害）等非人为控制的原因导致土地利用类型变化。

③**前期误判：** 因前期调查人员的误判导致土地利用类型变化。

④**技术因素：** 因本期遥感影像数据、调查标准等技术因素导致土地利用类型变化。

（5）**流域划分：** 岩溶地区划分为长江区、珠江区、西南诸河区 3 个一级流域、6个二级流域和 14 个三级流域。岩溶地区流域名称见表 1-5。

表 1-5　岩溶地区流域名称表

一级流域	二级流域	三级流域
西南诸河区	红河	元江
		李仙江
		盘龙江
	澜沧江	沘江口以上
		沘江口以下
	怒江及伊洛瓦底江	怒江勐古以上
		怒江勐古以下
		伊洛瓦底江
珠江区	南北盘江	北盘江
		南盘江
长江区	金沙江石鼓以上	通天河
		直门达至石鼓
	金沙江石鼓以下	雅砻江
		石鼓以下干流

（6）**土地使用权属：** 分为国有、集体、个人和其他。

七、小班区划条件

图斑中下列因子出现一种或一种以上变化或不同时，需要区划为不同小班。

①土地利用类型。水域、建设用地按一级土地利用类型，其余按二级土地利用类型。

②岩溶土地石漠化状况。

③基岩裸露度。

④植被类型。

⑤植被综合盖度。

⑥土层厚度。

⑦治理措施。

⑧工程类别。

附录二　统计表

表 2-1　各县区 2005~2016 年监测期内岩溶区土地变化统计表

州市县	2005~2016 年岩溶土地变动							
	岩溶土地 /hm²	变动率 /%	石漠化土地 /hm²	变动率 /%	潜在石漠化土地 /hm²	变动率 /%	非石漠化土地 /hm²	变动率 /%
岩溶区	28869.1	0.4	−529462.4	−18.4	315981.5	18.3	242350.0	7.3
昆明市	2660.3	0.5	−29484.8	−25.0	12872.4	12.4	19272.7	5.9
五华区	0.6	0.0	−1106.5	−71.3	−209.4	−12.1	1316.5	7.6
盘龙区	0.8	0.0	−347.1	−21.6	308.1	3.8	39.8	0.1
官渡区	0.2	0.0	−707.7	−94.8	97.5	31.5	610.4	3.3
西山区	−0.3	0.0	−432.0	−23.8	531.7	33.4	−100.0	−0.5
呈贡区	−0.3	0.0	−669.6	−26.9	172.9	9.6	496.4	2.2
富民县	66.6	0.1	−4123.3	−61.5	−166.6	−3.2	4356.5	10.8
宜良县	0.3	0.0	−3011.7	−33.6	1033.4	5.2	1978.6	3.7
石林县	2038.5	2.0	3552.6	16.4	−5261.9	−14.6	3747.8	8.8
嵩明县	−0.3	0.0	−4783.9	−50.7	1944.3	72.9	2839.3	21.5
禄劝县	−58.3	−0.1	−9937.4	−24.0	8691.3	172.1	1187.8	4.5
寻甸县	612.7	0.8	−7918.0	−36.4	5731.2	27.4	2799.5	7.7
曲靖市	41763.2	2.9	−17854.0	−4.0	75.3	0.0	59541.9	9.3
麒麟区	1.1	0.0	205.7	2.6	−3449.5	−18.9	3244.9	9.0
马龙县	0.4	0.0	−2297.1	−36.9	−4695.1	−40.4	6992.6	21.5
陆良县	18146.1	14.5	6046.4	20.5	−1603.9	−6.6	13703.6	19.1
师宗县	425.1	0.3	12497.4	31.5	−11737.8	−41.3	−334.5	−0.6
罗平县	−224.7	−0.1	−4372.7	−6.1	−3779.9	−10.5	7927.9	6.7
富源县	1084.9	0.5	−4658.4	−8.5	4316.9	6.5	1426.4	1.6
会泽县	6737.8	5.2	1013.6	1.6	2610.1	8.1	3114.1	8.9
沾益县	24.8	0.0	−6194.6	−11.0	419.9	1.1	5799.5	8.6
宣威市	15567.7	4.7	−20094.3	−17.3	17994.5	22.8	17667.5	13.1
玉溪市	1445.1	0.7	−19228.0	−24.4	8272.4	22.7	12400.7	15.9
红塔区	−28.3	−0.2	−1337.4	−86.0	−747.1	−23.9	2056.2	23.4
江川区	5.6	0.0	−465.8	−8.3	794.7	19.8	−323.3	−1.2
澄江县	−15.0	−0.1	−3113.2	−23.0	−623.0	−6.1	3721.2	108.7
通海县	−0.6	0.0	−3065.2	−71.9	1952.8	42.0	1111.8	12.3
华宁县	1564.6	4.1	−237.8	−1.3	1211.1	19.3	591.3	4.6
易门县	−81.2	−0.1	−11008.6	−31.6	5683.9	68.9	5243.5	30.1

州市县	2005~2016 年岩溶土地变动							
	岩溶土地 /hm²	变动率 /%	石漠化土地 /hm²	变动率 /%	潜在石漠化土地 /hm²	变动率 /%	非石漠化土地 /hm²	变动率 /%
保山市	−2917.0	−0.8	−20230.4	−36.3	17261.6	40.1	51.8	0.0
隆阳区	−2273.8	−0.9	−16322.0	−35.8	16663.7	48.4	−2615.5	−1.4
施甸县	−643.2	−0.7	−3908.4	−38.7	597.8	6.9	2667.4	4.0
昭通市	802.5	0.1	−44304.5	−13.1	48315.0	24.9	−3208.0	−0.5
昭阳区	19.8	0.0	−3632.9	−17.7	915.0	8.3	2737.7	5.9
鲁甸县	27.4	0.0	−4381.1	−18.7	160.1	1.4	4248.4	9.9
巧家县	−74.4	0.0	−8112.3	−8.6	7854.7	15.8	183.2	0.2
盐津县	−266.0	−0.3	−3883.5	−30.3	1582.9	11.9	2034.6	3.2
大关县	1.8	0.0	−5807.4	−17.7	6004.7	44.2	−195.5	−0.4
永善县	−184.3	−0.1	−430.4	−0.9	−646.4	−1.5	892.5	1.0
镇雄县	1680.8	0.7	2062.8	5.3	15698.5	153.8	−16080.5	−8.0
彝良县	−420.4	−0.3	−14830.9	−29.9	11187.6	34.9	3222.9	5.3
威信县	17.8	0.0	−5288.8	−30.3	5557.9	55.8	−251.3	−0.6
丽江市	−4273.4	−0.5	−47149.5	−15.4	6055.2	1.9	36820.9	21.8
古城区	−436.1	−0.5	−19666.4	−50.1	14140.2	33.8	5090.1	68.6
玉龙县	−1240.2	−0.5	−10539.7	−13.0	−4732.9	−5.3	14032.4	21.6
华坪县	−662.1	−0.5	−5783.0	−19.6	1570.0	3.9	3550.9	6.7
宁蒗县	−1935.0	−0.6	−11160.4	−7.2	−4922.1	−3.5	14147.5	32.5
临沧市	−3951.1	−0.8	−36983.3	−25.0	194.8	0.1	32837.4	17.5
永德县	−1164.3	−0.8	−12424.4	−38.1	9066.2	18.7	2193.9	3.3
镇康县	−1111.9	−0.8	−14831.4	−34.8	5895.3	31.9	7824.2	10.3
耿马县	−1166.7	−0.8	−7502.5	−12.9	−14776.9	−20.0	21112.7	130.2
沧源县	−508.2	−1.0	−2225.1	−15.7	10.2	0.1	1706.7	5.8
红河州	128.8	0.0	−92300.8	−28.2	70214.2	32.7	22215.4	4.5
个旧市	1.6	0.0	−23704.1	−53.9	15774.3	78.8	7931.4	47.7
开远市	14.6	0.0	−3535.2	−8.5	2822.4	12.6	727.4	1.5
蒙自市	0.5	0.0	−12238.1	−23.2	8008.0	24.2	4230.6	8.6
屏边县	1.1	0.0	2544.6	17.4	1310.2	7.6	−3853.7	−44.1
建水县	2.4	0.0	−32277.1	−43.6	25090.9	63.2	7188.6	5.0
弥勒市	2.4	0.0	−11766.6	−21.3	10205.6	18.1	1563.4	1.1
泸西县	108.4	0.1	−11121.3	−29.1	6787.5	57.1	4442.2	6.3
河口县	−2.1	0.0	−202.9	−3.2	215.5	1.6	−14.7	−0.1

州市县	2005~2016 年岩溶土地变动							
	岩溶土地 /hm²	变动率 /%	石漠化土地 /hm²	变动率 /%	潜在石漠化土地 /hm²	变动率 /%	非石漠化土地 /hm²	变动率 /%
文山州	−2061.8	−0.2	−183978.6	−22.1	128685.3	70.5	53231.5	15.6
文山市	0.0	0.0	−24953.3	−21.0	9143.6	24.9	15809.7	20.3
砚山县	0.1	0.0	−11263.3	−13.1	5556.6	32.5	5706.8	6.0
西畴县	0.4	0.0	−9059.9	−21.4	7901.6	48.0	1158.7	43.9
麻栗坡县	91.1	0.1	−8958.7	−17.9	7461.3	44.9	1588.5	44.9
马关县	−140.8	−0.1	−37603.5	−30.1	18328.0	71.0	19134.7	38.2
丘北县	−1300.9	−0.6	−38539.4	−24.4	23671.1	163.4	13567.4	42.1
广南县	−302.3	−0.1	−38613.9	−21.0	45591.2	123.3	−7279.6	−10.6
富宁县	−409.3	−0.4	−14986.5	−22.4	11031.9	60.4	3545.3	31.0
大理州	−521.6	−0.5	−3207.8	−14.6	1932.1	16.9	754.1	1.1
鹤庆县	−521.6	−0.5	−3207.8	−14.6	1932.1	16.9	754.1	1.1
迪庆州	−4205.9	−0.9	−34740.7	−16.3	22103.3	15.3	8431.5	9.8
香格里拉市	−1200.9	−0.7	−7928.8	−10.4	−1032.1	−1.6	7760.0	23.3
德钦县	−1780.9	−1.5	−8017.5	−9.2	10072.7	101.2	−3836.1	−15.3
维西县	−1224.1	−0.8	−18794.3	−37.6	13062.6	19.1	4507.6	16.5

表 2-2　各县区 2005~2011 年监测期内岩溶区土地变化统计表

州市县	2005 ～ 2011 年岩溶地区土地变动							
	合计 /hm²	变动率 /%	石漠化土地 /hm²	变动率 /%	潜在石漠化土地 /hm²	变动率 /%	非石漠化土地 /hm²	变动率 /%
岩溶区	33136.2	0.4	−41647.9	−1.4	45295.5	2.6	29488.6	0.9
昆明市	2713.6	0.5	1162.4	1.0	−7254.5	−7.0	8805.7	2.7
五华区	0.2	0.0	389.7	25.1	−637.4	−36.9	247.9	1.4
盘龙区	0.8	0.0	1466.0	91.3	−631.3	−7.8	−833.9	−2.6
官渡区	−0.2	0.0	−697.9	−93.5	153.3	49.5	544.4	2.9
西山区	−1.0	0.0	1235.9	68.0	−814.7	−51.2	−422.2	−2.1
呈贡区	−0.7	0.0	−224.6	−9.0	57.3	3.2	166.6	0.7
富民县	65.3	0.1	−2135.5	−31.8	−224.5	−4.3	2425.3	6.0
宜良县	0.6	0.0	−2737.5	−30.5	761.1	3.8	1977.0	3.7
石林县	2037.2	2.0	7838.8	36.2	−6826.9	−18.9	1025.3	2.4
嵩明县	−0.3	0.0	−2877.0	−30.5	1070.6	40.2	1806.0	13.7

续表

州市县	2005～2011 年岩溶地区土地变动							
	合计 /hm²	变动率 /%	石漠化土地 /hm²	变动率 /%	潜在石漠化土地 /hm²	变动率 /%	非石漠化土地 /hm²	变动率 /%
禄劝县	-0.2	0.0	-38.7	-0.1	-1603.2	-31.7	1641.7	6.2
寻甸县	612.5	0.8	-1056.5	-4.9	1441.2	6.9	227.8	0.6
曲靖市	42195.5	3.0	74541.5	16.8	-53075.9	-15.8	20729.9	3.2
麒麟区	1.2	0.0	2233.2	28.5	-4908.2	-26.9	2676.2	7.4
马龙县	0.1	0.0	-1346.2	-21.6	-5158.1	-44.4	6504.4	20.0
陆良县	18142.3	14.5	18397.4	62.5	-6528.7	-27.0	6273.6	8.8
师宗县	423.4	0.3	21191.2	53.4	-14668.1	-51.6	-6099.7	-10.6
罗平县	-0.6	0.0	13308.7	18.7	-13238.6	-36.8	-70.7	-0.1
富源县	229.4	0.1	12032.1	21.9	-9012.2	-13.6	-2790.5	-3.2
会泽县	6848.9	5.3	9083.9	14.5	-802.6	-2.5	-1432.4	-4.1
沾益县	26.0	0.0	-153.2	-0.3	-107.3	-0.3	286.5	0.4
宣威市	16524.8	5.0	-205.6	-0.2	1347.9	1.7	15382.5	11.4
玉溪市	1443.7	0.7	-7865.8	-10.0	4188.3	11.5	5121.2	6.6
红塔区	-29.3	-0.2	-882.9	-56.7	-616.5	-19.7	1470.1	16.7
江川区	3.4	0.0	1339.7	24.0	-660.2	-16.4	-676.1	-2.6
澄江县	-14.8	-0.1	-1385.4	-10.2	-333.6	-3.3	1704.2	49.8
通海县	0.2	0.0	-2687.4	-63.1	2083.3	44.8	604.3	6.7
华宁县	1564.3	4.1	2590.1	13.7	-580.8	-9.3	-445.0	-3.4
易门县	-80.1	-0.1	-6839.9	-19.6	4296.1	52.1	2463.7	14.1
保山市	-2913.9	-0.8	-11839.5	-21.2	11364.2	26.4	-2438.6	-1.0
隆阳区	-2273.6	-0.9	-9025.5	-19.8	10897.1	31.7	-4145.2	-2.3
施甸县	-640.3	-0.7	-2814.0	-27.8	467.1	5.4	1706.6	2.5
昭通市	2193.1	0.2	541.8	0.2	26274.6	13.5	-24623.3	-3.7
昭阳区	-0.6	0.0	-814.6	-4.0	590.1	5.3	223.9	0.5
鲁甸县	226.8	0.3	-2543.5	-10.9	1374.4	11.9	1395.9	3.3
巧家县	-0.4	0.0	-1397.1	-1.5	7904.2	15.9	-6507.5	-8.5
盐津县	-0.5	0.0	-205.6	-1.6	205.6	1.5	-0.5	0.0
大关县	-0.3	0.0	-891.8	-2.7	2207.8	16.2	-1316.3	-2.9
永善县	-2.1	0.0	3708.9	7.7	-3080.9	-7.2	-630.1	-0.7
镇雄县	1969.9	0.8	12012.2	31.1	5374.6	52.7	-15416.9	-7.7

州市县	2005～2011年岩溶地区土地变动							
	合计/hm²	变动率/%	石漠化土地/hm²	变动率/%	潜在石漠化土地/hm²	变动率/%	非石漠化土地/hm²	变动率/%
彝良县	0.5	0.0	−8999.6	−18.1	11273.3	35.2	−2273.2	−3.7
威信县	−0.2	0.0	−327.1	−1.9	425.5	4.3	−98.6	−0.2
丽江市	−3172.4	−0.4	−3790.4	−1.2	−14051.9	−4.5	14669.9	8.7
古城区	−438.2	−0.5	−16172.2	−41.2	12166.6	29.1	3567.4	48.1
玉龙县	−1232.9	−0.5	2605.4	3.2	−13708.7	−15.3	9870.4	15.2
华坪县	−321.9	−0.3	−1531.7	−5.2	1380.2	3.5	−170.4	−0.3
宁蒗县	−1179.4	−0.3	11308.1	7.3	−13890.0	−9.9	1402.5	3.2
临沧市	−4032.4	−0.8	−18208.8	−12.3	9413.3	6.4	4763.1	2.5
永德县	−1163.7	−0.8	−12034.6	−36.9	14944.0	30.9	−4073.1	−6.2
镇康县	−1255.4	−0.9	−9878.4	−23.2	4485.3	24.2	4137.7	5.4
耿马县	−1189.9	−0.8	3693.3	6.3	−9881.8	−13.4	4998.6	30.8
沧源县	−423.4	−0.8	10.9	0.1	−134.2	−2.0	−300.1	−1.0
红河州	123.9	0.0	−48607.1	−14.9	44389.7	20.7	4341.3	0.9
个旧市	1.6	0.0	−18694.3	−42.5	20184.5	100.8	−1488.6	−8.9
开远市	15.4	0.0	955.9	2.3	−717.2	−3.2	−223.3	−0.5
蒙自市	−0.4	0.0	−4666.8	−8.8	3086.1	9.3	1580.3	3.2
屏边县	−0.7	0.0	2352.7	16.0	2863.8	16.6	−5217.2	−59.7
建水县	4.9	0.0	−20276.3	−27.4	14504.5	36.5	5776.7	4.0
弥勒市	−0.8	0.0	−3721.5	−6.7	4991.8	8.8	−1271.1	−0.9
泸西县	103.1	0.1	−5631.9	−14.7	195.5	1.6	5539.5	7.9
河口县	0.8	0.0	1075.1	17.0	−719.3	−5.3	−355.0	−2.9
文山州	−1571.6	−0.1	−15620.3	−1.9	14149.0	7.8	−100.3	0.0
文山市	−1.9	0.0	284.9	0.2	−544.0	−1.5	257.2	0.3
砚山县	−0.7	0.0	2426.4	2.8	−1299.9	−7.6	−1127.2	−1.2
西畴县	0.8	0.0	−162.8	−0.4	−397.4	−2.4	561.0	21.3
麻栗坡县	−0.6	0.0	1750.4	3.5	−1790.7	−10.8	39.7	1.1
马关县	−0.2	0.0	−9560.9	−7.6	5668.9	21.9	3891.8	7.8
丘北县	−1302.6	−0.6	−5318.2	−3.4	2759.3	19.0	1256.3	3.9
广南县	0.6	0.0	−2162.4	−1.2	8050.8	21.8	−5887.8	−8.6
富宁县	−267.0	−0.3	−2877.7	−4.3	1702.0	9.3	908.7	7.9

续表

| 州市县 | 2005～2011年岩溶地区土地变动 | | | | | | | |
	合计/hm²	变动率/%	石漠化土地/hm²	变动率/%	潜在石漠化土地/hm²	变动率/%	非石漠化土地/hm²	变动率/%
大理州	-522.6	-0.5	-92.3	-0.4	-955.2	-8.4	524.9	0.8
鹤庆县	-522.6	-0.5	-92.3	-0.4	-955.2	-8.4	524.9	0.8
迪庆州	-3320.7	-0.7	-11869.4	-5.6	10853.9	7.5	-2305.2	-2.7
香格里拉市	-1114.7	-0.6	122.2	0.2	-6578.3	-9.9	5341.4	16.0
德钦县	-983.1	-0.8	34.7	0.0	5887.3	59.2	-6905.1	-27.5
维西县	-1222.9	-0.8	-12026.3	-24.0	11544.9	16.9	-741.5	-2.7

表2-3　各县区2011~2016年监测期内岩溶区土地变化统计表

| 州市县 | 2011～2016年岩溶区土地变动 | | | | | | | |
	合计/hm²	变动率/%	石漠化土地/hm²	变动率/%	潜在石漠化土地/hm²	变动率/%	非石漠化土地/hm²	变动率/%
岩溶区	-4267.1	-0.05	-487814.5	-17.2	270686.0	15.3	212861.4	6.4
昆明市	-53.3	0.0	-30647.2	-25.7	20126.9	20.9	10466.9	3.1
五华区	0.4	0.0	-1496.2	-77.1	428.0	39.3	1068.6	6.1
盘龙区	0.0	0.0	-1813.1	-59.0	939.4	12.6	873.7	2.8
官渡区	0.4	0.0	-9.8	-20.2	-55.8	-12.1	66.0	0.3
西山区	0.7	0.0	-1667.9	-54.6	1346.4	173.1	322.2	1.6
呈贡区	0.4	0.0	-445.0	-19.7	115.6	6.2	329.9	1.5
富民县	1.3	0.0	-1987.8	-43.5	57.9	1.2	1931.2	4.5
宜良县	-0.3	0.0	-274.2	-4.4	272.3	1.3	1.7	0.0
石林县	1.3	0.0	-4286.2	-14.5	1565.0	5.3	2722.4	6.2
嵩明县	0.0	0.0	-1907.0	-29.1	873.7	23.4	1033.3	6.9
禄劝县	-58.1	-0.1	-9898.7	-23.9	10294.5	298.5	-453.9	-1.6
寻甸县	0.2	0.0	-6861.5	-33.1	4290.0	19.2	2571.7	7.0
曲靖市	-432.3	0.0	-92395.5	-17.8	53151.2	18.8	38812.1	5.9
麒麟区	-0.1	0.0	-2027.5	-20.1	1458.7	10.9	568.7	1.5
马龙县	0.3	0.0	-950.9	-19.5	463.0	7.2	488.2	1.2
陆良县	3.8	0.0	-12351.0	-25.8	4924.8	27.9	7430.0	9.5
师宗县	1.7	0.0	-8693.8	-14.3	2930.3	21.3	5765.2	11.2
罗平县	-224.1	-0.1	-17681.4	-20.9	9458.7	41.6	7998.6	6.8
富源县	855.5	0.4	-16690.5	-24.9	13329.1	23.3	4216.9	5.0

州市县	2011 ~ 2016 年岩溶区土地变动							
	合计 /hm²	变动率 /%	石漠化土地 /hm²	变动率 /%	潜在石漠化土地 hm²	变动率 /%	非石漠化土地 /hm²	变动率 /%
会泽县	−111.1	−0.1	−8070.3	−11.2	3412.7	10.8	4546.5	13.5
沾益县	−1.2	0.0	−6041.4	−10.7	527.2	1.3	5513.0	8.2
宣威市	−957.1	−0.3	−19888.7	−17.2	16646.6	20.7	2285.0	1.5
玉溪市	1.4	0.0	−11362.2	−16.1	4084.1	10.0	7279.4	8.8
红塔区	1.0	0.0	−454.5	−67.5	−130.6	−5.2	586.2	5.7
江川区	2.2	0.0	−1805.5	−26.1	1454.9	43.3	352.8	1.4
澄江县	−0.2	0.0	−1727.8	−14.2	−289.4	−2.9	2016.9	39.3
通海县	−0.8	0.0	−377.8	−24.0	−130.5	−1.9	507.5	5.2
华宁县	0.3	0.0	−2827.9	−13.2	1791.9	31.5	1036.3	8.3
易门县	−1.1	0.0	−4168.7	−14.9	1387.8	11.1	2779.8	14.0
保山市	−3.1	0.0	−8390.9	−19.1	5897.4	10.8	2490.5	1.0
隆阳区	−0.2	0.0	−7296.5	−19.9	5766.6	12.7	1529.7	0.9
施甸县	−2.9	0.0	−1094.4	−15.0	130.7	1.4	960.8	1.4
昭通市	−1390.6	−0.1	−44846.3	−13.2	22040.4	10.0	21415.3	3.3
昭阳区	20.4	0.0	−2818.3	−14.3	324.9	2.8	2513.8	5.4
鲁甸县	−199.4	−0.3	−1837.6	−8.8	−1214.3	−9.4	2852.6	6.5
巧家县	−74.0	0.0	−6715.2	−7.2	−49.5	−0.1	6690.7	9.5
盐津县	−265.5	−0.3	−3677.9	−29.2	1377.3	10.2	2035.1	3.2
大关县	2.1	0.0	−4915.6	−15.4	3796.9	24.0	1120.8	2.6
永善县	−182.2	−0.1	−4139.3	−7.9	2434.5	6.1	1522.6	1.8
镇雄县	−289.1	−0.1	−9949.4	−19.6	10323.9	66.3	−663.7	−0.4
彝良县	−420.9	−0.3	−5831.3	−14.4	−85.7	−0.2	5496.1	9.4
威信县	18.0	0.0	−4961.7	−29.0	5132.4	49.5	−152.6	−0.3
丽江市	−1101.0	−0.1	−43359.1	−14.4	20107.1	6.7	22151.0	12.1
古城区	2.1	0.0	−3494.2	−15.1	1973.6	3.7	1522.8	13.9
玉龙县	−7.3	0.0	−13145.1	−15.7	8975.8	11.8	4162.0	5.6
华坪县	−340.2	−0.3	−4251.3	−15.2	189.8	0.5	3721.3	7.1
宁蒗县	−755.6	−0.2	−22468.5	−13.5	8967.9	7.1	12744.9	28.4
临沧市	81.3	0.0	−18774.5	−14.5	−9218.5	−5.9	28074.3	14.6
永德县	−0.6	0.0	−389.8	−1.9	−5877.8	−9.3	6267.0	10.2
镇康县	143.5	0.1	−4953.0	−15.1	1410.0	6.1	3686.4	4.6
耿马县	23.2	0.0	−11195.8	−18.1	−4895.1	−7.6	16114.1	75.9

州市县	2011～2016 年岩溶区土地变动							
	合计 /hm²	变动率 /%	石漠化土地 /hm²	变动率 /%	潜在石漠化土地 hm²	变动率 /%	非石漠化土地 /hm²	变动率 /%
沧源县	−84.8	−0.2	−2236.0	−15.7	144.4	2.1	2006.8	6.9
红河州	4.9	0.0	−43693.7	−15.7	25824.5	10.0	17874.0	3.6
个旧市	0.0	0.0	−5009.8	−19.8	−4410.2	−11.0	9420.0	62.2
开远市	−0.8	0.0	−4491.1	−10.6	3539.6	16.3	950.8	1.9
蒙自市	0.9	0.0	−7571.3	−15.7	4921.9	13.6	2650.3	5.2
屏边县	1.8	0.0	191.9	1.1	−1553.6	−7.7	1363.5	38.8
建水县	−2.5	0.0	−12000.8	−22.3	10586.4	19.5	1411.9	0.9
弥勒市	3.2	0.0	−8045.1	−15.6	5213.8	8.5	2834.4	1.9
泸西县	5.3	0.0	−5489.4	−16.9	6592.0	54.6	−1097.2	−1.4
河口县	−2.9	0.0	−1278.0	−17.2	934.8	7.2	340.3	2.9
文山州	−490.2	0.0	−168358.3	−20.6	114536.3	58.3	53331.8	15.6
文山市	1.9	0.0	−25238.2	−21.2	9687.6	26.8	15552.5	19.9
砚山县	0.8	0.0	−13689.7	−15.5	6856.5	43.4	6834.0	7.3
西畴县	−0.4	0.0	−8897.1	−21.1	8299.0	51.6	597.7	18.7
麻栗坡县	91.7	0.1	−10709.1	−20.7	9252.0	62.4	1548.9	43.3
马关县	−140.6	−0.1	−28042.6	−24.3	12659.1	40.2	15242.9	28.3
丘北县	1.7	0.0	−33221.2	−21.8	20911.8	121.2	12311.1	36.8
广南县	−302.9	−0.1	−36451.5	−20.0	37540.4	83.4	−1391.8	−2.2
富宁县	−142.3	−0.1	−12108.8	−18.9	9329.9	46.7	2636.6	21.4
大理州	1.0	0.0	−3115.5	−14.2	2887.3	27.6	229.3	0.3
鹤庆县	1.0	0.0	−3115.5	−14.2	2887.3	27.6	229.3	0.3
迪庆州	−885.2	−0.2	−22871.3	−11.4	11249.4	7.2	10736.8	12.9
香格里拉市	−86.2	0.0	−8051.0	−10.5	5546.2	9.3	2418.6	6.3
德钦县	−797.8	−0.7	−8052.2	−9.3	4185.4	26.4	3069.0	16.9
维西县	−1.2	0.0	−6768.0	−17.8	1517.7	1.9	5249.1	19.7

表 2-4　各县区岩溶土地统计表

州市县	土地总面积/hm²	岩溶土地				
		合计	比例/%	石漠化面积/hm²	潜在石漠化/hm²	非石漠化/hm²
岩溶区	18228128.0	7941352.0	43.6	2351936.8	2041711.9	3547703.3
昆明市	1652391.0	548302.1	33.2	88682.7	116299.0	343320.4
五华区	38135.0	20500.2	53.8	445.1	1516.3	18538.8
盘龙区	87946.0	41490.3	47.2	1258.9	8395.5	31835.9
官渡区	63363.0	19778.7	31.2	38.7	407.2	19332.8
西山区	88132.0	23734.9	26.9	1385.3	2124.1	20225.5
呈贡区	51085.0	26643.9	52.2	1815.3	1976.1	22852.5
富民县	99523.0	52495.3	52.7	2582.0	5089.5	44823.8
宜良县	191436.0	82862.2	43.3	5958.5	20892.0	56011.7
石林县	168216.0	102630.1	61.0	25210.7	30889.7	46529.7
嵩明县	81424.0	25289.2	31.1	4649.3	4610.3	16029.6
禄劝县	424006.0	72998.6	17.2	31491.0	13742.9	27764.7
寻甸县	359125.0	79878.9	22.2	13848.1	26655.5	39375.3
曲靖市	2894159.0	1461339.6	50.5	426683.3	335785.0	698871.3
麒麟区	154402.0	62297.1	40.3	8036.0	14805.5	39455.6
马龙县	159934.0	50422.7	31.5	3930.5	6928.3	39563.9
陆良县	198959.0	143356.3	72.1	35473.6	22558.8	85323.9
师宗县	278300.0	126109.3	45.3	52181.0	16703.1	57225.2
罗平县	301800.0	224643.8	74.4	66843.0	32220.0	125580.8
富源县	325100.0	208860.3	64.2	50218.1	70532.1	88110.1
会泽县	588913.0	137016.3	23.3	63781.8	35021.2	38213.3
沾益县	281489.0	163042.5	57.9	50184.0	40008.9	72849.6
宣威市	605262.0	345591.3	57.1	96035.3	97007.0	152549.0
玉溪市	603556.0	194479.4	32.2	59428.0	44784.6	90266.8

续表

州市县	土地总面积 /hm²	岩溶土地				
		合计	比例 /%	石漠化面积 /hm²	潜在石漠化 /hm²	非石漠化 /hm²
红塔区	94924.0	13433.3	14.2	218.6	2377.7	10837.0
江川区	80868.0	35827.4	44.3	5125.1	4815.6	25886.7
澄江县	75677.0	27162.8	35.9	10449.4	9569.7	7143.7
通海县	74074.0	17986.1	24.3	1197.1	6606.4	10182.6
华宁县	124933.0	39643.2	31.7	18633.3	7481.3	13528.6
易门县	153080.0	60426.6	39.5	23804.5	13933.9	22688.2
保山市	680381.0	344304.5	50.6	35518.8	60311.2	248474.5
隆阳区	485067.0	258934.5	53.4	29316.1	51087.8	178530.6
施甸县	195314.0	85370.0	43.7	6202.7	9223.3	69944.0
昭通市	2126356.0	1200899.2	56.5	294111.0	242438.9	664349.3
昭阳区	216700.0	77963.3	36.0	16842.3	11957.0	49164.0
鲁甸县	148700.0	77685.3	52.2	19015.8	11685.7	46983.8
巧家县	319400.0	221255.3	69.3	86641.9	57522.3	77091.1
盐津县	202107.0	90010.7	44.5	8912.7	14907.8	66190.2
大关县	172094.0	91160.4	53.0	27091.7	19598.8	44469.9
永善县	277949.0	178357.3	64.2	47956.4	42103.7	88297.2
镇雄县	369598.0	250801.5	67.9	40701.3	25905.8	184194.4
彝良县	280400.0	142100.4	50.7	34772.0	43248.1	64080.3
威信县	139408.0	71565.0	51.3	12176.9	15509.7	43878.4
丽江市	1563731.0	781746.2	50.0	258046.7	318356.1	205343.4
古城区	126336.0	88071.4	69.7	19625.8	55938.2	12507.4
玉龙县	619876.0	234632.1	37.9	70706.5	84986.4	78939.2
华坪县	214449.0	121324.4	56.6	23707.3	41385.2	56231.9
宁蒗县	603070.0	337718.3	56.0	144007.1	136046.3	57664.9
临沧市	1192328.0	479092.0	40.2	110788.2	147898.0	220405.8

续表

州市县	土地总面积/hm²	岩溶土地				
		合计	比例/%	石漠化面积/hm²	潜在石漠化/hm²	非石漠化/hm²
永德县	321968.0	145531.9	45.2	20163.0	57485.9	67883.0
镇康县	252927.0	136142.7	53.8	27837.5	24392.0	83913.2
耿马县	372790.0	147304.4	39.5	50814.0	59157.6	37332.8
沧源县	244643.0	50113.0	20.5	11973.6	6862.5	31276.9
红河州	1819123.0	1039648.5	57.2	234507.3	284611.3	520529.9
个旧市	155887.0	80637.6	51.7	20271.3	35796.3	24570.0
开远市	194030.0	113020.4	58.2	37854.2	25236.2	49930.0
蒙自市	217302.0	135112.8	62.2	40605.9	41035.1	53471.8
屏边县	184500.0	40642.8	22.0	17204.2	18560.5	4878.1
建水县	378204.0	257832.1	68.2	41820.1	64778.8	151233.2
弥勒市	391443.0	259548.6	66.3	43546.8	66644.3	149357.5
泸西县	164557.0	120552.9	73.3	27067.2	18664.8	74820.9
河口县	133200.0	32301.4	24.3	6137.7	13895.5	12268.2
文山州	3141081.0	1352451.1	43.1	646967.7	311117.8	394365.6
文山市	296753.0	233522.3	78.7	93989.8	45807.2	93725.3
砚山县	386900.0	197708.4	51.1	74437.5	22672.9	100598.0
西畴县	149131.0	61478.6	41.2	33305.0	24377.9	3795.7
麻栗坡县	235700.0	70208.5	29.8	40992.9	24085.6	5130.0
马关县	266651.0	200802.8	75.3	87467.9	44157.2	69177.7
丘北县	503900.0	203402.8	40.4	119466.2	38160.4	45776.2
广南县	773023.0	289251.9	37.4	145514.1	82560.0	61177.8
富宁县	529023.0	96075.9	18.2	51794.4	29296.6	14984.9
大理州	236565.0	99752.5	42.2	18812.4	13344.5	67595.6
鹤庆县	236565.0	99752.5	42.2	18812.4	13344.5	67595.6
迪庆州	2318457.0	439336.9	18.9	178390.7	166765.6	94180.6

州市县	土地总面积 /hm²	岩溶土地				
		合计	比例 /%	石漠化面积 /hm²	潜在石漠化 /hm²	非石漠化 /hm²
香格里拉市	1141739.0	174845.2	15.3	68271.6	65463.4	41110.2
德钦县	729068.0	120157.7	16.5	78891.4	20025.5	21240.8
维西县	447650.0	144334.0	32.2	31227.8	81276.6	31829.6

表 2-5　各县区潜在石漠化土地面积按地理统计表（hm²）

州市县	岩溶区土地	潜在石漠化土地	比例 /%
总计	7941352.0	2041711.9	25.7
昆明市	548302.1	116299.0	21.2
五华区	20500.2	1516.3	7.4
盘龙区	41490.3	8395.5	20.2
官渡区	19778.7	407.2	2.1
西山区	23734.9	2124.1	8.9
呈贡区	26643.9	1976.1	7.4
富民县	52495.3	5089.5	9.7
宜良县	82862.2	20892.0	25.2
石林县	102630.1	30889.7	30.1
嵩明县	25289.1	4610.3	18.2
禄劝县	72998.6	13742.9	18.8
寻甸县	79878.9	26655.5	33.4
曲靖市	1461339.6	335785.0	23.0
麒麟区	62297.1	14805.5	23.8
马龙县	50422.7	6928.3	13.7
陆良县	143356.3	22558.8	15.7
师宗县	126109.3	16703.1	13.2
罗平县	224643.8	32219.9	14.3
富源县	208860.3	70532.1	33.8
会泽县	137016.3	35021.2	25.6
沾益县	163042.5	40008.9	24.5

州市县	岩溶区土地	潜在石漠化土地	比例 /%
宣威市	345591.3	97007.0	28.1
玉溪市	194479.4	44784.6	23.0
红塔区	13433.3	2377.7	17.7
江川区	35827.4	4815.6	13.4
澄江县	27162.8	9569.7	35.2
通海县	17986.1	6606.4	36.7
华宁县	39643.2	7481.3	18.9
易门县	60426.6	13933.9	23.1
保山市	344304.5	60311.2	17.5
隆阳区	258934.5	51087.8	19.7
施甸县	85370.0	9223.3	10.8
昭通市	1200899.2	242438.9	20.2
昭阳区	77963.3	11957.0	15.3
鲁甸县	77685.3	11685.7	15.0
巧家县	221255.3	57522.3	26.0
盐津县	90010.7	14907.8	16.6
大关县	91160.4	19598.8	21.5
永善县	178357.3	42103.7	23.6
镇雄县	250801.5	25905.8	10.3
彝良县	142100.4	43248.1	30.4
威信县	71565.0	15509.7	21.7
丽江市	781746.2	318356.1	40.7
古城区	88071.4	55938.2	63.5
玉龙县	234632.1	84986.4	36.2
华坪县	121324.4	41385.2	34.1
宁蒗县	337718.3	136046.3	40.3
临沧市	479091.9	147898.0	30.9
永德县	145531.9	57485.9	39.5
镇康县	136142.7	24392.0	17.9
耿马县	147304.4	59157.6	40.2
沧源县	50113.0	6862.5	13.7

州市县	岩溶区土地	潜在石漠化土地	比例 /%
红河州	1039648.5	284611.3	27.4
个旧市	80637.6	35796.3	44.4
开远市	113020.4	25236.2	22.3
蒙自市	135112.8	41035.1	30.4
屏边县	40642.8	18560.5	45.7
建水县	257832.0	64778.7	25.1
弥勒市	259548.6	66644.3	25.7
泸西县	120552.9	18664.8	15.5
河口县	32301.4	13895.5	43.0
文山州	1352451.1	311117.8	23.0
文山市	233522.3	45807.2	19.6
砚山县	197708.4	22672.9	11.5
西畴县	61478.6	24377.9	39.7
麻栗坡县	70208.5	24085.6	34.3
马关县	200802.8	44157.2	22.0
丘北县	203402.8	38160.4	18.8
广南县	289251.8	82560.0	28.5
富宁县	96075.9	29296.6	30.5
大理州	99752.5	13344.5	13.4
鹤庆县	99752.5	13344.5	13.4
迪庆州	439336.9	166765.6	38.0
香格里拉市	174845.2	65463.4	37.4
德钦县	120157.7	20025.5	16.7
维西县	144334.0	81276.6	56.3

表 2-7 非重点县石漠化状况及程度分行政单位统计表（单位：hm²）

调查单位	合计	石漠化					潜在石漠化	非石漠化
		小计	轻度石漠化	中度石漠化	重度石漠化	极重度石漠化		
云南省	3287670.9	690868.1	316016.2	280526.0	60249.7	34076.2	785402.2	1811400.6
昆明市	186144.2	101595.4	11034.3	56714.3	12106.5	21740.3	48308.0	36240.8

调查单位	合计	石漠化					潜在石漠化	非石漠化
		小计	轻度石漠化	中度石漠化	重度石漠化	极重度石漠化		
东川区	170482.7	99034.9	10229.5	55691.1	12031.9	21082.4	45483.9	25963.9
晋宁县	15661.5	2560.5	804.8	1023.2	74.6	657.9	2824.1	10276.9
滇中产业新区	36246.7	975.7	322.8	141.7	105.3	405.9	1232.8	34038.2
安宁市	36246.7	975.7	322.8	141.7	105.3	405.9	1232.8	34038.2
玉溪市	130894.9	39944.8	18577.2	16383.5	3933.6	1050.5	51948.0	39002.1
峨山县	45104.4	10693.6	8377.7	1626.2	644.4	45.3	9665.1	24745.7
新平县	9483.7	743.3	257.2	479.7	6.4		6944.8	1795.6
元江县	76306.8	28507.9	9942.3	14277.6	3282.8	1005.2	35338.1	12460.8
保山市	138657.6	4889.1	3426.1	1046.6	384.2	32.2	15524.7	118243.8
腾冲县	65545.3	1349.0	562.7	463.7	295.5	27.1	4753.1	59443.2
龙陵县	36395.6	1798.1	1738.9	39.3	19.9		6123.3	28474.2
昌宁县	36716.7	1742.0	1124.5	543.6	68.8	5.1	4648.3	30326.4
昭通市	32643.1	12230.4	3844.5	8385.9			19925.4	487.3
绥江县	32643.1	12230.4	3844.5	8385.9			19925.4	487.3
丽江市	324765.1	43479.5	33180.8	8501.5	1176.0	621.2	41068.4	240217.2
永胜县	324765.1	43479.5	33180.8	8501.5	1176.0	621.2	41068.4	240217.2
普洱市	354162.7	50724.2	20472.8	25762.3	4248.9	240.2	90370.8	213067.7
思茅区	88945.6	27576.4	10549.4	14539.7	2487.3		39013.7	22355.5
宁洱县	34089.7	1243.0	352.8	785.1	105.1		1666.2	31180.5
墨江县	70431.2	8522.3	5166.6	3007.2	223.6	124.9	12624.9	49284.0
景东县	16781.6	2028.6	166.3	1785.6	76.7		12030.3	2722.7
景谷县	57145.2	1570.7	1567.7	3.0			3076.4	52498.1
镇沅县	13036.6						408.1	12628.5
江城县	1044.1	24.0	24.0				167.4	852.7
孟连县	21652.4	792.2		792.2			18997.2	1863.0
澜沧县	50349.1	8659.3	2583.5	4651.9	1308.6	115.3	2018.0	39671.8
西盟县	687.2	307.7	62.5	197.6	47.6		368.6	10.9

调查单位	合计	石漠化					潜在石漠化	非石漠化
		小计	轻度石漠化	中度石漠化	重度石漠化	极重度石漠化		
临沧市	485640.7	129720.8	63382.1	57856.4	5440.9	3041.4	153126.5	202793.4
临翔区	96248.2	3463.3	3343.6	103.8	13.1	2.8	5363.1	87421.8
凤庆县	168725.0	66545.3	49155.5	9093.9	5266.3	3029.6	80122.0	22057.7
云县	199765.1	57883.9	9289.0	48424.4	161.5	9.0	61865.3	80015.9
双江县	20902.4	1828.3	1594.0	234.3			5776.1	13298.0
楚雄州	229818.0	32648.4	14475.9	7594.4	9850.5	727.6	52254.3	144915.3
楚雄市	29215.3	2044.9	1822.3	18.9	43.7	160.0	655.5	26514.9
双柏县	8393.5	2012.7	1027.4	600.7	123.9	260.7	1102.0	5278.8
牟定县	4863.2	2038.0	1925.0	104.0	9.0		1926.5	898.7
南华县	6151.0	233.1	173.3	59.8			5039.4	878.5
元谋县	83725.9	19920.9	5345.8	5535.6	9035.7	3.8	28816.6	34988.4
武定县	44315.0	2394.1	1466.8	466.6	230.6	230.1	10506.8	31414.1
禄丰县	53154.1	4004.7	2715.3	808.8	407.6	73.0	4207.5	44941.9
红河州	313991.6	102326.6	43818.4	48332.2	6604.9	3571.1	116632.6	95032.4
石屏县	152095.1	63798.5	30620.2	29485.9	3441.0	251.4	46504.1	41792.5
元阳县	10106.0	3480.9	1253.1	1110.9	558.4	558.5	798.0	5827.1
红河县	49706.9	4108.7	4107.7	1.0			15158.5	30439.7
金平县	58019.5	28863.3	7837.4	15711.7	2605.5	2708.7	14907.2	14249.0
绿春县	44064.1	2075.2		2022.7		52.5	39264.8	2724.1
西双版纳州	177391.3	5.9			5.9		38090.9	139294.5
景洪市	38155.4	5.9			5.9		149.1	38000.4
勐腊县	139235.9						37941.8	101294.1
大理州	506357.6	96854.5	55238.3	23773.1	15219.5	2623.6	58168.4	351334.7
大理市	38324.4	1853.1	939.6	460.1	258.2	195.2	3620.2	32851.1
漾濞县	2908.1	67.3	45.5	15.3	6.5		12.4	2828.4
祥云县	41365.9	682.1	613.5	3.3	1.9	63.4	1480.2	39203.6
宾川县	48434.1	17375.2	2456.9	6985.1	7826.9	106.3	11987.2	19071.7

续表

| 调查单位 | 合计 | 石漠化 | | | | | 潜在石漠化 | 非石漠化 |
		小计	轻度石漠化	中度石漠化	重度石漠化	极重度石漠化		
弥渡县	13879.8	779.2	199.6	256.9	322.7		2044.1	11056.5
南涧县	34534.0	6994.0	6409.3	58.9	399.3	126.5	6345.9	21194.1
巍山县	1241.5	28.8	28.8				20.5	1192.2
永平县	1556.0	187.9	170.3	17.6			536.3	831.8
云龙县	191206.7	56504.0	35275.2	13109.4	5987.2	2132.2	22589.3	112113.4
洱源县	112252.1	4030.9	2367.3	1246.8	416.8		2567.9	105653.3
剑川县	20655.0	8352.0	6732.3	1619.7			6964.4	5338.6
德宏州	31699.7	2850.6	621.9	1858.2	348.3	22.2	8741.5	20107.6
瑞丽市	6698.8						4420.6	2278.2
芒市	22979.5	2774.7	563.2	1858.2	348.3	5.0	2390.6	17814.2
盈江县	2021.4	75.9	58.7			17.2	1930.3	15.2
怒江州	339257.7	72622.2	47621.1	24175.9	825.2		90009.9	176625.6
泸水县	244787.8	30705.9	13403.0	16622.4	680.5		57526.1	156555.8
福贡县	11094.5	2921.8	1145.0	1776.8			7970.8	201.9
兰坪县	83375.4	38994.5	33073.1	5776.7	144.7		24513.0	19867.9

附录三　云南省岩溶地区石漠化综合治理工程建设管理办法实施细则（试行）

第一章　总　则

第一条　为加强云南省岩溶地区石漠化综合治理工程建设管理，确保工程建设质量和投资效益，根据国家《岩溶地区石漠化综合治理工程建设管理办法》（试行）、《岩溶地区石漠化综合治理工程"十三五"建设规划》及有关法律、法规和政策规定，制定本实施细则。

第二条　本实施细则适用于国家及省级安排专项资金实施的岩溶地区石漠化综合治理工程。

第三条　云南省石漠化综合治理工程，以县（市、区）为基本建设单位，因地制宜，以小流域为基础治理单元，兼顾零星石漠化地块，合理配置各项治理措施，对石漠化进行全面综合治理，确保治理一片见效一片。

第四条　国家安排专项资金实施封山育林育草，人工造林，森林抚育，人工种草，改良草地，草种基地建设，青贮窖建设，坡改梯及配套田间生产道路、引水渠、排涝渠、拦沙谷坊坝、沉沙池、蓄水池等坡面和沟道水土保持设施等建设。

第二章　组织管理

第五条　云南省岩溶地区石漠化综合治理工程建设涉及的发展改革、林业、农业和水利等部门要按照职能分工，各司其职、各负其责，加强联系，密切配合。省发展改革委负责工程建设的综合协调，年度投资计划的安排和综合平衡，会同有关部门联合下达年度投资计划，掌握石漠化工程建设进展情况。省林业厅负责封山育林育草、人工造林、森林抚育等林草植被保护和恢复措施的技术指导、检查和监督，并牵头会同有关部门负责开展石漠化工程建设成效的监测，定期公布工程进展、成效和石漠化的监测结果。省农业厅负责草地建设、青贮窖建设的技术指导、检查和监督。省水利厅负责坡改梯、配套田间生产道路及水利水保配套工程的技术指导、检查和监督。

第六条　岩溶地区石漠化综合治理工程实行目标、任务、资金、责任"四到县"责任制。项目县人民政府是工程实施的责任主体，政府主要负责人为第一责任人。在项目县石漠化综合防治工作领导小组统一领导下，发展改革部门负责工程建设的综合协调和管理，林业、水利、农业（畜牧）等部门负责工程的具体实施。项目县人民政府要把工程建设的组织实施工作列入当地政府重要议事日程，切实加强领导。

第三章　前期工作

第七条　各州（市）发展改革、林业、农业、水利要依据岩溶地区石漠化综合治理工程规划，结合实际，组织编制当年和未来三年拟开工建设的政府投资储备项目，并向省发展改革委申报纳入政府投资项目储备库，入库项目应根据项目前期工作推进情况，及时更新填报、补充完善项目信息，并进行动态调整。要按照轻重缓急和投资可能，组织县级林业、农业、水利主管部门及时开展作业设计编制等前期工作。

第八条　作业设计必须严格按照岩溶地区石漠化综合治理工程规划及有关技术规程要求编制，明确建设内容、规模和布局，各项建设内容要落实到具体建设地点。作业设计（或初步设计）必须按规定由有资质的设计单位承担。县级各业务主管部门在编报作业设计的同时，要着手做好开工建设的相关准备工作，以便尽早开工建设。

第九条　作业设计编制完成后，由州（市）发展改革部门牵头组织林业、农业、水利部门进行审批，并报省级有关部门备案，省级有关部门将对初步设计（或作业设计）文本进行抽查。审批单位要对作业设计的有关前置要件是否具备及合规性进行审查，提高作业设计的科学性和可操作性。年度初步设计（或作业设计）一经批准，不得随意变更。确需变更的，必须由相关建设单位委托原设计单位提出变更设计方案，报原批准部门重新审批。

第四章　投资计划管理

第十条　州（市）发展改革委要认真牵头组织开展好实地踏勘等前期工作，会同林业、农业、水利等部门，编制工程年度投资计划申请报告联合上报省发展改革委、林业厅、农业厅、水利厅。列入年度投资计划申请报告的项目必须符合规定、具备下达条件。

年度投资计划申请报告内容应包括对上一年度岩溶地区石漠化综合治理工程实施情况的总结，本年度工程建设的主要考虑、安排原则，拟申请安排中央预算内投资的主要建设内容和规模，并附作业设计批复文件。州（市）发展改革、林业、农业、水利部门对申报材料的真实性、合规性负责。

第十一条　省发展改革委会同林业、农业、水利等部门根据各州（市）上报的投资计划申请报告，结合上一年度岩溶地区石漠化综合治理工程管理、实施、验收情况等，联合向国家上报中央预算内投资计划文件。

第十二条　国家发展改革委会同林业、农业、水利等部门根据各省上一年度岩溶地区石漠化综合治理工程实施情况、以往年度岩溶地区石漠化综合治理工程建设绩效，以及岩溶地区石漠化综合治理工程规划综合平衡后，联合下达年度中央预算内投资计划。

第十三条　省级发展改革、林业、农业、水利部门收到中央预算内投资计划后，于20个工作日内联合分解下达，明确建设地点、规模，按照项目开工、总投资过半、项目竣工设定进度节点时限，并将分解下达文件抄送国家发展改革委、国家林业局、农业部、水利部。

年度投资计划一经下达，不得擅自变动。如遇气候等特殊原因，允许年度计划顺延执行，但须由省级发展改革、林业、农业、水利部门批准，并报国家有关部门备案。

第五章　工程建设管理

第十四条　县级林业、农业、水利主管部门对项目建设实行全过程管理，结合岩溶地区石漠化综合治理工程各项建设内容特点，严格按照国家有关工程建设管理的法律法规，组织开展项目建设，对项目的建设质量、工程进度、资金管理和生产安全负责。

第十五条　施工作业单位要严格依据批准的作业设计文件组织施工，将项目建设的基本信息通过公示牌等方式向社会公开，主动接受社会监督。对公众反映的有关情况，各级发展改革、林业、农业、水利部门应按职责及时开展检查，确有问题的，要督促施工作业单位及时进行整改。

第十六条　各地要按照"谁治理、谁投资、谁受益"的原则，鼓励农民合作社、家庭农场（林场、牧场）、专业大户和企业单位等社会资金参与工程治理。各地要积极探索石漠化治理吸引社会资本参与的机制，鼓励石漠化区域的各类主体积极申请中央财政贴息贷款和专项基金，激发全社会各方参与石漠化治理的积极性和主动性，拓展投融资渠道。

第十七条　鼓励在岩溶地区石漠化综合治理工程建设中参照《关于开展大中型水库移民后期扶持项目民主化建设管理试点工作的指导意见》（发展改革农经〔2015〕1346号），推行"村民自建"模式，探索建立村民自建、自管和政府监管服务相结合的民主化建设管理体制。县级林业、农业、水利部门要加强项目建设的指导和监管，并提供技术支持。

第十八条　州市发展改革、林业、农业、水利部门自分解转发投资计划的第二个月起，应组织开展项目建设进展情况统计工作，并于每月6号前填报投资计划分解转发、项目开工情况、投资完成情况、工程形象进度、竣工验收等信息，上报省发展改革委、林业厅、农业厅、水利厅。项目建设进展情况统计工作通过国家重大建设项目库进行调度，在线填报。对于投资计划分解下达、项目开工、投资完成过半、项目竣工等重要节点信息，实行及时填报，其他一般性信息按月填报。

第十九条　各级政府和相关部门要切实加强对工程建设的管理，建立健全领导责任制、项目法人制、工程监理制、合同管理制、招标投标制等各项制度，确保治理工程取得实效，发挥带动作用。

第二十条　岩溶地区石漠化综合治理工程实行公示制。工程实施前，县级林业、农业、水利等具体实施部门要会同乡镇政府把项目名称、目标、任务、资金来源与规模等向项目区群众进行公示，接受群众和社会监督。

第二十一条　各地要加强工程建设档案管理。有关工程建设的相关文件、初步设计（或作业设计）方案和批复的文件、阶段性项目建设总结、检查验收资料、资金审批和审计报告、工程监理报告、招投标资料、技术资料、图片照片、统计数据和录像资料等，要有专人负责，分门别类地归档保存，并建立相应电子档案，建设管理信息系统，严格管理。

第二十二条　加强工程监测，科学分析和评价工程实施效果，考核各地工程目标任务完成情况。通过工程质量监测，建立工程监测地理信息管理系统，逐年将工程设计及建设成果落实到电子地图上，掌握工程建设成效。

工程监测由省林业厅牵头，整合林业、农业、水利等部门现有的监测技术力量，在国家统一指标和方案下负责制定本省监测的指标体系、监测实施方案、监测工作的技术指导和成果汇总及工程进度、质量的核查等工作。监测结果要定期报送省石漠化领导小组成员单位。

第二十三条　由省发展改革委会同相关部门组织力量对各县（市、区）各项目建设情况进行不定期检查，对抽查的项目执行情况做出全面评价。抽查不合格的，责令限期整改，问题严重的减少投资直至取消项目实施。省发展和改革委将加强对工程的稽查。

第六章　工程资金管理

第二十四条　工程建设采取中央补助、地方配套、受益群众投工投劳机制。同时，各地要制订优惠政策，完善建设管理机制，引导与调动社会其他资金投入工程建设。工程建设各项目实施前，应广泛征求项目区群众意见，积极发动项目区群众投工投劳。

第二十五条　严格资金用途管理。工程建设资金要做到专人管理，实行专账核算、专款专用，任何单位不得挤占、截留、挪用工程建设资金。工程建设资金主要用于工程所需物资、材料、种苗的购置、机械作业费、劳务费。

第二十六条　工程建设管理费按基本建设有关规定提取，在地方投资中列支。管理费主要用于规划设计、工程勘察、初步设计（或作业设计）、图文材料等工程档案的编制与管理、检查验收、信息统计及工程建设管理日常支出等。

第二十七条　工程建设实行报账制，以工程检查验收结果作为支付工程资金的依据。按照工程建设进度，根据单项工程检收查验结果和有关财务凭证予以报账。工程可预拨部分的启动资金。

第二十八条　各有关部门要与审计部门密切配合，对资金拨付、使用情况定期检查和审计。项目建设单位应自觉接受审计部门的审计。对违规违纪问题要依法依规严肃处理。

第七章　工程核查验收

第二十九条　岩溶地区石漠化综合治理工程属于重大基本建设项目，省级和州（市）要定期组织力量对工程进展情况进行监督检查，对实施中出现的问题进行研究，对工程质量进行稽查，各地要认真配合，提供真实情况，对弄虚作假等行为坚决查处。对于审计、稽查、检查中发现的问题，严格按照《中央预算内投资监督管理暂行办法》进行处理。对于情节严重或造成重大损失的，除限期整改外，要进行通报批评，必要时可提请有关部门追究相应责任。

各州（市）要在县（市、区）年度总结检查的基础上，对计划执行情况于年底前写出全面报告，并上报省级有关部门。

第三十条　云南省岩溶地区石漠化综合治理工程核查验收采用县级自查、州（市）验收、省级复查、国家核查的方式，实行工程验收和不定期检查的制度。县级自查采取全查的方式，由各工程县发展改革部门牵头，林业、水利、农业等部门及有关领域专家组成，对上一年度的石漠化综合治理工程所有项目进行全面自查验收工作，并形成自查报告上报州（市）部门申请州（市）复验，原则上于每年三季度前完成，各项工程措施验收比例均为100%。

州（市）验收采取所辖工程县全查、各项措施抽样的方式，由各州（市）发展和改革委、林业、水利、农业等部门及有关领域专家组成复查验收组，负责所有所辖工程县石漠化综合治理工程复验工作，并形成复验报告上报省发展和改革委，原则上于每年四季度完成。

省级复查由省发展改革委、林业厅、水利厅、农业厅等部门及有关领域专家组成复查验收组，酌情安排时间，对各州（市）上年度统计上报的工程建设任务完成及工程质量等情况进行抽查验收。将重点抽查生态文明示范区、石漠化较为严重的重点治理县（市），以及未纳入十三五建设规划的一期工程县。

第三十一条　工程验收的主要内容：工程任务和投资是否按计划完成；各项目质量是否达到规定的标准；资金拨付、管理与使用是否符合资金管理规定，有无违规违纪问题；工程管护措施是否落实；工程档案、信息报送等管理措施是否到位等。

第八章　建后管护

第三十二条　工程验收后，必须及时办理移交手续，明确产权，落实各项工程运行管护主体和管护责任，制定管护制度，建立档案，确保工程长期发挥效益。

第三十三条　各地要按照"谁治理、谁管护、谁受益"的原则，积极探索灵活、有效地运行机制，鼓励社会各界、企业、社会团体等参与工程建设。

第三十四条　各地要加强建后管护机制建设，积极探索灵活、有效的管护机制，推行专业队伍管护、承包管护、林农自管等多种管护模式，落实管护措施，确保项目建设成果得到巩固，长期发挥效益。

第三十五条　对自然灾害等不可抵抗因素造成的损毁，按照国家林业局关于未成林地自然灾害受损核定的有关规定执行，符合规定的可重新纳入作业设计范围。

第九章　附　则

第三十六条　本实施细则由省发展改革委、省林业厅、农业厅和水利厅负责解释。

第三十七条　本实施细则自发布之日起实行，有效期5年，2011年6月13日颁布的《云南省岩溶地区石漠化综合治理工程项目管理办法（试行）》（云发展改革农经〔2011〕1197号）同时废止。

附录四　云南省岩溶地区石漠化综合治理工程项目验收办法

第一条　为切实推进我省石漠化综合治理工作，做好我省石漠化综合治理工程的核查验收工作，根据国家颁布的《岩溶地区石漠化综合治理工程建设管理办法（试行）》和云南省《岩溶地区石漠化综合治理工程建设管理办法实施细则》（试行），制定本办法。

第二条　本办法适用于中央、省级预算内专项投资的岩溶地区石漠化综合治理工程的年度（阶段）验收。

第三条　核查验收采用县级自查、州（市）验收、省级复查、国家核查的方式进行。

（一）县级自查采取全查的方式，由各工程县发改部门牵头，林业、水利、农业等部门及有关领域专家组成，对上一年度的石漠化综合治理工程所有项目进行全面自查验收，并形成自查报告上报州（市）部门申请州（市）验收。

（二）州（市）验收采取所辖工程县全查、各项措施抽样的方式，由各州（市）发展改革委牵头，联合林业、水利、农业等部门及有关领域专家开展验收，并形成验收报告上报省发展改革委及省林业厅、农业厅、水利厅。验收各项措施抽样比例详见附件二附表1。

（三）根据州（市）验收结果，由省发展改革委、林业厅、水利厅、农业厅等部门及有关领域专家组成复查验收组，酌情安排时间进行复查，各项措施抽样比例详见附录五表5-1。

外业调查表详见附录五表5-1～表5-6，各项工程措施验收汇总表详见附录五表5-3，验收评定标准详见附录五。

第四条　石漠化综合治理试点工程年度验收的主要内容

（一）项目建设总体情况。检查计划任务完成情况，各项建设内容是否按照作业设计进行施工，质量是否达到规定的标准；对于汛前施工的工程措施，应检查其经受暴雨考验情况；对于冬季、春季和雨季种植的林草，检查其实施面积和成活情况；建设内容、建设地点有无变更，是否按规定程序办理了报批手续。

（二）项目资金到位及使用情况。主要检查项目资金到位和使用是否符合国家有关规定，包括中央资金、地方配套资金到位时间，项目资金管理情况（包括转账独立核算、入账手续及凭证完整性等）。

（三）项目管理情况。包括组织领导机构、管理办法及规章制度的建立情况，项目法人制、工程监理制、合同管理制、招标投标制及其他管理工程措施的落实情况。

（四）项目档案管理情况。包括工程作业设计、会议材料、年度计划文件、监理日志、初步检查验收资料、小班卡片等。

（五）竣工决算情况。主要检查财务决算报表和审计结论是否达到竣工验收的要求。

第五条 申请竣工验收的工程必须具备下列条件并提交相应文件：

（一）相关资料齐全并分类立卷。包括：年度投资计划文件、经州市批复的作业设计和工程审批文件等；建设材料及施工招投标、工程监理合同文件；施工设计图、施工合同；分户档案卡片；基建财务（含账册、凭证、报表）管理档案，工程竣工布局图及其他有关资料等。

（二）工程完成情况总结。

（三）竣工财务决算报表及说明，工程全面审计报告。

（四）工程监理报告。

（五）实施单位自验合格的证明材料。

第六条 验收评定采用评分法，县级自查验收总分300分，林业、农业、水利三行业措施各100分（详见附录五表5-9~5-11）；州（市）验收评分总分为100分（详见附录五表5-12，需在附录五表5-9~5-11评定基础上打分）；省级复查总分100分（详见附录五表5-13，需在附录五表5-9~5-11评定基础上打分）。

第七条 核查验收评定结果按量化评分划分为四个等级：90分以上（含90分，下同）为优秀、80分以上到90分为良好、70分以上到80分为合格、70分以下为不合格。

第八条 年度验收工作程序包括：

（一）查阅档案资料。对《年度验收申请报告》和《石漠化综合治理工程年度工作总结》、县级自查验收报告的文字、图、表进行全面审查，省级复查还应对州（市）验收报告进行审查。并对年度施工的原始记录、质量检验记录、资金使用情况和档案管理进行检查，确认以上记录的真实性和完整性，详见附件一。

（二）实地核查。对核查验收年度实施的各项治理措施按抽样比例，选择有代表性的若干处施工现场，对照年度治理成果验收图，逐项措施进行抽样复查和校验。重点检查水利水保工程受暴雨考验情况和林草植被的实施面积和成活情况。

（三）座谈并听取汇报。听取工程主管部门、实施部门、建立单位等单位的工作报告，并就文档资料及实地核查中发现的问题进行座谈。

（四）核查验收评价初步意见反馈。现场反馈核查验收结果，对验收不合格的项目，应责令建设单位限期整改，直至验收合格。年度验收的成果应交由项目法人作为重要档案归档管理。

（五）完成核查验收报告并适时通报。年度核查验收工作完成后，应对验收合格的项目及时办理验收合格手续，出具《年度验收合格通知》；对验收不合格的项目，责令建设单位限期整改，直至验收合格。州（市）应将年度验收情况总结报告报省级有关部门备案存查。

第九条 省级发改、林业、农业、水利部门将酌情对州（市）验收结果进行复查，复查结果将作为下一年度安排各石漠化工程县中央投资计划的依据。

第十条　对于存在下列情况的工程县，将按照有关规定处理，对于情节严重或造成重大损失的，除限期整改外，要进行通报批评，必要时可提请有关部门追究相应责任。

（一）审批手续不完备，工程设计、施工、监理、财务支出、验收、石漠化治理成效监测报告等资料不齐全。

（二）未按照批准的设计文件的要求建设。

（三）治理措施（水利措施和草食畜牧业发展中的青贮窖）不符合交付使用要求，不能安全、有效运转。

（四）出现重大资金使用问题，未做到专款专用，出现挤占、截留、挪用等问题。

第十一条　本办法由省发改委牵头，林业、农业、水利等部门共同负责解释。

第十二条　本办法自公布之日起执行。

附录五 石漠化综合治理工程年度验收

一、成果报告

（一）《石漠化综合治理工程 XXXX 年度验收报告》包括验收评分表、监理总结报告、审计结算报告等必要的附表、附件、附图，分别由县级、州（市）级验收组负责填写，并附验收组人员名单。

（二）工程县提出的《县石漠化综合治理 XXXX 年度工作总结》及其有关附表、附图。

二、相关表格

表 5-1 石漠化综合治理工程措施年度验收抽样比例表

治理措施			抽样本底指标（单位）	州市验收抽样比例 /%	省级复查抽样比例 /%	备注
林业措施	封山育林育草		小班数、面积	≥ 20、≥ 20	≥ 10、≥ 10	各单项措施不少于 5 个，如小班总数少于 5 个需全检
	人工造林	经济林	小班数、面积	≥ 20、≥ 20	≥ 10、≥ 10	
		防护林	小班数、面积	≥ 20、≥ 20	≥ 10、≥ 10	
	森林抚育		小班数、面积	≥ 20、≥ 20	≥ 10、≥ 10	
草食畜牧业发展	草地建设	人工种草	小班数、面积	≥ 30、≥ 30	≥ 15、≥ 15	
		改良草地	小班数、面积	≥ 30、≥ 30	≥ 15、≥ 15	
	草种基地建设		小班数、面积	100、100	≥ 50、≥ 50	
	青贮窖		面积、口	≥ 50	≥ 20	
	坡改梯		地块、面积	≥ 80、≥ 10	≥ 50、≥ 3	
水利措施	单件工程投资 50 万元及以上			100	100	
	单件工程投资 50 万元以下 11-99 件 ≥ 100 件	≤ 10 件		≥ 70	≥ 50	
		≥ 20		≥ 10	各单件工程不少于 5 件	
		≥ 10		≥ 5	各单件工程不少于 10 件	

表 5-2 　　　县（市、区）　　　年度石漠化综合治理工程封山育林育草措施外业检查表

乡（镇、街道办场）	村（社区）	小地名	小班号	计划数量/亩	核实完成数量/亩	面积核实不足原因	存在问题	备注

验收人（签字）：　　　　　　　　　　　　　　验收时间（年、月、日）：

注：面积核实不足原因按1（未进行封育）、2（未完成设计任务面积）、3（未完全扣除不符合封育条件面积）、4（设计面积求算错误）、5（勾图错误）、6（开垦、挖占等）、7（建设征占用）、8（其他）填写；存在问题按1（未按设计任务完全实施封育措施：①无人工巡护；②无宣传碑牌、标语等；③无管护房；④无围栏、界桩等；⑤未进行补植、补播；⑥未进行人工促进天然更新、培育管理等；⑦未实施火、病、虫、鼠等灾害防治措施；⑧存在人畜破坏现象）、2（设计任务地块等变更未完善手续）、3（自检自查资料不全）、4（其他）填写。适用于县级自查验收、州（市）验收、省级复查。

表 5-3 　　　县（市、区）　　　年度石漠化综合治理工程人工造林措施外业检查表

乡（镇、街道办场）	村（社区）	小地名	小班号	计划数量/亩	核实完成数量/亩	面积核实不足原因	成活率/保存率（%）	存在问题	备注

验收人（签字）：　　　　　　　　　　　　　　验收时间（年、月、日）：

注：面积核实不足原因按1（未种植）、2（未完成设计任务面积）、3（未完全扣除不宜造林地）、4（林下造林）、5（设计面积求算错误）、6（勾图错误）、7（项目重复）、8（开垦、挖占等）、9（建设征占用）、10（其他）填写；存在问题按1（种苗质量不合格）、2（未进行整地）、3（种植密度不够）、4（造林时间不宜）、5（经营管理不到位）、6（种植质量差导致当年苗木死亡率高）、7（自然灾害影响导致当年苗木死亡率高）、8（树种或地块等变更未完善手续）、9（自检自查资料不全）、10（其他）填写。适用于县级自查验收、州（市）验收、省级复查。

表5-4　　　县（市、区）　　　年度石漠化综合治理工程草地建设外业检查表

乡（镇、街道办场）	村（社区）	小地名	小班号	措施	计划数量/亩	完成数量/亩	草地质量评定				利用方式		备注
							出苗率/%	盖度/%	草群高度/cm	优良牧草比例/%	放牧	刈割	

验收人（签字）：　　　　　　　　　　　　　　验收时间（年、月、日）：

注：1、措施分草地改良或人工种草填写；2、适用于县级自查验收、州（市）验收、省级复查。

表5-5　　　县（市、区）　　　年度石漠化综合治理工程草种基地建设外业检查表

乡（镇、街道办场）	村（社区）	小地名	小班号	草种生产地		水利工程	水电路工程	仪器设备		草种质量评定		草种销售量/吨	备注
				计划数量/亩	完成数量/亩			购置情况	运行情况	产量/吨	种子等级		

验收人（签字）：　　　　　　　　　　　　　　验收时间（年、月、日）：

注：1、根据各基地建设的内容进行填写；2、适用于县级自查验收、州（市）验收、省级复查。

340

表 5-6　　　县（市、区）　　　年度石漠化综合治理工程青贮窖外业检查表

乡（镇、街道办场）	村（社区）	小组	户名	措施	计划数量(m²/m³)	完成数量(m²/m³)	建筑尺寸（m、cm）				质量评定		使用评定		备注
							长	宽	高	墙厚	设计	建筑	利用	未利用	

验收人（签字）：　　　　　　　　　　　　　　验收时间（年、月、日）：

注：1、措施分青贮窖填写；2、质量评定：以好、中、差为标准；3、适用于县级自查验收、州（市）验收、省级复查。

表 5-7　　　县（市、区）　　　年度石漠化综合治理工程水利措施外业检查表

乡（镇、街道办事处）	村（社区）	小地名	措施	复查数量	完成数量	完成工程量	质量评定	完好率/%	使用评定		备注
									利用	未利用	

验收人（签字）：　　　　　　　　　　　　　　验收时间（年、月、日）：

注：1、措施单位填写为亩/km/口等，复查数量为本次复查数量；2、质量评定：以优良、合格、不合格为标准；3、适用于县级自查验收、州（市）验收、省级复查。

表5-8 县（市、区） 年度石漠化综合治理工程措施验收汇总表

治理措施			单位	计划数	复查数	复查完成数	备注
林业措施	封山育林育草		亩				
	人工造林	经济林	亩				
		防护林	亩				
草食畜牧业措施	草地建设	人工种草	亩				
		改良草地	亩				
	草种基地建设		亩				
	青贮窖		m³				
水利措施	坡改梯		亩				
	田间生产道路		km				
	引水渠		km				
	排涝渠		km				
	拦沙坝/谷坊		座				
	沉沙池		口				
	蓄水池/水窖		口				
	其他						

备注：1、计划数为项目验收对应下达的计划数，复查数和复查完成数填写对应前表中复查数和完成数的各项措施合计；

2、针对各项措施变更等特殊情况需在备注中说明；

3、适用于县级自查验收、州（市）验收、省级复查。

表5-9 县（市、区） 年度石漠化综合治理工程林业措施验收评分表

验收项目	验收内容	分值	得分	标准与评分方法
项目建设情况	项目区整体建设情况	20		建设内容与规划设计方案一致，严格按设计方案实施，存在变更的视落实情况赋分。
数量完成情况	（1）人工造林	10		全面完成林业建设任务。面积核实率95%以上（含95%）得100%分；90%~95%（含90%）得80%分；90%以下不得分。
	（2）封山育林	10		
	（3）森林抚育	10		
质量完成情况	（1）人工造林	8		各项措施质量达到附件三的规定和设计要求。达不到标准和要求的酌情扣分。
	（2）封山育林	8		
	（3）森林抚育	8		

验收项目	验收内容		分值	得分	标准与评分方法
工程管理情况	管护措施	（1）人工造林	5		工程措施后期管护、抚育措施到位，如措施不到位视落实情况酌情赋分。人为破坏现象严重的，林业建设工程验收不合格。
		（2）封山育林	5		
		（3）森林抚育	5		
		（4）其他措施	2		群众参与程度高，地块落实并发放林权证。
	（5）档案管理		4		档案资料齐全，管理规范。达不到酌情扣分。
监测实施	监测措施和成果		5		开展监测工作，并将监测指标落实到具体部门负责，监测数据可信。达不到酌情扣分。
合计			100		

注：1、如年度无某单项措施，其分值按原分值比例大小分配给其他措施；
　2、95分以上（含95分，下同）为优秀、85分以上到95分为良好、75分以上到85分为合格、75分以下为不合格；
　3、适用于县级自查验收、州（市）验收、省级复查。

表5-10　　县（市、区）　　　年度石漠化综合治理工程草食畜牧业措施建设验收评分表

验收项目	验收内容	分值	得分	标准与评分方法
项目建设情况	项目区整体建设情况	20		建设内容与规划设计方案一致，严格按设计方案实施，存在变更的视落实情况赋分。
数量完成情况	（1）草地建设	10		全面完成建设任务。面积核实率95%以上（含95%）得100%分；90%～95%（含90%）得80%分；90%以下不得分。
	（2）草种基地建设	10		
	（3）青贮窖	10		
质量完成情况	（1）草地建设	8		各项措施质量达到附件三的规定和设计要求。达不到标准和要求的酌情扣分。
	（2）草种基地建设	8		
	（3）青贮窖	8		
工程管理情况	（1）草地建设	5		各项措施后期管护视落实情况赋分。人为破坏现象严重的，单项工程验收不合格。
	（2）草种基地建设	5		
	（3）青贮窖	5		
	（4）档案管理	5		档案资料齐全，管理规范。达不到酌情扣分。
工程利用	工程利用情况	6		工程利用率达90%以上得满分，其他视落实情况赋分。
合计		100		

注：1、如年度无某单项措施，其分值按原分值比例大小分配给其他措施；
　2、95分以上（含95分，下同）为优秀、85分以上到95分为良好、75分以上到85分为合格、75分以下为不合格；
　3、适用于县级自查验收、州（市）验收、省级复查。

表 5-11　　　　县（市、区）　　　　年度石漠化综合治理工程水利措施建设验收评分表

验收项目		分值	得分	标准与评分方法
项目建设情况		20		建设内容与规划设计方案一致，严格按设计方案实施，存在变更的视落实情况赋分。
数量完成情况		25		全面完成各项治理措施。各小项完成计划措施任务 95% 以上（含 95%）得 100% 分；90%~95%（含 90%）得 80% 分；90% 以下不得分。
质量完成情况		25		各项措施质量达到附件三的规定和设计要求。达不到标准和要求的酌情扣分。
工程管理情况	措施完好率	10		完好率 95% 以上（含 95%）得满分；90-95% 得 10 分（含 90%）；80-90% 得 5 分（含 80%）；完好率 80% 以下不得分。
	管护情况	10		工程措施后期运行、维护措施到位得满分，其他视落实情况赋分。人为破坏现象严重的，单项工程验收不合格。
	档案管理	5		档案资料齐全，管理规范。达不到酌情扣分。
工程利用情况		5		工程利用率达 90% 以上得满分，其他视落实情况赋分。
合计		100		

注：1、95分以上（含95分，下同）为优秀、85分以上到95分为良好、75分以上到85分为合格、75分以下为不合格；
2、适用于县级自查验收、州（市）验收、省级复查。

表 5-12　　　　县（市、区）石漠化综合治理工程　　年度（州）市验收评分表

分类	指标（分值）	评分标准与方法
总分	100	
工程前期准备（15分）	1、年度初步（作业）设计编制（10分）	年度初步（作业）设计由有设计资质的单位编制并获得审批得 10 分，无作业设计不得分。
	2、治理区域选择（5分）	选择治理的区域有代表性、典型性，符合以上条件得 5 分；不符合条件酌情扣分。
工程建设情况（70分）	3、任务完成情况、建后监管和利用情况（70分）	

分类	指标（分值）	评分标准与方法
工程保障措施（15分）	4、监测措施实施（5分）	开展了工程效益监测工作，监测数据可信得5分，达不到酌情扣分。
	5、档案管理规范性（2分）	工程档案完整、规范得1分；落实专人负责得0.5分；有专室或专柜保存得0.5分；否则不得分。
	6、信息报送情况（2分）	严格执行信息统计与报送制度，有专人负责得2分；信息基本能按要求上报，但没有专人负责得1分；否则不得分。
	7、资金使用规范性（6分）	做到了专人管理、专账核算、实行报账制、资金拨付和使用符合规定得6分；每缺一项扣1.5分，扣完为止。

注：本表仅适用于州（市）验收。

表5-13　　州（市）石漠化综合治理工程　年度验收省级复查评分表（复查县）

分级	分类	指标（分值）	评分标准与方法
	总分	100	
州（市）考核	组织管理（8分）	1、年度初步（作业）设计审批（8分）	及时联合审查并批复上报的年度初步（作业）设计得8分，否则不得分。
	计划管理（12分）	2、年度投资计划方案（4分）	上一年度投资计划执行情况、本年度投资计划安排及资金拨付情况，各2分。
		3、年度投资计划分解下达及执行情况（8分）	年度投资计划及时分解下达并报国家相关部委备案得3分；计划执行中能够掌握项目重大变动和一般性变更，并予以审批或备案得5分；每缺一项扣2分，扣完为止。
	核查验收（10分）	4、核查验收开展情况（10分）	按规定及时组织相关部门进行工程复查验收，并对项目建设存在的问题提出切实可行的整改意见和建议得10分，其他按实际情况赋分。

续表

分级	分类	指标（分值）	评分标准与方法
县级考核	工程前期准备（10分）	5、年度初步（作业）设计编制（8分）	年度初步（作业）设计由有设计资质的单位编制并获得审批得8分，无作业设计不得分。
		6、治理区域选择（2分）	选择治理的区域有代表性、典型性，符合以上条件得2分；不符合条件酌情扣分。
	工程建设情况（50分）	7、任务完成情况、建后监管和利用情况（50分）	
	工程保障措施（10分）	8、监测措施实施（3分）	开展了工程效益监测工作，监测数据可信得3分，达不到酌情扣分。
		9、档案管理规范性（2分）	工程档案完整、规范得1分；落实专人负责得0.5分；有专室或专柜保存得0.5分；否则不得分。
		10、信息报送情况（2分）	严格执行信息统计与报送制度，有专人负责得2分；信息基本能按要求上报，但没有专人负责得1分；否则不得分。
		11、资金使用规范性（3分）	做到了专人管理、专账核算、实行报账制、资金拨付和使用符合规定得3分；每缺一项扣1分，扣完为止。

注：本表仅适用于省级复查验收。

石漠化综合治理试点工程年度验收评定标准——林业部分

一、封山育林年度检查评定

（一）面积核实率

年度封山育林面积核实率需达100%。

（二）封山育林小班合格标准

1. 封育标志

是否设置了固定的封山育林标志。

2. 管护组织

是否落实了管护组织和管护人员。

3. 封育措施

是否制定了封山育林措施。

4. 封育条件

是否符合省发改委、省林业厅、省水利厅、省农业厅联合批复的年度初步作业设计规定的封育条件。

二、人工造林年度检查验收评定

（一）面积核实率

防护林、特种用途林、用材林、经济林、薪炭林面积核实率需达100%。

（二）造林成活率

(1)合格：成活率≥85%；

(2)补植：成活率40%~85%；

(3)失败：成活率≤40%。

（三）造林密度及种苗质量

按省发改委、省林业厅、省水利厅、省农业厅联合批复的年度初步作业设计规定的造林密度及种苗质量标准执行。

三、森林抚育年度检查评定

（一）面积核实率

年度森林抚育面积核实率需达100%。

（二）森林抚育作业小班合格标准

是否符合省发改委、省林业厅、省水利厅、省农业厅联合批复的年度初步作业设计规定的森林抚育条件。

四、林业部分项目管理检查验收评定

（一）作业设计：设计说明书、设计图、设计表，作业设计外业调查资料及质量检查资料完整齐全，并符合营造林工程的要求，持有上级对作业设计的批复文件，营造林作业质量符合要求等。

（二）检查验收：自查验收成果资料完整齐全，并能客观反映作业时间、面积、树种、作业质量等基本内容。

（三）档案管理：图、表（卡）等基本档案资料齐全，管理规范。

（四）管护：制定了管护措施、配备有管护人员，且小班（地块）内没有明显的人畜破坏。

（五）抚育：人工造林小班（地块）按设计实施了相应的抚育措施。

（六）林权证发放：纳入集体林权制度改革的小班林权证发放情况。

（七）育林：封山育林小班中按照作业设计进行过除草、撒播、补植、平茬复壮或其他人工辅助育林活动。

（八）资金管理：县级配套资金落实情况、资金使用等情况。

五、要求各项目县认真填写调查、人工造林、封山育林和森林抚育情况表1-18（附后），作为林业部分自查初检和年度验收的重要基础依据。

草食畜牧业发展部分

一、人工种草和改良草地

（一）质量要求

1、人工种草和改良草地的位置分布合理，符合各类草种所需的立地条件，草地盖度符合设计要求。

2、当年出苗率与成活率在80%以上。

（二）质量测定方法

1、总体布局的检查。对照设计小班与完成情况竣工图，现场逐片观察，按小地名分别作好记载。

2、整地情况的测定。根据规定的抽样范围，在一面坡的中轴线上取上、中、下三处，用木尺或钢卷尺测定整地翻地深度，并观察其耙耱土情况，看是否达到"精细整地"要求。

3、种草出苗与生长情况的测定。在种草地块范围内取2个样方（1m×1m），测定生长情况（同时检查其出苗记录）。用目测清点其出苗株数，密度要达到设计要求。同时测定其草层高度、产量，并目测其垂直投影对地面的盖度（80%）。

（三）成果统计要求

完成面积的检查。对照竣工图，核查现场面积是否与竣工图一致。

二、草种基地

（一）任务核查。按初步设计（或作业设计）完成种子生产地的面积、水利工程、水电路工程、仪器设备的购置等完成情况。

（二）质量核查。种子地草种的产量是否达到国家规定的牧草种子标准及销售情况、仪器设备的型号等是否与初设一致，设备的运行和利用情况。

三、青贮窖

检查窖壁厚度、窖底做法是否符合年度初步设计（或作业设计）要求，测定其每口容积和数量，统计总容积，检查其应用情况。

小型水利水保工程

一、坡改梯

（一）质量要求

梯田应做到集中连片，梯田区的总体布局（包括梯田区位置、道路与小型蓄排工程）、田面宽度、田坎高度与坡度、田边蓄水埂等，规格尺寸应符合规划、设计要求。

（二）质量测定

在观察了解其总体布局是否合理基础上，着重测定其规格尺寸与施工质量。田面宽度和长度的测定，用皮尺或测绳丈量，取平均宽度乘以平均长度算得田面净面积；田坎应着重观察砌石的施工质量，要求外沿整齐，砌缝上下交错、左右咬紧，先砌大块，后砌小块，逐层上升，最上一层用大块压顶。

（三）成果统计要求

主要统计其当年完成面积和土石方量。

二、小型水利水保配套工程

（一）质量要求

1、引水渠和排涝渠等工程的规划布局、断面尺寸、渠道比降和各项工程的施工质量，均达到设计要求，排洪过程中渠道不冲不淤。排涝渠做到总体布局合理，能有效地控制上部地表径流，保护下部农地或林草地；断面尺寸与施工质量符合设计要求，排水去处有妥善处理。

2、总体布局合理，工程规格尺寸、容量与施工质量都符合设计要求，经暴雨考验基本完好。

3、蓄水池、水窖做到布设位置合理，有地表径流水源；规格尺寸与施工质量符合设计要求，蓄水容量能满足用水需要。

4、以上工程若经规定频率的暴雨考验，完好率在90%以上。

（二）质量测定

1、以每一完整坡面为单元，逐坡观察坡面引水渠、排涝渠、沉沙池、蓄水池的位置、数量，是否符合规划、设计要求，是否能保证其下部农田和林地、草地的安全。

2、引水渠、排洪渠用钢卷尺或木尺测定其各级渠系横断面，用水平仪测定其各级渠系比降，每级渠系各测定三处（在该渠段中部和距两端各约1/5处）。结合测定引水含沙量，审定其是否符合不冲不淤流速的要求。

3、对谷坊、拦沙坝首先应现场测定其总体布局，用皮尺测定坊间的水平距离，用水准仪测定下坊顶部与上坊趾部之间的沟底比降，并检查是否能有效地制止沟底下切。用皮尺测定其断面尺寸（长、宽、最大高度、上下游坡比），着重测定施工质量，在最大坝高处用钢卷尺或木尺测定铺砌石的厚度、宽度、高度，衬砌技术是否做到"平、稳、紧、满"四字要求（砌石顶部要平，每层铺砌要稳，相邻石料要靠得紧，缝间砂浆要灌饱满），两端与山坡接头处是否牢固。

4、蓄水池的长、宽、深用皮尺或测绳测定，并计算其容量。水窖首先检查其是否有地表径流来源，径流入窖前的拦污、沉沙措施是否齐全、完善；用皮尺测定窖身各部尺寸，计算其单窖容量，检查其防渗措施和效果。

（三）成果统计要求

1、坡面截水沟、排水沟、蓄水池、沉沙池、水窖等统计其当年完成数量及其相应的容量。

2、引水渠、排洪渠统计其当年完成数量及其土石方量。

3、谷坊、拦沙坝统计其当年建设数量与土石方量。

附录六　相关项目调查、统计、分析、评价表

表6-1　小班外业调查表（单位：亩、%、m、cm）

乡 县	村	小班林班号	上报作业年度	上报核实工程年度类别	现地类别	营造林工程类别	封育造林方式	林地权属类型	林木权属类型	造林成活、保存率				林木综合盖度					植被综合盖度	平均胸径 平均地径	健康状况				失败、未保存面积原因	损失面积原因	综合管理																	植被群落结构类型	林冠下造林措施	封育合格面积	封育不合格原因

（此表为竖排多级表头调查统计表，列项包括造林成活·保存率、林木综合盖度、健康状况、作业设计、档案管理、检查验收、抚育、管护、林权证发放等综合管理分项。）

调查员：　　　　　　　　　　　调查时间：　　　年　　月　　日

填写要求及说明：人工造林更新填记除12、51、52、53外的地项；封山育林填记除50外的其他项。

1. 县、乡、村：填写具体名称，要求一致。2. 小班号：原小班号或调查编号。3. 上报年度或作业年度。4.位数字。4. 上报年度，作业年度。10-天保工程；21-退耕地造林；22-退耕还林还荒山造林，现地类。5.营造林前地类。11-乔木纯林；12-乔木混交林；13-竹林；20-流状林。6.营造林方式：1-人工造林；2-人工更新；3-封山育林。
7. 封育类型：1-乔木型；2-乔灌型；3-灌木型；4-灌草型。8.林地权属：1-国有；2-集体；3-个人；4-其他。9.林木权属：1-国有；2-集体；3-个人；4-其他。
10. 林种：1-用材林；2-防护林；3-薪炭林；4-经济林；5-特用林。11.优势树种，伴生树种，按附件填记。12.上报面积，核实面积，核实面积填记，保留1位小数。13.造林
成活，林数保存率：按百分比填记，保留一位小数；14.混交方法：1-块状混交，2-带状混交，3-行状混交，4-无混交。15.林木混交比：按百分比填记，保留一位小数。16.平均树高，灌木郁闭度，平均树高；分别记至0.1cm，0.1m。18.分别查数小班全
部样方内植株的受害株数，除以样方内植株总株数，记至0.1%。19.失败，未保存原因：1-自然，未保存原因；2-人畜破坏；3-苗木质量；4-造林技术；5-其他。20.损失面积，保留1
位小数。损失原因：1-缺少1项；2-缺少2项；3-缺少3项；4-缺少4项；5-无缺项。21.作业设计内容等级：1-内容完整；2-建设；3-建设；4-其他。22.作业设计质量等
级：1-内容完整；2-基本完整；3-有重要内容但缺项；4-无缺项。23.作业设计内容工作等级：1-按作业设计施工；2-基本按设计施工；3-未按设计施工。24.档案内容等
级：1-内容完整；2-基本完整；3-不完整。25.档案管理等级：1-缺少管理人员；2-缺少管理设备；3-缺少管理内容。26.检查验收内容等
级：1-内容完整；2-基本完整；3-不完整。抚育：4-未到抚育时间；5-未到抚育。27.检查验收质量等级：1-客观真实；2-基本客观；3-不客观。28.托育质量好：1-质量好；2-质量一般；3-已
抚育但质量差；4-未抚育。29.营护时间。30.营护措施：1-有营护措施；2-无营护措施。31.营护效果：1-无破坏；2-有破坏，不但；3-已
不严重；3-破坏严重。32.林权证发放：1-无，2-有。32.
林措施：1-已实施；2-未实施；3-未设计。35.封育合格原因：限封填记，填记到1亩。36.封育不合格原因：限封填记，填记到1亩。33.林冠下造林核实面积为0、34.育
限有混交树种的小班填。植被综合盖度，灌木覆盖度，记至0.01。17.平均胸（地）径，平均树高，记至0.1m。18.分别查数小班全
限有混交树种的小班填。16.乔木郁闭度，灌木覆盖度，灌被综合盖度；分别记至0.01、0.1m。33.林冠下造林或人员0、34.育
林措施：1-已实施；2-未实施；3-未设计。35.封育合格标志；2-无封育机构或人员；3-无封育措施。

表 6-2　造林实绩核查林木成活（保存）率样地调查表

造林年度：	GPS 横坐标	纵坐标			□样地面积：10×10m			□样带 5× m	
县：	乡：		村：		小班号：			工程类别：	
序号	树种	成活	死亡	树高	地径	序号	树种	成活	死亡	树高	地径
1						46					
2						47					
3						48					
4						49					
5						50					
6						51					
7						52					
8						53					
9						54					
10						55					
11						56					
12						57					
13						58					
14						59					
15						60					
16						61					
17						62					
18						63					
19						64					
20						65					
21						66					
22						67					
23						68					
24						69					
25						70					
26						71					
27						72					
28						73					
29						74					
30						75					
31						76					
32						77					
33						78					

调查人员：　　　　　　　　调查时间：　　年　月　日

表 6-3　封山育林调查样圆记录表

县：　　　　乡：　　　　村或封育区：　　　　　　样圆面积：												
小班号	样圆号	乔木株数			灌木株（丛）数			竹			草本	
		树种	株数	郁闭度	树种	株（丛）数	覆盖度 %	竹种	株数	覆盖度 %	草种	盖度 %
1	2	3	4	5	6	7	8	9	10	11	12	13
小班平均												
小班评价					分析损失和失败原因							
调查员：							调查时间：　　年　月　日					

表 6-4　抚育间伐小班调查表（单位：亩、株、m³、cm、百分比）

　　　　　　　　　县（林业局、林场、市）　　　　　　　乡（场、林班）　　　　　　　

小班　　　　　　　图幅号

　　上报面积　　　　　实测面积　　　　　抚育方式　　　　　　作业方式　　　　　

林地权属　　　　　

样地序号	径级	保留木株数		砍伐木株数		小班调查结果												
				树种组成 树种3 树种1	平均年龄 树种2 树种3	郁闭度		平均胸径		公顷蓄积		公顷株数		采伐量伐前				
		树种1	树种2			伐前	伐后	伐前	伐后	伐前	伐后	伐前	伐后		伐后	伐前	伐后	
1	6																	
	8																	
	10																	
	12																	
	14																	
	16																	
2	6																	
	8																	
	10																	
	12																	
	14																	
	16																	

调查人：　　　　　　　　　　　　　　　　　　　调查时间：

表6-5　修枝割灌小班调查表（单位：亩、株、m³、cm、%）

_____县（林业局、林场、市）_____乡（场、林班）_____小班_____图幅号

上报面积_____实测面积_____抚育方式_____林地权属_____

样地序号	是否修枝	是否割灌	小班调查结果						
			树种组成	平均年龄	郁闭度	平均胸径	公顷蓄积	公顷株数	备注
1									
2									
3									
4									
5									
6									
7									
8									
9									
10									
11									
12									
13									
14									
15									
16									
17									
18									
19									
20									
21									
22									

调查人：　　　　　　　　　　　　　　　　　　调查时间：

表6-6 造林核查按单位结果统计表（单位：亩、%）

造续表1

年度	单位	上报面积	核实			合格			待补植		失败		损失		经济林		混交林		作业设计分值	档案分值	检查验收分值	抚育		管护分值	林权证发放	
			面积	比重%	核实率%	面积	比上报%	核实率%	面积	比率	面积	比率	面积	比率	面积	比率	面积	比率				面积	分值		面积	比率
1	2	3	4	5	6	7	8	9	10	11	12	13	14	15	16	17	18	19	20	21	22	23	24	25	26	27

统计者：　　　　　　　　　　　　　　　　统计日期：　　年　　月　　日

续表2

表6-7　造林核查按前地类结果统计表（单位：亩、%）

年度	前地类	上报面积	核实			合格			待补植		失败		损失		经济林		混交林		作业设计分值	档案分值	检查验收分值	抚育		管护分值	林权证发放	
			面积	比重%	核实率%	面积	比上报%	比核实%	面积	比率	面积	比率	面积	比率	面积	比率	面积	比率				面积	分值		面积	%
1	2	3	4	5	6	7	8	9	10	11	12	13	14	15	16	17	18	19	20	21	22	23	24	25	26	27

统计者：　　　　　　　　　　　　　　　　　　　　　　　　　　　　统计日期：　　年　　月　　日

表 6-8　造林核查损失后地类按单位结果统计表（单位：亩、%）

造统表3

年度	单位	损失面积 面积	农地		牧地			建设		其他		
			比率	面积	比率	面积	比率	面积	比率	面积	比率	
1	2	3	4	5	6		7	8	9	10	11	

统计者：　　　　　　　　　　　　　　　统计日期：　　　年　　月　　日

表6-9　造林核查失败原因按单位结果统计表（单位：亩、%）

造统表4

年度	单位	失败面积	自然原因		人畜破坏		苗木质量		造林技术		其他	
			面积	比率	面积	比率	面积	比率	面积	比率	面积	比率
1	2	3	4	5	6	7	8	9	10	11	12	13

统计者：　　　　　　　　　　统计日期：　　年　月　日

封统表1

表6-10 封山育林实绩按核查单位统计表(单位:亩、%、个)

年度	单位	上报面积核实面积	面积核实情况		质量情况		不合格情况		损失情况	档案		检查验收		育林			核查乡数	核查小班数
			上报核实率	合格面积	上报合格率	核实合格率	面积	比率	面积	比率	档案建立面积	档案建立率	检查验收面积	检查验收率	育林面积	育林率			
1	2	3	4	5	6	7	8	9	10	11	12	13	14	15	16	17	18	19	20

统计者: 统计日期: 年   月   日

封统表 2

表 6-11　封山育林实绩核查按封育类型统计表（单位：亩、%、个）

年度	封育类型	面积核实情况		质量情况			不合格情况		损失情况		综合管理情况							核查乡数	核查小班数
		上报面积	核实面积	上报核实率	合格面积	上报合格率	核实合格率	面积	比率	面积	比率	档案		检查验收		育林			
												档案建立面积	档案建立率	检查验收面积	检查验收率	育林面积	育林率		
1	2	3	4	5	6	7	8	9	10	11	12	13	14	15	16	17	18	19	20

统计者：　　　　　　　　　　　　　　　　　　　　　　　　　　　统计日期：　　　年　　月　　日

封统表3

表 6-12 封山育林实绩核查按封育方式统计表（单位：亩、%、个）

年度	封育方式	面积核实情况		质量情况			不合格情况		损失情况		综合管理情况						核查乡数	核查小班数
		上报面积	核实面积	上报核实率	合格面积	上报合格率	核实合格率	面积	比率	面积	比率	档案		检查验收		育林			
												档案建立面积	档案建立率	检查验收面积	检查验收率	育林面积	育林率		
1	2	3	4	5	6	7	8	9	10	11	12	13	14	15	16	17	18	19	20

统计者： 统计日期： 年 月 日

360

封统表4

表6-13　封山育林实绩核查按前地类统计表（单位：亩、%、个）

年度	前地类	面积核实情况		质量情况		不合格情况		损失情况		综合管理情况						育林		核查乡数	核查小班数
		上报面积	核实面积	上报核实率	合格面积	上报合格率	核实合格率	面积	率	面积	率	档案		检查验收						
												档案建立面积	档案建立率	检查验收面积	检查验收率	育林面积	育林率		
1	2	3	4	5	6	7	8	9	10	11	12	13	14	15	16	17	18	19	20

统计者：　　　　　　　　　　　　　　　　　　　　　　　统计日期：　　年　月　日

封统表5

表6-14 封山育林实绩核查结果分析表（单位：亩、%）

年度	单位	上报面积	核实		合格		不合格情况										损失情况										
			面积	比率	面积	比率	合计		无封育标志		无管护组织		无管护措施		其他原因		合计		毁林开荒		工程建设		自然灾害		其他原因	
							面积	占核实面积比重	面积	占不合格面积比重	面积	占不合格面积比重	面积	占不合格面积比重	面积	占不合格面积比重	面积	占核实面积比重	面积	占损失面积比重	面积	占损失面积比重	面积	占损失面积比重	面积	占损失面积比重
1	2	3	4	5	6	7	8	9	10	11	12	13	14	15	18	19	20	21	22	23	24	25	26	27	28	29

统计者:　　　　　　　　　　　　　　　　　　统计日期:　　年　月　日

附 录

表6-15 抚育间伐小班作业质量综合评价表

抚统表1 _____县（林业局、林场、市）_____ 乡（场、林班）_____ 小班_____ 图幅号_____

检查项目		分值	评分标准	得分	备注
小班作业质量	作业面积	15	实测小班面积与上报面积相差 ≤ ±5% 不扣分，否则不得分。		否定因子：无作业设计图，改变作业地点、改变抚育方式，越界采伐，无证采伐，禁伐区采伐，作业设计未经批准。
	抚育强度	15	实测抚育强度与设计强度每相差 ±2%，扣2分。		
	平均胸径（伐后）	5	与设计伐后平均胸径相差1个径级扣5分，相差2个径级及以上为不合格小班。		
	树种组成	5	树种组成相同，但单树种比例相差2，扣2分；单树种比例相差3以上扣5分；实测优势树种与设计不同，为不合格小班。		
	小班标志牌（桩）	5	无小班标志牌（桩）不得分，已经损坏的扣3分。		
	小班边界标志	5	无标识不得分，标识不清晰且无法识别扣5分。		
	公顷株数（伐后）	5	实测株数与设计株数相差 ≤ ±5% 不扣分，否则不得分。		
	郁闭度（伐后）	5	符合作业设计得满分，否则不得分。		
	采伐量	10	实测采伐量与发证采伐量相差 ≤ ±5% 不扣分，否则不得分。		
	林窗	5	出现林窗不得分。		
	应采未采、错采	5	每采 1m³/hm² 扣2分，5分扣完为止。		
环境影响	楞场和集材道	10	作业生活区占用的山体未整饰；集材道未设水流阻断带，易发生水土流失的地方或严重冲刷侵蚀或运出等措施的得满分，否则不得分。		
	场地卫生	5	采取堆集、平铺或运出等措施的得满分，否则不得分。		
资源保护	伐区丢弃材	3	丢弃材超过0.1m³/hm²扣1分，超过0.5m³/hm²扣3分。		
	楞场丢弃材	2	装净得2分，否则不得分。		
				合计：	

注：满分100分，得分85分及以上合格。

363

表 6-16 修枝割灌小班作业质量综合评价表

抚统表2 ＿＿＿＿＿＿＿＿＿＿＿＿＿县（林业局、林场、市）＿＿＿＿＿＿＿＿乡（场、林班）
＿＿＿＿＿＿＿＿＿小班＿＿＿＿＿＿＿＿图幅号

检查项目		分值	评分标准	得分	备注
小班作业质量	作业面积	30	实测小班面积与上报面积相差≤±5% 不扣分，否则不得分。		否定因子：无作业设计图、改变作业地点、改变抚育方式、禁伐区采伐、作业设计未经批准。
	割灌	30	未割灌不得分。		
	修枝	15	幼龄林修枝高度不超过树高 1/3，中龄林修枝高度不超过树高 1/2，未按要求修枝不得分。		
	小班标志牌（桩）	5	无小班标识牌（桩）不得分，已经损坏的扣 5 分。		
	小班边界标志	5	无标识不得分，标识不清晰且无法识别扣 5 分。		
环境影响	场地卫生	15	剩余物按照森林病虫害防治、森林防火、环境保护等要求，采取堆积集、平铺或运出等适当方式处理的得满分，否则不得分。		
注：满分 100 分，得分 85 分及以上合格。 合计：					

填表人：　　　　　　　复核人：　　　　　　　　　　　　　　　填表时间

表 6-17 检查验收资料收集统计表

抚统表3

项目	序号	资料清单	县级单位名称			
受检县资料	10	森林抚育实施方案及任务分解下达统计数据（汇总表）盖章				
	11	森林抚育年度自查报告				
	12	森林抚育作业设计				
	13	施工作业合同样本及签署情况统计表				
	14	最新森林资源调查数据和森林资源统计表				
	15	抚育试点在促进农林增收、调整产业结构、创造就业机会等方面的数据和典型资料				

填表人：　　　　　　　　　　　　　　　　　填表时间：

表6-18 县（林业局、林场、市）　　年度森林抚育检查验收综合评价表

抚统表4

检查项目	分值	评分标准	得分	其他情况说明
抚育作业质量	20	小班作业质量平均得分不低于85分，此项得满分； 小班作业质量平均得分低于85分，此项不得分； 因否定因子不合格的小班按70分计算。		
作业设计质量	20	作业设计质量平均得分不低于90分，此项得满分； 作业设计质量平均得分低于90分，此项不得分； 因否定因子不合格的小班按75分计算。		
采伐限额执行情况	20	试点单位抚育间伐无采伐证或不按采伐证规定作业的每小班扣2分，扣完10分为止。		
组织管理情况	20	公示制度、施工合同等均为该检查项目否定因子，缺项不得分。		
信息档案建设情况	20	组织管理、试点任务下达、作业设计、施工作业、自查、财务管理等方面的图表和相关电子资料均为该项目否定因子，缺项不得分。（参照统计表6-17）		
注：满分100分 合计：				

填表人：　　　　　复核人：　　　　　　　　　　　　　　填表时间